T0192736

Mathematikdidaktik im Fokus

Reihe herausgegeben von

Rita Borromeo Ferri, FB 10 Mathematik, Universität Kassel, Kassel, Deutschland

Andreas Eichler, Institut für Mathematik, Universität Kassel, Kassel, Deutschland

Elisabeth Rathgeb-Schnierer, Institut für Mathematik, Universität Kassel, Kassel, Deutschland

In dieser Reihe werden theoretische und empirische Arbeiten zum Lehren und Lernen von Mathematik publiziert. Dazu gehören auch qualitative, quantitative und erkenntnistheoretische Arbeiten aus den Bezugsdisziplinen der Mathematikdidaktik, wie der Pädagogischen Psychologie, der Erziehungswissenschaft und hier insbesondere aus dem Bereich der Schul- und Unterrichtsforschung, wenn der Forschungsgegenstand die Mathematik ist.

Die Reihe bietet damit ein Forum für wissenschaftliche Erkenntnisse mit einem Fokus auf aktuelle theoretische oder empirische Fragen der Mathematikdidaktik.

Florian Füllgrabe

Konstruktion und Akzeptanz von Beweisen

Eine empirische Analyse der Zusammenhänge

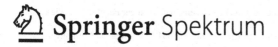 Springer Spektrum

Florian Füllgrabe
Marburg, Deutschland

Dissertation an der Universität Kassel, Fachbereich 10 Mathematik und Naturwissenschaften
Datum der Disputation: 01.11.2021

ISSN 2946-0174   ISSN 2946-0182 (electronic)
Mathematikdidaktik im Fokus
ISBN 978-3-658-41302-6   ISBN 978-3-658-41303-3   (eBook)
https://doi.org/10.1007/978-3-658-41303-3

Die Deutsche Nationalbibliothek verzeichnet diese Publikation in der Deutschen Nationalbibliografie; detaillierte bibliografische Daten sind im Internet über http://dnb.d-nb.de abrufbar.

Planung/Lektorat: Marija Kojic
Springer Spektrum ist ein Imprint der eingetragenen Gesellschaft Springer Fachmedien Wiesbaden GmbH und ist ein Teil von Springer Nature.
Die Anschrift der Gesellschaft ist: Abraham-Lincoln-Str. 46, 65189 Wiesbaden, Germany

Danksagung

Für die verschiedenen Formen der Begleitung und Unterstützung möchte ich mich an dieser Stelle bei einigen Menschen bedanken:

Prof. Dr. Andreas Eichler danke ich für die Betreuung meines Promotionsvorhabens und für die stetige und wertschätzende Unterstützung.

Prof. Dr. Katja Lengnink danke ich für ihre Anregungen und die freundliche Übernahme des Zweitgutachtens.

Meinen Kolleginnen und Kollegen am Institut für Mathematik danke ich für die schöne gemeinsame Zeit. Besonders dankbar bin ich dafür, dass ich Teil eines sich zunehmend vergrößernden Teams sein konnte, das sich durch eine gute Zusammenarbeit und gegenseitige Unterstützung ausgezeichnet hat.

Für die gewissenhafte Unterstützung bei der Erhebung, Organisation und Auswertung von Daten danke ich allen an dieser Arbeit beteiligten studentischen Hilfskräften.

Für die Möglichkeit der Erhebung von Daten möchte ich den beteiligten Kolleginnen und Kollegen der Universität Hannover, der Philipps-Universität Marburg und der Universität Kassel danken. Mein Dank gilt auch den zahlreichen Studierenden dieser Universitäten, die an der Studie teilgenommen haben.

Weiterhin danke ich den Kolleginnen und Kollegen aus dem KHDM und dem Forschungsgebiet des mathematischen Argumentierens und Beweisens. Ich bin sehr dankbar für den wissenschaftlichen Austausch im Rahmen verschiedener Konferenzen und darüber hinaus. Mein besonderer Dank gilt hierbei Petra Carina Edel (geb. Tebaartz), Leander Kempen und Daniel Sommerhoff: Petra danke ich für den Austausch bei der Entwicklung von Codiermanuals. Leander danke ich für die Orientierungshilfe am Anfang meiner Promotionsphase und den stets interessanten Austausch auf verschiedenen Konferenzen. Daniel danke ich für die Anregungen in der späten Phase meiner Promotion und sein Engagement dabei, einen guten Austausch zwischen Forschenden im Forschungsgebiet noch weiter zu intensivieren.

Für eine ideelle und finanzielle Unterstützung im Rahmen eines Junior-Fellowships danke ich der Deutschen Telekom Stiftung.

Zuletzt danke ich vielmals meinen Freunden und meiner Familie für die Bestärkung, diesen Weg zu gehen und die vielfältige Unterstützung dabei.

Inhaltsverzeichnis

Einleitung

1

1.1 Forschungsgegenstand

Das Beweisen ist ein wesentlicher Bestandteil der Mathematik. Je nach Perspektive kann es als Kern, Methode und Wissensträger der Mathematik gesehen werden (z. B. Heintz, 2000; Mariotti, 2006; Reid & Knipping, 2010; Brunner, 2014). Aus dieser großen Bedeutung für die Mathematik kann auch eine große Bedeutung für die schulische und, je nach Studienfach, universitäre Lehre abgeleitet werden (Hanna & Jahnke, 1996; Brunner, 2014). Im schulischen Kontext existiert entsprechend auch eine feste Verankerung in nationalen und internationalen Curricula (NCTM, 2000; KMK, 2003; KMK, 2015), die in den deutschen Bildungsstandards auch in Form des Erwerbs einer mathematischen Argumentationskompetenz gefasst wurde. Für den Lehrkontext ergibt sich die Aufgabe, entsprechende Kompetenzen zu fördern. Aber auch die mathematikdidaktische Forschung beschäftigt sich etwa mit Fragen der Beschreibung, Diagnose und Förderung entsprechender Kompetenzen.

Im Rahmen der mathematikdidaktischen Forschung ist auch der Begriff der Beweiskompetenz üblich. Unter Rückgriff auf den Kompetenzbegriff von Blömeke et al. (2015a) kann eine Beweiskompetenz als eine latent kognitive und affektiv-motivatorische Voraussetzung für eine Performanz verschiedener Beweisaktivitäten beschrieben werden. Diese Beweisaktivitäten sind nach A. Selden und J. Selden (2015) das Verstehen, Konstruieren, Validieren und Evaluieren von Beweisen.[1] Je nach Beweisaktivität werden im unterschiedlichen Maße verschiedene Dispositionen als Voraussetzung für eine dazugehörige Performanz

---

[1] Das Validieren und Evaluieren wird im Rahmen dieser Arbeit zusammenfassend als Beurteilung bezeichnet, wenn nicht vollends ersichtlich ist, ob es sich um das Validieren oder Evaluieren handelt. Wie in der Literatur diskutiert wird, sind Abgrenzungen zwischen den

© Der/die Autor(en), exklusiv lizenziert an Springer Fachmedien Wiesbaden GmbH, ein Teil von Springer Nature 2023
F. Füllgrabe, *Konstruktion und Akzeptanz von Beweisen*, Mathematikdidaktik im Fokus, https://doi.org/10.1007/978-3-658-41303-3_1

benötigt. Nach Sommerhoff (2017) sind diese ein konzeptuelles und prozedurales mathematisches Wissen, mathematisch-strategisches Wissen, Methodenwissen, Problemlösefähigkeiten, das Wissen über Schlussregeln und Aspekte der Metakognition.

1.2   Forschungsanliegen

Die vorliegende empirische Arbeit widmet sich der Frage, wann aus Sicht von Studierenden eine mathematische Argumentation als mathematischer Beweis bezeichnet werden kann.[2] Diese Frage ist im Zusammenhang mit Beweisen zentral. So kann z. B. angenommen werden, dass es, um einen Beweis konstruieren zu können, notwendig ist, die Gründe zu kennen, aus denen eine mathematische Argumentation als Beweis akzeptiert oder nicht akzeptiert werden kann. Diese Gründe werden in dieser Arbeit fortan als Akzeptanzkriterien bezeichnet, während die Entscheidung, ob es sich um einen mathematischen Beweis handelt oder nicht, als Beweisakzeptanz bezeichnet wird. Die Kenntnis von Akzeptanzkriterien wird als Teil einer Beweiskompetenz gesehen (Sommerhoff, 2017) und dort dem sogenannten Methodenwissen (Heinze & Reiss, 2003) zugeordnet.

Nicht notwendigerweise unter Verwendung derselben Begriffe, aber im Kern diese Thematik analysierend, gibt es in der mathematikdidaktischen Forschung zahlreiche empirische Studien, die sich der Beschreibung oder Beurteilung der Beweisakzeptanz und Akzeptanzkriterien unterschiedlicher Populationen widmen (z. B. Harel & Sowder, 1998; Healy & Hoyles, 2000; Ufer et al., 2009; Kempen, 2018; Sommerhoff & Ufer, 2019). Hierbei werden unter anderem auch verschiedene Defizite und Fehlvorstellungen beschrieben, die in einem Überblick etwa bei Reid und Knipping (2010) zu finden sind.

Gegenstand aktueller Forschung und noch nicht hinreichend erforscht ist die Frage, wann und in welchem Maße die unterschiedlichen genannten Beweisaktivitäten zusammenhängen und in welchem Maße welche Dispositionen für eine Performanz in den jeweiligen Beweisaktivitäten bedeutsam sind (A. Selden & J. Selden, 2015; Sommerhoff, 2017). Hierzu gehört im Speziellen auch der Zusammenhang zwischen einer Performanz bei der Konstruktion von Beweisen und die Kenntnis von Akzeptanzkriterien. Bisherige Studien deuten darauf

---

beiden Begriffen ohnehin oftmals schwierig bzw. Übergänge fließend sowie Begriffe unterschiedlich definiert (z. B. A. Selden & J. Selden, 2015; Pfeiffer, 2011; Mejia-Ramos & Inglis, 2009).

[2] Im Rahmen dieser Arbeit wird ein Beweis als eine spezifische mathematische Argumentation definiert.

hin, dass Zusammenhänge zwischen der Performanz bei der Konstruktion von Beweisen und der Kenntnis von Akzeptanzkriterien bestehen (z. B. Pfeiffer, 2011; Grundey, 2015). Insgesamt existiert allerdings die Notwendigkeit der Schaffung einer zusätzlichen empirischen Evidenz. Aus dieser Notwendigkeit kann das erste Forschungsanliegen dieser Arbeit formuliert werden:

Das erste Forschungsanliegen ist die Analyse von Zusammenhängen zwischen der Performanz bei der Konstruktion von Beweisen und der Beurteilung von Beweisprodukten hinsichtlich der Beweisakzeptanz und dazugehörigen Akzeptanzkriterien.

Mit diesem Forschungsanliegen werden einerseits Zusammenhänge zwischen Beweisaktivitäten untersucht, indem Ergebnisse eines Konstruktionsprozesses (hier Beweisprodukte genannt) mit den Ergebnissen eines Beurteilungsprozesses hinsichtlich der Beweisakzeptanz und Akzeptanzkriterien in Beziehung gesetzt werden. De Facto werden hier also Zusammenhänge zwischen der Performanz bei der Konstruktion von Beweisen mit der Performanz bei der auf die Beweisakzeptanz und Akzeptanzkriterien fokussierte Beurteilung von Beweisen untersucht. Mit der Analyse der Beweisakzeptanz und Akzeptanzkriterien werden allerdings auch Dispositionen sichtbar gemacht, die als Voraussetzung für eine Performanz bei der Konstruktion eines Beweises angenommen werden können.

Im Zusammenhang mit der Frage, wann ein Beweisprodukt als Beweis bezeichnet werden kann, steht auch die Frage, welche Argumentationstiefe es aufweisen muss. Diese Frage stellt sich z. B. bei der Konstruktion eines Beweises, wenn überlegt wird, welche Argumente Bestandteil einer Argumentationskette sein müssen, damit eine Behauptung als bewiesen gilt. Unmittelbar mit dieser Frage ist eine Kontroversität verbunden, die sich u. a. im Spannungsfeld zwischen einer notwendigen Strenge und z. B. einer Übersichtlichkeit eines Beweises bewegt: Einerseits ist es notwendig, dass einzelne Beweisschritte hinreichend begründet werden, d. h. eine Argumentationskette hinreichend vollständig ist. Andererseits können jene Beweisschritte immer genauer begründet werden. Dies führt mitunter so weit, dass bereits elementare Sätze der Mathematik unverhältnismäßig umfangreich werden und eine übermäßige Strenge deswegen in der Mathematik unüblich ist (Davis & Hersh, 1986; De Villiers, 1990; Jahnke & Ufer, 2015). Für die empirische mathematikdidaktische Forschung kann es hierbei von Interesse sein, ob und inwiefern die Frage nach einer hinreichend vollständigen Argumentationskette für die Einschätzung von Studierenden, wann ein Beweisprodukt als Beweis bezeichnet werden kann, bedeutsam ist. Aus diesem Forschungsinteresse heraus ergibt sich das zweite Forschungsanliegen dieser Arbeit:

Das zweite Forschungsanliegen ist die Analyse der Wirkung der Argumentationstiefe von Beweisprodukten auf die Beurteilung hinsichtlich der Beweisakzeptanz und Akzeptanzkriterien.

Relativierend sollte allerdings darauf hingewiesen werden, dass das Ziel nicht die Ermittlung eines Optimums zwischen Strenge und Übersichtlichkeit aus Sicht der Studierenden ist. Vielmehr geht es um die Frage, inwiefern derartige inhaltliche Aspekte bei der Beurteilung bedeutsam sind. Vertiefend ist eine weitere Intention, die im Zuge der Erläuterung der Methode genauer erläutert wird, die Erzeugung einer gewissen Varianz: Beabsichtigt ist, zwei Beweisprodukte vorzulegen, die sich im besonderen Maße hinsichtlich ihrer Argumentationstiefe unterscheiden. Insbesondere ist eines der Beweisprodukte dabei aus Forschersicht als nicht hinreichend vollständig für die Akzeptanz als Beweis zu bezeichnen. Von Interesse ist es daher, zu überprüfen, ob diese Unterschiede bei der Beurteilung von Bedeutung sind und ob das kurze Beweisprodukt aufgrund der nicht hinreichend vollständigen Argumentationskette häufiger nicht als Beweis akzeptiert wird.

Weiterführend ist zudem eine Verbindung der beiden Forschungsanliegen von Interesse. Aufgrund der Annahme, dass die genannte Wirkung der Argumentationstiefe im unterschiedlichen Maße bei Studierenden erfolgt, soll weiterführend untersucht werden, inwiefern eine Wirkung der Argumentationstiefe auf die Zusammenhänge zwischen der Performanz bei der Konstruktion von Beweisen und der Beurteilung von Beweisprodukten hinsichtlich der Beweisakzeptanz und dazugehörigen Akzeptanzkriterien erfolgt. Hierbei wird u. a. angenommen, dass sich leistungsstarke Studierende häufiger als leistungsschwache Studierende zu Eigenschaften der Beweisprodukte äußern, die im Zusammenhang mit den Unterschieden in der Argumentationstiefe stehen.

Insgesamt ist das Ziel dieser Arbeit also, Zusammenhänge zwischen verschiedenen Beweisaktivitäten und Dispositionen einer Beweiskompetenz sowie die Wirkung spezifischer Eigenschaften von zu beurteilenden Beweisprodukten zu analysieren.

1.3   Methodisches Vorgehen

Bei der vorliegenden Arbeit handelt es sich um eine empirische Studie mit Mixed-Methods-Ansatz.

Es werden die Daten von Studierenden zur Konstruktion und Beurteilung von Beweisprodukten in einem zweistufigen Verfahren erhoben: Nach der Konstruktion eines Beweises durch die Studierenden aufgrund einer Beweisaufgabe zu einem mathematischen Satz erfolgt im Anschluss die Beurteilung eines Beweis-produkts durch die Studierenden, das als Lösung zur Beweisaufgabe deklariert wird. Das vorgelegte Beweisprodukt wird zufällig ausgewählt und weist entwe-der eine hinreichend vollständige Argumentationskette („langes Beweisprodukt") oder eine, aus Forschersicht, nicht hinreichend vollständige Argumentationskette („kurzes Beweisprodukt") auf. Ansonsten weisen die Beweisprodukte im Wesent-lichen die gleichen Eigenschaften auf. Die Beurteilung des Beweisprodukts bezieht sich auf die Beweisakzeptanz und dazugehörigen Akzeptanzkriterien, wobei die Beweisakzeptanz mit einem geschlossenen Item und die Akzeptanz-kriterien mit einem offenen Item erhoben werden.

Eine Auswertung der Daten erfolgt mit qualitativen und quantitativen Metho-den. Der qualitative Teil der Studie dient der Frage der Messung der Performanz, Beweisakzeptanz und Akzeptanzkriterien:

- Zur Messung der Performanz werden deduktiv Kategorien entwickelt, die der Codierung studentischer Beweisprodukte und ihrer Klassifikation als verschie-dene mathematische Argumentationen dienen. Die Messung der Performanz unterliegt also der Frage, welches Beweisprodukt durch die Studierenden hergestellt wurde.
- Während der Beweisakzeptanz lediglich eine Entscheidung zugrunde liegt, ob ein vorgelegtes Beweisprodukt ein Beweis ist oder nicht, müssen die Akzeptanzkriterien aufgrund der Form der Datenerhebung aus den Äußerun-gen der Studierenden gewonnen werden. Hierzu erfolgt eine induktive und deduktive Kategorienbildung (Kuckartz, 2014; Mayring, 2015). Die Katego-rien beschreiben die Art der Akzeptanzkriterien, aber auch deren Anzahl sowie die Konkretheit der Äußerungen.

Der quantitative Teil der Studie greift die Vorarbeit des qualitativen Teils auf und dient der Bearbeitung der Forschungsanliegen dahingehend, dass verschiedene Gruppen hinsichtlich ihrer Beweisakzeptanz und Akzeptanzkriterien deskriptiv und inferenzstatistisch miteinander verglichen werden. Die Bildung der Gruppen erfolgt passend zu den jeweiligen Forschungsanliegen:

- Zur Analyse von Zusammenhängen zwischen der Performanz und Beweisak-zeptanz sowie Akzeptanzkriterien werden anhand der Ergebnisse zur Perfor-manz zwei Gruppen gebildet, die als leistungsstarke und leistungsschwache Studierende bezeichnet werden.

- Zur Analyse der Wirkung der Argumentationstiefe werden zwei Gruppen auf der Grundlage gebildet, welches der beiden zufällig ausgewählten Beweisprodukte sie beurteilt haben. Die Gruppen werden vereinfachend als kurzes und langes Beweisprodukt bezeichnet.

- Zur Analyse der Wirkung der Argumentationstiefe auf die Zusammenhänge zwischen der Performanz und Beweisakzeptanz sowie Akzeptanzkriterien werden wiederum die leistungsstarken und leistungsschwachen Studierenden jeweils beim kurzen und langen Beweisprodukt miteinander verglichen. Das kurze oder lange Beweisprodukt wird hier jeweils als Fall angenommen.

1.4 Aufbau der Arbeit

Die vorliegende Arbeit besteht, neben der Einleitung, aus den folgenden weiteren 6 Kapiteln:

Theoretische Grundlagen: Die Darstellung der theoretischen Grundlagen basiert auf der Beobachtung, dass die (fachdidaktische) Literatur in den wesentlichen Begriffen im Themenkomplex Beweisen große Uneinigkeiten aufweist. Für die vorliegende Arbeit ist es daher für die Definition der zentralen Begriffe dieser Arbeit zunächst notwendig, die im Rahmen dieser Arbeit verwendeten Grundbegriffe des Argumentierens zu erläutern (2.1.). Auf Basis dieser Grundbegriff erfolgt schließlich eine problematisierende Darstellung der Frage „Wann ist ein Beweis ein Beweis?" (2.2.). Hierbei werden verschiedene Aspekte und Theorien, die im Zusammenhang mit dieser Frage und ihrer innewohnenden Kontroversität stehen, erläutert. Vor dem Hintergrund dieser Problematik werden schließlich, auch unter Verwendung der bereits geschilderten Grundbegriffe des Argumentierens, die zentralen Begriffe dieser Arbeit erläutert (2.3.). Hierzu gehört insbesondere der Begriff des Beweises. Zum Zwecke der Ermöglichung der Messung der Performanz bei der Konstruktion von Beweisen ergibt sich hierbei die zwingende Notwendigkeit einer genauen Definition. Zuletzt erfolgt eine Erläuterung der Beweiskompetenz auf der Grundlage der genannten Begriffe (2.4.).

Ausgewählte empirische Befunde zur Beweiskompetenz: Die Darstellung empirischer Befunde zur Beweiskompetenz beginnt mit einem kurzen Überblick über verschiedene Problembereiche im Zusammenhang mit der Beweiskompetenz (3.1.). Die weitere Erläuterung verschiedener Studien zu Aspekten der Beweiskompetenz schränkt die Betrachtung schließlich auf wesentliche Studien ein, die für die vorliegende Arbeit von unmittelbarer Relevanz sind (3.2.) und sich insbesondere speziell auf den Zusammenhang zwischen der Konstruktion von Beweisen und der Beweisakzeptanz und Akzeptanzkriterien beziehen (3.3.).

Eigenes Forschungsanliegen: Die Darstellung des eigenen Forschungsanliegens knüpft an den zuvor genannten Studien an und nennt sich daraus ergebende Forschungslücken (4.1.). Aus diesen Forschungslücken wird schließlich das eigene Forschungsanliegen abgeleitet und konkretisiert (4.2.). Im Anschluss werden zu diesem Forschungsanliegen schließlich Forschungsfragen formuliert, die, je nach Forschungsanliegen, weiter konkretisiert werden (4.3.). Anhand der Konkretisierung werden verschiedene Hypothesen formuliert (4.4.).

Methode: Zur Darstellung der Methode erfolgt einleitend ein Überblick über das Studiendesign (5.1.). Im Anschluss wird dargelegt, wie die Daten erhoben und die Studie durchgeführt wird (5.2.). Dazu gehört eine Erläuterung des bei der Konstruktion eines Beweises zu beweisenden Satzes, der dazugehörigen Aufgabe, der zu beurteilenden Beweisprodukte und des Fragebogens zur Erhebung der Beweisakzeptanz und Akzeptanzkriterien. Es folgt eine Erläuterung der qualitativen Analyse von Beweisprodukten, die der Messung der Performanz dient (5.3.), sowie eine Erläuterung der qualitativen Analyse von Akzeptanzkriterien (5.4.). Diese qualitativen Analysen bilden die Grundlage für quantitative Analysen der Beweisprodukte (5.5.) sowie der Beweisakzeptanz und Akzeptanzkriterien (5.6.). Eine Erläuterung der verwendeten statistischen Tests erfolgt in (5.7.). Zuletzt erfolgt anhand von 6 Beispielen als Zusatz eine ausführliche qualitative Analyse von Beweisprodukten (5.8.). Diese Analyse wird aufgrund der formulierten Forschungsfragen eher dem Methodenteil zugeordnet und dient der Darstellung der qualitativen Analyse von Beweisprodukten.

Ergebnisse und Einzeldiskussionen: Zu Beginn der Darstellung der Ergebnisse und Einzeldiskussionen werden die Stichprobe beschrieben (6.1.) sowie die Interraterreliabilität bei beiden qualitativen Analysen berechnet und diskutiert (6.2.). Im Anschluss erfolgen die Darstellung und Diskussion der Ergebnisse zur Performanz bei der Konstruktion von Beweisen (6.3.). Diese Darstellung dient auch der Bildung der genannten Gruppen, die für die weiteren Ergebnisse wesentlich sind. In (6.4.) werden schließlich die Ergebnisse zur Beweisakzeptanz für verschiedene Teilstichproben dargelegt und diskutiert.

Den Schwerpunkt dieser Arbeit bilden die Teilkapitel (6.5.) bis (6.8.). Hier werden, jeweils für verschiedene Gruppen und mit unterschiedlichen Schwerpunkten, die Ergebnisse zu den Akzeptanzkriterien erläutert und diskutiert. Im Konkreten erfolgt:

– Die Darstellung und Diskussion der Ergebnisse der gesamten Stichprobe bei der Beurteilung beider Beweisprodukte (6.5.). Dieses Teilkapitel dient vor allem der Diskussion der Akzeptanzkriterien generell sowie der Einschätzung der Gesamtstichprobe.

- Die Analyse der Wirkung der Argumentationstiefe von Beweisprodukten auf die Beurteilung hinsichtlich der Beweisakzeptanz und Akzeptanzkriterien (6.6.).
- Die Analyse von Zusammenhängen zwischen der Performanz bei der Konstruktion von Beweisen und der Beurteilung von Beweisprodukten hinsichtlich der Akzeptanzkriterien (6.7.).
- Die Analyse der Wirkung der Argumentationstiefe von Beweisprodukten auf die Zusammenhänge zwischen der Performanz bei der Konstruktion von Beweisen und der Beurteilung von Beweisprodukten hinsichtlich der Beweisakzeptanz und dazugehörigen Akzeptanzkriterien (6.8.).

Zusammenfassung und Gesamtdiskussion: Im abschließenden Kapitel dieser Arbeit werden, ausgehend von einer erneuten kurzen Darlegung des Forschungsanliegens (7.1.), die Kernergebnisse aus den Teilkapiteln (6.3.) bis (6.8.) genannt (7.2.) und anhand wesentlicher Hypothesen dieser Arbeit diskutiert (7.3.). Für detaillierte Analysen und Diskussionen wird hierbei jeweils auf die Teilkapitel zu den Ergebnissen und Einzeldiskussionen verwiesen. Eine Kurzfassung der Ergebnisse erfolgt in (7.4.). In (7.5.) werden Empfehlungen für die Lehrpraxis genannt, die aufgrund dieser Arbeit gegeben werden können. In (7.6.) erfolgt eine kritische Reflexion verschiedener Aspekte dieser Arbeit, in der Limitationen und Desiderate für zukünftige Studien genannt werden.

Theorie

In diesem Kapitel werden die theoretischen Grundlagen dieser Arbeit erläutert. Diese bestehen aus den folgenden vier Teilkapiteln, die jeweils unterschiedliche Funktionen in dieser Arbeit erfüllen:

Grundbegriffe des Argumentierens (2.1.): Die (fachdidaktische) Literatur weist in den wesentlichen Begriffen im Themenkomplex Beweisen eine große Uneinheitlichkeit auf. Inwiefern die Notwendigkeit besteht, diese Begriffe zu vereinheitlichen oder ob die Verwendung unterschiedlicher Begriffe nicht vielleicht sogar als Chance zu sehen ist, den Themenkomplex unter verschiedenen Perspektiven zu betrachten, wurde im größeren Umfang unter Forschenden diskutiert (Reid & Knipping, 2010). Um sich über die fachdidaktische Forschung zu Beweisen austauschen zu können, ist es zwingend notwendig, dass die in einer Arbeit verwendeten Begriffe genannt und erläutert werden. In der vorliegenden Arbeit wird ein Beweis im dritten Teilkapitel als eine Form von mathematischer Argumentation gesehen und auf Basis verschiedener Begriffe hergeleitet. Für die Herleitung dieses Begriffes ist es allerdings notwendig, dass einige Begriffe definiert, erklärt und zueinander in Beziehung gesetzt werden. Im folgenden Abschnitt werden daher die folgenden Begriffe erläutert: Aussage, Wahrheit von Aussagen, Argument, Argumentation / Argumentationskette, Argumentieren, Darstellung einer Argumentstruktur (Toulmin-Schema), Gültigkeit von Argumenten, Argumentform, Schlussregel (v. a. modus ponens), Arten von Argumenten (Deduktion, Induktion, Abduktion, Sonstige).

Eine Darstellung und Problematisierung der Frage „Wann ist ein Beweis ein Beweis?" (2.2.): Aufgrund der im ersten Teilkapitel erläuterten Grundbegriffe wird der sogenannte „strenge Beweis" als eine Idealform eines Beweises definiert und zugleich aufgrund seiner Unerreichbarkeit und Nicht-Praktikabilität problematisiert. Aufgrund dieser Problematisierung stellt sich allerdings die Frage,

F. Füllgrabe, *Konstruktion und Akzeptanz von Beweisen*, Mathematikdidaktik im Fokus, https://doi.org/10.1007/978-3-658-41303-3_2

welche Eigenschaften oder Funktionen erfüllt sein müssen, damit eine mathematische Argumentation als Beweis akzeptiert wird. Die folgenden Ansätze grenzen diese Frage der Beweisakzeptanz aus verschiedenen Perspektiven ein und zeigen die Sinnhaftigkeit einer empirischen Erforschung von Beweisakzeptanz und Akzeptanzkriterien auf:

- Die Theorie von Aberdein (2013) über die parallel zueinander existierende Inferenzstruktur und argumentative Struktur. Diese Arbeit kann als Grundlage für die Diskussion herangezogen werden, ab wann eine Argumentationskette als hinreichend vollständig bezeichnet werden kann.
- Die Funktionen von Beweisen (De Villiers, 1990). Beweise müssen nicht nur aufgrund ihrer Struktur betrachtet werden, sondern können auch unter dem Gesichtspunkt betrachtet werden, welche Funktionen sie erfüllen können oder müssen. Hierzu gehört z. B. die Überzeugungsfunktion, also die Funktion eines Beweises, von der Gültigkeit eines Satzes zu überzeugen. Hier deutet sich auch eine psychologische Perspektive auf die Frage, wann eine Argumentation als Beweis gilt, an.
- Die Theorie soziomathematischer Normen (Yackel & Cobb, 1996). Anhand dieser Theorie wird verdeutlicht, dass soziale Mechanismen eine große Bedeutsamkeit für die Akzeptanz einer Argumentation als Beweis haben.

Die Herleitung und Erläuterung der zentralen Begriffe dieser Arbeit (2.3.): Aufgrund verschiedener Vorüberlegungen wird in diesem Teilkapitel der Begriff des Beweises hergeleitet. Darüber hinaus erfolgt die Erläuterung der Begriffe Begründung, generischer Beweis (als didaktisch orientiertes Beweiskonzept), empirische Argumentation sowie ungültige / unvollständige / keine Argumentation. Diese Begriffe werden in (5.3.) verwendet, um zu ermitteln, welches Beweisprodukt Studierende herstellen und folglich auch, um eine Performanz bei der Konstruktion eines Beweises zu messen.
Eine Erläuterung der Beweiskompetenz (2.4.): Zuletzt werden der Begriff der Beweiskompetenz im Zusammenhang mit verschiedenen Beweisaktivitäten erläutert und dabei das Methodenwissen aufgrund seiner Relevanz für die Analyse von Akzeptanzkriterien hervorgehoben erläutert.

2.1 Grundbegriffe des Argumentierens

Im Folgenden werden die Grundbegriffe des Argumentierens erläutert. Hierbei erfolgt vor allem eine Orientierung an Bayer (2007) und Brunner (2014).

2.1.1 Die Wahrheit von Aussagen und Gültigkeit von Argumenten

Eine Aussage ist im Rahmen dieser Arbeit ein Satz im linguistischen Sinne, also explizit nicht gleichzusetzen mit einem mathematischen Satz, der gemäß des Zweiwertigkeitsprinzips die Wahrheitswerte wahr oder falsch zugewiesen werden können. Es handelt sich bei der Zuweisung von Wahrheitswerten um eine Bewertung, die rein auf der semantischen Ebene stattfindet (Brunner, 2014, S. 11).

Ein Argument bringt wiederum Aussagen miteinander in Verbindung. Es besteht aus mindestens einer Prämisse und genau einer Konklusion. Die Konklusion ist dabei eine Aussage, die zu begründen ist und Prämissen sind Aussagen, die zu eben dieser Begründung herangezogen werden, d. h. die Konklusion stützen sollen (Bayer, 2007, S. 18). Eine in der Mathematikdidaktik auch übliche Verwendung für den Begriff Prämisse ist Voraussetzung und für den Begriff Konklusion Schlussfolgerung. Werden Argumente miteinander verknüpft, so entsteht eine Argumentation oder, synonym, Argumentationskette. Die Artikulation eines Arguments oder einer Argumentation heißt Argumentieren. Die Begriffe Argument und logischer Schluss werden im Rahmen dieser Arbeit synonym verwendet, obgleich ein Schluss auch als ein psychischer, mitunter unbewusster Prozess vom etwas (vermeintlich) Bekannten zu etwas Neuem gesehen werden kann (Bayer, 2007, S. 235).

Gemäß dem Toulmin-Schema (Toulmin & Berk, 1996) kann ein Argument wie in Abbildung 2.1 dargestellt werden:

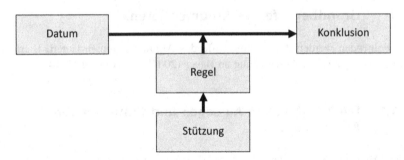

Abbildung 2.1 Toulmin-Schema. (Eigene Erstellung nach Toulmin und Berk (1996))

Das Datum (eng. Data) bildet dabei eine Prämisse, von der logisch auf eine Konklusion / Behauptung (eng. Conclusion / Claim) geschlossen wird. Zur Unterstützung dieses Schlusses kann eine weitere Prämisse in Form einer Regel (eng. Warrant) herangezogen werden, die ggf. durch eine Stützung (eng. Backing) gesichert wird. Sowohl Regel als auch Stützung können in Form einer Implikation auftreten (Wenn A, dann B; kurz: $A \Rightarrow B$).

Aus rein semantischer Perspektive ist gewünscht, dass alle Aussagen in diesem Argument wahr sind (auch haltbar genannt). Die Überprüfung dieser Wahrheit gilt insbesondere für die Prämissen Datum, Regel und Stützung, wobei das Datum zunächst nicht zwingend isoliert betrachtet einen Wahrheitswert haben muss, sondern auch in einer Aussageform vorliegen kann.

Auf syntaktischer Ebene wiederum wird geklärt, ob ein Argument gültig ist (Brunner, 2014, S. 11): Ein Argument ist gültig, wenn es unmöglich ist, dass die Prämissen wahr sind, aber die Konklusion falsch ist. Für ein gültiges Argument gilt also: wenn alle Prämissen wahr sind, dann ist die Konklusion logisch zwingend auch wahr. Wenn wiederum alle Argumente einer Argumentationskette gültig sind, kann die Argumentationskette als gültig bezeichnet werden.

Die Gültigkeit eines Arguments wird durch eine korrekte Argumentform gewährleistet (Bayer, 2007), d. h. es geht letztendlich darum, ob gültige Schlussregeln korrekt eingesetzt wurden. Im Beweiskontext bedeutsame Schlussregeln sind zum Beispiel:

- Modus ponendo ponens: $A \wedge (A \to B) \Rightarrow B$
- Modus tollendo tollens (indirekter Beweis): $\neg B \wedge (A \to B) \Rightarrow \neg A$
- Reductio ad absurdum (Widerspruchsbeweis als indirekter Beweis): $\neg A \to (B \wedge \neg B) \Rightarrow A$

Da in den Daten dieser Arbeit nahezu ausschließlich versucht wird, direkte Beweise zu konstruieren, ist der Modus ponendo ponens die bedeutendste Schlussregel in dieser Arbeit. Die weiteren Erläuterungen zur Gültigkeit beziehen sich also auf diese Schlussregel. Bedeutsam ist sie auch, wenn man den Begriff der Deduktion betrachtet: Eine Deduktion ist ein Argument, bei dem die Konklusion aus Prämissen geschlossen wird, wobei der Gehalt der Konklusion bereits explizit oder implizit in den Prämissen enthalten ist (Bayer, 2007, S. 227). Es wird also der Modus ponendo ponens als Schlussregel genutzt.

Beispiel:

- Datum: Die letzte Ziffer von 567384 ist durch 2 teilbar.
- Regel: Alle natürlichen Zahlen, deren letzte Ziffer durch 2 teilbar ist, sind durch 2 teilbar.
- Konklusion: Also ist 567384 durch 2 teilbar.

Das Beispiel verdeutlicht verschiedene Eigenschaften von Deduktionen. Zunächst ist für eine Deduktion charakteristisch, dass, gemäß der Schlussregel Modus ponendo ponens, zu einem bestimmten Datum (A) eine Regel (A → B) herangezogen wird und daraus dann eine Konklusion (B) für das Datum geschlossen wird. Hier handelt es sich beim Datum um einen konkreten Fall, dass die letzte Ziffer einer konkreten Zahl durch 2 Teilbar ist. Auf diesen Fall wird wiederum eine Regel angewandt, die in Form einer Allaussage formuliert ist: Für alle Zahlen eines bestimmten Typs gilt ein Sachverhalt. Die Regel ist also allgemein formuliert. Daher wird bei einer Deduktion auch häufig von einem „Schluss vom Allgemeinen auf das Besondere" gesprochen.

Weiterhin wird das wesentliche Charakteristikum einer Deduktion verdeutlicht, dass alle für die Konklusion notwendigen Informationen bereits in den Prämissen enthalten sind. Somit ist die Konklusion logisch zwingend.[1] Wenn also die Prämissen (Datum und Regel) wahr sind, so auch, aus logischen Gründen, die Konklusion. Vorsicht ist allerdings dahingehend geboten, dass eine Deduktion nicht die Wahrheit der Prämissen garantiert. Wenn die für eine Deduktion genutzten Prämissen falsch sind, so kann die Konklusion zwar aus syntaktischer Perspektive wahr sein, aber das bedeutet nicht, dass sie es, aus semantischer Perspektive, tatsächlich auch ist (Bayer, 2007, S. 43 f.). Aus etwas völlig Falschem

---

[1] Problematisierend muss allerdings erwähnt werden, dass sie dies nur ist, wenn der Leser weiß, dass 4 durch 2 teilbar ist. Hinzu kommt, dass es keine feste Regel gibt, ab wann etwas als logisch zwingend gilt. Diese Problematik wird im weiteren Verlauf dieser Arbeit erneut aufgegriffen.

kann etwas gefolgert werden, dass eben unter diesen Voraussetzungen logisch zwingend als wahr zu bezeichnen ist, aber ob es tatsächlich auch wahr ist, ist etwas anderes.

Beispiel (mit Fehler):

- Fälle: 2 und 4 sind gerade Zahlen. Es gilt: $2 + 4 = 6$.
- Regel: Wenn man zwei gerade Zahlen addiert, dann entsteht immer eine ungerade Zahl.
- Konklusion: 6 ist eine ungerade Zahl.

Aus syntaktischer Sicht folgt die Wahrheit der Konklusion, da der Gehalt der Konklusion bereits in den Prämissen enthalten ist, d. h. eine Deduktion vorliegt. Allerdings ist die angewandte Regel ungültig. Da bekannt ist, dass 6 eine gerade Zahl ist, kann attestiert werden, dass die Konklusion aus semantischer Sicht falsch ist. Eine Konsequenz ist, dass in einer Argumentation sowohl Annahmen (hier: die Regel) als auch Konklusionen hinsichtlich ihrer Wahrheit überprüft werden müssen, sofern nicht alle Aussagen logisch zwingend durch eine Argumentationskette auf Axiome zurückgeführt werden.

Neben der Deduktion gibt es noch weitere Arten von Argumenten. Diese sind (Tabelle 2.1):

Tabelle 2.1 Arten von Argumenten: Deduktion, Induktion und Abduktion

Argument	Definition	Kurz
Deduktion	Schluss von einem Datum und einer Regel auf eine Konklusion	$A \wedge (A \rightarrow B) \Rightarrow B$
Induktion	Schluss von einem Datum und einer Konklusion auf eine Regel	$A \wedge B \Rightarrow (A \rightarrow B)$
Abduktion	Schluss von einer Regel und der Konklusion auf das Datum	$B \wedge (A \rightarrow B) \Rightarrow A$

(Tabelle zusammengestellt anhand von Reid & Knipping, 2010, S. 83)

Weitere Arten von Argumenten sind etwa die Berufung auf eine Autorität, Analogieschlüsse und Wahrscheinlichkeitsaussagen (Fischer & Malle, 2004 in Brunner, 2014). Für alle genannten Argumente außer der Deduktion gilt allerdings, dass sie nicht als gültig gelten, weil die Wahrheit der Konklusion nicht logisch zwingend ist. Unter Berücksichtigung der vorliegenden Daten in dieser Arbeit ist die Induktion von größerer Bedeutung bei der späteren Analyse und Klassifikation von Beweisprodukten und der Analyse von Akzeptanzkriterien. Die Abduktion kann zur Generierung neuer Erkenntnisse beitragen (Meyer, 2007, 290 f.), allerdings spielt sie in den vorliegenden Daten keine Rolle. Die weiteren Arten von Argumenten sind eher bei der Betrachtung von Akzeptanzkriterien bedeutsam. Aufgrund der großen Bedeutsamkeit wird die Induktion im Folgenden genauer betrachtet, während die anderen Arten von Argumenten an dieser Stelle nicht weiter erläutert werden. Die Berufung auf eine Autorität bildet hierbei eine Ausnahme, wird aufgrund einer besseren Passung aber erst im Zuge der Erläuterung von „proof schemes" (Harel & Sowder, 1998) in (3.2.2.) erläutert.

Für eine Induktion ist es typisch, dass von einem Datum und einer Konklusion auf eine Regel geschlossen wird.

Beispiel:

- Datum: Die letzte Ziffer von 123456 ist durch 3 teilbar.
- Konklusion: 123456 ist durch 3 teilbar.
- Also folgt die Regel: Alle natürlichen Zahlen, deren letzte Ziffer durch 3 teilbar ist, sind durch 3 teilbar.

Es stimmt zwar, dass die letzte Ziffer 6 durch 3 teilbar ist und auch, dass die Zahl 123456 durch 3 teilbar ist, allerdings folgt daraus nicht zwangsläufig die genannte Regel, dass dies für alle natürlichen Zahlen gelte: Bei der Zahl 123466 ist zwar auch die letzte Ziffer durch 3 teilbar, allerdings ist 123466 nicht durch 3 teilbar. Daraus folgt, dass die geschlossene Regel nicht wahr ist, da sie nicht für alle natürlichen Zahlen gilt. Entsprechend zeigt sich auch, dass die Regel nicht zwingend wahr ist, wenn Datum und Konklusion wahr sind. Folglich handelt es sich bei der Induktion um kein gültiges Argument. Problematisch wird es zudem, wenn Induktion und Deduktion miteinander dahingehend verknüpft werden, dass z. B. die herangezogene Regel in einer Deduktion das Resultat einer Induktion ist. In diesem Falle sind die Prämissen der Deduktion nicht zwingend wahr, also kann aus semantischer Sicht auch nicht die Wahrheit der Konklusion in der Deduktion garantiert werden. Allgemein: Wenn mindestens eine Induktion in einer Argumentationskette auftritt, so ist diese nicht gültig.

2.1.2   Problematisierende Aspekte

Für den zentralen Begriff der Gültigkeit gilt: Wenn jemand beabsichtigt, ein deduktives Argument zu nennen und der Gehalt der Konklusion nicht vollständig in den Prämissen enthalten ist, so kann die Wahrheit der Konklusion aus logischer Sicht nicht garantiert werden. Dieser Sachverhalt gilt sogar dann, wenn die Konklusion eine wahre Aussage ist, da Gültigkeit, wie bereits beschrieben, rein auf syntaktischer Ebene geklärt wird (Brunner, 2014, S. 11). In diesem Fall wäre die Konklusion eben nicht aus zwingend logischen Gründen wahr, sondern ihre Wahrheit wird separat auf semantischer Ebene geklärt. Folglich können auch wahre Aussagen entstehen, selbst wenn diese nicht logisch zwingend sind. Oder anders formuliert: Es existiert keine völlige Abhängigkeit von der Logik, um etwas als wahr bezeichnen zu können. Allerdings stellt sich dann die Frage, wie man die Wahrheit einer Aussage absichern möchte oder, mit konkretem Bezug auf die Mathematik, wie Wahrheit in der Mathematik gefunden werden kann unter der Prämisse, dass nicht ausschließlich gültige Argumente im obigen Sinne Verwendung finden. Erläuterungen hierzu werden in (2.2.3.) gegeben. Umgekehrt stellt sich wiederum die Frage einer „Praxistauglichkeit": Wie umfangreich werden gültige Argumentationsketten im obigen Sinne? Gibt es, bezogen auf praktische Problemstellungen, Gründe, von ausschließlich gültigen Argumenten abzuweichen? Diese Problematik soll anknüpfend an die folgende Vorstellung eines „strengen" bzw. „formalen" Beweises vertieft werden.

2.2   Eine Darstellung und Problematisierung der Frage der Beweisakzeptanz

Im Folgenden wird sich der Frage der Beweisakzeptanz aus verschiedenen Perspektiven problematisierend angenähert.

2.2.1   Strenge / formale Beweise

Die Definition eines strengen oder formalen Beweises knüpft unmittelbar an die genannten Vorstellungen einer gültigen Argumentation an. Um möglichen Verwechslungen mit Beweisen, die in formal-symbolischer Darstellungsform verfasst sind, vorzubeugen, wird im Folgenden nur noch der Begriff des strengen Beweises verwendet.

Hanna (1983, S. 3 in Reid & Knipping, 2010, S. 27) definiert strenge bzw. formale Beweise wie folgt:

„The term rigorous proof or formal proof [...] is understood here to mean a proof in mathematics or logic which satisfies two conditions of explicitness. First, every definition, assumption and rule of inference appealed to in the proof has been, or could be, explicitly stated; in other words, the proof is carried out within the frame of reference of a specific known axiomatic system. Second, every step in the chain of deductions which constitutes the proof is set out explicitly"

Dies kann übersetzt werden mit (eigene Übersetzung):

Unter dem Begriff strenger oder formaler Beweis kann man einen Beweis in der Mathematik oder Logik verstehen, der die folgenden zwei Bedingungen erfüllt:

1. Jede Definition, Annahme oder Schlussregel, die im Beweis genutzt werden, werden explizit im Beweis angegeben oder können explizit angegeben werden. Mit anderen Worten: der Beweis wird im Rahmen eines bestimmten, bekannten axiomatischen Systems durchgeführt
2. Jeder Schritt in der Kette aus Deduktionen, die den Beweis bildet, wird explizit genannt

Was bedeutet dies für einen strengen Beweis? Zunächst sind strenge Beweise an ein axiomatisches System gebunden. Wenn strenge Beweise nicht in einem axiomatischen System durchgeführt werden würden, könnten verwendete Regeln und deren Stützungen nicht oder nur eingeschränkt eingesetzt werden, weil sich nicht aus den Rahmenbedingungen heraus ergibt, ob diese schon als gesichert gelten. Streng genommen müssten strenge Beweise in diesem Sinne immer auch zurückgeführt werden auf Axiome und würden entsprechend sehr umfangreich werden (siehe auch Kempen, 2018, S. 36ff und Jahnke & Ufer, 2015, S. 332 f.).

Strenge Beweise seien allerdings in der fachmathematischen Praxis unüblich, attestiert De Villiers (1990) unter Bezug auf Davis & Hersh (1986, S. 66): vielmehr sei es üblich, dass Mathematiker nur jene Teile ihrer Argumente publizieren, die sie für die Überzeugung einer beabsichtigten Zielgruppe für wichtig halten. Teile wiederum, die auch von der jeweiligen Zielgruppe in Eigenarbeit repliziert werden können, wie etwa bestimmte Rechnungen oder Umformungen, könnten ausgelassen werden. In den daraus entstehenden Vorteilen stecken auch die Gründe für dieses Vorgehen, die unmittelbar mit den Nachteilen eines strengen Beweises kontrastiert werden können: der Versuch eines strengen Beweises führe zu langen, komplizierten Beweisen, sodass ein evaluierter Überblick unmöglich werde, während die Wahrscheinlichkeit für Fehler gleichzeitig gefährlich hoch werde (De Villiers, 1990, S. 19).

Wenn nun aber strenge Beweise unüblich sind, ist wiederum offen, wie ein Beweis stattdessen definiert werden kann. Maßgeblich ist aus der diskutierten Perspektive, wie ein Beweis im Spannungsfeld zwischen Strenge und einer Form von Praktikabilität und Übersicht eingeordnet werden kann. Hierbei ist die Frage, wann eine Argumentationskette hinreichend vollständig ist, entscheidend. Diese Frage ist im Rahmen dieser Arbeit in verschiedenen Zusammenhängen von großer Bedeutung, vor allem aber bei der qualitativen Analyse von Beweisprodukten (5.3.) und der dort erfolgenden Beurteilung der Vollständigkeit eines von Studierenden hergestellten Beweisprodukts.

Eine Grundlage zur Beschreibung und Strukturierung dieser Problematik bietet die Arbeit von Aberdein (2013), die im Folgenden erläutert wird.

2.2.2 Aberdein: The parallel structure of mathematical reasoning

Aberdein (2013) unterscheidet zwischen einer Inferenzstruktur und einer argumentativen Struktur eines Beweises, die parallel zueinander in einem Beweis existieren. Die mitunter unsichtbare Inferenzstruktur eines Beweises bildet das ab, was man als strengen Beweis bezeichnen würde. Dem gegenüber steht die argumentative Struktur, die von der Existenz dieser Inferenzstruktur überzeugen soll. Seine Unterscheidung in A-, B-, und C-Schema-Beweise stellt hierbei dar, inwiefern die Inferenzstruktur durch die argumentative Struktur sichtbar gemacht wird:

In A-Schema-Beweisen werden die Deduktionen der Inferenzstruktur in der argumentativen Struktur formuliert. Es handelt sich also de facto um einen strengen Beweis im eigentlichen Sinne.

In B-Schema-Beweisen werden die Deduktionen der Inferenzstruktur nicht bzw. nicht immer in der argumentativen Struktur formuliert. Vielmehr handelt es sich bei B-Schema-Beweisen um mathematische Argumentationen, die prinzipiell als Schritte der Inferenzstruktur formalisiert werden könnten. Sie können also als Argumentationen verstanden werden, in denen Schritte fehlen, die aber „leicht" ergänzt werden können: etwa bei einem sehr komprimierten Beweis, in dem Zwischenschritte fehlen.

In C-Schema-Beweisen existiert nur eine lose Verbindung zwischen Argumentationsstruktur und Inferenzstruktur dahingehend, dass nicht zwingend ein deduktiver Charakter vorliegen muss (Aberdein, 2013, S. 366 f.).

Bezogen auf die gestellten Fragen zur Argumentationstiefe und der Frage, wann ein Argument als logisch zwingend gilt, kann die Frage anhand der Arbeit von Aberdein (2013) umformuliert werden: Bis zu welchem Maße muss die Inferenzstruktur sichtbar gemacht werden, d. h. welche der drei genannten Schema-Beweise werden als Beweise, mit ggf. weiteren Anforderungen, akzeptiert? Diese Frage kann nicht global beantwortet werden, sondern wird aufgrund verschiedener, noch zu erläuternder Faktoren individuell, in Gruppen und in unterschiedlichen Kontexten entschieden. Da bisher nur aus logischer Perspektive erläutert wurde, ab wann eine Behauptung als wahr bezeichnet werden kann, wurde die Frage nach der Verifikation entsprechend nur eingeschränkt aus einer Perspektive betrachtet. Ein Perspektivwechsel, der bereits angedeutet wurde, kann wiederum Antworten zu der Frage ermöglichen, unter welchen Umständen dennoch von einer Verifikation einer Behauptung gesprochen werden kann, wenn dessen Wahrheit aus logischer Perspektive aufgrund der Unüblichkeit von strengen Beweisen nicht garantiert ist. Da sich Beweise letztendlich immer auch an bestimmte Personen (z. B. Reviewer einer wissenschaftlichen Arbeit) richten bzw. von Personen entschieden werden muss, ob eine mathematische Argumentation als Beweis akzeptiert werden kann, stellt sich folglich z. B. die Frage, wann diese Person von der Gültigkeit einer Argumentationskette überzeugt ist. Übergreifender stellt sich also die Frage, welche Funktion(en) ein Beweis erfüllen muss, um als solcher akzeptiert zu werden. Aus diesem Grund werden im Folgenden die Funktionen von Beweisen dargestellt und mit speziellem Fokus auf die Frage der Akzeptanz erläutert.

2.2.3 Funktionen von Beweisen

Eine in der mathematikdidaktischen Forschung häufig zitierte Übersicht über wesentliche Funktionen von Beweisen stammt von De Villiers (1990). Diese wird im Folgenden als Grundlage für die Darstellung der Funktionen von Beweisen verwendet. Bei der Zusammenstellung der Funktionen von Beweisen erfolgte auch eine Orientierung an Reid und Knipping (2010) sowie Kempen (2018), auf die für die Darstellung weiterer, hier nicht aufgeführter Funktionen verwiesen sei.
Die 5 von De Villiers (1990, S. 18) genannten Funktionen von Beweisen sind (ohne eine Sortierung nach Bedeutsamkeit dieser Funktionen):

- **Verifikation und Überzeugung**: Beweise können verifizieren und überzeugen, dass ein Satz gültig ist
- **Erklärung**: Beweise ermöglichen eine Einsicht, warum ein Satz gültig ist

- **Systematisierung**: Beweise ermöglichen die Organisation verschiedener Resultate in ein deduktives System aus Axiomen, wesentlichen Konzepten und Sätzen
- **Erkundung**: Beweisen ermöglicht das Erkunden neuer Ergebnisse
- **Kommunikation**: Beweise können mathematisches Wissen tragen

De Villiers (1990) nennt in einer initial gegebenen Übersicht eigentlich nur 5 Funktionen. Unter Berücksichtigung anderer Autoren existieren aber durchaus Argumente dafür, dass die Funktionen Verifikation und Überzeugung voneinander trennbar sind und man deshalb 6 wesentliche Funktionen identifizieren kann.

2.2.3.1 Verifikations- und Überzeugungsfunktion

Die Verifikationsfunktion beschreibt grundsätzlich die Funktion eines Beweises, die Wahrheit bzw. Gültigkeit von Sätzen nachzuweisen (De Villiers, 1990, S. 18). Bezüglich der Begriffe „Wahrheit" und „Gültigkeit" sei an dieser Stelle auf den vorherigen Abschnitt (2.1.1.) hingewiesen. Im Speziellen ist es wichtig, dass es sich hierbei um eine Gültigkeit im logischen Sinne handelt, also eine idealtypische Vorstellung eines Beweises betrachtet wird. Dies bedeutet dann allerdings auch, dass ausschließlich akzeptierte Schlussregeln verwendet werden dürfen (z. B. modus ponens), damit der Nachweis einer Gültigkeit im logischen Sinne gewährleistet ist. Folglich ist es für die Erfüllung der Verifikationsfunktion theoretisch nötig, einen strengen Beweis zu geben. Da dies allerdings, wie in (2.2.1.) erläutert, nur theoretisch möglich, aber praktisch unüblich ist, wird das Problem unter Nutzung der Terminologie von Aberdein (2013) umformuliert: Inwiefern kann ein Beweis von der Existenz einer Inferenzstruktur, die eine Verifikation „im strengen Sinne" ermöglichen würde, überzeugen? Hier offenbart sich ein unmittelbarer Zusammenhang zwischen Verifikations- und Überzeugungsfunktion, die im Folgenden allerdings über ein „ja, es überzeugt von einer existierenden Inferenzstruktur" bzw. „nein, es überzeugt nicht von einer existierenden Inferenzstruktur" hinausgehend vertiefend diskutiert werden soll.

Zusammenhang zwischen Verifikation und Überzeugung

Reid & Knipping (2010, S. 74) kontrastieren die genannte „idealtypische" Perspektive eines strengen Beweises mit einer psychologischen Perspektive: während eine Aussage aus logischer Sicht lediglich wahr oder falsch sein kann, kann sie aus psychologischer Sicht mehrere Werte annehmen. Sie verweisen damit auf Duval (1990, 2007), der diese Werte „epistemic value" (hier übersetzt mit „epistemischen Wert") nennt. Er definiert einen epistemischen Wert als persönliche Beurteilung, ob und inwiefern der Behauptung geglaubt wird. Subjektive

Sichtweisen sind somit nicht ausgeschlossen. Eine Funktion von Beweisen sei es entsprechend, so De Villiers (1990), persönliche Zweifel und / oder Zweifel von Skeptikern zu beseitigen. Vor dem Hintergrund dieser Problematik glaubt De Villiers, dass keine absolute Gewissheit durch Beweise entstehe und Beweise somit auch keine absolute Autorität bei der Deklaration der Gültigkeit einer Behauptung hätten. In Anlehnung an Davis und Hersh (1986, S. 65) stehe, so De Villiers, nicht hinter jedem Satz in der mathematischen Literatur eine Verkettung logischer Schlüsse von einer Hypothese hin zu einer Konklusion, die absolut verständlich ist und unwiderlegbar die Wahrheit garantiere.

Vielmehr sieht De Villiers eine Überzeugung als Voraussetzung für das Finden eines Beweises an und stützt dieses Argument mit dem Bild, dass Mathematiker schließlich nicht viel Zeit für den Beweis von bestimmten Behauptungen aufwenden würden, wenn sie nicht vorab von deren Wahrheit bzw. Gültigkeit überzeugt wären. Er verweist in diesem Zusammenhang auch auf Polya (1954, S. 83 f.), der eine persönliche Überzeugung über die Wahrheit des Satzes als Schritt vor dem eigentlichen Beweis eines Satzes sieht. Eine Überzeugung stelle daher eine Motivation für einen Beweis dar. Darüber hinaus plädiert er bei der Untersuchung der Validität einer unbekannten Behauptung dafür, dass Mathematiker nicht nur nach Beweisen suchen (sollten), sondern auch nach Gegenbeispielen, denn er sieht die Abwesenheit von Gegenbeispielen, also der „quasi-empirische Prozess einer gescheiterten Falsifikation" (De Villiers, 1990, S. 19) als Bedingung für eine persönliche Gewissheit an. Folglich sei dieser Prozess ebenso wichtig wie der Prozess einer (deduktiven) Untersuchung. Er glaubt sogar, dass ein hohes Level an Überzeugung manchmal sogar in Abwesenheit eines Beweises erreicht werde. Der Grenzen von Intuition und quasi-empirischen Methoden bewusst, relativiert De Villiers seine Argumentation allerdings dahingehend, dass er damit nicht die Wichtigkeit von Beweisen als extrem nützliches Mittel einer Verifikation schmälern möchte, sondern lediglich in ein rechtes Licht rücken möchte, indem er gegen die Idolisierung von Beweisen als das einzige und absolute Mittel für eine Verifikation oder Überzeugung argumentiert.

Absolute und relative Überzeugung
Weber und Mejia-Ramos (2015) haben in diesem Zusammenhang eine Unterscheidung zwischen einer „absolute conviction" und einer „relative conviction" vorgenommen, die mit absoluter bzw. relativer Überzeugung übersetzt werden kann. Sie beschreiben die Begriffe „absolute Überzeugung" und „relative Überzeugung" wie folgt:

- Eine absolute Überzeugung ist ein stabiles psychologisches Gefühl der Unumstößlichkeit einer Behauptung. Diese individuelle Überzeugung müsse nicht zwingend epistemologisch gerechtfertigt sein.
- Eine relative Überzeugung existiert, wenn das subjektive Ausmaß der Wahrscheinlichkeit, das man der Wahrheit bzw. Gültigkeit einer Behauptung zuschreibt, eine bestimmte Schwelle überschreitet (Weber & Mejia-Ramos, 2015, S. 16).

Diese Unterscheidung kann mithilfe von Beispielen wie folgt erklärt werden: Eine absolute Überzeugung existiert z. B. bei der Aussage, dass $1 + 1 = 2$ gilt. Diese Aussage ist für die allermeisten Menschen unumstößlich und wird ohne jeglichen Zweifel als wahr akzeptiert. Die Aussage, dass für die reelle Zahl a $a + a = 2a$ ist, setzt allerdings ein gewisses mathematisches Verständnis voraus, unter anderem das von Variablen. Ein Mathematiker wird auch bezüglich dieser Aussage eine absolute Überzeugung haben. Ein Schüler hingegen, der erst kürzlich den Begriff der Variablen kennengelernt hat, könnte bei der Aussage hingegen eine Verunsicherung verspüren und somit nicht zu einer absoluten Überzeugung gelangen. Wenn er allerdings beispielhaft konkrete Zahlen für a einsetzt, zum Beispiel die 1, dann stellt er fest, dass $1 + 1 = 2$ ist, was konsistent zum eigenen Vorwissen ist. Die Nutzung weiterer konkreter Zahlen könnte weiterhin dafür sorgen, dass sich das subjektive Ausmaß der Wahrscheinlichkeit, dass $a + a = 2a$ wahr ist, erhöht. Allerdings ist aus seiner Sicht mitunter nicht zwingend gesagt, dass diese Aussage für alle reellen Zahlen a gelte: Restzweifel könnten bleiben, da eventuell Ausnahmen existieren. Insofern kann auch nicht zwingend von einer absoluten Überzeugung gesprochen werden, wenn sich der Schüler lediglich anhand von Beispielen (relativ) davon überzeugt, dass die Aussage wahr ist.

Die Überlegungen zur absoluten und relativen Überzeugung spielen selbst in der fachmathematischen Forschung eine Rolle. Weber und Mejia-Ramos erläutern anhand des 2005 von Hales vorgelegten und publizierten Beweises zur Keplerschen Vermutung den Unterschied dahingehend, dass die Gutachter des Beweises eine 99 %ige Gewissheit hatten, dass der vorgelegte Beweis gültig war, also eine relative Überzeugung vorlag. Eine absolute Überzeugung bzw. die Möglichkeit des Erwerbs einer absoluten Überzeugung bestand nicht, schreiben Weber und Mejia-Ramos, allerdings habe die starke relative Überzeugung ausgereicht, um den Beweis zu publizieren (Weber & Mejia-Ramos 2015, S. 16).

Was aus diesem Beispiel folgt, ist eine wesentliche Erkenntnis über die fachmathematische Forschung: selbst hier werden Beweise publiziert, bei denen eine absolute Überzeugung nicht gegeben ist. Zwar darf an dieser Stelle argumentiert werden, dass eine starke relative Überzeugung durch fachlich höchstqualifizierte

Gutachter sehr bedeutsam ist; Hersh (1993, S. 389) argumentiert sogar so weit, dass er schreibt, dass in der Fachwissenschaft Mathematik ein Beweis eine überzeugende Argumentation ist, die von qualifizierten Beurteilern beurteilt wird; allerdings zeigt es auch, dass auch die mathematische Forschung nicht vor theoretisch möglichen Restzweifeln gefreit ist.

Es zeigt sich, dass die Verifikationsfunktion und Überzeugungsfunktion gleichermaßen theoretisch trennbar (Verifikation im rein „formalen" Sinne über gültige Schlussregeln versus Verifikation als Resultat von Überzeugung und sozialen Prozessen) und praktisch untrennbar (keine „strengen" Beweise im eigentlichen Sinne in der Praxis vorzufinden, daher Überzeugung nötig) sind. Weiterhin offenbart sich ein Zusammenhang zwischen beiden Funktionen im praktischen Sinne mit der noch zu erklärenden Kommunikationsfunktion aufgrund der Bedeutung von sozialen Prozessen bei der Akzeptanz eines Beweises innerhalb „einer" mathematischen Community. Dieser Aspekt der sog. soziomathematischen Normen wird ausführlicher in (2.2.4.) erläutert.

2.2.3.2 Erklärungsfunktion

Die Erklärungsfunktion beschreibt die Funktion eines Beweises, zu erklären, warum eine Behauptung gilt. Es geht, zur Abgrenzung von der Verifikationsfunktion, also nicht darum, _dass_ eine Behauptung gilt, sondern vielmehr um das Schaffen von Verständnis. Problematisierend attestiert Müller-Hill (2017, S. 170), dass in der Alltagssprache nicht konsequent zwischen Erklären und Begründen unterschieden werde. Tatsächlich bestehe mitunter die Möglichkeit, dass diese synonym verwendet werden könnten, ohne Bedeutungen von getroffenen Aussagen wesentlich zu verändern.

In der Theorie können die Wörter, so Müller-Hill (2017), wie folgt unterschieden werden: Einer Begründung gehe ein Zweifel voraus, der in Bezug auf einen zu begründenden Sachverhalt geäußert wird. Ziel ist es demnach, eine zweifelnde Person vom Bestehen des Sachverhalts zu überzeugen. Dies ist deckungsgleich mit der Funktion eines Beweises, zu überzeugen. Eine Erklärung hingegen gehe nicht von einem Zweifel aus, sondern von einem Wissens- bzw. Verstehensdefizit. Es gelte hierbei auch, dass das Erklären immer eine implizite Überzeugungsfunktion habe, eine Begründung hingegen nicht zwingend eine Erklärungsfunktion. Als Beispiel: Ein Verweis auf eine Autorität (z. B. die Lehrkraft) als Begründung, dass eine Aussage wahr sei, bedeutet nicht zwingend, dass ein Schüler auch versteht, warum diese Aussage wahr ist. Allerdings, so argumentiert Müller-Hill (2017, S. 170), sei es schwerlich, eine Erklärung für das Bestehen eines Sachverhalts zu akzeptieren, wenn man nicht gleichzeitig davon überzeugt sei.

Weiterhin gelte, so De Villiers (1990), dass zwar alle Beweise verifizieren, aber nicht zwingend erklären müssen (z. B. Beweise durch vollständige Induktion). Aus diesem Grund verweist er auf eine Unterscheidung von Hanna (1989, S. 48) zwischen „Beweisen, die verifizieren" („proofs that verify") und „Beweisen, die erklären" („proofs that clarify"). An dieser Stelle wird nochmal explizit darauf hingewiesen, dass der erste Beweistyp Beweise, die lediglich verifizieren, umfasst und der zweite Beweistyp Beweise, die zusätzlich zur Verifikation auch noch erklären. In diesem Kontext weist De Villiers auf weitere Autoren, Manin (1981, S. 107) und Bell (1976, S. 24), hin, die eine Erklärungsfunktion als Kriterium für einen „guten" Beweis sehen, weil jene Beweise für eine Vergrößerung von Wissen und Einsicht in das „Warum" ermöglichen.

Mit speziellem Fokus auf den Lehrkontext plädieren Hanna und Jahnke dafür, eher „erklärende Beweise" als „verifizierende Beweise" einzusetzen, wobei sie auch Situationen sehen, in denen keine „erklärenden Beweise" existieren (Hanna & Jahnke, 1996). Ein ähnliches Ziel verfolgt Hersh (1993), der die Überzeugungsfunktion in der Fachmathematik zwar in den Vordergrund stellt, die Erklärungsfunktion im Lehrkontext allerdings als bedeutsamer ansieht. Sein wesentliches Argument ist hierbei, dass Lernende ohnehin leicht zu überzeugen seien. Vielmehr solle ein Beweis erklären, warum ein Satz gültig sei und Verständnis schaffen.

Nicht vollends ist in der mathematikdidaktischen Forschung geklärt, inwiefern erklärende Elemente eines Beweises auch dessen Akzeptanz als Beweis wahrscheinlicher machen. Mit besonderem Fokus auf die bereits diskutierte (notwendige) Argumentationstiefe von Beweisen im Sinne eines Sichtbarmachens einer Inferenzstruktur kann die Frage auch darauf zugespitzt werden, ob eine größere Argumentationstiefe für eine größere Erklärungskraft sorgt und folglich auch die Akzeptanz erhöht wird.

2.2.3.3 Systematisierungsfunktion

Bei der Systematisierungsfunktion geht es darum, dass ein Beweis ein Werkzeug sein kann, um verschiedene bekannte Ergebnisse in ein deduktives System aus Axiomen, Definitionen und Sätzen zu organisieren. Es kann also einer lokalen und globalen Ordnung (Freudenthal, 1973) dienen. Genauer gesagt können Beweise helfen, Inkonsistenzen, zirkuläre Argumentationen oder versteckte bzw. nicht explizit genannte Annahmen zu identifizieren, mathematische Theorien zu vereinen und zu vereinfachen, Anwendungen durch das Überprüfen einer Anwendbarkeit zu ermöglichen und alternative deduktive Systeme zu finden, um etwa neue Perspektiven zu erhalten oder bestehende deduktive Systeme zu verbessern. Beweise ermöglichen demnach eine Form von „Vogelperspektive" (De

Villiers, 1990, S. 20) auf ein Thema und können auch der Überprüfung eines „Großen und Ganzen" dienen und nicht nur der Überprüfung einzelner Sätze (De Villiers, 1990).

2.2.3.4 Erkundungsfunktion

Die Herstellung eines Beweises ist immer auch ein Prozess. Zur Orientierung, wie ein Beweisprozess ablaufen kann (aber nicht zwingend muss) kann das Phasenmodell von Boero (1999) herangezogen werden. Es bezieht sich auf einen eher „weiten" Kontext, in dem noch kein zu beweisender Satz feststeht. Diese Phasen folgen nicht zwingend einer Reihenfolge; vielmehr sind Wechsel zwischen allen Phasen denkbar. Die Phasen sind:

1. Das Finden einer Vermutung aus einem mathematischen Problemfeld heraus
2. Die Formulierung der Vermutung nach üblichen Standards
3. Die Exploration der Vermutung mit den Grenzen ihrer Gültigkeit; Herstellen von Bezügen zur mathematischen Rahmentheorie; Identifizieren geeigneter Argumente zur Stützung der Vermutung
4. Die Auswahl von Argumenten, die sich in einer deduktiven Kette zu einem Beweis organisieren lassen
5. Die Fixierung der Argumentationskette nach aktuellen mathematischen Standards
6. Die Annäherung an einen formalen Beweis
   (aus Reiss & Ufer, 2009, S. 162 f.)

Im Kontext dieses Prozessmodells könnten Beweise, bzw. die Absicht, zu beweisen, in ihrer Funktion als „Werkzeug" zur Exploration mathematischen Wissens und der dazugehörigen Zusammenhänge verstanden werden. Daher ist die Erkundungsfunktion auch mitunter im Zusammenhang mit anderen Funktionen zu sehen, etwa der Systematisierungsfunktion: neues Wissen entsteht und wird im Bezug zum alten Wissen gesetzt oder der Erklärungsfunktion: es werden Gründe dafür gefunden, warum ein Sachverhalt gilt. De Villiers (1990) verweist hier auf Hanna (1983), die schreibt, dass mathematische Konzepte und Behauptungen mitunter erdacht und formuliert werden, bevor Beweise auftreten (Hanna, 1983, S. 66).

2.2.3.5 Kommunikationsfunktion

De Villiers (1990) bezieht sich auf Davis (1976), der den Wert von Beweisen darin sieht, dass diese ein Forum für eine kritische Debatte erzeugen. Eingebunden in einen sozialen Prozess seien Beweise demnach ein Weg, mathematische

Ergebnisse zu kommunizieren sowie mathematisches Wissen zu vermitteln und zu verbreiten. Darüber hinaus gehe es aber auch um die Aushandlung von Kriterien für die Akzeptanz von Argumenten und folglich auch um die Kriterien für die Akzeptanz eines Beweises generell, aber auch um das Finden von Fehlern oder Gegenbeispielen im Konkreten. Auf Thom (1971, S. 689) verweisend, führt De Villiers (1990) weiter aus, dass gerade diese Funktion von Beweisen schwerwiegende Fehler, die die mathematische Community in die Irre geführt hätte, vermieden hat. Hanna (1989, S. 20) schließe in diesem Sinne, so De Villiers (1990), dass der soziale Prozess wesentlich wichtiger bei der Akzeptanz eines bestimmten Ergebnisses und des dazugehörigen Beweises durch Mathematiker sei als das schiere Anwenden von bestimmten formalen Kriterien bei der Beurteilung der logischen Strenge der Argumentation. Dieser Aspekt wird in (2.2.4.) genauer behandelt.

2.2.3.6 Zwischenbetrachtung

Die Betrachtung der Funktionen, die Beweise erfüllen können bzw. müssen, hat eine andere Perspektive auf die Frage der Beweisakzeptanz ermöglicht. Gerade vor dem Hintergrund der Überzeugungsfunktion wurde deutlich, dass Beweisakzeptanz nicht allein auf der Untersuchung einer Gültigkeit basieren muss, sondern z. B. auch die (individuelle) Überzeugung von Bedeutung ist. Die Betrachtung der Kommunikationsfunktion von Beweisen wiederum verdeutlicht eine soziale Dimension bei der Frage der Beweisakzeptanz, die im Folgenden unter dem Begriff der soziomathematischen Norm (Yackel & Cobb, 1996) vertieft werden soll.

2.2.4 Soziomathematische Normen und Beweise

"A proof only becomes a proof after the social act of "accepting it as a proof." (Manin, 1981, S. 104)

Mit diesem Zitat weist der Mathematiker Yuri Ivanovitch Manin auf eine zentrale Rolle sozialer Prozesse bei der Akzeptanz von Beweisen hin. Ein Beweis werde, so Manin, nur nach dem sozialen Akt, ihn als Beweis zu akzeptieren, zu einem Beweis (Manin, 1981, S. 104, eigene Übersetzung). In diesem Abschnitt soll die Rolle dieser sozialen Prozesse genauer erläutert werden. Tangiert werden hierbei die folgenden Fragen: Wie kommt es zur Akzeptanz eines Beweises innerhalb der Fachwissenschaft Mathematik? Wie etablieren sich Kriterien für die Akzeptanz eines Beweises? Und wie entstehen diese Akzeptanzkriterien mit besonderem Fokus auf die mathematische Lehre? Besonders der letzten Frage kommt im Rahmen dieser Arbeit eine besondere Rolle zu, da die im späteren Verlauf befragten Personen in ihrer Rolle als Studierende dem Lehrkontext entspringen und dort ihre Akzeptanzkriterien offengelegt und analysiert werden. Wie in Abschnitt zur Kommunikationsfunktion (2.2.3.5.) bereits erwähnt, werden Kriterien für die Akzeptanz eines Beweises im Allgemeinen und die Akzeptanz eines bestimmten Beweises im Speziellen innerhalb einer mathematischen Community implizit und explizit ausgehandelt. Es ist allerdings zu betonen, dass es, nach Hanna und Jahnke (1996), keinen universell akzeptierten Satz von Akzeptanzkriterien gebe (Hanna & Jahnke, 1996, S. 884) und Akzeptanzkriterien, so Jahnke und Ufer (2015), mitunter das Resultat eines „stillschweigenden" Konsens sind (Jahnke & Ufer, 2015, S. 333).

Zur Erklärung der Rolle von mathematischen Communities wird in der mathematikdidaktischen Forschung oftmals die Theorie der sozio-mathematischen Normen von Yackel und Cobb (1996) hinzugezogen, die nun bezogen auf den Lehrkontext genauer erläutert wird. Zwar entstammen die Theorien von Yackel und Cobb (1996) ursprünglich dem Grundschulbereich, allerdings erscheint die Begrifflichkeit auch für den Hochschulkontext gut nutzbar und ist in der fachdidaktischen Forschung zu mathematischen Beweisen durchaus üblich (z. B. Dreyfus, 1999; Reid & Knipping, 2010; Brunner, 2014; Sommerhoff & Ufer, 2019).

Eine konstruktivistische Perspektive auf das Lernen von Mathematik einnehmend, verstehen Yackel und Cobb unter soziomathematischen Normen normative Aspekte mathematischer Diskussionen, die spezifisch für die mathematische Aktivität Lernender sind (Yackel & Cobb, 1996, S. 458). Damit meinen sie z. B. auch eine Antwort auf die Frage, wann etwas als mathematischer Beweis gilt. Im Speziellen bekräftigt A. Stylianides (2007a, S. 12), unter Rückgriff auf De Millo et al. (1979/1998), die Theorie, dass die sozialen Mechanismen innerhalb einer mathematischen Community eine starke Auswirkung auf die Akzeptanz einer Argumentation als Beweis haben. Insbesondere hebt er aber auch den Einfluss der sozialen Mechanismen bei der (sozialen) Überzeugungskraft von Argumenten hervor, indem er argumentiert, dass eine Überzeugung innerhalb einer mathematischen Community nicht willkürlich sei, sondern von sozial akzeptierten Diskursregeln geleitet werde, die seine Funktion regelten und die Qualität von Beweisen gewährleisteten. Eine individuelle Entscheidung, ob man etwas für einen Beweis hält, wird gemäß dieser Theorie also maßgeblich durch soziale Mechanismen bestimmt. Aber auch andere Autoren weisen auf den Einfluss von sozialen Mechanismen bei der Akzeptanz von Beweisen hin (z. B. Balacheff, 1991; Dreyfus, 1999).

Wie entstehen soziomathematische Normen? Auf Basis einer Untersuchung eines inquiry-based-learning Ansatz in einer zweiten Klasse, sehen Yackel und Cobb (1996, S. 474) die Etablierung soziomathematischer Normen als einen Aushandlungsprozesses zwischen allen am Lernprozess beteiligten Akteuren. Sie sehen diese Normen also nicht als vorbestimmte Kriterien, die lediglich von außen herangetragen werden. Vielmehr werden diese in der fortlaufenden Interaktion innerhalb der Klassengemeinschaft stetig erneuert und modifiziert. Welche Rolle spielt dabei die Lehrkraft? Lampert (1990 in A. Stylianides, 2007a) argumentiert, dass Lehrkräfte und Schüler zwar einen Aushandlungsprozess durchlaufen, allerdings nimmt die Lehrkraft weiterhin die Position einer Autorität mit einem größeren Einfluss auf die Resultate dieses Aushandlungsprozesses ein. Yackel und Cobb (1996, S. 475) kommen zu einem identischen Ergebnis und stellen die zentrale Rolle der Lehrkraft als Repräsentant der mathematischen Community und bei der Etablierung von Normen heraus. Darüber hinaus heben sie im Speziellen auch die Bedeutsamkeit der persönlichen Überzeugungen und Werte sowie des mathematischen Wissens und Verständnisses der Lehrkraft hervor: als Repräsentant der mathematischen Community scheinen diese Eigenschaften einer Lehrkraft Einfluss auf die Etablierung von Normen und somit auch auf die Akzeptanzkriterien von Lernenden zu haben. In diesem Zuge kann auch argumentiert werden, ob bzw. inwiefern es sich bei der Entstehung soziomathematischer Normen eher um einen passiven Prozess von Seiten der Lernenden in die Argumentationskultur der Mathematik handelt. Das Gesamtbild der Studien weist aber eher darauf hin, dass es sich insgesamt um eine Mischung aus einem aktiven und passiven Prozess handelt (z. B. Sommerhoff, 2017, S. 10).

Dreyfus (1999) stellt im Prozess der Etablierung soziomathematischer Normen den hohen Anspruch an Lehrkräfte in den Vordergrund, insbesondere vor dem Hintergrund, dass die Frage nach einer Definition eines Beweises selbst unter Mathematikern ein gewisses Maß an Kontroversität existiert. Diese müssen nicht nur eine Klarheit bzgl. der Begriffe Beweisen, Argumentieren, [Begründen, eigene Hinzufügung] und Erklären schaffen und reflektieren, sondern auch unmittelbar im Unterricht, d. h. mitunter auch spontan und im Kontext der großen Komplexität des Unterrichts adäquate Entscheidungen bzgl. der Angemessenheit von Argumentationen treffen.

Mit Blick auf die beteiligten Akteure am Lernprozess ist allerdings zu betonen, dass es nicht nur „die eine" mathematische Community gibt, sondern, auch in Abhängigkeit vom Inhalt, mehrere. Die entsprechenden soziomathematischen Normen variieren je nach Kontext, etwa Forschung oder Lehre (Weber et al., 2014; siehe auch Sommerhoff, 2017), nach Fachgebiet (z. B. in der „reinen" Mathematik einerseits und der „angewandten" Mathematik andererseits

(Hersh, 1993, S. 389) oder unterliegen sogar einer historischen Entwicklung und interagieren mit einer umgebenden Kultur (Jahnke & Ufer, 2015, S. 333). Doch trotz der Relativierung, dass Akzeptanzkriterien durch unterschiedliche soziomathematische Normen geprägt sind, schreiben Ufer et al. (2009, S. 31) unter Verwendung von Heintz (2000), dass eine hohe Kohärenz und ein breiter Konsens bezüglich der Akzeptanzkriterien in mathematischen Communities existierten. Als Hypothese stellen Ufer et al. unter Berücksichtigung von Mac Lane (1981) eine Orientierung an einen strengen Beweis als ein (nicht erreichbares) „Idealbildes" auf. Ein Beweis werde dann als solcher akzeptiert, wenn er theoretisch, unter Ergänzung dessen, was als „gemeinsame Wissensbasis" verstanden wird, zu eben diesem annähernd gemacht werden kann. Was allerdings als „gemeinsame Wissensbasis" gelte, sei wiederum das Ergebnis eines Aushandlungsprozesses (Ufer et al., 2009, S. 31). Diese Vorstellung entspricht dem, was Aberdein (2013) unter der Überzeugung von der Existenz einer Inferenzstruktur meint: Wenn erkennbar ist, dass diese existiert und fehlende „Lücken" ergänzt werden können, also eine prinzipielle Formalisierbarkeit vorliegt, dann wird ein Beweis aus dieser Perspektive als solcher akzeptiert. Eine Grundlage dessen ist dann allerdings auch, dass die Beurteiler dieselbe Vorstellung davon haben, was mit der Inferenzstruktur gemeint ist. Wenn diese Vorstellung inkonsistent ist, werden entsprechend auch unterschiedliche Ideale angestrebt (Biehler & Kempen, 2016, S. 174).

2.2.4.1 Zwischenbetrachtung

Die geschilderte Sachlage ermöglicht die folgenden Schlüsse: zunächst beschränkt sich die Akzeptanz von Beweisen scheinbar nicht auf die Frage, welche Argumentationstiefe vorliegen muss, damit ein Beweis als solcher akzeptiert wird. Ebenfalls zeigen die Ausführungen über soziomathematische Normen, dass zwar möglicherweise ein gewisser Konsens in der Fachmathematik über Akzeptanzkriterien für mathematische Beweise existiert und somit eine gewisse Zieldimension formuliert werden kann. Allerdings sollte auch überprüft werden, inwiefern dieses Ziel z. B. bei Studierenden auch erreicht wurde, d. h. es besteht die Notwendigkeit, empirische Befunde zu den Akzeptanzkriterien Studierender zu schaffen. Diese Befunde können schließlich auch mit den anzustrebenden Akzeptanzkriterien verglichen werden, um festzustellen, ob bzw. inwiefern der genannte (aktive oder passive) Enkulturationsprozess erfolgreich stattgefunden hat. Um einen derartigen Vergleich allerdings tätigen zu können, muss eine Zieldimension klar formuliert sein. Es ist also notwendig, transparent zu definieren, was im Rahmen dieser Arbeit als Beweis bezeichnet wird. Dies ist zusätzlich

auch aufgrund des in dieser Arbeit verfolgten Ziels, die Performanz von Studierenden bei der Konstruktion von Beweisen zu messen, notwendig und wird in
(5.3.) erneut aufgegriffen.

2.3 Die Herleitung und Erläuterung der zentralen Begriffe dieser Arbeit

Im Folgenden werden die zentralen Begriffe dieser Arbeit, insbesondere der
verwendete Beweisbegriff, hergeleitet und erläutert.

2.3.1 Darstellung der Kontroversität und die Notwendigkeit von transparenten Definitionen

Die bisherigen Überlegungen zur Definition eines Beweises beziehen sich tenden-
ziell eher auf eine „formalistische" Sichtweise, die nicht von allen Forschenden,
die sich mit Beweisen beschäftigen, geteilt wird. Die unterschiedlichen Sichtweisen beinhalten etwa Fragen, welchen Stellenwert Beweise in der Mathematik
haben. Balacheff (2002 / 2004, 2008 in Reid & Knipping, 2010, S. 53 f.) gibt
hierzu einen Überblick, der diese verschiedenen Sichtweisen aufgreift. Beweise
werden beispielsweise als Kern der Mathematik gesehen (Healy & Hoyles, 1998)
oder als wichtiges Werkzeug der Mathematik (Hanna & Jahnke, 1996). Weiterhin ergeben sich unterschiedliche Sichtweisen daraus, ob Beweise z. B. als
Objekt (z. B. als „proof-text") oder z. B. als Prozess (z. B. als das Beseitigen
von Zweifeln oder als Diskurs) gesehen werden oder welche Art von Argument
und welche Darstellungsformen erlaubt sind. Eine Übersicht über verschiedene
Sichtweisen von Forschenden sind hierzu in Reid und Knipping (2010, S. 53)
zusammengestellt. Bei der Formulierung einer eigenen Definition werden diese
unterschiedlichen Definitionen berücksichtigt und es wird schließlich entschieden,
welche eigene Position eingenommen wird.

Ob und inwiefern die Existenz unterschiedlicher Sichtweisen auf Beweise und
Definitionen von Beweisen ein Problem innerhalb der Forschung ist, ist durchaus
diskussionswürdig. Wesentliche Positionen werden in Reid und Knipping (2010,
S. 54 f.) wie folgt vorgestellt: Harel und Sowder (2007) plädieren für eine „comprehensive perspective of proof" dahingehend, dass versucht werden müsse, eine
Form von gemeinsamer Begrifflichkeit zu finden und machen entsprechende Vor-
schläge. Balacheff (2002 / 2004, 2008) sieht dies hingegen als nicht möglich
an. Reid und Knipping (2010, S. 25ff und 54 f.) stimmen Balacheff zu, fügen

zusätzlich aber auch an, dass dies auch nicht anzustreben sei. Vielmehr sehen sie den Vorteil unterschiedlicher Perspektiven auf die Thematik, weisen aber auch explizit darauf hin, dass die Notwendigkeit einer Transparenz der verwendeten Begriffe besteht. Neben der Notwendigkeit einer Transparenz der verwendeten Begriffe existiert ein weiterer wesentlicher Grund, warum u. a. der Begriff des Beweises in dieser Arbeit genau definiert werden muss: In (5.3.) werden Kategorien zur Codierung von Beweisprodukten von Studierenden entwickelt, um diese Beweisprodukte als Beweis, Begründung, generischen Beweis, empirische Argumentation, oder unvollständige / ungültige / keine Argumentation zu klassifizieren und anhand dieser erstellten Beweisprodukte die Performanz der Studierenden bei der Konstruktion von Beweisen zu messen.

2.3.2 Herleitung des Beweisbegriffs

Als eine Form von Orientierungsrahmen dient eine Definition eines Beweises von A. Stylianides, die bereits genannte Aspekte des Aushandelns von Normen beinhaltet. Sie bezieht sich primär auf den Schulkontext, kann aber durchaus angepasst werden. Die Charakteristika, die üblicherweise Gegenstand eines Aushandlungsprozesses sind, konkretisiert A. Stylianides (2007b S. 291, eigene Übersetzung) in seiner weit formulierten Definition eines Beweises wie folgt:
Ein Beweis ist eine mathematische Argumentation in Form einer verbundenen Sequenz von Aussagen für oder gegen eine mathematische Behauptung, die verschiedene Charakteristika aufweist. Diese Charakteristika sind:

1. Es werden von der Klassengemeinschaft akzeptierte Aussagen verwendet, die wahr und ohne weitere Rechtfertigung verfügbar sind.
2. Es werden Schlussregeln verwendet, die gültig und bekannt sind oder innerhalb der konzeptuellen Reichweite der Klassengemeinschaft liegen.
3. Es werden Darstellungsweisen verwendet, die angemessen und bekannt sind oder innerhalb der konzeptuellen Reichweite der Klassengemeinschaft liegen.

Heinze und Reiss (2003) konkretisieren hingegen in Form eines Methodenwissens die bereits genannte Zieldimension dieses Aushandlungsprozesses, die als Orientierung für die eigene Definition eines Beweises dient. Stark orientiert an den bisherigen Überlegungen zu einem strengen Beweis, stellt das Methodenwissen einen Teil einer noch zu erläuternden Beweiskompetenz dar (Sommerhoff, 2017) und umfasst die Kenntnis der folgenden drei Bereiche:

1. **Beweisschema**: Jeder Schluss muss eine hinreichend argumentativ gestützte Deduktion sein.
2. **Beweisstruktur**: Ein Beweis startet mit gesicherten Voraussetzungen und endet mit der zu beweisenden Behauptung.
3. **Beweiskette**: Jeder Beweisschritt kann aus dem Vorherigen geschlossen werden, notfalls unterstützt durch weitere Argumente.

(Heinze & Reiss, 2003)

Diese Bereiche aufgreifend, wird in dieser Arbeit eine „mathematische Perspektive" (in ähnlicher Weise: A. Stylianides & G. Stylianides, 2009, S. 245) bei der Definition eines Beweises eingenommen. Zusätzlich gilt: Da im Rahmen dieser Arbeit ausschließlich als Text aufgeschriebene Beweisprodukte betrachtet, also insbesondere z. B. keine Unterrichtsgespräche o.ä. rekonstruiert werden, werden Argumente, Argumentationen, Beweise und Begründungen als Objekte betrachtet. Hierbei handelt es sich um eine Eingrenzung dahingehend, dass Beweise z. B. auch als Prozess betrachtet werden könnten (siehe dazu Reid & Knipping, 2010, S. 25–34). Argumentieren, Beweisen und Begründen bedeutet im Rahmen dieser Arbeit also das Herstellen dieser Objekte, also hier das Herstellen eines Beweisprodukts. Ein Beweisprodukt wird hierbei verstanden als etwas, das aufgrund der Aufforderung „Beweisen Sie, ..." schriftlich erstellt wird.

2.3.3 Definition eines Beweises

Ein Beweis wird unter Berücksichtigung der zuvor genannten Aspekte im Rahmen dieser Arbeit wie folgt definiert:

Ein Beweis ist eine mathematische Argumentation für eine zu beweisende Behauptung, die aus einer hinreichend vollständigen Argumentationskette aus gültigen Argumenten besteht und mit wahren (und bereits bewiesenen, falls nötig) Prämissen startet sowie mit einer wahren Konklusion, der Behauptung, endet (siehe auch Füllgrabe & Eichler, 2020a; 2020b).

Die Definition eines Beweises bezieht sich allerdings auf Begriffe, die in (2.1.) zunächst theoretisch erläutert wurden, sich aufgrund der in (2.2.) erläuterten Problematik aber als unpraktikabel herausgestellt haben. Daher ist es notwendig, verschiedene zusätzliche Anmerkungen zu machen, die die verwendeten Begriffe „abschwächen".

Bezüglich des Begriffs „Gültigkeit" sei auf die bereits diskutierte Notwendigkeit einer „Abschwächung" dahingehend hingewiesen, dass z. B. keine Deduktionen im eigentlichen Sinne, sondern eher Argumente mit deduktivem

Charakter, die aus Gründen der Praktikabilität nicht den gesamten Gehalt der Konklusion bereits explizit in den Prämissen enthalten haben. Da die Verwendung des Begriffs Deduktion auch in der Literatur in Situationen üblich ist, in denen es sich streng genommen nicht um Deduktionen wie in (2.1.) erläutert handelt, sondern eher um Argumente mit deduktivem Charakter, wird im Rahmen dieser Arbeit auch der Begriff Deduktion durchweg verwendet. Sofern eine Abgrenzung zur Deduktion „im strengen Sinne" explizit notwendig ist, wird dies an der entsprechenden Stelle getan. Insbesondere ist, mit Blick auf Punkt 2 im Orientierungsrahmen von A. Stylianides (2007b) darauf hinzuweisen, dass alle Argumente zugelassen, die gemäß gültiger (s. o.) Schlussregeln, wie in (2.1.) erläutert, getätigt werden. Aufgrund der notwendigen Abschwächung muss bei jedem Argument entschieden werden, ob die herangezogenen Regeln und Stützungen ausreichend sind, damit, im Sinne der Terminologie von Aberdein (2013) die existierende argumentative Struktur hinreichend von der Inferenzstruktur überzeugt. Dieser Aspekt ist aufgrund der bisherigen Schilderungen über die Überzeugungsfunktion und soziomathematische Normen in (2.2.) sehr kontrovers und wird in (5.3.) erneut bei der Codierung und Klassifikation von Beweisprodukten aufgegriffen. Die dort eingesetzte Lösung besteht, in Anlehnung an Tebaartz und Lengnink (2015), aus der transparenten und begründeten Festsetzung einer notwendigen Argumentationstiefe zur Ermittlung einer vorliegenden hinreichend vollständigen Argumentationskette in den jeweiligen Beweisprodukten.

Weiterhin ist anzumerken, dass Beweise, die aus Deduktionen im strengen Sinne bestehen, immer auch in ein axiomatisches System eingebunden sind. Beweise im Rahmen dieser Arbeit werden allerdings losgelöst von einem axiomatischen System betrachtet, da Studierende aus unterschiedlichen Lehrkontexten befragt und ihre Beweisprodukte analysiert werden. Daher wird, unter Berücksichtigung von Punkt 1 im Orientierungsrahmen von A. Stylianides (2007b), festgelegt, dass bei der späteren Herstellung von Beweisprodukten alle wahren bzw. als wahr annehmbare Aussagen in Form von Axiomen, Definitionen, Sätzen usw. zugelassen sind. Es kann folglich auch nicht formuliert werden, welche eventuell herangezogenen Sätze als bereits bewiesen gelten. Es muss entsprechend im Einzelfall überprüft werden, ob eventuelle zirkuläre Argumentationen verwendet werden, also Argumentationen, die Aussagen heranziehen, die sich letztendlich selbst beweisen.

Wichtig ist auch, dass der Gültigkeitsbereich der zu beweisenden Aussage nicht eingeschränkt wird, also die Argumentation allgemein bleibt. Wenn ein Satz etwa für alle natürlichen Zahlen gelten soll, dann muss er auch für alle natürlichen Zahlen bewiesen werden. Grundsätzlich ist es zwar in Form von Fallunterscheidungen zulässig, dass einzelne Argumente nicht den vollen Gültigkeitsbereich abbilden, aber in der gesamten Argumentationskette muss dies dennoch geschehen. Zwar ist dieser Aspekt im Endeffekt in der Forderung nach einer hinreichend vollständigen Argumentationskette aus gültigen Schlüssen de facto enthalten, aber sie wird an dieser Stelle noch einmal aufgrund ihrer Wichtigkeit hervorgehoben.

Zuletzt sei mit Blick auf Punkt 3 im Orientierungsrahmen von A. Stylianides (2007b) darauf hingewiesen, dass der Verfasser dieser Arbeit die Position vertritt, dass alle Darstellungsweisen einer Argumentation zugelassen sind, solange dadurch die weiteren notwendigen Charakteristika weiterhin zutreffen. Bei nicht formal-symbolisch verfassten Beweisen kann hierbei allerdings die Notwendigkeit weiterer Anforderungen entstehen. So kann zum Beispiel bei einem ikonischen Beweis mit Punktmustern die Notwendigkeit entstehen, die Allgemeingültigkeit dieser Darstellung hinreichend zu erläutern.

2.3.4 Beweisakzeptanz und Akzeptanzkriterien

Im Zuge des Beweisbegriffs werden immer auch die Begriffe Beweisakzeptanz bzw. Akzeptanzkriterien für mathematische Beweise genannt. Beweisakzeptanz (analog: Akzeptanz von Beweisen) bezieht sich im Kontext dieser Arbeit auf die Frage, ob ein Beweisprodukt (z. B. aus Sicht eines Studierenden) ein mathematischer Beweis ist oder nicht. Die dazugehörigen Gründe werden Akzeptanzkriterien genannt (so z. B. auch bei Sommerhoff & Ufer, 2019). Dabei unterscheidet sich der verwendete Begriff insbesondere vom Konstrukt der Beweisakzeptanz nach Kempen (2018), der sie als „das Ausmaß, inwieweit bei einem vorgelegten Beweis vom Betrachter die Funktionen Verifikation, Überzeugung und Erklärung empfunden werden und inwieweit der Beweis durch den Betrachter als „korrekter und gültiger Beweis" bewertet wird (Kempen, 2018, S. 69). Insbesondere wird ein Grund, der im Falle der Nicht-Akzeptanz eines Beweisprodukts als Beweis genannt wird, in der vorliegenden Arbeit auch als Akzeptanzkriterium bezeichnet.

2.3.5 Begründung

Bei einer Begründung (eng. rationale) handelt es sich nach eigener zu verwendender Definition zwar auch um eine den Gültigkeitsbereich erhaltende mathematische Argumentation, der Unterschied zu einem Beweis ist aber der Folgende (in Anlehnung an G. Stylianides, 2009, S. 266 f.): Es werden nicht durchweg explizite Verweise zu verwendeten Regeln gemacht, wo dies notwendig ist. Die Notwendigkeit bezieht sich auf die bereits diskutierte Frage, welche Argumentationstiefe für einen Beweis notwendig ist. Hier wird entsprechend begründet und transparent festgesetzt, ab wann die Argumentationstiefe nicht mehr für einen Beweis ausreicht und ab wann es entsprechend „nur noch" eine Begründung ist. Der wesentliche Unterschied zwischen einem Beweis und einer Begründung liegt im Rahmen dieser Arbeit also im für einen Beweis spezifischen deduktiven Charakter begründet. Im Sinne von Aberdein (2013) bewegt sich ein Beweis also zwischen einem A-Schema-Beweis und einem B-Schema-Beweis, während sich eine Begründung eher zwischen einem B-Schema-Beweis und einem C-Schema-Beweis bewegt. Die Angabe des Bereichs im Falle einer Begründung liegt darin begründet, dass ein C-Schema-Beweis theoretisch auch induktive Argumente zulässt. Diese sind bei Begründungen nach eigener Definition allerdings ausdrücklich ausgeschlossen und würden eher als empirische Argumentation bezeichnet werden.

2.3.6 Didaktisch orientierte Beweiskonzepte am Beispiel des generischen Beweises

Eine Spezialform der mathematischen Argumentation sind didaktisch orientierte Beweiskonzepte. Biehler und Kempen (2016) geben in ihrem Artikel über didaktisch orientierte Beweiskonzepte einen Überblick verschiedener Konzepte aus historischer Perspektive, verweisen gleichermaßen aber auch auf die Werke von Reid und Knipping (2010) sowie Stein (1985, 1986), die sich, mit unterschiedlichen Perspektiven, ebenfalls mit didaktisch orientierten Beweiskonzepten befassen. Eine wesentliche Intention didaktisch orientierter Beweiskonzepte ist es, Beweise in angemessener Weise für verschiedene Schulstufen zugänglich zu machen, ohne unangemessen stark von wesentlichen Charakteristika von Beweisen abzukehren (Biehler & Kempen, 2016, S. 142). Mit der eingeführten Terminologie von Aberdein (2013) kann die Problematik wie folgt formuliert werden: gelingt es einem didaktisch orientierten Beweiskonzept, eine Inferenzstruktur sichtbar zu machen bzw. von dessen Existenz zu überzeugen? In der Terminologie wären didaktisch orientierte Beweiskonzepte, je nach Ausgestaltung, daher eher als B- oder C-Schema-Beweise einzuordnen.

Da im Rahmen dieser Arbeit die Herstellung generischer Beweise durch die Studierenden im ersten Teil der Studie erwartet wurden (aber retrospektiv doch nicht hergestellt wurden), werden didaktisch orientierte Beweiskonzepte am Beispiel des generischen Beweises in Anlehnung an Biehler und Kempen (2016)

wie folgt konkretisiert: Ein generischer Beweis ist eine mathematische Argumentation für eine zu beweisende Behauptung und durch zwei Charakteristika
definiert. Wenn beide zutreffen, spricht man von einem generischen Beweis:

1. Es existieren konkrete sog. generische Beispiele, anhand derer gezeigt werden
   kann, warum ein Satz für bestimmte Fälle des Gültigkeitsbereichs gilt und aus
   denen eine verallgemeinerbare Argumentation abstrahiert werden kann.
2. Ausgehend von den generischen Beispielen wird eine verallgemeinerbare
   Argumentation explizit gemacht, d. h. es wird begründet, warum die generischen Beispiele verallgemeinert werden können.

Zwar ist ein generischer Beweis nicht an eine bestimmte Darstellungsform gebunden, aber es kommt häufig vor, dass diese nicht formal-symbolisch aufgeschrieben
sind, weil eben diese formale Symbolsprache in dem Kontext, in dem generische
Beweise eingesetzt werden, oft noch nicht zugänglich ist (Biehler & Kempen,
2016, S. 166 – 168).

Ein wesentlicher Aspekt, der bei didaktisch orientierten Beweiskonzepten im
Allgemeinen und bei generischen Beweisen im Speziellen zu rechtfertigen ist, ist
der der Allgemeingültigkeit. Offen sei, so Biehler und Kempen, allerdings, welche Erläuterungen zusätzlich zu generischen Beispielen notwendig sind. Bisher
seien hierzu noch keine systematischen Untersuchungen vorhanden (Biehler &
Kempen, 2016, S. 167 f.). Unter Verwendung der Terminologie von Aberdein
(2013) ist also die Frage, was die argumentative Struktur aufbringen muss, um
von der Existenz der Inferenzstruktur zu überzeugen. Für die vorliegende Arbeit
ergibt sich daher die Herausforderung, dass, wie auch im Rahmen der Definition
eines Beweises erläutert wurde, in einem Codierprozess festgelegt werden muss,
welche Aussagen ein generischer Beweis zwingend enthalten muss, damit der
Schritt von 1. zu 2., also die Verallgemeinerung der Argumentation, ausreichend
ist.

2.3.7   Empirische Argumentationen

Eine wichtige Form mathematischer Argumentationen ist die empirische Argumentation (eng. empirical argument; siehe G. Stylianides, 2009, S. 266), da
mit ihr auch beachtenswerte Fehlvorstellungen einhergehen (Harel & Sowder,
1998, siehe auch (3.2.2.) und (5.4.3.1.)). Eine empirische Argumentation grenzt
sich von einer Begründung dahingehend ab, dass sie nicht allgemein ist. Vielmehr wird lediglich eine Teilmenge des Gültigkeitsbereichs betrachtet und daraus

geschlossen, dass die zu beweisende Behauptung dann auch für den gesamten Gültigkeitsbereich wahr ist. Dies ist oftmals dann der Fall, wenn lediglich einzelne Beispiele überprüft werden und daraus dann die Behauptung gefolgert wird. Weitere äquivalente Begriffe, die in G. Stylianides (2009, S. 266) genannt werden, sind „naive empiricism" (Balacheff, 1988) oder „empirical justification" (Harel & Sowder, 1998).

Zwischen generischen Beweisen und empirischen Argumentationen existiert folglich ein schmaler Grat. Wesentlich für einen generischen Beweis ist, dass anhand generischer Beispiele explizit gemacht wird, warum die Gültigkeit für konkrete Fälle verallgemeinerbar auf den gesamten Gültigkeitsbereich eines Satzes ist. Dieses Element hat den wesentlichen Zweck, dass die existierende argumentative Struktur von der Existenz der Inferenzstruktur überzeugt. Ist dieser Teil nicht gegeben, also existieren nur (generische) Beispiele, so wird eine mögliche Verallgemeinerung nicht hinreichend begründet. Es ist an dieser Stelle also offen, ob die konkreten, beobachteten Resultate auch auf andere Fälle übertragbar sind oder nicht. Es liegt also lediglich ein induktives Argument vor, das, wie in (2.1.1.) erläutert, nicht die Wahrheit der Konklusion garantiert. Es kann also nicht sicher von der Überprüfung einzelner Beispiele auf die Gültigkeit eines Satzes geschlossen werden. Daher würde man die vorliegende Argumentation im Sinne der in dieser Arbeit definierten Begriffe in diesem Fall als empirische Argumentation bezeichnen.

2.3.8 Ungültige / unvollständige / keine Argumentationen

Wenn eine mathematische Argumentation Fehler aufweist, die ein bestimmtes Maß überschreiten, wird diese als ungültige Argumentation bezeichnet. Die Fehler können logischer Natur sein, also z. B. eine zirkuläre Argumentation beinhalten, oder inhaltlicher Natur sein, also zum Beispiel falsche Aussagen beinhalten.

Wenn eine mathematische Argumentation im großen Maße unvollständig ist, also zum Beispiel eine Argumentationskette abgebrochen wird, wird diese Argumentation als unvollständige Argumentation bezeichnet. Zur Abgrenzung von einer Begründung: als unvollständig wird eine Argumentation nicht bezeichnet, wenn lediglich bestimmte Regeln oder Stützungen nicht explizit gemacht werden, sondern wenn Aussagen oder Argumente im erheblichen Maße fehlen. Die Notwendigkeit einer genauen Abgrenzung wird an dieser Stelle offensichtlich und wird in der in dieser Arbeit vorgenommenen Codierung und Klassifikation von Beweisprodukten in (5.3.) begründet vorgenommen und transparent gemacht.

Ein Beweis wurde als mathematische Argumentation für eine zu beweisende Behauptung definiert. Handelt es sich um eine (mathematische) Argumentation, die nicht für (oder gegen) eine zu beweisende Behauptung, sondern für etwas anderes, formuliert wird, so wird dies im Rahmen dieser Arbeit als „keine Argumentation" bezeichnet. Wenn also nicht ein zu beweisender Satz, sondern etwas anderes bewiesen wird, so handelt es sich auch um „keine Argumentation". Wenn ohnehin keine Argumentation vorliegt, wird diese auch entsprechend bezeichnet.

Für den späteren Verlauf dieser Arbeit werden diese drei Klassifikationen zusammengefügt, da lediglich die Absicht besteht, sie von anderen mathematischen Argumentationen abzugrenzen.

2.3.9 Abschließende Bemerkungen

Die Definitionen der unterschiedlichen Beweisprodukte ermöglichen die Herleitung von Kategorien zur Analyse von Beweisprodukten, die von Studierenden hergestellt wurden. Dies wird in (5.3.) durchgeführt. In Verbindung mit der Analyse von Akzeptanzkriterien Studierender, wie sie in (5.4.) erläutert wird, kann zudem auch überprüft werden, inwiefern die Performanz eines Studierenden bei der Konstruktion eines Beweises mit dessen genannten Akzeptanzkriterien bei der Beurteilung von einem vorgelegten Beweisprodukt zusammenhängt. Die Idee der Herstellung dieser Zusammenhänge wird im Rahmen des Forschungsanliegens in (4.) erläutert.

2.4   Beweiskompetenz

Ein wesentliches Anliegen dieser Arbeit ist die Schaffung zusätzlichen Wissens über die Beweiskompetenz von Studierenden. Im Folgenden wird daher zunächst der Begriff der Beweiskompetenz erläutert und im Anschluss das für die spätere Analyse der Akzeptanzkriterien Studierender bedeutsame Methodenwissen erneut konkretisiert.

2.4.1   Definition einer Beweiskompetenz

Nach Blömeke et al. (2015a) kann eine Kompetenz als latent kognitive und affektiv-motivatorische Voraussetzung für eine domänenspezifische Performanz in unterschiedlichen Situationen definiert werden. Sie beschreiben eine Kompetenz in ihrem Modell als Prozess dahingehend, dass eine Transformation von Kompetenz in Performanz über situationsbezogene Fähigkeiten der Wahrnehmung, Interpretationen und Entscheidungsfindungen erfolgt (Blömeke et al., 2015b, S. 312). Während die Kompetenz und zugrundeliegende Dispositionen nicht sichtbar sind, die Performanz hingegen schon, kann es zum Interesse und zu einer Aufgabe der (mathematikdidaktischen) Forschung werden, diese sichtbar zu machen.

Bezogen auf das Beweisen stellt sich die Frage, um welche Dispositionen und Situationen es sich handelt. Die Situationen, im Folgenden Beweisaktivitäten genannt, wurden unter anderem von A. Selden und J. Selden (2015) unterschieden.[2] Beweiskompetenz beschreibt demnach eine latent kognitive und affektiv-motivatorische Voraussetzung für eine Performanz in den folgenden Beweisaktivitäten:

- **Das Verstehen von Beweisen** (proof comprehension): Hierbei geht es um das Verstehen von Beweisen im lokalen Sinne (z. B. die Kenntnis über verwendete Regeln im Beweis oder die Kenntnis darüber, um welchen Beweistyp es sich handelt) und im holistischen Sinne (z. B. die Fähigkeit, die Kernidee eines Beweises zu formulieren).
- **Das Konstruieren von Beweisen** (proof construction): Hierbei geht es um die Konstruktion eines Beweises.
- **Das Validieren von Beweisen** (proof validation): Hierbei geht es um das Lesen und Reflektieren von Beweisprodukten, um ihre Gültigkeit festzustellen.
- **Das Evaluieren von Beweisen** (proof evaluation): Hierbei nehmen A. Selden und J. Selden Bezug auf Pfeiffer (2011), die die Evaluation von Beweisen als die Bestimmung, ob ein Beweis korrekt sei und wie gut er bestimmte Funktionen von Beweisen, etwa die Überzeugung oder Erklärungskraft, erfülle. A. Selden und J. Selden grenzen diese Aktivität allerdings vom Validieren von Beweisen dahingehend ab, dass das Evaluieren nicht das Validieren einschließt, sondern lediglich Eigenschaften, die auf eine Güte von Beweisen hindeuten, umfasst. Hierzu gehören, so A. Selden und J. Selden unter Berücksichtigung von Inglis und Aberdein (2015), sogar Eigenschaften wie Schönheit oder Eleganz. Im Rahmen dieser Arbeit wird allerdings die eigene Position eingenommen, dass die Übergänge von einer Validierung und einer

---

[2] Dabei ist auch darauf hinzuweisen, dass die Beweisaktivitäten von anderen Autoren, z. B. Mejia-Ramos und Inglis (2009), durchaus auch anders bezeichnet werden. In dieser Arbeit wird allerdings, mit einer im Text genannten Einschränkung, die Terminologie von A. Selden und J. Selden verwendet.

Evaluierung im großen Maße fließend sind: Mit Blick auf die geschilderten Funktionen von Beweisen und dem dort beschriebenen Zusammenhang zwischen Verifikation und Überzeugung, also der möglichen Abhängigkeit einer Entscheidung, dass ein Beweis einen Satz beweist von der (relativen) Überzeugung, dass er dies auch wirklich schafft, können keine klaren Grenzen zwischen Validierung und Evaluation gesetzt werden. Folglich bewegen sich Beweisakzeptanz und dazugehörige Akzeptanzkriterien immer im Bereich dieser beiden Aktivitäten, je nachdem, welcher Fokus von Befragten eingenommen wird. Das Validieren und Evaluieren wird in der eigenen Arbeit daher auch als Beurteilen zusammengefasst.

Es kann angenommen werden, dass die Beweisaktivitäten nicht dichotom sind, sondern durchaus Zusammenhänge existieren. Beispielsweise kann angenommen werden, dass im Prozess des Konstruierens eines Beweises der eigene Beweis punktuell auch validiert wird (siehe auch Sommerhoff, 2017). Studien über die Zusammenhänge von Beweisaktivitäten sind in (3.3.) dargestellt. Die Notwendigkeit, Zusammenhänge genauer empirisch zu untersuchen, wird in (4.) genauer erläutert.

Unter Berücksichtigung verschiedener Autoren hat Sommerhoff (2017) die verschiedenen Dispositionen, die Teil einer Beweiskompetenz sind und, je nach Beweisaktivität, im unterschiedlichen Maße zum Tragen kommen, übersichtlich dargestellt. Diese sind: ein konzeptuelles und prozedurales mathematisches Wissen, mathematisch-strategisches Wissen, Methodenwissen, Problemlösefähigkeiten, das Wissen über Schlussregeln und Aspekte der Metakognition. Die Schaffung von weiterer empirischer Evidenz im Zusammenhang mit diesen Dispositionen bleibt allerdings weiterhin eine Aufgabe der mathematikdidaktischen Forschung.

2.4.2 Methodenwissen

Für diese Arbeit ist das bereits in (2.3.2.) definierte Methodenwissen von besonderem Interesse, da es das Wissen über gültige Akzeptanzkriterien beinhaltet und es ein wesentliches Anliegen dieser Arbeit ist, Zusammenhänge zwischen der Performanz bei der Konstruktion eines Beweises und der von Studierenden bei der Beurteilung eines vorgelegten Beweisprodukts ermittelten Akzeptanzkriterien herzustellen. Das zu diesem Anliegen gehörige Ziel ist es, zusätzliches Wissen über die Beweiskompetenz von Studierenden zu schaffen. Obgleich sie bereits in (2.3.2.) definiert wurden, werden die drei Bereiche des Methodenwissens für eine kompakte Übersicht über diesen Teil der Beweiskompetenz erneut genannt. Das Methodenwissen besteht aus einem Wissen über die folgenden drei Bereiche:

1. **Beweisschema**: Jeder Schluss muss eine hinreichend argumentativ gestützte Deduktion sein.
2. **Beweisstruktur**: Ein Beweis startet mit gesicherten Voraussetzungen und endet mit der zu beweisenden Behauptung.
3. **Beweiskette**: Jeder Beweisschritt kann aus dem Vorherigen geschlossen werden, notfalls unterstützt durch weitere Argumente.

(Heinze & Reiss, 2003)

2.5 Abschließende Bemerkungen

Die in diesem Kapitel hergeleiteten Begriffe für verschiedene mathematische Argumentationen dienen der späteren Messung einer Performanz der Studierenden bei der Konstruktion von Beweisen, die eine von vier Beweisaktivitäten darstellt. Die Beurteilung von Beweisprodukten hinsichtlich der Frage, ob (und warum) es sich dabei um einen mathematischen Beweis handelt, ist wiederum eine weitere Beweisaktivität, die sich, je nach Perspektive, zwischen der Validierung und Evaluation von Beweisen bewegt und im Rahmen dieser Arbeit zusammenfassend als Beurteilung bezeichnet wird. Die Resultate hierzu geben nicht nur einen Überblick über die Akzeptanzkriterien von Studierenden, sondern ermöglichen auch die Beschreibung ihrer Beweiskompetenz und im Speziellen Rückschlüsse auf Fehlvorstellungen sowie ihr Methodenwissen. Eine gemeinsame Betrachtung beider Beweisaktivitäten, wie sie in (4.) genauer erläutert werden wird, ermöglicht also die Herstellung von Zusammenhängen zwischen verschiedenen Beweisaktivitäten und zwischen der Performanz bei der Konstruktion von Beweisen und Teilen der Beweiskompetenz von Studierenden.

Ausgewählte empirische Befunde zur Beweiskompetenz

3

Im Folgenden wird ein Einblick in relevante empirische Studien zur Beweisakzeptanz, dazugehörige Akzeptanzkriterien und zum Zusammenhang mit eigenen Beweisprodukten gegeben. Dazu wird zunächst ein sehr allgemeiner Überblick über existierende Problembereiche gegeben. Im Anschluss werden einzelne Studien genauer betrachtet. Das Ziel dieser genaueren Betrachtung ist die Identifikation von Forschungslücken und die Möglichkeit einer Ein- und Abgrenzung des noch in (4.) vorzustellenden eigenen Forschungsvorhabens.

3.1   Überblick über verschiedene Problembereiche

Grundsätzlich wird in zahlreichen Arbeiten das Gesamtbild gezeichnet, dass zahlreiche Probleme im Zusammenhang mit der Beweiskompetenz Lernender bestehen und die Beweiskompetenz daher als defizitär anzusehen ist. Diese Probleme beziehen sich sowohl auf den schulischen Bereich (z. B. Brunner, 2014) als auch auf die Hochschule (z. B. A. Selden, 2012). Reid und Knipping (2010, S. 59 – 72) identifizieren im Groben die folgenden Problembereiche, die für den Fokus dieser Arbeit von besonderem Interesse sind:

- Viele (möglicherweise die meisten) Lernende(n) akzeptieren Beispiele zur Verifikation
- Viele Lernende akzeptieren keine deduktiven Beweise zur Verifikation
- Viele Lernende akzeptieren keine Gegenbeispiele zur Widerlegung
- Lernende akzeptieren fehlerhafte deduktive Beweise zur Verifikation
- Viele Lernende akzeptieren Argumente aus Gründen, die nicht eine logische Kohärenz sind
- Lernende nutzen empirische Argumentationen zur Verifikation

F. Füllgrabe, *Konstruktion und Akzeptanz von Beweisen*, Mathematikdidaktik im Fokus, https://doi.org/10.1007/978-3-658-41303-3_3

(Reid & Knipping, 2010, S. 59, eigene Übersetzung. Hinweis: Es wurde der Begriff „Students" mit „Lernende" übersetzt, weil sowohl Studien über Schülerinnen und Schüler als auch über Studierende existieren)

3.2 Verschiedene Studien zu Aspekten der Beweiskompetenz

In Ergänzung zu der gegebenen Übersicht sind die folgenden weiteren Studien erwähnenswert, weil sich hieraus unmittelbare Anknüpfungspunkte für das eigene Forschungsvorhaben ergeben.

3.2.1   A. Selden & J. Selden (2015)

Empirische Ergebnisse zur Validierung von Beweisen vergleichend, verweisen A. Selden und J. Selden (2015) auf Studien von Inglis und Alcock (2012), A. Selden und J. Selden (2003) und Weber (2008) mit den Ergebnissen, dass Studierende eher oberflächlich etwa Gleichungen untersuchen, während Mathematiker eher die logische Struktur und die Korrektheit von verwendeten Regeln betrachten. Diese Ergebnisse können so interpretiert werden, dass Mathematiker eher ein elaborierteres Gesamtbild betrachten, während Studierende eher das Schritt für Schritt untersuchen, was unmittelbar sichtbar ist.

3.2.2   Harel & Sowder (1998)

In einem Lehrexperiment und einer Interviewstudie haben Harel und Sowder (1998) verschiedene sogenannte „proof schemes" identifiziert. Sie beschreiben diese als etwas, das eine Person überzeugt und als etwas, das eine Person für die Überzeugung anderer nutzt. Sie weisen aber auch darauf hin, dass sich dieser Begriff auf Rechtfertigungen im weiteren Sinne bezieht und nicht zwingend auf Beweise beschränkt ist und sich auch von Fachgebiet zu Fachgebiet, sogar innerhalb der Mathematik, unterscheidet (Harel & Sowder, 1998, S. 275). Die Arbeit von Harel und Sowder wird häufig zitiert, um verschiedene (Fehl-)Vorstellungen zu mathematischen Beweisen zu beschreiben (z. B. Reid & Knipping, 2010, S. 146 – 150) und wird auch in der eigenen Arbeit zu diesem Zwecke genutzt.

Um einer Verwechslung mit dem von Heinze und Reiss (2003) genutzten Begriff des "Beweisschemas" vorzubeugen, wird an dieser Stelle weiter der englische Begriff „proof scheme" verwendet. Im Groben handelt es sich um drei verschiedene proof schemes mit unterschiedlichen Abstufungen. Diese sind:

- External conviction proof scheme
- Empirical proof scheme
- Analytical proof scheme

Das external conviction proof scheme beinhaltet eine Überzeugung aufgrund einer Autorität (z. B. einer Lehrkraft oder eines Buches), des Aussehens des Beweises (also unter völliger Nichtberücksichtigung von dessen Inhalt) oder der Existenz von Umformungen, hinter denen eine inhaltliche Bedeutung stehen kann, aber nicht zwingend muss. Letztendlich ist das external conviction proof scheme also losgelöst von inhaltlichen Bedeutungen und basiert lediglich auf einer Überzeugung durch Autoritäten oder Oberflächenmerkmale.

Das empirical proof scheme beinhaltet eine Überzeugung durch die Überprüfung von Beispielen, indem deren Korrektheit auf den gesamten Gültigkeitsbereich des Satzes übertragen wird oder durch Anschauungen, aus denen Schlüsse gezogen werden.

Das analytical proof scheme beinhaltet eine Überzeugung durch einen deduktiven Charakter von Beweisen. Damit verbunden ist insbesondere, im Gegensatz zum empirical proof scheme, die Bedeutsamkeit einer Allgemeingültigkeit und das Heranziehen von Axiomen oder bereits bewiesenen Sätzen im Sinne der Einbettung in ein axiomatisches System (Harel & Sowder, 1998).

3.2.3 Kempen (2018)

Im Rahmen einer forschungsbasierten (Weiter-) Entwicklung einer Lehrveranstaltung, die Studierenden des Lehramts einen erleichternden Weg im Übergang von der Schule zur Hochschule ebnen soll und im besonderen Maße die Einführung und Nutzung von didaktisch orientierten Beweiskonzepten mit Punktmustern (siehe dazu Biehler und Kempen (2016)) verwendet, hat sich Kempen (2018) unter anderem der Frage der Beweisakzeptanz unterschiedlicher Arten von Beweisen gewidmet. Kempen (2018) definiert Beweisakzeptanz als das Ausmaß, inwiefern auf einer sechsstufigen Likertskala unter anderem[1] eine Begründung jeweils als überzeugend („die Begründung überzeugt mich, dass die Behauptung wahr ist"), verifizierend („die Begründung zeigt, dass die Behauptung 100-prozentig für alle Zeiten wahr ist") und erklärend („die Begründung erklärt mir, warum die Behauptung wahr ist") empfunden wird und ob die Begründung ein korrekter und gültiger Beweis sei (Kempen, 2018, S. 257f; siehe auch Kempen, 2016).

Als zu beurteilende Beweisprodukte wurden ein generischer Beweis mit Zahlen, ein generischer Beweis mit figurierten Zahlen, ein formal-symbolisch verfasster Beweis und ein Beweis mit geometrischen Variablen zu unterschiedlichen, wenn auch ähnlichen Sätzen aus der Arithmetik ausgewählt. Befragt wurden 146 Studierende der o.g. Lehrveranstaltung. Ein für die eigene Arbeit besonders interessantes Resultat ist, dass der formal-symbolische Beweis bezogen auf alle Akzeptanzwerte statistisch hoch signifikant besser von den Studierenden bewertet wird (Kempen, 2018, S. 257 – 269). Für die eigene Arbeit ist die Arbeit von Kempen aber auch besonders aus methodischer Perspektive interessant: Zum einen liefert Kempen mit seinem Konstrukt der Beweisakzeptanz einen Ansatz, der in dieser Form noch nicht existiert hat und die Thematik aus einer anderen Perspektive betrachtet, zum anderen stellt Kempen auch die Bedeutsamkeit der Funktionen von Beweisen dahingehend in den Vordergrund, dass die Beweisakzeptanz auch auf Basis der Erfüllung dieser Funktionen gesehen werden kann.

3.2.4 Sommerhoff und Ufer (2019)

Sommerhoff und Ufer (2019) haben in einer Studie die Akzeptanzkriterien von Schülerinnen und Schülern, die später Mathematik studieren möchten ($N_1 = 114$), Studierenden des 1. oder 3. Semesters ($N_2 = 66$), und forschenden Mathematikern verschiedener Erfahrungsstufen ($N_3 = 273$, davon 170 Doktoranden, 53 Post-Docs, 16 Dozenten, 31 Professoren) untersucht. Diesen wurde zu einem Satz aus der Arithmetik bzw. elementaren Zahlentheorie vier verschiedene Beweisprodukte vorlegt, von denen lediglich eins einen korrekten Beweis darstellte. Die anderen Beweisprodukte enthielten einen inhaltlichen Fehler, einen logischen Fehler (Zirkelschluss) oder waren eine empirische Argumentation. In einem

---

[1] Es wird hier lediglich eine Auswahl genannt. Für weitere Items siehe Kempen (2018, S. 258).

Fragebogen wurde schließlich befragt, ob es sich um einen korrekten mathematischen Beweis handle (geschlossenes Item) und wie sie ihre Einschätzung begründen würden (offenes Item).

Sommerhoff und Ufer (2019) haben zur Auswertung des Fragebogens ein Kategoriensystem entwickelt, das deduktive und induktive Kategorien enthält. Die deduktiven Kategorien sind dabei strukturorientierte Kategorien, die die drei Komponenten des von Heinze und Reiss (2003) vorgestellten Methodenwissens enthalten sowie Gegenbeispiele. Die anderen deduktiven Kategorien sind bedeutungsorientierte Kategorien, die das Verständnis, die Konsistenz mit dem Vorwissen und Ästhetik beinhalten. Die induktiven Kategorien wiederum beinhalten Trivialisierungen, Eindeutigkeit, die Nutzung aller Prämissen (Kategorie „criterial reasoning") sowie Verbesserungsvorschläge, die Nennung, dass es sich um einen Beweis handle oder Sonstige (Kategorie „non-criterial").

Die Begründungen zur Einschätzung des jeweiligen Beweises wurden separat codiert. Wesentliche Ergebnisse sind zunächst, dass die Schülerinnen und Schüler im Mittel 2,8 Akzeptanzkriterien nannten, die Studierenden 3,5 und die Mathematiker 7,6. Die Anzahl der genannten Akzeptanzkriterien variierte allerdings von Beweisprodukt zu Beweisprodukt. Bezogen auf die konkreten Akzeptanzkriterien fanden Sommerhoff und Ufer (2019) heraus, dass die Mathematiker sich häufiger zur Beweisstruktur und zum Beweisschema äußerten als Schülerinnen und Schüler sowie Studierende. Die Kategorie „Verständnis" wurde von Studierenden häufiger genannt als bei den anderen Gruppen. Insgesamt scheinen sich die reinen Akzeptanzkriterien zwischen den Gruppen aber nicht zu unterscheiden, woraus die Autoren schließen, dass die Schülerinnen und Schüler sowie Studierenden Wissen über verschiedene Akzeptanzkriterien besitzen. Allerdings passen die genannten Akzeptanzkriterien mitunter nicht zu den Einschätzungen der fehlerhaften Beweisprodukte. Sommerhoff und Ufer (2019) schließen daraus, dass die Schülerinnen und Schüler trotz der Kenntnis dieser Kriterien Schwierigkeiten haben, diese auch passend einzusetzen.

3.3   Studien speziell zum Zusammenhang zwischen der Konstruktion von Beweisen und der Beweisakzeptanz sowie den Akzeptanzkriterien

Wie A. Selden und J. Selden (2015) unter Durchsicht der existierenden Forschung über Beweise feststellen, gibt es bislang noch sehr wenige Arbeiten, die einen Zusammenhang zwischen den in (2.4.1.) dargestellten Beweisaktivitäten herstellen. Im Speziellen existieren also auch wenige Studien, die Zusammenhänge zwischen der Konstruktion von Beweisen und der Beurteilung von Beweisen hinsichtlich der Beweisakzeptanz und Akzeptanzkriterien untersuchen. Sommerhoff (2017) nennt in seiner Arbeit die Folgenden: Ufer et al. (2009) sehen die Validierung und das Konstruieren von Beweisen als unterschiedliche Fähigkeiten an, finden aber eine signifikante, aber schwache Korrelation zwischen beiden Fähigkeiten. A. Selden und J. Selden (2003) bemerken, dass das Konstruieren von Beweisen eine Validierung von Beweisen mit sich zieht. Cilli-Turner (2013) sieht sie als untrennbar miteinander verbunden an und Pfeiffer (2011) befindet, dass eine erhöhte Fähigkeit, Beweise zu validieren, die Fähigkeit, Beweise zu konstruieren, verbessert und umgekehrt. Hanna (2000) hingegen nimmt keine Unterscheidung vor und sieht alles als eine Beweiskompetenz an.

Über die Nennungen von Sommerhoff (2017) hinausgehend sind noch die folgenden Studien von Grundey (2015) sowie A. Stylianides und G. Stylianides (2009) relevant für die eigene Arbeit.

3.3.1 Grundey (2015)

Grundey (2015) untersucht in ihrer umfangreichen qualitativen Studie in Form eines Design-Experiments das Zusammenspiel zwischen Beweisvorstellungen und eigenständigen Beweisen von Schülerinnen und Schülern der Sekundarstufe 2 anhand verschiedener Aufgabenstellungen aus dem Bereich der Analysis. Ein wesentliches Resultat ist die Erkenntnis über eine hohe Bedeutung von Beweisvorstellungen, die sich sowohl produktiv als auch kontraproduktiv auf Beweisprozesse auswirken können. Dazu gehört zum Beispiel der Befund, dass Probleme auf der Beweisebene, im Speziellen bei den Beweisvorstellungen, Lernende daran hindern können, einen eigenständigen Beweis zu notieren. Als Beispiel führt Grundey die Vorstellung an, dass manche Schülerinnen und Schüler eine sehr enge, formal-algebraische Vorstellung von Beweisen haben und in einer Situation, in der sich aus einer erfolgreichen inhaltlichen Lösung eine korrekte, narrativ formulierte Argumentation entwickelt hat, diese dennoch ablehnen, weil sie nicht mit ihrer eigenen Beweisvorstellung vereinbar ist.

Grundey kommt zu dem Schluss, dass Probleme auf der Inhaltsebene und im Wechselspiel zwischen Inhalts- und Beweisebene zu Schwierigkeiten in Beweisprozessen führen können: Wenn zum Beispiel Schülerinnen und Schüler ein bestimmtes inhaltliches Problem nicht durchdringen, können sie entsprechend falsche Schlüsse in einem Beweis ziehen. Ohne Verständnis des Inhalts können zum Beispiel schwerlich Aussagen über eine hinreichende Argumentationstiefe einer Argumentationskette gemacht werden oder über die Korrektheit von Aussagen. Umgekehrt kann sich, so Grundey (2015), eine Passung auf der Inhalts- und Beweisebene förderlich auf das eigenständige Beweisen auswirken: Wenn das notwendige inhaltliche Wissen vorhanden ist, kann dies zuträglich für das eigenständige Beweisen sein.

3.3.2 A. Stylianides und G. Stylianides (2009)

A. Stylianides und G. Stylianides (2009) haben in einer Studie 39 angehende Grundschullehrkräfte mit großer Erfahrung mit Beweisen im Rahmen eines universitären Kurses untersucht. Die Studierenden mussten in ihrer Studie zunächst einen Beweis zu einer bestimmten Aufgabe konstruieren und ihn anschließend selbst evaluieren. Zum Zeitpunkt der Veröffentlichung ihres Beitrags bezeichnen die Autoren diesen Forschungsansatz als bisher nicht in der Forschung über mathematische Beweise auftretend (A. Stylianides & G. Stylianides, 2009, S. 240). Sie erhoffen sich damit einen differenzierten Blick, indem z. B. unterschieden werden kann zwischen Personen, die eine empirische Argumentation herstellen und davon überzeugt sind, dass dies ein Beweis sei und Personen, die eine empirische Argumentation herstellen und sich darüber bewusst sind, dass diese kein Beweis sei. Darüber hinaus könne eine Übereinstimmung von einer erfolgreichen Herstellung eines Beweises und einer entsprechenden Evaluation desselben Beweises auf ein Bewusstsein bestimmter Standards in Bezug auf Beweise hindeuten (A. Stylianides & G. Stylianides, 2009, S. 240).

Genauer sollten sie in einer Zwischenprüfung und in einer Abschlussprüfung jeweils einen Satz aus der Arithmetik beweisen, allerdings unter Vermeidung eines formal-algebraischen Beweises. Der Grund dafür sei, dass sich der Beweis an Schülerinnen und Schüler des vierten Jahrgangs richte und diese noch nichts über Algebra wüssten. Anschließend sollten die Studierenden die Frage beantworten, ob sie glauben, dass sie tatsächlich einen Beweis konstruiert haben und zusätzlich angeben und Gründe dafür oder dagegen nennen. Die eingesetzten Sätze sind:

1. Die Summe von zwei aufeinanderfolgenden ungeraden Zahlen ist ein Vielfaches von 4,

2. Wenn man eine beliebige Zahl mit 3 multipliziert und dann 3 addiert, erhält man ein Vielfaches von 6

Für die Auswertung ihrer Daten haben sie die folgenden Kategorien verwendet. Zu Aufgabe 1: Beweis, gültige allgemeine Argumentation aber kein Beweis, nicht-erfolgreicher Versuch einer gültigen, allgemeinen Argumentation (z. B. ungültige oder unfertige allgemeine Argumentation), empirische Argumentation oder unechte Argumentation (z. B. eine irrelevante Antwort). Die Kategorien zu Aufgabe 2 sind: Behauptung, dass es ein Beweis sei oder kein Beweis sei oder eine vermischte Behauptung, also eine, die Pro- und Contra-Argumente enthält. Die Daten wurden von zwei Forschern unabhängig voneinander codiert. Anschließend wurden die Codes verglichen, Uneinigkeiten wurden diskutiert und ein Konsens wurde für alle Uneinigkeiten gefunden.

Wesentliche Ergebnisse der Studie sind, dass etwa die Hälfte der Studierenden, die eine empirische Argumentation hergestellt haben, sich auch darüber im Klaren waren, dass diese keine Beweise seien. Insgesamt war sich auch die Hälfte derer, die weder einen Beweis noch eine gültige, allgemeine Argumentation[2] hergestellt haben, darüber im Klaren, dass ihre Argumentationen keine Beweise seien. Diese Ergebnisse können dahingehend interpretiert werden, dass Studierende unter der Aufforderung, einen Beweis zu konstruieren, dennoch etwas anderes konstruieren, obwohl sie sich darüber bewusst sind, dass es sich dabei um keinen Beweis handelt (A. Stylianides & G. Stylianides, 2009).

---

[2] Eine gültige, allgemeine Argumentation würde, zumindest bei gleichzeitigem Vorliegen einer hinreichenden Argumentationstiefe (die die Argumentation aber nicht für einen Beweis qualifiziert, da sie dafür nicht ausreichend ist) nach eigener Definition als Begründung bezeichnet werden.

Eigenes Forschungsanliegen

4

Im Folgenden wird das Forschungsanliegen dieser Arbeit vorgestellt. Hierzu wird zunächst erläutert, inwiefern sich aus den in (3.) vorgestellten Studien Forschungslücken ergeben haben (4.1.). Aus diesen Forschungslücken wird schließlich das eigene Forschungsanliegen abgeleitet (4.2.) und ein Überblick über die daraus formulierten Forschungsfragen mit dazugehörigen Hypothesen gegeben (4.3.).

4.1   Ermittlung von Forschungslücken

Wie in (3.1.) überblicksweise dargestellt wurde, existieren insgesamt zahlreiche Problemfelder im Zusammenhang mit Beweisen. Diese stehen auch in Verbindung mit verschiedenen (Fehl-)Vorstellungen, wie sie Harel & Sowder (1998), siehe (3.2.2.), identifiziert haben. Bei diesen (Fehl-)Vorstellungen kann angenommen werden, dass sie im engen Zusammenhang mit Akzeptanzkriterien stehen, die bei der Validierung oder Evaluierung von Beweisen genannt werden würden.

Betrachtet man die Frage, welche Dispositionen einer Beweiskompetenz bei der Konstruktion von Beweisen bedeutsam sind, deuten zunächst verschiedene, in (4.1.) genannte Studien auf einen Zusammenhang dieser Beweisaktivität mit anderen Beweisaktivitäten, etwa das Validieren von Beweisen, hin. Allerdings kann grundsätzlich geschlossen werden, dass diese Zusammenhänge in der fachdidaktischen Forschung noch nicht hinreichend untersucht sind (A. Selden & J. Selden, 2015). Daher kann z. B. auch noch nicht final geschlossen werden, inwiefern die Kenntnis von Akzeptanzkriterien im Zusammenhang mit der Performanz bei der Konstruktion von Beweisen steht. Es kann allerdings aufgrund der bisherigen Studienlage angenommen werden, dass das Vorhandensein eines

F. Füllgrabe, *Konstruktion und Akzeptanz von Beweisen*, Mathematikdidaktik im Fokus, https://doi.org/10.1007/978-3-658-41303-3_4

Methodenwissens (Heinze & Reiss, 2003), siehe (2.4.), also de facto die Kenntnis gültiger strukturorientierter Akzeptanzkriterien, im Zusammenhang mit der erfolgreichen Konstruktion eines Beweises steht (Sommerhoff, 2017). In ihrer Studie kommt Grundey (2015), siehe (3.3.1.), zu einem ähnlichen Schluss, indem sie die hohe Bedeutung von Beweisvorstellungen für Beweisprozesse betont, die sich positiv oder negativ auswirken können. Das bedeutet, dass angenommen werden kann, dass bestimmte Fehlvorstellungen auch im Zusammenhang mit einer nicht erfolgreichen Performanz bei der Konstruktion eines Beweises stehen. Insgesamt existiert allerdings die Notwendigkeit der Schaffung einer zusätzlichen empirischen Evidenz.

Einen interessanten Anknüpfungspunkt für das eigene Forschungsvorhaben bildet die Arbeit von A. Stylianides und G. Stylianides (2009), da sie, zwar unter Auflagen, sowohl die Performanz bei der Konstruktion eines Beweises messen als auch anschließend die selbst von den Studierenden hergestellten Beweisprodukte hinsichtlich der Frage der Beweisakzeptanz und dazugehörigen Akzeptanzkriterien beurteilen lassen. Sie stellen folglich einen Zusammenhang zwischen den Beweisaktivitäten Konstruktion sowie Beurteilung mit Fokus auf die Beweisakzeptanz und Akzeptanzkriterien her. Allerdings lassen sich aus der Arbeit von A. Stylianides und G. Stylianides (2009) die folgenden verschiedenen Desiderate ableiten:

- **Zusammensetzung der Stichprobe**: Bei A. Stylianides und G. Stylianides (2009) erfolgt eher eine qualitative Analyse mit einer kleinen Stichprobe (n = 39) bestehend aus Studierenden des Grundschullehramts. Es ist daher offen, inwiefern man von den Ergebnissen auf eine Grundgesamtheit schließen kann.
- **Beurteilung der Beweisprodukte**: Bei A. Stylianides und G. Stylianides (2009) wird der Zusammenhang zwischen selbst erstellten Beweisprodukten und der Beurteilung von eigenen Beweisprodukten hinsichtlich der Beweisakzeptanz und Akzeptanzkriterien hergestellt. Es ist also weiterhin offen, welche Zusammenhänge existieren, wenn nicht die eigenen Beweisprodukte beurteilt werden.
- **Messung der Performanz bei der Konstruktion von Beweisen**: Bei A. Stylianides und G. Stylianides (2009) werden fünf Kategorien für die Klassifikation eines Beweisprodukts genutzt. Diese sind: Beweis (proof), Begründung (valid general argument but not a proof, entspricht nach eigener Definition einer Begründung), nicht-erfolgreiche Begründung (unsuccessful attempt for a valid general argument), empirische Argumentation (empirical argument), keine Argumentation (non-genuine argument). Die Codierung erfolgt zunächst

durch zwei unabhängige Codierer, anschließend gibt es aber eine Konsens-bildung. Bei der Messung der Performanz ist allerdings offen, aus welchen Gründen die Codierer zu ihrer jeweiligen Einschätzung gekommen sind, dass eine bestimmte Performanz vorliegt. Darüber hinaus erfolgt die Kon-struktion eines Beweises unter der Restriktion, dass ein formal-algebraischer Beweis vermieden werden soll. Daher wird auch eher die Performanz bei der Konstruktion eines nicht-formal-algebraischen Beweises gemessen und es ist weiterhin offen, welche Performanz die Studierenden gezeigt hätten, wenn keine Restriktionen vorgenommen worden wären.

• **Codierung der Beweisakzeptanz bzw. Akzeptanzkriterien:** Die Beurteilun-gen der Studierenden wurden durch drei Kategorien codiert. Diese sind die Behauptung, dass das Beweisprodukt ein oder kein Beweis sei oder eine gemischte Behauptung, die Pro- und Contra-Argumente enthält. Im Wesentli-chen wurde also nur die Beweisakzeptanz der Studierenden erhoben, aber nicht die genauen, damit zusammenhängenden Akzeptanzkriterien. Es können folg-lich keine Rückschlüsse auf die Akzeptanzkriterien oder das Methodenwissen der Studierenden getroffen werden, sodass dieser Teil weiter offenbleibt.

Insgesamt ergeben sich aus der Arbeit von A. Stylianides und G. Styliani-des (2009) einige Desiderate, die weitere Untersuchungen des Zusammenhangs zwischen der Konstruktion und Beurteilung indizieren und in der Darstellung der Stichprobe und Methode dieser Arbeit in (6.1.) und (5.) aufgegriffen wer-den. Unter zusätzlicher Berücksichtigung des Gesamtbildes, dass eine weitere Untersuchung dieser Thematik geboten ist und weiterer Forschungsanliegen, die aus der Theorie dieser Arbeit abgeleitet werden, soll im Folgenden das eigene Forschungsanliegen erläutert werden.

4.2   Darstellung des eigenen Forschungsanliegens

Die vorliegende Arbeit hat die folgenden drei Forschungsanliegen:

1. Die Analyse von Zusammenhängen zwischen der Performanz bei der Kon-struktion von Beweisen und der Beweisakzeptanz und Akzeptanzkriterien bei der Beurteilung von vorgelegten Beweisprodukten.[1]

---

[1] Es wird hier bewusst Beweisprodukt und nicht Beweis geschrieben, weil eine der vorge-legten Argumentationen aus Forschersicht kein Beweis ist. Dies wird in (5.2.4.) genauer erläutert

Das eigene Forschungsanliegen knüpft unmittelbar an das von A. Selden und
J. Selden (2015) formulierte generelle Desiderat an, dass die Zusammenhänge
zwischen einzelnen Beweisaktivitäten weiter und genauer untersucht werden müs-
sen. In dieser Arbeit soll daher der Zusammenhang zwischen der Konstruktion
von Beweisen und der Beurteilung von Beweisen mit Fokus auf die Frage der
Beweisakzeptanz und der dazugehörigen Akzeptanzkriterien untersucht werden.
Genauer soll untersucht werden, inwiefern eine bestimmte Performanz bei der
Konstruktion von Beweisen mit der bei der Beurteilung von vorgelegten Beweisprodukten geäußerten Beweisakzeptanz und Akzeptanzkriterien zusammenhängt.
Da die Kenntnis von (gültigen) Akzeptanzkriterien Teil der Beweiskompetenz
ist, siehe hierzu (2.4.), können folglich auch Aussagen über den Zusammenhang
verschiedener Dispositionen einer Beweiskompetenz und der Performanz bei der
Konstruktion eines Beweises getätigt werden. Das Wissen über diese Zusammenhänge vergrößert also das Wissen über die Beweiskompetenz Lernender. Bei der
Darstellung der Methode in (5.) werden vor allem auch die verschiedenen Desiderate, die sich aus der Arbeit von A. Stylianides und G. Stylianides (2009) ergeben
haben, dahingehend aufgegriffen, dass z. B. nicht nur die Beweisakzeptanz im
Zusammenhang mit der Performanz erhoben wird, sondern auch die zur Beweisakzeptanz gehörenden Akzeptanzkriterien sowie die Anzahl und Konkretheit der
Akzeptanzkriterien, sodass die Zusammenhänge insgesamt genauer und ausdiffe-
renzierter dargestellt werden sollen. Weitere Anknüpfungen an A. Stylianides und
G. Stylianides (2009) werden in (5.) erläutert.

2. Die Analyse der Wirkung der Argumentationstiefe von Beweisprodukten
   auf die Beurteilung der Studierenden hinsichtlich der Beweisakzeptanz und
   Akzeptanzkriterien.

Neben dem Forschungsanliegen, die o.g. Zusammenhänge genauer zu untersuchen, soll unter Berücksichtigung der in (2.2.) dargestellten Problematik im
Zusammenhang mit der Argumentationstiefe eines strengen Beweises und den
darauf aufbauenden Überlegungen von Aberdein (2013) zu der parallel zueinander existierenden Inferenzstruktur und argumentativen Struktur ein besonderer
Fokus auf den Zusammenhang zwischen der in einem Beweisprodukt vorliegen-
den Argumentationstiefe und der Beweisakzeptanz und Akzeptanzkriterien von
Studierenden hergestellt werden. Es soll daher analysiert werden, wie sich die
Beurteilungen der Studierenden, auch unter Berücksichtigung ihrer Performanz,
bei Beweisprodukten mit unterschiedlicher Argumentationstiefe unterscheiden.
Mit Argumentationstiefe ist, in Sinne des in (2.1.) dargestellten Toulmin-
Schemas, das Ausmaß des Hinzuziehens von Regeln und Stützungen gemeint,

also im Prinzip die Frage, wie sehr einzelne Beweisschritte begründet werden
bzw. wie ausführlich die Argumentation ist.

3. Das in (2.) formulierte Anliegen mit besonderem Fokus auf die Frage, ob und
   wie die Argumentationstiefe von Beweisprodukten unterschiedlich auf verschiedene Gruppen von Studierenden wirkt, die aufgrund der Performanz der
   Studierenden gebildet wurden.

Das dritte Forschungsanliegen verbindet also gewissermaßen die ersten beiden
Forschungsanliegen. Das damit zusammenhängende Anliegen bezieht sich darauf,
dass die Ermittlung der Wirkung der Argumentationstiefe differenziert betrachtet werden kann und offen ist, inwiefern die Wirkung auf die Beurteilungen
der Studierenden hinsichtlich der Beweisakzeptanz und Akzeptanzkriterien im
Zusammenhang mit der Performanz der Studierenden steht.

4.3   Forschungsfragen

Auf Basis des eigenen Forschungsanliegens werden nun Forschungsfragen und
Hypothesen formuliert. Diese werden zunächst übergeordnet formuliert, dann
aber in den weiteren Abschnitten und auch in den jeweiligen Ergebniskapiteln
(6.3) bis (6.8.) genauer gefasst. Die genauere Fassung bezieht sich vor allem auf
die folgenden zwei Aspekte:

1. **Akzeptanzkriterien**: Es soll nicht nur analysiert werden, welche Akzeptanzkriterien genannt werden, sondern auch deren Anzahl (also die Summe der
   Akzeptanzkriterien) und deren Konkretheit (also wie genau sich die Akzeptanzkriterien auf konkrete Inhalte von vorgelegten Beweisprodukten beziehen).
   Die dazugehörigen Kategorien werden in (5.4.) genauer erläutert.
2. **Ermittlung von Wirkungen und Zusammenhängen**: Je nach (übergeordneter) Fragestellung wird ermittelt, wie etwas wirkt oder welche Zusammenhänge bestehen. Hierbei werden die Forschungsfragen so konkretisiert, dass
   gefragt wird, ob Unterschiede bestehen. Diese Fragen nach Unterschieden
   können sich auf Folgendes beziehen:
   • auf den Zusammenhang zwischen Beweisakzeptanz und Akzeptanzkri-
     terien, also die Unterschiede zwischen der vorherigen Akzeptanz oder
     Nicht-Akzeptanz vorgelegter Beweisprodukte als Beweis bei der Analyse
     der Akzeptanzkriterien.

- auf die Wirkung der Argumentationstiefe, also die Unterschiede zwischen den vorgelegten Beweisprodukten bei der Analyse der Beweisakzeptanz und Akzeptanzkriterien.
- auf den Zusammenhang zwischen der Performanz bei der Konstruktion von Beweisen und der Beweisakzeptanz und Akzeptanzkriterien bei der Beurteilung von vorgelegten Beweisprodukten, also die Unterschiede von Gruppen von Studierenden, die aufgrund der Performanz der Studierenden gebildet wurden.

Je nach übergeordneter Forschungsfrage sind diese dargestellten Aspekte von Bedeutung oder von keiner Bedeutung. Daher werden im Folgenden die übergeordneten Forschungsfragen dargestellt und erst im Anschluss erläutert und genauer gefasst, um einen besseren Überblick zu ermöglichen.

4.3.1 Übergeordnete Forschungsfragen

Die übergeordneten Forschungsfragen dieser Arbeit sind:

1. FF-1: Welche Performanz zeigen die teilnehmenden Studierenden bei der Konstruktion von Beweisen und lassen sich daraus Gruppen von Studierenden bilden?
2. FF-2: Welche Beweisakzeptanz und Akzeptanzkriterien haben bzw. nennen die teilnehmenden Studierenden bei der Beurteilung von vorgelegten Beweisprodukten?
3. FF-3: (Wie) Wirkt die Argumentationstiefe der vorgelegten Beweisprodukte auf die Beweisakzeptanz und Akzeptanzkriterien der Studierenden?
4. FF-4: Welche Zusammenhänge bestehen zwischen der Performanz bei der Konstruktion von Beweisen und der Beweisakzeptanz und Akzeptanzkriterien bei der Beurteilung von vorgelegten Beweisprodukten?
5. FF-5: (Wie) Wirkt die Argumentationstiefe der vorgelegten Beweisprodukte auf die Zusammenhänge zwischen der Performanz bei der Konstruktion von Beweisen und der Beweisakzeptanz und Akzeptanzkriterien bei der Beurteilung von vorgelegten Beweisprodukten?

In den folgenden Abschnitten werden diese übergeordneten Forschungsfragen erläutert und genauer gefasst.

4.3.2 Performanz bei der Konstruktion von Beweisen und Gruppenbildung

Die folgenden beiden Forschungsfragen dienen der Einschätzung der Performanz der an dieser Studie teilnehmenden Studierenden bei der Konstruktion von Beweisen. Betrachtet wird hier also die in (2.4.) dargestellte Beweisaktivität „Konstruktion von Beweisen" (A. Selden & J. Selden, 2015). Darüber hinaus dienen sie der Bildung von Gruppen auf Basis dieser Performanz, die in weiteren Forschungsfragen miteinander verglichen werden.

a. FF-1a: Welche Beweisprodukte stellen Studierende unterschiedlicher Lehramtsstudiengänge und Studienjahre her?
b. FF-1b: Welche Gruppen lassen sich aufgrund dieser Performanz bei der Konstruktion von Beweisen bilden?

4.3.3 Beweisakzeptanz und Akzeptanzkriterien der gesamten Stichprobe

Zur Einschätzung der teilnehmenden Studierenden hinsichtlich der von Ihnen bei der Beurteilung von Beweisprodukten genannte(n) Beweisakzeptanz und Akzeptanzkriterien dienen die folgenden Forschungsfragen. Betrachtet werden hier also, je nach Perspektive der Studierenden, die in (2.4.) dargestellten Beweisaktivitäten „Validierung von Beweisen" und „Evaluation von Beweisen" (A. Selden & J. Selden, 2015), die im Rahmen dieser Arbeit als Beurteilung zusammengefasst werden (siehe auch (2.4.1.)).

a. FF-2a: Wie werden vorgelegte Beweisprodukte von Studierenden des Lehramts unterschiedlicher Lehramtsstudiengänge und Fachsemester hinsichtlich der Beweisakzeptanz beurteilt?
b. FF-2b: Welche Akzeptanzkriterien werden von Studierenden des Lehramts unterschiedlicher Lehramtsstudiengänge und Fachsemester bei der Beurteilung eines vorgelegten Beweisprodukts genannt?
c. FF-2c: Wie viele Akzeptanzkriterien nennen sie?
d. FF-2d: Wie konkret äußern sich die Studierenden?
e. FF-2e: Lassen sich bei den jeweiligen Forschungsfragen FF-2b bis FF-2d auch Unterschiede zwischen den Studierenden ausmachen, die gemäß FF-2a vorab das ihnen zur Beurteilung vorgelegte Beweisprodukt als Beweis akzeptiert oder nicht akzeptiert haben?

4.3.4 Wirkung der Argumentationstiefe auf die Beweisakzeptanz und Akzeptanzkriterien der gesamten Stichprobe

Die folgenden Forschungsfragen werden aus dem 2. Forschungsanliegen abgeleitet und dienen der Ermittlung der Wirkung der Argumentationstiefe von Beweisprodukten auf die Beurteilung der Studierenden hinsichtlich der Beweisakzeptanz und Akzeptanzkriterien. Hierbei werden zunächst alle Studierende betrachtet, d. h. es erfolgt an dieser Stelle noch keine Kombination des 1. und 2. Forschungsanliegens.

a. FF-3a: Wie werden vorgelegte Beweisprodukte, die sich in ihrer Argumentationstiefe unterscheiden, jeweils von Studierenden des Lehramts unterschiedlicher Lehramtsstudiengänge und Fachsemester hinsichtlich der Beweisakzeptanz beurteilt?

b. FF-3b: Welche Akzeptanzkriterien werden von Studierenden des Lehramts unterschiedlicher Lehramtsstudiengänge und Fachsemester jeweils bei der Beurteilung der Beweisprodukte mit unterschiedlicher Argumentationstiefe genannt?

c. FF-3c: Wie viele Akzeptanzkriterien nennen sie jeweils?

d. FF-3d: Wie konkret äußern sich die Studierenden jeweils?

e. FF-3e: Lassen sich bei den jeweiligen Forschungsfragen FF-3b bis FF-3d auch Unterschiede zwischen den Studierenden ausmachen, die gemäß FF-3a vorab das ihnen zur Beurteilung vorgelegte Beweisprodukt als Beweis akzeptiert oder nicht akzeptiert haben?[2]

f. FF-3f: Wie unterscheiden sich die jeweiligen von den Studierenden getätigten Beurteilungen zu den Beweisprodukten mit unterschiedlicher Argumentationstiefe hinsichtlich der oben genannten Forschungsfragen FF-3a bis FF-3e?

4.3.5 Zusammenhänge zwischen der Performanz bei der Konstruktion von Beweisen und der Beweisakzeptanz und Akzeptanzkriterien

Aufgrund der im Zuge von Forschungsfrage FF-1b zu bildenden und auf der Performanz der Studierenden basierenden Gruppen werden mithilfe der folgenden

---

[2] Letzteres wird fortan als „Akzeptanz" oder „Nicht-Akzeptanz" bezeichnet.

Forschungsfragen gemäß des 1. Forschungsanliegens Zusammenhänge zwischen der Performanz bei der Konstruktion von Beweisen und der Beweisakzeptanz und Akzeptanzkriterien bei der Beurteilung von vorgelegten Beweisprodukten hergestellt. Die in den Forschungsfragen genannten Gruppen sind jeweils die Gruppen, die aufgrund der Performanz der Studierenden gebildet wurden.

a. FF-4a: Wie werden vorgelegte Beweisprodukte von Studierenden des Lehramts unterschiedlicher Gruppen hinsichtlich der Beweisakzeptanz beurteilt?

b. FF-4b: Welche Akzeptanzkriterien werden von Studierenden des Lehramts unterschiedlicher Gruppen bei der Beurteilung eines vorgelegten Beweisprodukts genannt?

c. FF-4c: Wie viele Akzeptanzkriterien nennen die Studierenden der jeweiligen Gruppen?

d. FF-4d: Wie konkret äußern sich die Studierenden der jeweiligen Gruppen?

e. FF-4e: Lassen sich bei den jeweiligen Forschungsfragen FF-4b bis FF-4d auch Unterschiede zwischen den Studierenden der jeweiligen Gruppen ausmachen, die gemäß FF-4a vorab das ihnen zur Beurteilung vorgelegte Beweisprodukt als Beweis akzeptiert oder nicht akzeptiert haben?

f. FF-4f: Wie unterscheiden sich die von den Studierenden der jeweiligen Gruppen getätigten Beurteilungen zu den Beweisprodukten hinsichtlich der oben genannten Forschungsfragen FF-4a bis FF-4e?

4.3.6 Wirkung der Argumentationstiefe auf die Zusammenhänge zwischen der Performanz bei der Konstruktion von Beweisen und der Beweisakzeptanz und Akzeptanzkriterien

Die letzten Forschungsfragen basieren auf dem 3. Forschungsanliegen, das das 1. und 2. Forschungsanliegen kombiniert. Sie dienen also der Ermittlung der Wirkung der Argumentationstiefe von Beweisprodukten auf die jeweiligen Beurteilungen der Gruppen von Studierenden, die aufgrund ihrer Performanz gebildet wurden. Die in den Forschungsfragen genannten Gruppen sind jeweils die Gruppen, die aufgrund der Performanz der Studierenden gebildet wurden.

a. FF-5a: Wie werden vorgelegte Beweisprodukte, die sich in ihrer Argumentationstiefe unterscheiden, jeweils von Studierenden des Lehramts unterschiedlicher Gruppen hinsichtlich der Beweisakzeptanz beurteilt?

b. FF-5b: Welche Akzeptanzkriterien werden von Studierenden des Lehramts unterschiedlicher Gruppen <u>jeweils</u> bei der Beurteilung der Beweisprodukte mit unterschiedlicher Argumentationstiefe genannt?

c. FF-5c: Wie viele Akzeptanzkriterien nennen die Studierenden der jeweiligen Gruppen jeweils bei den Beweisprodukten mit unterschiedlicher Argumentationstiefe?

d. FF-5d: Wie konkret äußern sich die Studierenden der jeweiligen Gruppen jeweils bei den Beweisprodukten mit unterschiedlicher Argumentationstiefe?

e. FF-5e: Lassen sich bei den jeweiligen Forschungsfragen FF-5b bis FF-5d auch Unterschiede zwischen den Studierenden der jeweiligen Gruppen ausmachen, die gemäß FF-5a vorab das ihnen zur Beurteilung vorgelegte Beweisprodukt als Beweis akzeptiert oder nicht akzeptiert haben?

f. FF-5f: Wie unterscheiden sich die von den Studierenden der jeweiligen Gruppen getätigten Beurteilungen zu den Beweisprodukten hinsichtlich der oben genannten Forschungsfragen FF-5a bis FF-5e?

4.4   Hypothesen

4.4.1   Hypothesen zur Performanz bei der Konstruktion von Beweisen

Es wird grundsätzlich angenommen, dass die Studierenden unterschiedliche Beweisprodukte, wie sie in (2.3.) genannt wurden, herstellen. Aufgrund des von Reid und Knipping (2010) dargestellten Bildes, dass insgesamt sehr viele Problembereiche im Zusammenhang mit Beweisen bestehen und sich dieses Problem auch auf den Hochschulkontext übertragen lässt, wird angenommen, dass insgesamt auch in der vorliegenden Studie oftmals Beweisprodukte konstruiert werden, die nicht als Beweis zu akzeptieren sind. Darauf aufbauend wird angenommen, dass es die gezeigte Performanz der Studierenden ermöglicht, Gruppen auf Basis der Performanz so zu bilden, dass diese Gruppen Studierende darstellen, die erfolgreich und nicht erfolgreich einen Beweis konstruieren können. Die erstgenannten Studierenden werden fortan die „leistungsstarken" Studierenden genannt, die letztgenannten Studierenden die „leistungsschwachen" Studierenden.

4.4.2 Hypothesen zur Beweisakzeptanz und Akzeptanzkriterien der gesamten Stichprobe

Da angenommen wird, dass die Beweisakzeptanz nicht willkürlich erfolgt, sondern durch Akzeptanzkriterien bestimmt wird, wird auch angenommen, dass die Beweisakzeptanz relativ zu vorgelegten Beweisprodukt ist und durch dessen Eigenschaften bestimmt wird. Offen ist allerdings, welche Eigenschaften von den Studierenden erkannt und als Akzeptanzkriterium genannt werden. Ebenfalls wird aufgrund der von Reid und Knipping (2010) zusammengefassten Befunde angenommen, dass die von Studierenden genannten Akzeptanzkriterien nicht zwingend nur dem entsprechen, was als Methodenwissen (Heinze & Reiss, 2003) bezeichnet werden kann, sondern dass auch weitere Akzeptanzkriterien genannt werden. Diese Akzeptanzkriterien können über die strukturorientierten Kriterien des Methodenwissens hinausgehen und z. B. auch bedeutungsorientierte Kriterien wie das Verständnis umfassen (Sommerhoff & Ufer, 2019), an den möglichen Funktionen eines Beweises orientiert sein (Kempen, 2018) oder im Zusammenhang mit verschiedenen Fehlvorstellungen stehen (Harel & Sowder, 1998). Da unklar ist, welche Akzeptanzkriterien tatsächlich genannt werden, wird zu dieser Frage ein explorativer Zugang gewählt und anschließend aufgrund der genannten Akzeptanzkriterien überlegt, wie diese einzuordnen sind. Dies wird genauer in (5.4.) erläutert. Zudem sind zum besseren Verständnis der Akzeptanzkriterien deren Anzahl und Konkretheit interessant und sollen daher zusätzlich ermittelt werden. Die Anzahl der Akzeptanzkriterien sind hierbei interessant, weil aus Forschersicht bei der Beurteilung von Beweisprodukten in aller Regel mehrere Akzeptanzkriterien genannt werden können und die Ermittlung der Anzahl daher Rückschlüsse auf das Wissen über Akzeptanzkriterien ermöglicht. Die Konkretheit ist wiederum interessant, weil angenommen wird, dass die Konkretheit auch Rückschlüsse darüber liefern kann, inwiefern Beurteilende ein Beweisprodukt inhaltlich wirklich durchdringen.

4.4.3 Hypothesen zur Wirkung der Argumentationstiefe auf die Beweisakzeptanz und Akzeptanzkriterien der gesamten Stichprobe

Da angenommen wird, dass die Beweisakzeptanz und Akzeptanzkriterien im Zusammenhang mit dem vorgelegten Beweisprodukt stehen, aber dieser Zusammenhang aufgrund der Frage der aus Studierendensicht relevanten Eigenschaften nicht vorab klar ist, stellt sich auch die Frage, ob der Vergleich von Beweis-produkten, die sich im Wesentlichen nur in einer Eigenschaft unterscheiden, dazu führt, dass die Beweisakzeptanz und Akzeptanzkriterien bei der Beurteilung dieser Beweisprodukte unterschiedlich sind. Mit besonderem Fokus auf Beweisprodukte mit unterschiedlicher Argumentationstiefe ist daher offen, ob der spezifische Unterschied in der Argumentationstiefe auch dazu führt, dass Beweisakzeptanz und Akzeptanzkriterien unterschiedlich sind. Es wird aber ange-nommen, dass sich Unterschiede zwischen den Beweisprodukten zeigen, wenn sich diese im großen Maße in ihrer Argumentationstiefe unterscheiden. Genauer wird angenommen, dass Beweisprodukte mit einer (zu) geringen Argumentati-onstiefe häufiger aus Gründen der Vollständigkeit bzw. fehlender Aussagen oder Argumente abgelehnt werden als Beweisprodukte mit einer nicht (zu) gerin-gen Argumentationstiefe. Umgekehrt wird angenommen, dass Beweisprodukte mit einer (zu) geringen Argumentationstiefe seltener aus Gründen der Voll-ständigkeit bzw. vorhandener Aussagen oder Argumente akzeptiert werden als Beweisprodukte mit einer nicht (zu) geringen Argumentationstiefe. Allerdings sei an dieser Stelle auf die weiteren Ausführungen zur Wirkung auf die jewei-ligen Gruppen verwiesen, die auf der Performanz der Studierenden basieren. Es wird hier angenommen, dass sich die Beurteilungen zwischen diesen Gruppen unterscheiden.

4.4.4 Hypothesen zu den Zusammenhängen zwischen der Performanz bei der Konstruktion von Beweisen und der Beweisakzeptanz und Akzeptanzkriterien

Es wird angenommen, dass Zusammenhänge zwischen der Performanz bei der Konstruktion von Beweisen und der von Studierenden geäußerten Beweisakzep-tanz sowie den von Studierenden genannten Akzeptanzkriterien existieren. Die angenommenen Zusammenhänge sind:

– Leistungsstarke und leistungsschwache Studierende unterscheiden sich hin-sichtlich der Beweisakzeptanz. Allerdings wird angenommen, dass die Bewei-sakzeptanz vom Beweisprodukt abhängt. Wenn Eigenschaften vorliegen, durch die ein Beweisprodukt nicht als Beweis akzeptiert werden kann, wird ange-nommen, dass die leistungsstarken Studierenden dies, im Vergleich mit den leistungsschwachen Studierenden, häufiger erkennen und das Beweisprodukt entsprechend häufiger nicht als Beweis akzeptieren. Wenn das Beweisprodukt hingegen aufgrund seiner Eigenschaften als Beweis zu akzeptieren ist, werden keine Unterschiede zwischen den Studierenden angenommen. Diese Annahme beruht auf den Resultaten der Studie von Sommerhoff und Ufer (2019), die festgestellt haben, dass ein Zusammenhang zwischen der Zugehörigkeit von Gruppen, die de facto aufgrund von mathematischer Erfahrung und eigentlich auch damit zusammenhängender Performanz basieren, und der Passung von genannten Akzeptanzkriterien mit in Beweisprodukten auftretenden Fehlern steht.

– Leistungsstarke Studierende nennen Akzeptanzkriterien, die zu den Eigenschaften des vorgelegten Beweisprodukts passen. Wenn z. B. ein Beweisprodukt allgemeingültig ist, dann wird diese Eigenschaft von ihnen auch als Akzeptanzkriterium genannt. Bei leistungsschwachen Studierenden wird hingegen angenommen, dass sie auch Akzeptanzkriterien nennen, die nicht zum vorgelegten Beweisprodukt passen und auch, dass sie manche Akzeptanzkriterien nicht nennen, obwohl ein vorgelegtes Beweisprodukt diese Eigenschaft aufweist. Diese Annahme beruht ebenfalls auf den Ergebnissen von Sommerhoff und Ufer (2019).

– Leistungsstarke Studierende beurteilen Beweisprodukte seltener oberflächlich als leistungsschwache Studierende. Diese Annahme beruht auf dem von Harel & Sowder (1998) identifizierten „external conviction proof scheme", also der Überzeugung aufgrund von Oberflächenmerkmalen. Hier wird also angenommen, dass dies häufiger bei leistungsschwachen Studierenden auftritt.

– Unter den leistungsschwachen Studierenden existieren, im Gegensatz zu den leistungsstarken Studierenden, Studierende, die Akzeptanzkriterien äußern, die auf ein „empirical proof scheme" (Harel & Sowder, 1998) hindeuten. Im Falle dieser Arbeit bedeutet dies, dass diese Studierenden die Notwendigkeit von Beispielen als Akzeptanzkriterium nennen. Entsprechend wird auch angenommen, dass die leistungsschwachen Studierenden Akzeptanzkriterien dieser Art auch häufiger nennen.

– Unter den leistungsschwachen Studierenden existieren, im Gegensatz zu den leistungsstarken Studierenden, Studierende, die Akzeptanzkriterien äußern, die auf ein Fehlverständnis des zu beurteilenden Beweisprodukts hindeuten. Dazu gehören insbesondere Äußerungen, die als objektiv falsch angesehen werden können. Entsprechend wird auch angenommen, dass die leistungsschwachen Studierenden Akzeptanzkriterien dieser Art auch häufiger nennen.

– Leistungsstarke Studierende äußern sich inhaltsbezogener und konkreter als leistungsschwache Studierende. Das bedeutet, dass sie mehr Bezug auf Inhalte eines zu beurteilenden Beweisprodukts nehmen und diese auch häufiger konkret benennen. Darauf aufbauend wird angenommen: Sofern inhaltliche Verbesserungen (z. B. das Hinzufügen weiterer Aussagen) notwendig sind, nennen leistungsstarke Studierende diese häufiger und konkreter als leistungsschwache Studierende.

- Leistungsstarke Studierende nennen häufiger Akzeptanzkriterien, die dem Wissen über die Bereiche des Methodenwissens (Heinze & Reiss, 2003) entsprechen. Konkret bedeutet dies, dass sie sich häufiger zum Beweisschema, zur Beweisstruktur oder zur Beweiskette äußern. Sie äußern sich also z. B. häufiger zu Fragen wie „Ist jeder Schluss hinreichend argumentativ gestützt?" (Beweisschema), „Startet der Beweis mit gesicherten Voraussetzungen und endet mit der zu Beweisenden Behauptung?" (Beweisstruktur) oder „Kann jeder Schritt aus dem Vorherigen geschlossen werden?" (Beweiskette).
- Leistungsstarke Studierende äußern sich häufiger als leistungsschwache Studierende zur Korrektheit von Beweisprodukten. Folglich rückt bei Ihnen auch die Beweisaktivität des Validierens in den Vordergrund (A. Selden & J. Selden, 2015).
- Leistungsstarke Studierende nennen mehr Akzeptanzkriterien als leistungsschwache Studierende. Insbesondere nennen sie mehr Akzeptanzkriterien, die als „gültig" bezeichnet werden können, also jene Akzeptanzkriterien, die nicht auf Oberflächenmerkmalen oder Fehlvorstellungen („external conviction proof scheme" und „empirical proof scheme" (Harel & Sowder, 1998)) oder objektiv falschen Äußerungen beruhen. Diese Hypothese zur Anzahl der Akzeptanzkriterien ist aber auch relativ zu den Eigenschaften des vorgelegten Beweisprodukts. Wenn dieses als Beweis zu akzeptieren ist, wird angenommen, dass die leistungsstarken Studierenden lediglich mehr Akzeptanzkriterien im Falle der Akzeptanz als Beweis nennen als leistungsschwache Studierende. Umgekehrt wird angenommen, dass wenn das Beweisprodukt nicht als Beweis zu akzeptieren ist, die leistungsstarken Studierenden auch lediglich im Falle der Nicht-Akzeptanz mehr Akzeptanzkriterien als die leistungsschwachen Studierenden nennen.

4.4.5 Hypothesen zur Wirkung der Argumentationstiefe auf die Zusammenhänge zwischen der Performanz bei der Konstruktion von Beweisen und der Beweisakzeptanz und Akzeptanzkriterien

Weiterhin wird angenommen, dass Beweisprodukte mit einer unterschiedlichen Argumentationstiefe unterschiedlich auf die Beweisakzeptanz und Akzeptanzkriterien von Gruppen von Studierenden, die aufgrund ihrer Performanz gebildet wurden, wirken. Die angenommenen unterschiedlichen Wirkungen sind:

- Leistungsstarke Studierende akzeptieren Beweisprodukte, die eine als nicht hinreichend vollständig zu bezeichnende Argumentationskette aufweisen[3], seltener als leistungsschwache Studierende. Bei einem Beweisprodukt mit hinreichend vollständiger Argumentationskette wird hingegen angenommen, dass die Beweisakzeptanz bei beiden Gruppen gleich ist, aber auf unterschiedlichen Akzeptanzkriterien basiert. Diese Annahmen basieren wiederum auf den folgenden Annahmen zu den Akzeptanzkriterien.

- Die leistungsstarken Studierenden äußern häufiger als leistungsschwache Studierende Akzeptanzkriterien, die im Zusammenhang mit den spezifischen Unterschieden in der Argumentationstiefe zwischen den vorgelegten Beweisprodukten stehen. Unter Bezug auf eine vorherige Hypothese zur Passung von Akzeptanzkriterien und vorliegenden Eigenschaften äußern sich die leistungsstarken Studierenden also im Speziellen auch zu diesen Eigenschaften. Konkret bedeutet dies:

- Sofern ein Beweisprodukt eine als nicht vollständig zu bezeichnende Argumentationskette aufweist, wird angenommen, dass leistungsstarke Studierende dies auch häufiger erkennen und häufiger entsprechende Akzeptanzkriterien nennen als leistungsschwache Studierende. Umgekehrt wird angenommen, dass leistungsstarke Studierende beim Vorliegen einer als hinreichend vollständig zu bezeichnenden Argumentationskette auch häufiger Akzeptanzkriterien nennen, die auf eine Vollständigkeit dieser Argumentationskette hindeuten als leistungsschwache Studierende.

---

[3] Was als vollständige Argumentationskette zu bezeichnen ist, muss, wie bereits in (2.3.3.) erläutert wurde, im Rahmen dieser Arbeit transparent festgelegt werden. Dies erfolgt in (5.3.).

4.5   Abschließende Bemerkungen

Die in diesem Kapitel formulierten Forschungsfragen und Hypothesen sind maßgeblich für die im nächsten Kapitel zu erläuternde Methode. Wie außerdem angemerkt bzw. angenommen wurde, sind z. B. die Messung der Performanz relativ zur Definition von verschiedenen mathematischen Argumentationen oder die Beweisakzeptanz und Akzeptanzkriterien (im vermutlich Performanz-abhängigen Maße) relativ zu den zu beurteilenden Beweisprodukten. Daher ergibt sich die besondere Notwendigkeit, diese und weitere Aspekte im nächsten Kapitel genau darzustellen.

Methode

5

In diesem Kapitel wird die Methode dieser Arbeit in 8 Teilkapiteln erläutert:
Darstellung des Studiendesigns (5.1.): Im ersten Teilkapitel wird ein Überblick über das Studiendesign gegeben.
Erhebung der Daten und Durchführung der Studie (5.2.): Im folgenden Teilkapitel wird die Vorgehendweise bei der Datenerhebung erläutert (5.2.1.). Es folgen weitere für die Konstruktion und Beurteilung von Beweisprodukten relevante Erläuterungen zum verwendeten mathematischen Satz (5.2.2.) sowie zur dazugehörigen Beweisaufgabe (5.2.3.). Im Anschluss werden die für die Beurteilung vorgelegten Beweisprodukte (5.2.4.) und der eingesetzte Fragebogen (5.2.5.) erläutert.
Qualitative Analyse von Beweisprodukten (5.3.): Das dritte Teilkapitel dient der Erläuterung der qualitativen Analyse von Beweisprodukten. Hierzu werden zunächst die Kategorien für die Codierung von Beweisprodukten hergeleitet und erläutert (5.3.1.). Im Anschluss erfolgt eine Erläuterung der Durchführung der Codierung (5.3.2.). Zuletzt wird erklärt, wie anhand der Kategorien Beweisprodukte klassifiziert werden (5.3.3.).
Qualitative Analyse von Akzeptanzkriterien (5.4.): Im vierten Teilkapitel wird die qualitative Analyse von Akzeptanzkriterien erläutert. Ausgehend von verschiedenen Vorüberlegungen zur Codierung (5.4.1.) wird zunächst die Codierung von Äußerungen der Studierenden erklärt (5.4.2.). Eine Zusammenfassung der Codes zu Kategorien erfolgt ausgehend von verschiedenen, in (5.4.3.) dargelegten Vorüberlegungen, in (5.4.4.).
Quantitative Analyse von Beweisprodukten (5.5.): Die im fünften Teilkapitel dargestellte quantitative Analyse von Beweisprodukten dient zum einen der Messung der Performanz (5.5.1.) und, darauf aufbauend, der Bildung von Gruppen, die auf dieser Performanz basieren (5.5.2.).

© Der/die Autor(en), exklusiv lizenziert an Springer Fachmedien Wiesbaden GmbH, ein Teil von Springer Nature 2023
F. Füllgrabe, *Konstruktion und Akzeptanz von Beweisen*, Mathematikdidaktik im Fokus, https://doi.org/10.1007/978-3-658-41303-3_5

Quantitative Analyse der Beweisakzeptanz und Akzeptanzkriterien (5.6.):
Im sechsten Teilkapitel wird erläutert, wie die Beweisakzeptanz (5.6.1.) und
Akzeptanzkriterien (5.6.2.) analysiert werden.
Statistische Tests (5.7.): Im Zuge der quantitativen Analysen werden ver-
schiedene statistischen Tests angewandt, die im siebten Teilkapitel erläutert
werden. Bei diesen statistischen Tests handelt es sich um χ^2-Tests (5.7.1.) und
Mann-Whitney-U-Tests (5.7.2.).
Beispiele für eine qualitative Analyse von Beweisprodukten (5.8.): Das letzte
Teilkapitel dient der anschaulichen Darstellung der qualitativen Analyse von
Beweisprodukten, die in (5.3.) dargelegt wurde. Hierbei werden alle im Rahmen
dieser Arbeit definierten Beweisprodukte exemplarisch codiert und klassifiziert.
Diese sind: Ein Beweis (5.8.1.), eine Begründung (5.8.2.), eine empirische
Argumentation (5.8.3.), ein generischer Beweis (5.8.4.) sowie eine ungültige /
unvollständige / keine Argumentation ((5.8.5.) und (5.8.6.)).

5.1   Darstellung des Studiendesigns

Im Folgenden wird ein kurzer Überblick über die Methode dieser Arbeit gegeben. Der Fokus liegt hierbei auf ihrer kompakten Darstellung. Für genauere
Erläuterungen sei auf die jeweiligen Teilkapitel verwiesen.

Bei der vorliegenden Arbeit handelt es sich um eine empirische Studie mit
Mixed-Methods-Ansatz.

Erhebung der Daten
Die Daten der Studierenden werden in einem zweistufigen Verfahren erhoben
(siehe auch (5.2.1.)):

1. Zu Beginn bekomme die Studierenden die Aufgabe, zu einem mathematischen
   Satz einen mathematischen Beweis zu konstruieren ((5.2.2.) und (5.2.3.)).
2. Im Anschluss müssen die Studierenden ein ihnen zufällig zugeordnetes kurzes
   oder langes Beweisprodukt (5.2.4.), das als Lösung der o.g. Beweisaufgabe
   deklariert ist, anhand eines Fragebogens hinsichtlich der Beweisakzeptanz und
   dazugehörigen Akzeptanzkriterien beurteilen (5.2.5.).

Qualitative Analyse der Daten

Die Beweisprodukte aus (1.) werden durch Kategorien codiert ((5.3.1.) und (5.3.2.)) und anschließend klassifiziert (5.3.3.). Die Ergebnisse dieser Klassifikation dienen der Messung der Performanz bei der Konstruktion von Beweisen und der Bildung von Gruppen, die auf dieser Performanz basieren.

Die Akzeptanzkriterien aus (2.) werden durch Codes (mit späterer Zusammenfassung zu Kategorien) codiert ((5.4.2.) bis (5.4.4.)). Analysiert werden hierbei die Art der Akzeptanzkriterien, Anzahl der Akzeptanzkriterien und Konkretheit der Äußerungen.

Quantitative Analyse der Daten

Die quantitative Analyse der Daten basiert auf den Ergebnissen der qualitativen Analysen. Je nach Fragestellung werden verschiedene Gruppen von Studierenden gebildet (siehe auch (5.6.2.3.)) und hinsichtlich ihrer Beweisprodukte, Beweisakzeptanz und Akzeptanzkriterien (Art und Anzahl der Akzeptanzkriterien sowie Konkretheit der Äußerungen) deskriptiv und inferenzstatistisch untersucht.

Beantwortung der Forschungsfragen

Messung der Performanz und Bildung von Gruppen: Hierzu werden die Ergebnisse zur Herstellung von Beweisprodukten verwendet.

Beweisakzeptanz und Akzeptanzkriterien der gesamten Stichprobe: Zur Beantwortung der dazugehörigen Forschungsfragen werden die Ergebnisse zur Beweisakzeptanz und den Akzeptanzkriterien analysiert. Die Performanz wird bei der Analyse nicht berücksichtigt.

Wirkung der Argumentationstiefe: Es werden zwei Gruppen auf der Grundlage der zufälligen Zuweisung eines der Beweisprodukte gebildet: Die erste Gruppe ist die Gruppe der Studierenden, die das kurze Beweisprodukt beurteilt hat. Die zweite Gruppe umfasst die Studierenden, die das lange Beweisprodukt beurteilt haben. Vereinfachend werden die Gruppen im Verlauf dieser Arbeit nur noch als kurzes und langes Beweisprodukt bezeichnet. Zur Analyse der Wirkung erfolgen deskriptive Analysen der Beweisakzeptanz und Akzeptanzkriterien pro Gruppe sowie inferenzstatistische Analysen zum Vergleich der beiden Gruppen. Signifikante Unterschiede zwischen diesen Gruppen werden als Wirkung der Argumentationstiefe interpretiert. Die Performanz wird bei dieser Frage ebenfalls nicht berücksichtigt.

Zusammenhänge zwischen der Performanz und Beweisakzeptanz sowie Akzeptanzkriterien: Die Messung der Performanz dient in diesen Forschungsfragen der Bildung von Gruppen („leistungsstarke" und „leistungsschwache" Studierende). Bei den jeweiligen Gruppen erfolgen deskriptive Analysen der

Beweisakzeptanz und Akzeptanzkriterien sowie inferenzstatistische Analysen zum Vergleich der beiden Gruppen. Signifikante Unterschiede zwischen diesen Gruppen werden als Zusammenhänge zwischen der Performanz und der Beweisakzeptanz bzw. Akzeptanzkriterien interpretiert.

Wirkung der Argumentationstiefe auf die Zusammenhänge zwischen der Performanz und Beweisakzeptanz sowie Akzeptanzkriterien: In der Untersuchung dieser Fragestellungen wird zunächst zwischen den Studierenden, die das kurze bzw. lange Beweisprodukt beurteilt haben, unterschieden. Diese werden aber jeweils weiter differenziert, indem jeweils beim kurzen und langen Beweisprodukt zwischen leistungsstarken und leistungsschwachen Studierenden unterschieden wird. Diese werden pro Beweisprodukt deskriptiv und inferenzstatistisch miteinander verglichen. Signifikante Unterschiede zwischen den Gruppen werden dann als Wirkung der Argumentationstiefe auf die Zusammenhänge zwischen der Performanz und Beweisakzeptanz sowie Akzeptanzkriterien interpretiert.

5.2 Erhebung der Daten

5.2.1 Vorgehensweise bei der Datenerhebung

Die Datenerhebungen fanden im Wintersemester 2017 / 2018 in verschiedenen Veranstaltungen statt. Veranstaltungsformate waren Vorlesungen, Seminare und Übungen. Jede Datenerhebung hat ca. einen Zeitumfang von 20–30 Minuten in Anspruch genommen. Ein Zeitlimit bestand allerdings nicht. Die Vorgehensweise war in allen Veranstaltungen gleich:

Zunächst wurde erläutert, wofür die Daten erhoben werden und wie eine Anonymität der Daten gewährleistet wird. Insbesondere wurde auch die Vorgehensweise, wie sie auf einem auszuteilenden Hinweisblatt zu finden ist, erläutert. Im Anschluss wurden die Erhebungsinstrumente ausgeteilt. Diese bestanden immer aus den folgenden Seiten und waren mit einer Heftklammer zu einem Block verbunden:

1. Deckblatt
2. Eine Seite zur Erhebung verschiedener Angaben zum Studium (Studiengang, Fachsemester, bereits besuchte Veranstaltungen) und einer Möglichkeit der Pseudonymisierung zur theoretischen Ermöglichung einer Kontaktaufnahme[1]

---

[1] In der Praxis erfolgte allerdings keine weitere Kontaktaufnahme, z. B. zum Zwecke vertiefender Interviews.

3. Eine weitere Seite mit Hinweisen zum Ausfüllen des Fragebogens
4. Eine Seite mit einer Beweisaufgabe, einem Feld für Notizen und einem Feld für die Lösung der Beweisaufgabe. Diese Seite umfasst also die <u>eigene Lösung</u> zur Beweisaufgabe. Es gibt zudem den expliziten Hinweis, dass erst zur nächsten Seite umgeblättert werden darf, wenn diese Aufgabe bearbeitet wurde. Wenn man hingegen zur nächsten Seite umblättert, darf die eigene Lösung nicht mehr bearbeitet werden
5. Eine Seite mit derselben Beweisaufgabe und einem Beweisprodukt als Lösung der Aufgabe. Dieses Beweisprodukt ist eines von zwei möglichen Beweisprodukten („kurzes Beweisprodukt" und „langes Beweisprodukt"), die vorab zufällig bei der Zusammenstellung der Seiten aus den vorhandenen Beweisprodukten ausgewählt wurde. Die Studierenden haben hier also entweder das kurze Beweisprodukt oder das lange Beweisprodukt vorliegen, aber niemals beide. Die Beweisprodukte unterscheiden im Wesentlichen hinsichtlich ihrer Argumentationstiefe. Zur genaueren Erläuterung der Beweisprodukte siehe (5.2.4.). Diese Seite umfasst also eine <u>zu beurteilende Lösung</u> zur Beweisaufgabe. Zudem findet sich auch nochmal der Hinweis auf der Seite, dass diese Lösung Grundlage für die Beurteilung anhand eines Fragebogens ist (siehe (5.2.5.)) und die eigene Lösung nicht mehr bearbeitet werden darf, sobald man diese Lösung betrachtet hat.
6. Ein Fragebogen aus geschlossenen und offenen Items. Auf dem Fragebogen sollen die Studierenden die zu beurteilende Lösung auf der vorherigen Seite beurteilen. Für eine genauere Erläuterung des Fragebogens siehe (5.2.5.).

Ein wesentlicher Bestandteil der Vorgehensweise ist, dass erst eine eigene Lösung zu einer Beweisaufgabe erstellt wird, bevor die nächste Seite, auf der sich eine Lösung zur selben Beweisaufgabe befindet, betrachtet werden darf. Neben den expliziten Hinweisen auf den jeweiligen Seiten wurde dieser Aspekt in der Erläuterung der Vorgehensweise zu Beginn der Datenerhebung besonders hervorgehoben. Während der Datenerhebung hat sich aufgrund eigener Beobachtungen gezeigt, dass die Studierenden sich an diese Vorgehensweise gehalten haben. Daher ist davon auszugehen, dass die Beweisprodukte, die im 4. Schritt von den Studierenden erstellt wurden, unabhängig von der Betrachtung der Lösung auf der Folgeseite ist. Es kann daher auch davon ausgegangen werden, dass die von den Studierenden hergestellten Beweisprodukte auch wirklich ihre Performanz bei der Konstruktion von Beweisen darstellt.

Ein weiterer bedeutsamer Hinweis, der immer vor der Datenerhebung stattgefunden hat, ist der Hinweis, dass das Symbol „|" die Bedeutung „teilt" hat, also die Aussage „$c|a$" gleichbedeutend ist mit „c teilt a". Dieser Hinweis wurde gegeben, um zu vermeiden, dass das Verständnis des Satzes an einem Symbol scheitert, obwohl der Begriff der Teilbarkeit (zumindest intuitiv) klar ist, da er Bestandteil der Grundschulmathematik ist. In (5.2.2.) wird die Bedeutsamkeit des Symbols ersichtlich.

5.2.2 Der bei der Konstruktion und Beurteilung verwendete Satz

Sowohl bei der Konstruktion eines Beweises als auch bei der Beurteilung von vorgelegten Beweisprodukten wurde im Rahmen dieser Arbeit ein mathematischer Satz verwendetet. Bei der Konstruktion eines Beweises gilt es, ihn im Zuge einer Beweisaufgabe zu beweisen (siehe (5.2.3.)) und bei der Beurteilung von vorgelegten Beweisprodukten sind jene Beweisprodukte als Lösung der Beweisaufgabe zu diesem Satz deklariert. Dieser Satz ist die sogenannte Summenregel von Teilbarkeit und lautet:

„Für alle natürlichen Zahlen a, b, c gilt: Wenn $c|a$ und $c|b$, dann $c|(a + b)$"

Bei diesem mathematischen Satz handelt es sich um eine Allaussage und um eine Implikation. Das bedeutet: Wenn die Voraussetzungen $c|a$ und $c|b$ gelten, dann gilt auch die Behauptung $c|(a + b)$, und zwar für alle natürlichen Zahlen a,b,c. Für den Beweis dieses Satzes ist es folglich von Bedeutung, dass dieser, gemäß der in (2.3.3.) genannten Definition, mit den Voraussetzungen beginnt und mit der Behauptung endet sowie den Gültigkeitsbereich erhält, um diese Allaussage für alle natürlichen Zahlen a,b,c verifizieren zu können.

Die Wahl des Satzes erfolgte aufgrund eines Abwägungsprozesses, der auf theoretischen Überlegungen, anderen Studien und eigenen Erfahrungen aufgrund von Pilotierungen beruht. Maßgeblich für die Wahl war die Sichtweise, dass es sich um einen Satz handelt, für den wenig inhaltliches Vorwissen vonnöten ist und bei dem angenommen wird, dass die Bedeutung intuitiv klar ist. Dies hat für die Studie den Vorteil, dass es unwahrscheinlicher wird, dass ein Misserfolg bei der Konstruktion eines Beweises auf ein fehlendes inhaltliches Wissen zurückzuführen ist. Darüber hinaus wird aufgrund der geringen inhaltlichen Voraussetzungen angenommen, dass der Satz folglich auch für eine Datenerhebung bei Studienanfängern geeignet ist. Mit dieser Intention wird eine Vorgehensweise gewählt, die in der Forschung über die Konstruktion und Beurteilung von Beweisen üblich ist, da hier auch oftmals auf Sätze und Beweise aus der Arithmetik bzw. elementaren Zahlentheorie zurückgegriffen wird (z. B. Healy & Hoyles, 2000; Kempen, 2018; Sommerhoff, 2019).

Umgekehrt wäre zwar ein Satz möglich gewesen, der wesentlich weniger inhaltliches Wissen voraussetzt. Beispiele hierfür wären etwa die Sätze, dass die Summe von zwei geraden Zahlen wieder eine gerade Zahl ist oder dass die Summe von vier aufeinanderfolgenden ungeraden Zahlen immer durch acht Teilbar ist. Der erste Satz wurde etwa von Healy und Hoyles (2000) eingesetzt, während der zweite Satz in einer eigenen Pilotierung getestet wurde. Allerdings wurde diese Idee verworfen, weil in Pilotierungen die Erkenntnis entstanden ist, dass Sätze dieser Art von den befragten Studierenden mitunter als Sätze empfunden werden, die weniger in eine Theorie eingebunden sind und für ein Themengebiet von geringerer Bedeutung sind. Im Gegensatz dazu steht die Summenregel von Teilbarkeit, die im Bereich der Arithmetik / elementaren Zahlentheorie eine wesentliche Eigenschaft der Teilbarkeit beschreibt. Aufgrund dieser größeren Bedeutsamkeit für ein Themengebiet wurde die Summenregel von Teilbarkeit gewählt.

Die Summenregel von Teilbarkeit bietet zudem den Vorteil, dass aufgrund ihrer Einbindung in eine Theorie ein deduktiver Charakter von Beweisen verdeutlicht werden kann. Da der Satz als Implikation formuliert ist, ergibt sich für den Beweis einerseits, dass er die Voraussetzungen (als Antezedens) nutzen muss, um letztendlich die Behauptung (als Konsequenz) zu verifizieren. Daher ergibt sich als dem Satz zunächst die Notwendigkeit einer entsprechenden Beweisstruktur (Heinze & Reiss, 2003, siehe auch (2.4.2.)). Aufgrund der Tatsache, dass es sich sowohl bei den Voraussetzungen als auch bei der Behauptung um Teilbarkeitsaussagen handelt, ergibt sich folglich auch, dass die Definition von Teilbarkeit (explizit oder implizit) in einem Beweis des Satzes genutzt werden muss. Diese wird folglich auch als Regel herangezogen, was den deduktiven Charakter verdeutlicht. Zwar werden bei den Beweisen der o.g. weiteren Sätzen de facto auch Regeln wie etwa das Distributivgesetz beim Ausklammern eines Ausdrucks angewandt, allerdings wird angenommen, dass diese aus Sicht von Studierenden eher als „selbstverständlichen Rechenregeln" empfunden werden, die nicht explizit angegeben werden müssen, sondern implizit bleiben können. Relativierend sollte aber auch darauf hingewiesen werden, dass die Einschätzung der Bedeutsamkeit des „Explizitmachens" in diesen jeweiligen Fällen, wie auch im Zuge der soziomathematischen Normen in (2.2.4.) erläutert wurde, von Kontext abhängig ist und z. B. die explizite Angabe des Distributivgesetzes in einer Algebra-Veranstaltung bedeutsamer wird.

5.2.3 Die bei der Konstruktion und Beurteilung eingesetzte Beweisaufgabe

Die Folgende Beweisaufgabe wurde sowohl beim ersten Teil der Datenerhebung (Konstruktion eines Beweises) als auch beim zweiten Teil der Datenerhebung (Beurteilung eines Beweisprodukts) eingesetzt, wobei die in (5.2.4.) erläuterten eingesetzten Beweisprodukte als Lösung zu dieser Beweisaufgabe deklariert wurden. Die Beweisaufgabe lautet:

„Beweisen Sie, dass die folgende Aussage für alle natürlichen Zahlen a, b, c gilt:

Wenn $c|a$ und $c|b$, dann $c|(a+b)$"

Es wird also dazu aufgefordert, die Summenregel von Teilbarkeit zu beweisen. Der Operator „Beweisen Sie" ist in den derzeitigen Operatoren für das Landesabitur dem Anforderungsbereich III zuzuordnen (Hessisches Kultusministerium, 2020), bewegt sich in der Beschreibung der Bildungsstandards inhaltlich aber zwischen den Anforderungsbereichen II und III (Kultusministerkonferenz, 2015). Mit Blick auf die von A. Selden und J. Selden (2015) formulierten und in (2.4.1.) mit einer Beweiskompetenz in Verbindung gebrachten Beweisaktivitäten ist dem Operator die klare Aufforderung, einen Beweis zu konstruieren, zuzuordnen. Die dadurch initiierte Beweisaktivität ist also die Konstruktion eines Beweises. Durch die Wahl des Operators „Beweisen Sie" ist mit Blick auf eine Studie von Kempen, Krieger und Tebaartz (2016) zu erwarten, dass eher Beweise mit Buchstabenvariablen als narrative Beweise konstruiert werden.

5.2.4 Die bei der Beurteilung eingesetzten Beweisprodukte

Es wurden die folgenden zwei Beweisprodukte für die Beurteilung durch die Studierenden eingesetzt, die jeweils als „Lösung der Aufgabe" zur Beweisaufgabe, wie sie in (5.2.3.) dargestellt wurde, deklariert wurden. Die vorgelegten Beweisprodukte wurden also insbesondere nicht vorab als Beweis bezeichnet.

Beweisprodukt mit geringer Argumentationstiefe („kurzes Beweisprodukt")[2]:

Wenn $c|a$ und $c|b$, dann gilt $a + b = c \cdot p + c \cdot q$ mit $p, q \in \mathbb{N}$

Da $p + q \in \mathbb{N}$ ist, folgt $c|(a+b)$

---

[2] Das Beweisprodukt mit geringer Argumentationstiefe wird fortan als kurzes Beweisprodukt bezeichnet. Das Beweisprodukt mit großer Argumentationstiefe wird fortan als langes Beweisprodukt bezeichnet.

Beweisprodukt mit großer Argumentationstiefe („langes Beweisprodukt"):

Nach Voraussetzung gelten folgende Aussagen entsprechend der Definition von Teilbarkeit:

$c|a \Leftrightarrow$ es existiert ein $p \in \mathbb{N}$ mit $c \cdot p = a$ mit $p \in \mathbb{N}$ und

$c|b \Leftrightarrow$ es existiert ein $q \in \mathbb{N}$ mit $c \cdot q = b$ mit $q \in \mathbb{N}$

Daraus folgt: $a + b = c \cdot p + c \cdot q = c(p + q)$.

Es gilt dabei, dass $p + q \in \mathbb{N}$ ist, da die Summe von zwei natürlichen Zahlen wieder eine natürliche Zahl ist.

Also ist $a + b$ ein natürliches Vielfaches von c.

Entsprechend der Definition der Teilbarkeit existiert es also eine natürliche Zahl $(p + q)$ mit $a + b = c(p + q)$.

Daraus folgt $c|(a + b)$

Beide Beweisprodukte weisen spezifische Eigenschaften und insbesondere Gemeinsamkeiten und Unterschiede auf. Es soll, wie in Kapitel 4 grundsätzlich erläutert, überprüft werden, inwiefern diese Eigenschaften auf die Beurteilungen der Studierenden wirken. Das bedeutet, dass überprüft wird, welche Akzeptanzkriterien die Studierenden auch aufgrund der vorliegenden Eigenschaften bei der Beurteilung eines Beweisprodukts nennen. Hierbei wird, wie in den Hypothesen des Forschungsanliegens in (4.4.) genau beschrieben, angenommen, dass die Eigenschaften im unterschiedlichen Maße auf die Beurteilungen der Studierenden wirken. Beispielsweise wird angenommen, dass Studierende mit einer guten Performanz bei der Konstruktion eines Beweises erkennen, dass das jeweils vorgelegte Beweisprodukt allgemeingültig ist. Zur Beurteilung, ob die von den Studierenden genannten Akzeptanzkriterien auch zu den Beweisprodukten passen, werden die jeweiligen Eigenschaften anhand der Gemeinsamkeiten und Unterschiede erläutert. Dabei erfolgt eine Orientierung an der in (2.3.3.) erläuterten Definition eines Beweises.

Gemeinsamkeiten: Beide Beweisprodukte die folgenden Gemeinsamkeiten:

- Sie sind eine Argumentation für die zu beweisende Behauptung, dass $c|(a + b)$ gilt.
- Sie starten mit wahren Prämissen, da sie jeweils mit den Voraussetzungen $c|a$ und $c|b$, die gemäß des Satzes als wahr angenommen werden können, starten.

- Sie enden mit einer wahren Konklusion, da sie am Ende auf die Behauptung $c|(a + b)$ schließen. Diese Aussage ist unter der Voraussetzung, dass $c|a$ und $c|b$ gelten, wahr.

- Sie sind allgemein, da der Gültigkeitsbereich in der Gesamtheit der Argumentationskette, die jeweils mit den Voraussetzungen startet, nicht eingeschränkt wird.

- Sie können als korrekt bezeichnet werden, da sie aus wahren Annahmen und wahren Konklusionen bestehen sowie keine Fehlschlüsse (z. B. zirkuläre Argumentationen) existieren.

Unterschiede: Sie weisen allerdings auch die folgenden Unterschiede auf[3]:

- Während beim kurzen Beweisprodukt bestimmte Aussagen bzw. Argumente, die aus Forschersicht als notwendig für die Akzeptanz als Beweis erachtet werden, nicht enthalten sind, sind diese Aussagen bzw. Argumente beim langen Beweisprodukt enthalten.

- Zusätzlich existieren beim langen Beweisprodukt Aussagen bzw. Argumente, die sowohl nicht beim kurzen Beweisprodukt enthalten sind als auch für die Akzeptanz als Beweis aus Forschersicht nicht erforderlich sind.

- In der Folge weist das kurze Beweisprodukt aus Forschersicht keine hinreichend vollständige Argumentationskette auf, während das lange Beweisprodukt wiederum eine hinreichend vollständige Argumentationskette aufweist.

- Bezüglich der Gültigkeit gilt daher auch, dass beim kurzen Beweisprodukt die Wahrheit der Aussagen nicht durchweg aus Gründen der Gültigkeit der Argumente folgt. Einzelne Argumente sind daher aus Forschersicht beim kurzen Beweisprodukt nicht hinreichend argumentativ gestützt. Beim langen Beweisprodukt ist dies hingegen aus Forschersicht der Fall. Hier kann aus Forschersicht durchweg von hinreichend durch Regeln gestützten Argumenten gesprochen werden.

Insgesamt weisen die beiden Beweisprodukte also zahlreiche Gemeinsamkeiten auf, während die Unterschiede, obgleich diese als schwerwiegend bezeichnet werden können, zusammenfassend in der unterschiedlichen Argumentationstiefe bestehen. Diese Unterschiede in der Argumentationstiefe haben in diesen beiden Fällen zur Folge, dass es sich beim kurzen Beweisprodukt aus Forschersicht um keinen Beweis handelt, während das lange Beweisprodukt aus Forschersicht als Beweis bezeichnet werden kann. Die mit dieser Klassifikation

---

[3] Diese werden im weiteren Verlauf genauer erläutert.

zusammenhängende Problematik der hinreichenden Vollständigkeit einer Argumentationskette wurde bereits in (2.3.3.) erläutert und soll in (5.3.) vertiefend erläutert werden. Hier werden ebenfalls die Entscheidungsregeln zur Klassifikation des kurzen und langen Beweisprodukts als kein Beweis bzw. als Beweis transparent gemacht. Im weiteren Verlauf dieser Arbeit wird aus Gründen der Einfachheit und Einheitlichkeit bei beiden Beweisprodukten, obgleich die Möglichkeit einer präziseren Bezeichnung besteht, weiterhin vom kurzen bzw. langen Beweisprodukt gesprochen.

Der Wahl der Beweisprodukte liegen die Überlegungen zugrunde, dass mit diesem Ansatz die in (2.2.1.) und (2.2.2.) diskutierte Problematik adressiert werden soll, die in (4.2.) als Forschungsanliegen konkretisiert wurde. Ausgehend von der Erkenntnis, dass ein strenger Beweis mit seiner hohen Argumentationstiefe in der Praxis nicht realisierbar ist (2.2.1.), stellt sich, unter Verwendung der Terminologie von Aberdein (2013) die Frage, bis zu welchem Maße die theoretisch existierende Inferenzstruktur eines Beweises sichtbar gemacht werden muss, damit die beurteilenden Studierenden ein Beweisprodukt als Beweis akzeptieren (2.2.1.). Mit besonderem Bezug auf die beiden Beweisprodukte soll also überprüft werden, ob bzw. wie die Argumentationstiefe auf die Beweisakzeptanz und auf die genannten Akzeptanzkriterien (sowie damit im Zusammenhang stehende Aspekte) von Studierenden wirkt, wie dies in (4.3.4.) und (4.3.6.) als Forschungsfragen konkretisiert wurde. Der Wahl der beiden Beweisprodukte liegt dabei die Idee zugrunde, dass mit ihnen bewusst zwei „Extrembeispiele" gewählt werden. Dies äußert sich in den Beweisprodukten wie folgt:

Das kurze Beweisprodukt ist fragmentarisch, weil aus Forschersicht bedeutsame Aussagen bzw. Argumente fehlen. Diese sind:

- die Interpretation der Prämissen ($c|a$ und $c|b$) als „es existieren $p, q \in \mathbb{N}$ mit $c \cdot p = a$ und $c \cdot q = b$").
- die Umformung von $a + b = c \cdot p + c \cdot q$ unter impliziter Anwendung des Distributivgesetzes, also der Schritt $a + b = c \cdot p + c \cdot q = c(p + q)$.

Umgekehrt weist das lange Beweisprodukt Aussagen bzw. Argumente auf, die aus Forschersicht nicht zwingend explizit gemacht werden müssen, sondern implizit bleiben können. Diese sind:

- Die Begründung, warum $p + q \in \mathbb{N}$ gilt, also dass die Summe von zwei natürlichen Zahlen wieder eine natürliche Zahl ist.

- Die de facto Wiederholung des Ausdrucks $a + b = c(p + q)$ aus einem vorherigen Schritt in anderen Worten, nämlich dass $a + b$ ein natürliches Vielfaches von c ist.

Die Konzeption der beiden Beweisprodukte und insbesondere die Wahl der fehlenden Aussagen und Argumente beim kurzen Beweisprodukt sowie die nicht zwingend explizit zu machenden Aussagen und Argumente beim langen Beweisprodukt basieren auf den Erfahrungen aus einer Pilotierung sowie Expertenbefragungen von anderen Forschenden, lehrenden Fachmathematikern und dem Austausch im Rahmen von Forschungskolloquien sowie wissenschaftlichen Tagungen. Bei der Pilotierung wurden verschiedene Variationen der Beweisprodukte getestet und der Austausch mit anderen Personen fand aufgrund der Fragestellung statt, welche Aussagen und Argumente für die Akzeptanz als Beweis notwendig sind. Die Befragungen zeigten, wie aufgrund der theoretischen Annahmen zur Überzeugungsfunktion (2.2.3.1.) und den soziomathematischen Normen (2.2.4.) zu erwarten war, auch eine der Problematik innewohnende Kontroversität und Kontextabhängigkeit (z. B. könnte die Abgeschlossenheit der natürlichen Zahlen in einer Vorlesung zur linearen Algebra bedeutsam sein, im späteren Verlauf eines Studiums aber als „Selbstverständlichkeit" gelten, die nicht mehr explizit formuliert werden muss).

Mit der Idee, zwei Beweisprodukte mit einem sehr großen Unterschied in der Argumentationstiefe zu wählen, sind verschiedene Annahmen und Intentionen verbunden. In (4.4.3.) wurde angenommen, dass sich bei der Beweisakzeptanz und bei den dazugehörigen Akzeptanzkriterien Unterschiede zwischen den Beurteilungen zu den Beweisprodukten ergeben, wenn die Beweisprodukte sich im großen Maße in ihrer Argumentationstiefe unterscheiden. Übergeordnet besteht die Intention also darin, durch (lediglich) große Unterschiede in der Argumentationstiefe auch unterschiedliche Wirkungen auf die Beweisakzeptanz und Akzeptanzkriterien zu untersuchen. Insbesondere wird angenommen, dass zu kurze Beweisprodukte eher aus Gründen der fehlenden Vollständigkeit abgelehnt werden als nicht zu kurze Beweisprodukte und umgekehrt, dass nicht zu kurze Beweisprodukte eher aus Gründen der Vollständigkeit akzeptiert werden als zu kurze Beweisprodukte. Zur Überprüfung dieser Hypothese wurden daher ein kurzes Beweisprodukt gewählt, das aus Forschersicht aufgrund einer zu geringen Argumentationstiefe nicht als Beweis akzeptiert werden kann und ein langes Beweisprodukt gewählt, das aufgrund einer großen Argumentationstiefe aus Forschersicht als Beweis zu akzeptieren ist. Mit besonderem Fokus auf die Bildung von Gruppen, die auf der Performanz der Studierenden bei der Konstruktion von Beweisen basieren (siehe (4.3.2.)), wurden in (4.4.4.) und

(4.4.5.) verschiedene Hypothesen aufgestellt. Grundsätzlich wird hier angenommen, dass leistungsstarke Studierende eher Akzeptanzkriterien nennen, die zu den Eigenschaften eines Beweisprodukts passen. Bei leistungsschwachen Studierenden wird z. B. wiederum angenommen, dass sie Beweisprodukte häufiger oberflächlicher beurteilen. Daher eignen sich zur Ermittlung von Unterschieden zwischen den Gruppen die eingesetzten Beweisprodukte, da diese sich in Eigenschaften unterscheiden, die eher mit konkreten Inhalten in Verbindung stehen und bei denen angenommen wird, dass hier Unterschiede zwischen leistungsstarken und leistungsschwachen Studierenden deutlich werden.

5.2.4.1 Skalenniveau

Im Zuge der inferenzstatistischen Analyse der Beweisakzeptanz (5.6.1.3.) und Akzeptanzkriterien (5.6.2.3.) werden χ^2-Tests durchgeführt, um zu untersuchen, ob sich die Beurteilungen der Studierenden zu den jeweiligen Beweisprodukten voneinander unterscheiden. Hierzu werden anhand der vorgelegten Beweisprodukte zwei Gruppen gebildet: Studierende, die das kurze Beweisprodukt beurteilt haben und Studierende, die das lange Beweisprodukt beurteilt haben. Die dazugehörige unabhängige Variable kann als nominalskaliert bezeichnet werden.

5.2.5 Der für die Beurteilung eingesetzte Fragebogen

Der Fragebogen wird für die Erhebung der Beweisakzeptanz und der Akzeptanzkriterien der Studierenden bei der Beurteilung eines vorgelegten Beweisprodukts eingesetzt. Für diese Arbeit wurde ein geschlossenes und ein offenes Item gewählt. Die Items dienen der Erhebung der Beweisakzeptanz und der Akzeptanzkriterien. Item (i) bezieht sich auf das jeweils vorgelegte Beweisprodukt (siehe 5.2.4.) und Item (ii) dient der Begründung von Item (ii), bezieht sich also ebenfalls auf das jeweils vorgelegte Beweisprodukt. Die konkreten Items (i) und (ii) sind:

- **Geschlossenes Item (i) zur Erhebung der Beweisakzeptanz**: „Bitte kreuzen Sie Zutreffendes an. Bei der Begründung handelt es sich um einen mathematischen Beweis.". Die Antwortmöglichkeiten sind Ja oder Nein.
- **Offenes Item (ii) zur Erhebung der Akzeptanzkriterien**: „Erläutern Sie bitte, <u>warum</u> Sie die Aussage zu angekreuzt haben."

Das geschlossene Item (i) dient der Erhebung der Beweisakzeptanz der Studierenden, die in (2.3.4.) als Antwort auf die Frage, ob ein Beweisprodukt ein mathematischer Beweis ist oder nicht, definiert wurde. Da die Antwortmöglich-keiten Ja oder Nein sind, muss eine Entscheidung bezüglich der Beweisakzeptanz getroffen werden. Es wurde bei diesem Item auf Begriffe wie „Beweisprodukt" oder „Argumentation" verzichtet, weil angenommen wurde, dass diese unter Stu-dierenden eher unüblich sind. Stattdessen wurde, auch in Anlehnung an Kempen (2018), der Begriff „Begründung" gewählt.

Das offene Item (ii) hingegen dient der Erhebung der Akzeptanzkriterien der Studierenden. Es wurde als offenes Item gewählt, um die Akzeptanzkriterien der Lernenden mit geringstmöglichem Informationsverlust zu ermitteln und weil unklar ist, welche Akzeptanzkriterien tatsächlich genannt werden (siehe auch 4.4.2.). Aus diesem Grund wurde auch auf die Wahl von geschlossenen Items wie z. B. bei Kempen (2018), der Beweisakzeptanz aufgrund des Ausmaßes, inwiefern die Überzeugungs- Verifikations- und Erklärungsfunktion erfüllt sind und inwiefern das vorgelegte Beweisprodukt als korrekter und gültiger Beweis empfunden wird, operationalisiert, abgesehen.

5.3   Qualitative Analyse von Beweisprodukten

In diesem Teilkapitel wird erläutert, wie von Studierenden erstellte Beweis-produkte codiert und klassifiziert werden. Grundlage für die Codierung und Klassifikation sind die in (2.3.) erläuterten Begriffe eines Beweises (2.3.3.), einer Begründung (2.3.5.), eines generischen Beweises (2.3.6.), einer empirischen Argumentation (2.3.7.) und einer ungültigen, unvollständigen bzw. keiner Argu-mentation (2.3.8.). Das Ziel dieses Teilkapitels ist es, zu erläutern, wie Beweispro-dukte anhand von Kategorien als die oben genannten Begriffe klassifiziert werden können. Diese Klassifikation dient der Beantwortung der Forschungsfragen 1a und 1b und ermöglicht daher eine konkrete Angabe der von den Studierenden hergestellten Beweisprodukte und folglich eine Aussage über die Performanz der Studierenden bei der Konstruktion von Beweisen sowie eine Bildung von Gruppen, die auf dieser Performanz basieren. Die Herleitung einer dichotomen Klassifikation von Beweisprodukten erfolgt in den folgenden drei Schritten:

1. Im ersten Schritt (5.3.1.) werden, ausgehend von den o.g. Begriffen, deduktiv Kategorien zur Beschreibung von Beweisprodukten entwickelt und erläutert. Zudem wird genannt, nach welchen Regeln die zu den Kategorien gehörigen Codes vergeben werden.

2. Im zweiten Schritt (5.3.2.) werden weitere Codierregeln erläutert und ein möglicher Ablauf einer Codierung von Beweisprodukten aufgezeigt.[4]

3. Im dritten und letzten Schritt (5.3.3.) wird schließlich erklärt, wie Beweisprodukte anhand der zu den Kategorien gehörigen vergebenen Codes dichotom klassifiziert werden.

Das Ziel dieser Vorgehensweise ist es, eine möglichst reliable und transparente Klassifikation von Beweisprodukten im Rahmen dieser Arbeit zu erreichen.

4. Zusätzlich werden die Codierung und Klassifikation von Beweisprodukten in (5.8.) ausführlich anhand von Beispielen erläutert.

5.3.1 Herleitung und Erläuterung der Kategorien für die Codierung von Beweisprodukten

5.3.1.1 Arten von Beweisprodukten

Die folgenden Begriffe wurden bereits in (2.3.) erläutert. Um allerdings Kategorien nachvollziehbar aus diesen Begriffen herzuleiten, werden die Begriffe erneut genannt.

Beweis

Ein Beweis ist eine mathematische Argumentation für eine zu beweisende Behauptung, die aus einer hinreichend vollständigen Argumentationskette aus gültigen Argumenten besteht und mit wahren (und bereits bewiesenen, falls nötig) Prämissen startet sowie mit einer wahren Konklusion, der Behauptung, endet.

Begründung

Bei einer Begründung (eng. rationale) handelt es sich nach eigener zu verwendender Definition zwar auch um eine den Gültigkeitsbereich erhaltende mathematische Argumentation, der Unterschied zu einem Beweis ist aber, dass nicht durchweg explizite Verweise zu verwendeten Regeln gemacht werden, wo dies notwendig ist.

---

[4] Eine genauere Darlegung der bei der Codierung verwendeten Codierregeln und die genaue Erläuterung der einzelnen Codes mit dazugehörigen Beispielen erfolgt über das zu dieser Arbeit gehörende Codiermanual.

Generischer Beweis

Ein generischer Beweis ist eine mathematische Argumentation für eine zu beweisende Behauptung und durch zwei Charakteristika definiert. Wenn beide zutreffen, spricht man von einem generischen Beweis (siehe auch Biehler & Kempen, 2016):

1. Es existieren konkrete, sog. generische Beispiele, anhand derer gezeigt werden kann, warum ein Satz für bestimmte Fälle des Gültigkeitsbereichs gilt und aus denen eine verallgemeinerbare Argumentation abstrahiert werden kann.
2. Ausgehend von den generischen Beispielen wird eine verallgemeinerbare Argumentation explizit gemacht, d. h. es wird begründet, warum die generischen Beispiele verallgemeinert werden können.

Empirische Argumentation

Eine empirische Argumentation grenzt sich von einer Begründung dahingehend ab, dass sie nicht allgemein ist. Vielmehr wird lediglich eine Teilmenge des Gültigkeitsbereichs betrachtet und daraus geschlossen, dass die zu beweisende Behauptung dann auch für den gesamten Gültigkeitsbereich wahr ist. Dies ist oftmals dann der Fall, wenn lediglich einzelne Beispiele überprüft werden und daraus dann die Behauptung gefolgert wird. Im Gegensatz zu einem generischen Beweis wird hier <u>nicht</u> anhand generischer Beispiele explizit gemacht, warum die Gültigkeit für konkrete Fälle verallgemeinerbar auf den gesamten Gültigkeitsbereich eines Satzes ist.

Ungültige / unvollständige / keine Argumentation

Die drei Begriffe werden im Rahmen dieser Arbeit zusammengefasst. Es handelt sich bei einem Beweisprodukt, das als ungültige / unvollständige / keine Argumentation bezeichnet wird, um:

- Eine mathematische Argumentation, die Fehler aufweist, die ein bestimmtes Maß überschreiten.
- Eine mathematische Argumentation, die im großen Maße unvollständig ist.
- Eine mathematische Argumentation, die nicht für (oder gegen) eine zu beweisende Behauptung, sondern für etwas anderes, formuliert wird.

5.3.1.2 Entwicklung von Kategorien

Ausgehend von den in (5.3.1.1.) genannten Begriffen können typische Charakteristika herausgearbeitet werden, die sich im weiteren Verlauf in Kategorien fassen lassen. Diese Charakteristika werden tabellarisch aufgelistet. Bereits vorab sei darauf hingewiesen, dass das sich offenbarende Problem einer hinreichend vollständigen Argumentationskette im weiteren Verlauf ausführlich diskutiert wird.

Herausarbeitung typischer Charakteristika von Beweisprodukten
Die Beweisprodukte weisen die folgenden Charakteristika auf, die sich aus den Begriffen in (5.3.1.1.) ableiten lassen (Tabelle 5.1).

Tabelle 5.1 Charakteristika von Beweisprodukten

Beweisprodukt	Charakteristika
Beweis	• Argumentation für eine zu beweisende Behauptung • Wahre Aussagen • Gültigkeitsbereich wird nicht eingegrenzt • Start mit wahren (und bereits bewiesenen, falls nötig) Prämissen • Ende mit einer wahren Konklusion (also der Behauptung) • Hinreichend vollständige Argumentationskette
Begründung	• Argumentation für eine zu beweisende Behauptung • Wahre Aussagen • Gültigkeitsbereich wird nicht eingegrenzt • Für Beweis nicht mehr hinreichend vollständige Argumentationskette (explizite Verweise zu verwendeten Regeln fehlen), aber dennoch ausreichende Argumentationskette, um als Begründung akzeptiert zu werden

Generischer Beweis	• Argumentation für eine zu beweisende Behauptung
	• Existenz generischer Beispiele mit den Eigenschaften:
	  ○ Anhand der konkreten Beispiele ist die Gültigkeit des Satzes ersichtlich
	  ○ Aus den Beispielen kann eine verallgemeinerbare Argumentation abstrahiert werden
	• Die verallgemeinerbare Argumentation wird explizit gemacht, d. h. es wird begründet, warum die generischen Beispiele verallgemeinert werden können

(Fortsetzung)

Tabelle 5.1 (Fortsetzung)

Beweisprodukt	Charakteristika
Empirische Argumentation	• Argumentation für eine zu beweisende Behauptung • Wahre Aussagen • Gültigkeitsbereich wird eingegrenzt. Es existiert hierbei mindestens ein induktives Argument • Zur Abgrenzung vom generischen Beweis: diese Beispiele sind keine generischen Beispiele und eine Verallgemeinerbarkeit wird nicht begründet
Ungültige / unvollständige / keine Argumentation	Mindestens eines der folgenden Charakteristika ist zutreffend: • Falsche Aussagen • Logische Fehler (z. B. zirkuläre Argumentation) • Unvollständige Argumentationskette bis hin zu keine Argumentationskette • Keine Argumentation für eine zu beweisende Behauptung (sondern z. B. für eine andere Behauptung) • Unverständlichkeit der Argumentation

5.3.1.3 Übersicht über die Kategorien zur Codierung von Beweisprodukten

Aufgrund der o.g. Charakteristika können die folgenden Kategorien identifiziert werden, die für die Klassifikation von Beweisprodukten zweckmäßig sind. Sie werden im weiteren Verlauf erläutert (Tabelle 5.2).[5]

Tabelle 5.2 Kategorien zur Codierung von Beweisprodukten

Kategorie	Kurzbeschreibung
Wahrheit der Annahmen (Code AW)	Es werden die Wahrheit oder die Wahrheitsfähigkeit der Annahmen überprüft.
Wahrheit der Konklusionen (Code KW)	Es wird die Wahrheit der Konklusionen unter Voraussetzung der dazugehörigen Prämissen überprüft.
Erhalt des Gültigkeitsbereichs (Code GE)	Es wird überprüft, ob der Gültigkeitsbereich erhalten bleibt oder eingegrenzt wird.

(Fortsetzung)

---

[5] Siehe auch Füllgrabe und Eichler (2020a) für eine frühere Version des Kategoriensystems.

Tabelle 5.2 (Fortsetzung)

Kategorie	Kurzbeschreibung
Induktives Argument (Code IA)	Es wird überprüft, ob mindestens ein induktives Argument existiert.[6]
Generischer Beweis (Code GB)	Es wird überprüft, ob die Charakteristika eines generischen Beweises vorliegen.
Vollständigkeit der Argumentation (Code VO)	Es wird im Vergleich mit Musterfällen überprüft, ob die Argumentation hinreichend vollständig für die Klassifikation des Beweisprodukts als Beweis oder Begründung ist.
Sonstige Kategorien (Codes NB, VASB, VSW und UV)	Es wird überprüft, ob verschiedene Ausschlusskriterien existieren, um eine Klassifikation als ungültige / unvollständige oder keine Argumentation vorzunehmen.

5.3.1.4 Erläuterung der Kategorien

Die genannten Kategorien werden nun genauer erläutert. Zusätzlich wird jeweils erklärt, wie eine Codierung anhand der jeweiligen Kategorien durchgeführt wird.

Wahrheit der Annahmen (Code AW) und Wahrheit der Konklusionen (Code KW)
Die Kategorie Wahrheit der Annahmen und Wahrheit der Konklusionen werden zusammen betrachtet, weil es sich bei Annahmen und Konklusionen jeweils um Aussagen handelt, bei denen im Codierprozess entschieden werden muss, ob jene Aussage eine Annahme oder eine Konklusion ist.

Im (2.1.1.) wurde der Begriff der Gültigkeit eines Arguments erläutert. Hier geht es im Wesentlichen darum, dass die Wahrheit einer Konklusion sich logisch zwingend aus Prämissen ergibt, wenn ein Argument gültig ist. Dies ist dann gegeben, wenn bei einem Argument gültige Schlussregeln angewendet werden, also zum Beispiel eine Deduktion vorliegt. Problematisch ist dieser Aspekt allerdings dadurch, dass Deduktionen unüblich in Beweisen sind, wie in (2.2.1.) diskutiert wurde. Folglich sind Deduktionen auch in Beweisprodukten von Studierenden unüblich. Wenn allerdings nicht im engeren Sinne aufgrund der Schlussregel entschieden werden kann, ob eine Konklusion logisch zwingend aus Prämissen folgt und somit wahr ist, ist für die Analyse von Beweisprodukten eine andere

---

[6] Im weiteren Verlauf wird genauer erläutert, warum diese Kategorie gesondert aufgeführt wird.

Lösung notwendig. Eine Entscheidung durch die Codierer, ob eine Konklusion logisch zwingend aus Prämissen folgt, ist ebenfalls problematisch, weil davon auszugehen ist, dass eine entsprechende Codierung eine hohe Inferenz aufweisen würde. Daher ist es notwendig, für eine Codierung festzulegen, welche Regeln und Stützungen pro Argument angegeben werden müssen, damit die Konklusion hinreichend gestützt ist. Dies wird im Zuge der Erläuterung der Kategorie Vollständigkeit der Argumentation (Code VO) vertieft (siehe unten). Da die Wahrheit der Konklusion also nicht zwingend aus Prämissen folgt, muss sie zusätzlich in Beweisprodukten jeweils auch separat und unter Voraussetzung der dazugehörigen Prämissen überprüft werden. Dies erfolgt durch den Code KW („Wahrheit der Konklusionen"). Wenn eine Konklusion keine wahre Aussage darstellt, gilt sie als falsch. Falsch bedeutet hier auch, dass etwas gefolgert wird, das gar kein Ausdruck ist, der einen Wahrheitswert annehmen kann oder eine Aussage entsteht, bei der kein Wahrheitswert ermittelbar ist. Wenn mindestens eine falsche Konklusion im Beweisprodukt existiert, wird der Code KW− vergeben, ansonsten wird der Code KW+ vergeben. Es wird also der Code KW+ vergeben, wenn alle Konklusionen in einem Beweisprodukt wahr sind. Eine Überprüfung der Konklusionen unter Voraussetzung der jeweiligen Prämissen bedeutet allerdings nicht, dass die Prämissen bei der Überprüfung der Konklusion durch diesen Code zwingend wahr sein müssen. Vielmehr geht man bei der Überprüfung der Konklusion von deren Wahrheitsgehalt aus. Dies bedeutet allerdings auch gleichzeitig, dass der Wahrheitsgehalt der Prämissen separat überprüft werden muss.

Grundsätzlich gilt für Aussagen in einem Satz, dass sie entweder aus etwas folgen, also Konklusionen sind, oder angenommen werden, also Annahmen sind. Während die Konklusionen durch den Code KW überprüft werden, müssen bei der Überprüfung der Prämissen in einem Argument zusätzlich nur noch Annahmen hinsichtlich ihrer Wahrheit überprüft werden. Dies geschieht durch den Code AW („Wahrheit der Annahmen"). Wenn eine Annahme nicht wahr ist, gilt sie als falsch. Eine falsche Annahme bedeutet auch, dass etwas angenommen wird, das überhaupt keine Aussage oder wahrheitsfähiger Ausdruck ist oder dass falsche Zahlenbeispiele verwendet werden. Davon abzugrenzen sind explizit Ausdrücke, die wahrheitsfähig sind und als Fall angenommen werden dürfen: z. B. darf $c|a$ angenommen werden, weil es sich dabei um eine Voraussetzung aus dem zu beweisenden Satz handelt. Wenn mindestens eine falsche Annahme existiert, wird AW− codiert, ansonsten AW+.

In einem Beweis ist es generell notwendig, dass alle Aussagen in einem Argument (Datum, Regel, Stützung, Konklusion) mindestens wahrheitsfähig (im Falle eines Datums) oder wahr (Regel, Stützung, Konklusion) sind. Diese Anforderung gilt für jedes Argument. Daher werden, wie oben bereits separat erläutert, auch nur die Codes AW+ und KW+ vergeben, wenn jeweils alle Annahmen bzw. Konklusionen wahr sind. Wenn keine Annahmen oder Konklusionen existieren, wird zwar nicht AW– oder KW– codiert, sondern der entsprechende Code wird nicht vergeben, allerdings wird der fehlende Wert im Zuge der Klassifikation in (5.3.1.3.) als „0" interpretiert. Wenn einer der noch zu erläuternden Codes NB, VASB, VSW und UV vergeben wird, wird aber ohnehin kein Code AW oder KW vergeben.

Beispiel:

- Datum: Für die natürlichen Zahlen c und a gelte $c|a$
- Regel: Für alle natürlichen Zahlen a und c gilt: Wenn $c|a$, dann existiert eine natürliche Zahl n, sodass $c \cdot n = a$
- Konklusion: Es gilt $c \cdot n = a$ für $a, c, n \in \mathbb{N}$

Zwar kann $c|a$ grundsätzlich kein Wahrheitswert zugeordnet werden, da $c|a$ für manche a und c gilt und für manche nicht. Allerdings kann aufgrund der Voraussetzungen aus dem Satz der Fall angenommen werden, dass $c|a$ gilt. Entsprechend würde man das Datum als „wahre Annahme" interpretieren. Die Regel wiederum ist die Definition von Teilbarkeit. Diese wird auch als wahre Annahme interpretiert. Die Konklusion hingegen wird aufgrund der beiden Prämissen (Datum und Regel) geschlossen. Unter der Voraussetzung, dass diese wahr sind, folgt auch, dass die Konklusion wahr ist. Wären die hier getätigten Annahmen und Konklusion alle Aussagen in einem Beweisprodukt, würde man die Codes AW+ und KW+ vergeben.

Erhalt des Gültigkeitsbereichs (Code GE)
Bei dem zu beweisenden Satz handelt es sich um eine Allaussage. Das bedeutet, dass die Implikation „Wenn $c|a$ und $c|b$, dann $c|(a + b)$" für alle natürlichen Zahlen a, b, c gilt. Folglich muss der Satz auch für alle natürlichen Zahlen a, b, c bewiesen werden. Dies wird erreicht, indem der Gültigkeitsbereich, also die Menge aller Elemente, für die der zu beweisende Satz gelten soll, in der Gesamtheit der Argumentationskette nicht eingeschränkt wird. Wenn dies der Fall ist, wird das Beweisprodukt mit GE+ codiert. Wenn dies nicht der Fall ist, dann wird das Beweisprodukt mit GE– codiert.

Falls Fallunterscheidungen existieren, so müssen diese in ihrer Summe den gesamten Gültigkeitsbereich abdecken, damit GE+ codiert werden kann. Ansonsten wird GE– codiert. Die existierenden Aussagen und Argumente müssen bei der Codierung nicht zwingend korrekt bzw. gültig sein. Als nicht eingegrenzt gilt ein Gültigkeitsbereich auch dann, wenn er zwar in einem oder mehreren Argumenten eingegrenzt wird, allerdings parallel dazu eine Argumentationskette, in der der Gültigkeitsbereich nicht eingegrenzt wird, existiert. Dies gilt insbesondere für den Fall, dass bestimmte Argumente zusätzlich noch mit einem Beispiel illustriert werden. Hier würde auch GE+ codiert werden.

Induktives Argument (Code IA)
In der Theorie (siehe 2.1.1.) handelt es sich bei einem Argument um ein induktives Argument, wenn von einem Datum und einer Konklusion auf eine Regel geschlossen wird. Wenn also mit Blick auf den zu bewiesenen Satz konkrete Zahlen für a, b, und c gewählt werden und anhand dieser festgestellt wird, dass sowohl Datum ($c|a$ und $c|b$) als auch Konklusion ($c|(a + b)$) wahr sind, handelt es sich um ein induktives Argument, wenn nun auch geschlossen wird, dass die Implikation Wenn $c|a$ und $c|b$, dann $c|(a + b)$ für alle natürlichen Zahlen a, b, c gilt. Zudem gilt im Rahmen dieses Codiermanuals lediglich die Überprüfung einzelner konkreter Beispiele ohne Schluss auf eine allgemeine Regel auch als induktives Argument. Es handelt sich auch um ein induktives Argument, wenn falsche Prämissen in Form von falschen Zahlenbeispielen verwendet werden. Der Code IA wird hingegen nicht vergeben, wenn ein existierendes Argument bzw. eine existierende Argumentationskette lediglich durch ein Beispiel illustriert wird. Da es sich um eine besondere Form der Einschränkung des Gültigkeitsbereichs handelt, weil die Argumentationskette auf die Überprüfung einzelner konkreter Zahlen reduziert wird, werden auch gleichzeitig die Codes GE− und IA vergeben. Im Codierprozess wird also de facto im Falle einer Einschränkung des Gültigkeitsbereichs überprüft, ob dies aufgrund der Verwendung eines induktiven Arguments erfolgt.

Generischer Beweis (Code GB)
Der Code GB wird in den Fällen vergeben, in denen die Kriterien eines generischen Beweises erfüllt sind (siehe 5.3.1.1.). Die Codierregeln für den Code GB sind daher (siehe auch Biehler & Kempen, 2016): Wenn zunächst anhand konkreter Beispiele gezeigt wird, dass der zu beweisende Satz gültig ist und zusätzlich die folgenden beiden Eigenschaften gleichzeitig vorliegen, dann wird der Code GB vergeben. Die Eigenschaften sind:

1. Es existieren konkrete, sog. generische Beispiele, anhand derer gezeigt werden kann, warum ein Satz für bestimmte Fälle des Gültigkeitsbereichs gilt und aus denen eine verallgemeinerbare Argumentation abstrahiert werden kann.

2. Ausgehend von den generischen Beispielen wird eine verallgemeinerbare Argumentation explizit gemacht, d. h. es wird begründet, warum die generischen Beispiele verallgemeinert werden können.

Wenn nicht sowohl 1. als auch 2. zutreffen, wird dieser Code <u>nicht</u> vergeben. Explizit <u>nicht</u> ausreichend ist die Nennung eines oder mehrerer Beispiele ohne verallgemeinerbare Argumentation oder die Wiederholung des zu beweisenden Satzes als verallgemeinerbare Argumentation. Wenn dieser Code vergeben wird, werden nicht GE− und IA vergeben, sondern GE+. Wenn nur 1. zutrifft, werden die Codes GE− und IA vergeben.

Vollständigkeit der Argumentation (Code VO)
Der Code VO wurde vor dem Hintergrund der in (2.2.1.) geschilderten Problematik eingeführt. Die Problematik besteht darin, dass lediglich Argumente mit gültigen Schlussregeln (z. B. modus ponens, siehe 2.1.1.) die Wahrheit einer Konklusion unter Voraussetzung der Wahrheit der Prämissen aus logischer Perspektive garantieren, aber strenge Beweise in der Mathematik unüblich sind. Die Wahrheit von Konklusionen (sowie auch Annahmen) wird daher, wie oben geschildert, gesondert anhand der Codes KW (und AW) überprüft. Bei einer fehlenden Nutzung gültiger Schlussregeln kann also nicht gesagt werden, wann eine Konklusion logisch zwingend aus Prämissen folgt. Zudem ist zu erwarten, dass aufgrund der Frage, wann etwas logisch zwingend ist, eine hohe Inferenz bei einer Codierung besteht. Vor dem Hintergrund dieser Problematik ist mit Blick auf eine hohe Interraterreliabilität bei der Codierung von Beweisprodukten also eine Lösung notwendig.

Die für diese Arbeit gewählte Lösung besteht in der Einführung des Codes VO. Am Beispiel zu beweisenden Summenregel von Teilbarkeit soll dessen Bedeutung verdeutlicht werden. Zu beweisen ist die Implikation $c|a \text{ und } c|b \Rightarrow c|(a+b)$ für alle natürlichen Zahlen a, b, c. Es handelt sich hierbei also zunächst um die Verknüpfung des Datums $c|a \text{ und } c|b$ und der Konklusion $c|(a+b)$. Mit Blick auf die Ausführungen zur Gültigkeit einer Argumentationskette in (2.1.1.) gilt es also nun, eine das Datum aufgreifende Argumentationskette zu formulieren, sodass die Konklusion zwingend daraus folgt. Die Argumente dieser Argumentationskette müssen dabei jeweils gültig sein, also gemäß gültiger Schlussregeln formuliert werden. Bei einem zu erwartenden direkten Beweis ist davon auszugehen, dass der modus ponens als Schlussregel gewählt wird. Dieser Schlussregel geht von einem Fall A aus, auf den die Regel A->B angewendet wird und daraus B geschlossen wird. Der Gehalt der Konklusion ist also bereits in den Prämissen enthalten, wie das folgende Beispiel zeigt:

Beispiel:

- Prämisse 1 (Datum): Es gilt $c|a$ *und* $c|b$
- Prämisse 2 (Regel): $x|y \Leftrightarrow$ es existiert ein $n \in \mathbb{N}$ sodass $x \cdot n = y$
- Konklusion: es existieren $p, q \in \mathbb{N}$ sodass $c \cdot p = a$ und $c \cdot q = b$

In diesem Beispiel ist der Gehalt der Konklusion bereits in den Prämissen enthalten, da die Konklusion die Anwendung der Regel auf die beiden im Datum genannten Fälle darstellt. Es wird also bei zwei Teilbarkeitsaussagen lediglich die Definition von Teilbarkeit genutzt, um a und b als ein natürliches Vielfaches von c darzustellen. Die Konklusion ist hierbei logisch zwingend.

Angenommen, der Adressat dieses Arguments ist ein erfahrener Mathematiker, der die Definition von Teilbarkeit kennt. Dann würde er aufgrund seines Wissens das folgende Argument möglicherweise auch als gültig bezeichnen, obgleich es nicht aus logischer Sicht gültig ist:

Beispiel:
$c|a$ *und* $c|b \Rightarrow$ es existieren $p, q \in \mathbb{N}$ sodass $c \cdot p = a$ und $c \cdot q = b$
Die Definition von Teilbarkeit bleibt hier implizit, wird also nicht als Regel angegeben. Stattdessen wird direkt von den Prämissen $c|a$ *und* $c|b$ auf die Konklusion geschlossen. Der o.g. erfahrene Mathematiker würde dieses Argument möglicherweise als gültig bezeichnen, weil er die implizite Nutzung der Definition von Teilbarkeit akzeptiert. Zur Verdeutlichung einer damit verbundenen Problematik wird ein weiteres Beispiel betrachtet:

Beispiel:
Aus $c|a$ *und* $c|b \Rightarrow$ es existieren $p, q \in \mathbb{N}$ sodass $a + b = c \cdot p + c \cdot q = c \cdot (p + q) \Rightarrow c|(a + b)$
Der adressierte erfahrene Mathematiker könnte bei diesem Beispiel aber auch verschiedene Einwände haben. Mit Blick auf das vorherige Beispiel könnte er vielleicht fordern, dass erst $c \cdot p = a$ und $c \cdot q = b$ gefolgert wird und anschließend erst eine Summe aus a und b gebildet wird. Während sich $a + b = c \cdot p + c \cdot q$ aus einem vorherigen Schritt aus seiner Sicht aber auch unmittelbar ergeben könnte, könnte er etwa im Kontext einer universitären Algebra-Veranstaltung Einwand haben, dass man für $c \cdot p + c \cdot q = c \cdot (p + q)$ angeben muss, dass das Distributivgesetz als Regel verwendet wird. Oder er könnte, etwa im Rahmen einer Lineare Algebra Veranstaltung den Einwand haben, dass man beim Schluss $a + b = c \cdot (p + q) \Rightarrow c|(a + b)$ angeben muss, dass $p + q \in \mathbb{N}$ gilt, weil die natürlichen Zahlen abgeschlossen sind und eben deswegen ein $r := (p + q) \in \mathbb{N}$

existiert, sodass $a + b = c \cdot r$ und man daraus $c|(a + b)$ schließen kann. Umgekehrt könnte er aber auch zugunsten einer Übersichtlichkeit des Beweises auf all diese Regeln verzichten wollen.

Die drei Beispiele verdeutlichen, dass die Frage, welche Aussagen in einem Beweis explizit genannt werden müssen oder implizit bleiben dürfen, von verschiedenen Faktoren (z. B. Kontext, Adressat) abhängt und in jedem Fall kontrovers ist. Vor dem Hintergrund der in (2.2.3.) erläuterten Funktionen von Beweisen und der in (2.2.4.) erläuterten soziomathematischen Normen ist diese Situation zu erwarten, da (individuelle) Überzeugungen und Normen variieren. Mit Bezug auf die vorliegende Arbeit besteht zudem die Problematik, dass die Absicht besteht, Beweisprodukte verschiedener Populationen von Lernenden zu beurteilen. Diese Populationen haben zwingend ein unterschiedliches Vorwissen, befinden sich in unterschiedlichen Studiengängen und unterschiedlichen Semestern bei unterschiedlichen Lehrenden und sind entsprechend auch durch unterschiedliche Normen geprägt. Daraus folgt, dass zwingend unterschiedliche Vorstellungen mit Blick auf die Argumentationstiefe existieren. Die Beurteilung von Beweisprodukten hinsichtlich der Argumentationstiefe ist also mit zwei Sachverhalten konfrontiert: es existieren unterschiedliche Vorstellungen bei den Erstellern der Beweisprodukte und es existiert kein objektives Maß darüber, welche Argumentationstiefe für einen Beweis notwendig ist.

In Anlehnung an Tebaartz & Lengnink (2015) wird die Problematik in dieser Arbeit wie folgt adressiert (siehe auch Füllgrabe & Eichler, 2020a; 2020b): Da keine Objektivität existiert, wurden Musterfälle formuliert, die besagen, welche Beweisschritte im Beweisprodukt existieren müssen, damit dieser als Beweis gilt. Hierbei handelt es sich lediglich um Setzungen, an denen Beweisprodukte gemessen werden. Die Musterfälle sind deduktiv und induktiv entstanden. Allerdings basieren sie nicht auf einer rein deduktiven oder rein induktiven Vorgehensweise, sondern unterlagen vielmehr einer wechselseitigen Entwicklung, die im Folgenden erläutert wird:

Zunächst wurden eigene Beweise entwickelt. Die wesentliche Überlegung dabei, welche Argumentationstiefe notwendig ist, damit es sich um einen Beweis handelt, wurde dabei mit verschiedenen Mathematikern und Mathematikdidaktikern diskutiert. Eine zusätzliche Überlegung dabei war es auch, den einzelnen Beweisschritten eine Funktion (siehe Tabelle unten) zuzuordnen, sodass sich die einzelnen Beweisschritte an dieser Funktion unter der Fragestellung, ob sie diese erfüllen, messen lassen können. Beispielsweise gibt es einen Beweisschritt, in dem es darum geht, die Summe a + b auf eine Form zu bringen, sodass man die Teilbarkeitsaussage $c|(a + b)$ daraus folgern kann. Wenn entsprechende Schritte vorhanden sind, so gilt diese Funktion als erfüllt.

Auf Basis dieser deduktiven Entwicklung erfolgte allerdings auch noch eine weiterführende induktive Entwicklung. Anhand der vorliegenden Daten wurde überprüft, welche Beweisideen von den Studierenden verwendet wurden und ob diese grundsätzlich korrekt sind. Diese wurden dann schließlich, wie bei den deduktiven entwickelten Beweisen, gemäß der genannten Überlegungen überprüft. Eine zusätzliche Überlegung war mit der Frage verbunden, ob die Studierenden aufgrund ihres Wissens dazu grundsätzlich in der Lage sind, die einzelnen Beweisschritte zu formulieren. Die damit verbundene Problematik sei am folgenden Beispiel dargestellt:

Von $a + b = c(p + q)$ konnte gemäß dem deduktiv gewonnenen Musterfall nur auf $c|(a + b)$ geschlossen werden, wenn zusätzlich noch genannt wird, dass $p + q \in \mathbb{N}$ ist, also man de facto die Definition von Teilbarkeit nutzt, um auf die Konklusion schließen zu können. Da aber ein Großteil der Studierenden kein Wissen über Gruppen hat und die Regel $p + q \in \mathbb{N}$ vermutlich deswegen nicht als bedeutsam erachtet hat, wurde diese aus dem Musterfall entfernt. Folglich ist es ausreichend, ohne zusätzliche Angabe einer Regel von $a + b = c(p + q)$ auf $c|(a + b)$ schließen zu können. Im Sinne von A. Stylianides (2007b, S. 291) werden also Aussagen verwendet, die von der Klassengemeinschaft akzeptiert werden und wahr sowie ohne weitere Erklärung verfügbar sind. Zudem kann angenommen werden, dass die vom Lehrkontext relativ losgelöste Datenerhebung auch nicht die Notwendigkeit erzeugt, das Distributivgesetz und die Abgeschlossenheit der natürlichen Zahlen explizit zu machen. Als Konsequenz kann ein Beweisprodukt bestehend aus der Interpretation der Prämissen, einer Form von „Rechenweg" und einer Konklusion in jeweils hinreichend vollständiger Form aus dieser Perspektive als Beweis akzeptiert werden. Lediglich in Variante 2 (siehe unten) erscheint eine zusätzliche Begründung, warum aus dem „Ende" des „Rechenweges" nun gefolgert werden kann, dass auch die Summe von a und b durch c teilbar ist, aufgrund der Form des Ausdrucks in 3.1. als notwendig.

Aufgrund des Entwicklungsprozesses sind schließlich die folgenden drei Lösungsvarianten entstanden (Tabelle 5.3):

Tabelle 5.3 Drei Lösungsvarianten als Musterfälle

		Variante 1	Variante 2	Variante 3
Prämissen	1.	$c\,|\,a$ und $c\,|\,b$	$c\,|\,a$ und $c\,|\,b$	$c\,|\,a$ und $c\,|\,b$
Interpretation der Prämissen	2.1.	($\Leftrightarrow$, *falls mit* 1.) es existieren $p, q \in \mathbb{N}$ oder $p, q \in \mathbb{N}$	($\Leftrightarrow$, *falls mit* 1.) es existieren $p, q \in \mathbb{N}$ oder $p, q \in \mathbb{N}$	($\Rightarrow$, *falls mit* 1.) $\frac{a}{c} \in \mathbb{N}$ und $\frac{b}{c} \in \mathbb{N}$
	2.2.	($\Leftrightarrow$, *falls ohne* 2.1) $c \cdot p = a$ und $c \cdot q = b$	($\Leftrightarrow$, *falls ohne* 2.1) $\frac{a}{c} = p$ und $\frac{b}{c} = q$	
„Rechenweg": Summe auf eine Form bringen, sodass man die Teilbarkeit daraus folgern kann	3.1.	($\Rightarrow$)$a + b = c \cdot p + c \cdot q$	$\frac{a}{c} + \frac{b}{c} = p + q$ oder $\frac{a+b}{c} = p + q$	
	3.2.	$(a + b,$ *falls ohne* 3.1) $= c(p + q)$.		($\Rightarrow$)$\frac{a}{c} + \frac{b}{c} \in \mathbb{N}$ oder $\frac{a+b}{c} \in \mathbb{N}$
Begründung, warum aus dem „Ende" des „Rechenweges" nun gefolgert werden kann, dass auch die Summe von a und b durch c teilbar ist.	4.		$p + q \in \mathbb{N}$	
Konklusion	5.	($\Rightarrow$)$c\,|\,(a + b)$. oder ($\Rightarrow$)Beh	($\Rightarrow$)$c\,|\,(a + b)$. oder ($\Rightarrow$)Beh	($\Rightarrow$)$c\,|\,(a + b)$. oder ($\Rightarrow$)Beh

Eine Codierung eines Beweisprodukts mit dem Code VO erfolgt nun im Vergleich mit einem der angegebenen Musterfälle. Da es unterschiedliche Lösungsvarianten geben kann, geschieht der Codierprozess zweistufig: Zunächst wird ermittelt, welche Lösungsvariante mit dem Beweisprodukt vergleichbar ist. Dazu wird die oben stehende Tabelle herangezogen. Die Vorgehensweise hierzu ist:

1. Es erfolgt eine Überprüfung, welche Beweisschritte des Beweisprodukts in den jeweiligen Lösungsvarianten auftreten.
2. Anschließend wird die Lösungsvariante gewählt, in der die meisten Beweischritte des zu beurteilenden Beweisprodukts auftreten.

3. Wenn der Fall eintritt, dass bei zwei Lösungsvarianten dieselbe Anzahl an Beweisschritten auftritt, so wählt man die Lösungsvariante, bei der VO besser beurteilt werden würde.

4. Wenn eine Zuordnung nicht möglich ist, dann wird mit Lösungsvariante 1 verglichen.

5. Wenn ein Beweisprodukt als vollständige Argumentation erachtet wird, die mit keiner der Lösungsvarianten vergleichbar ist, so wird dieses Beweisprodukt als Sonderfall gekennzeichnet. In der Auswertung der Daten hat sich rückblickend allerdings kein derartiger Sonderfall ergeben.

Wenn die Lösungsvariante gewählt wurde, wird überprüft, welche Beweisschritte aus der gewählten Lösungsvariante im Beweisprodukt auftreten. Auf dieser Grundlage wird anhand einer weiteren Tabelle entschieden, ob das Beweisprodukt mit VO+, VO~ oder VO− codiert wird. Um das Beweisprodukt mit VO+ oder VO~ zu codieren, wird überprüft, ob eine der aufgeführten Kombinationen aus Beweisschritten im Beweisprodukt vorhanden sind oder nicht. Wenn dies nicht der Fall ist, wird VO− codiert. Eine Codierung mit VO+ ist notwendig, um das Beweisprodukt als Beweis zu klassifizieren, während eine Codierung mit VO~ notwendig ist, um ein Beweisprodukt als Begründung zu klassifizieren. Die folgende Tabelle gibt eine Übersicht darüber, welche Beweisschritte mindestens existieren müssen, damit ein Beweisprodukt mit VO+ oder VO~ codiert wird. Aufgrund der unterschiedlichen möglichen Lösungsvarianten findet in der Tabelle eine zusätzliche Sortierung nach Variante statt (Tabelle 5.4, 5.5 und 5.6).

Tabelle 5.4 Notwendige Beweisschritte für die Vergabe von VO+, VO~ und VO− (Variante 1)

Variante 1	
Code	Notwendige Beweisschritte
VO+	$1 + 2.1 + 2.2 + 3.1 + 3.2 + 5$
VO~	$1 + 2.1. + 3.1. + 3.2. + 5.$ $1 + 2.2. + 3.1. + 3.2. + 5.$ $1 + 2.1. + 3.1. + 3.2. + 5.$ $1 + 2.1. + 2.2. + 3.2. + 5.$ $1 + 2.1. + 2.2. + 3.1. + 5.$ $1 + 2.2. + 3.1. + 5.$ $1 + 2.1. + 3.1. + 5.$ $1 + 2.2. + 3.2. + 5.$ $1 + 2.1. + 3.2. + 5.$ $1 + 3.1. + 3.2. + 5.$ $2.1 + 2.2. + 3.1. + 3.2. + 5.$ $1 + 2.1. + 2.2. + 3.1. + 3.2.$ $2.1. + 2.2. + 3.1. + 3.2.$ $2.1. + 3.1. + 3.2. + 5.$ $2.1. + 2.2. + 3.2. + 5.$ $2.1. + 2.2. + 3.2. + 5$ $1 + 2.2. + 3.1. + 3.2.$
VO−	Mit VO− codiert wird alles, das <u>nicht</u> mit VO+ oder VO~ codiert werden kann.

Tabelle 5.5 Notwendige Beweisschritte für die Vergabe von VO+, VO~ und VO− (Variante 2)

Variante 2	
Code	Notwendige Beweisschritte
VO+	$1 + 2.1 + 2.2 + 3.1 + 4. + 5.$
VO~	$1 + 2.2. + 3.1. + 4. + 5.$ $1 + 2.1. + 3.1. + 4. + 5.$ $1 + 3.1. + 4. + 5.$ $2.1. + 2.2. + 3.1. + 4. + 5.$ $1 + 2.1. + 2.2. + 3.1. + 4.$ $2.1. + 2.2. + 3.1. + 4.$
VO−	Mit VO− codiert wird alles, das <u>nicht</u> mit VO+ oder VO~ codiert werden kann.

Tabelle 5.6 Notwendige Beweisschritte für die Vergabe von VO+, VO~ und VO− (Variante 3)

Variante 3	
Code	Notwendige Beweisschritte
VO+	$1 + 2.1 + 3.2 + 5$
VO~	$1 + 3.2. + 5.$ $2.1. + 3.2. + 5.$ $1 + 2.1. + 3.2.$ $2.1. + 3.2.$
VO−	Mit VO− codiert wird alles, das <u>nicht</u> mit VO+ oder VO~ codiert werden kann.

Beim Vergleich mit einer der Lösungsvarianten gilt, dass auch inhaltlich gleiche Aussagen möglich sind. Die Aussagen $c \cdot p = a$ und $c \cdot q = b$ können etwa auch geschrieben werden als „a und b sind Vielfache von c". Insbesondere sind die Beweisschritte nicht an eine bestimmte Darstellungsform gebunden. Außerdem können alle Junktoren (z. B. $\Rightarrow$ oder $\Leftrightarrow$) weggelassen oder anders ausgedrückt werden können (z. B. als „daraus folgt" oder „ist gleichbedeutend mit"), ohne dass dies Einfluss auf die Codierung durch VO hat.

Sonstige Kategorie (Codes NB, VASB, VSW, UV)
Zusätzlich zu bestimmten Codes, die sich aus den oben genannten Kategorien ergeben und im späteren Verlauf genauer im Zusammenhang mit den Beweisprodukten gebracht werden, dient die sonstige Kategorie der Klassifikation eines Beweisprodukts als ungültige / unvollständige / keine Argumentation. Diese Kategorie umfasst die Codes NB („nicht bearbeitet"), VASB („Versuch, anderen Satz zu beweisen"), VSW („Versuch, den Satz zu widerlegen") sowie UV („Unverständlichkeit"). Bei diesem Codes gelten die folgenden Codierregeln:

- NB wird vergeben, wenn die Aufgabe nicht bearbeitet wurde, lediglich Aussagen aufgeschrieben werden, die offensichtlich keine Relevanz für den Beweis haben, alles vollständig durchgestrichen wurde, etwas aufgeschrieben wurde, das nicht einmal eine Aussage ist oder lediglich die Behauptung aufgeschrieben wurde.
- VASB wird vergeben, wenn versucht wird, einen anderen Satz zu beweisen. Dies schließt auch Sätze ein, die falsch sind. Wenn am Ende allerdings die tatsächliche Konklusion $c|(a + b)$ gefolgert wird, wird der Code nicht vergeben.

- VSW wird vergeben, wenn versucht wird, den zu beweisenden Satz zu widerlegen oder unter (de facto falscher) Verwendung eigener Zahlenbeispiele festgestellt wird, dass der zu beweisende Satz falsch sei. Dieser Code schließt auch ein, dass der zu beweisende Satz lediglich als falsch bezeichnet wird.
- UV wird vergeben, wenn das Beweisprodukt im großen Maße unverständlich ist. Dieser Code beschränkt sich nicht nur auf die „formale Sprache", sondern auch auf den Inhalt, sei er formal-symbolisch, narrativ oder ikonisch formuliert oder durch eine Mischung aus allen Darstellungsformen formuliert. Zusätzlich beurteilt er auch die Schrift: wenn diese nicht lesbar ist, wird dieser Code auch vergeben. Dieser Code bewertet explizit nicht die Qualität einer Erklärung, sondern dient einzig dem Zweck, unverständliche Beweisprodukte „auszusortieren".

Sobald einer dieser Codes vergeben wurde, gilt ein Beweisprodukt automatisch als ungültige / unvollständige / keine Argumentation (siehe hierzu auch (5.3.3.)). Daher wird bei Vergabe dieser Codes auch kein weiterer Code aus einer der anderen Kategorien vergeben. Da diese Codes also de facto als „Ausschlusskriterium" zu sehen sind, ist es im Codierprozess empfohlen, zu überprüfen, ob einer der Codes NB, VASB, VSW und UV vergeben wird. Wenn keiner der Codes NB, VASB, VSW und UV vergeben wurde, werden die Codes AW, KW, GE und VO in der entsprechenden Ausführung und die Codes IA und GB, falls existent, vergeben. Im Codierprozess wurden diese Codes neben die vorliegenden Beweisprodukte geschrieben und anschließend in eine Exceltabelle übertragen.

5.3.2 Durchführung der Codierung

Bevor die in (5.3.1.3.) erläuterten Codes vergeben werden, werden vorab die folgenden beiden Aspekte überprüft:

- **Die Wahl des Lösungsfeldes.** Wie in (5.2.1.) geschrieben wurde, stehen für die Codierung des Beweisprodukts, das aufgrund der Beweisaufgabe hergestellt wird, zwei Felder zur Verfügung: Ein Feld für Notizen und ein Feld für die fertige Lösung. Mit diesen beiden Feldern sind die untenstehenden Codierregeln verbunden.
- **Die Berücksichtigung einer über dem Beweisprodukt formulierten Behauptung.** Über ein Beweisprodukt wird oftmals eine „Behauptung" formuliert. Um eine Beeinflussung mancher Codes durch diese de facto Wiederholung der Aufgabenstellung auszuschließen, besteht die Notwendigkeit entsprechender Codierregeln.

Die zu beiden Aspekten gehörenden Codierregeln werden im Folgenden erläutert.

Betrachtung der Lösungsfelder

Da sich in der Durchsicht der Daten gezeigt hat, dass oftmals lediglich das Feld für Notizen für die Formulierung des Beweisprodukts genutzt wird und dies selbst für sehr gute Lösungen in Form von Beweisen gilt, wurde die Entscheidung getroffen, auch das Feld „Notizen" in bestimmten Fällen zu betrachten. Die Regelungen dazu sind:

1. Wenn das Feld „fertige Lösung" leer ist, wird das Feld „Notizen" betrachtet.
2. Wenn das Feld „fertige Lösung" nicht leer ist, dann wird nur das Feld „fertige Lösung" betrachtet.
3. Es werden hingegen beide Felder betrachtet, wenn explizit auf die Notizen verwiesen wird, etwa durch ein „s. o.", einen eindeutigen Pfeil o.ä. oder im Übergang vom Feld „Notizen" zum Feld „fertige Lösung" die Argumentation wie folgt fortgeführt wird:
   - Wenn zum Beispiel der Schritt von 3.2. zu 5. oder aber auch der Schritt von 1. zu 3.2 (siehe Variante 1 des Musterfalls in (5.3.1.3.) beim Code VO) erfolgt. Wesentlich ist dabei, dass der folgende Argumentationsschritt in der Reihenfolge der Argumentationsschritte hinter dem vorherigen Schritt steht. Nicht wesentlich ist eine „Lückenlosigkeit": es muss nicht zwingend der nächste Argumentationsschritt im Falle eines als vollständig beurteilten Beweises (siehe Code VO) auftreten, sondern lediglich einer der folgenden Argumentationsschritte aus dem Musterfall wie in den Beispielen oben.
   - wenn eine Konklusion aus Prämissen geschlossen wird, die sich in den Notizen befinden. Dies kann z. B. durch Junktoren gekennzeichnet sein, etwa „$\Rightarrow$" (formal-symbolisch formuliert) oder „daraus folgt" (narrativ formuliert). Wesentlich ist, dass eine Verbindung zwischen Prämisse und Konklusion hergestellt wird und diese den Übergang zwischen den beiden Feldern „Notizen" und „fertige Lösung" darstellt.
4. Im Zweifelsfall wird lediglich das Feld „fertige Lösung" betrachtet.

Formulierung einer Behauptung

Als „Behauptung" bezeichnen die Studierenden in dieser Erhebung häufig der Satz „Wenn $c|a$ und $c|b$, dann $c|(a + b)$", der oftmals mit mit „Beh.:", „z.z." o.ä. versehen wird. Der eigentlich wesentliche Zusatz, dass dies für alle natürlichen Zahlen a,b,c gilt, wird oftmals weggelassen. Wenn die „Behauptung" nicht mit „ Beh.:" „zz" oder ähnlichem versehen wird, dann wird sie dennoch als solche interpretiert, wenn sie inhaltsgleich ist mit „wenn $c|a$ und $c|b$ dann $c|(a + b)$".

Diese Interpretation findet aber nur statt, wenn die vollständige Implikation aufgeschrieben ist. Inhaltsgleich bedeutet: die Aussagen „$c|a$ und $c|b$" sowie „$c|(a{+}b)$" werden in einer beliebigen Darstellungsform aufgeschrieben und durch Junktoren miteinander in Verbindung gebracht, etwa durch „dann", „ = >" o.ä. Eine „Behauptung" gilt also als vollständig, wenn beide Prämissen „$c|a$ und $c|b$" und die Konklusion „$c|(a + b)$" als Implikation aufgeschrieben werden. Nicht für die Vollständigkeit notwendig ist die erneute Formulierung des Gültigkeitsbereichs, d. h. dass a, b und c natürliche Zahlen sind und die Implikation für alle natürlichen Zahlen a, b und c gelte. Zusätzlich darf sich die „Behauptung" über mehrere Zeilen erstrecken, sofern sie inhaltlich zusammenhängend ist. Mit „inhaltlich zusammenhängend" ist gemeint, dass zwischen den Prämissen $c|a$ und $c|b$ sowie der Konklusion $c|(a + b)$ keine weiteren Aussagen stehen.

Für die Codierung mit den Codes AW, KW, GE, IA, GB und VO gilt, dass die „Behauptung" nicht bei der Codierung berücksichtigt wird,

- wenn die „Behauptung" entweder mit „Beh.", „z.z." o.ä. versehen wird (völlig unabhängig von ihrer Vollständigkeit, d. h. sie darf sowohl vollständig als auch unvollständig sein)
- wenn die „Behauptung" nicht mit „Beh.", „z.z." o.ä. versehen wird, dafür aber vollständig ist.

Vergabe der Codes
Nachdem eine Entscheidung bezüglich des Lösungsfeldes und der Berücksichtigung einer eventuell formulierten „Behauptung" erfolgt ist, werden die einzelnen Codes vergeben. Wie bereits oben im Rahmen der sonstigen Kategorie in (5.3.1.3.) geschrieben, ist es zunächst ratsam, zu überprüfen, ob die Codes NB, VASB, VSW und UV vergeben werden müssen, da diese Codes automatisch eine Klassifikation als ungültige / unvollständige / keine Argumentation mit sich zieht (siehe auch (5.3.3.)). Wenn diese Codes nicht vergeben, werden schließlich die Codes AW, KW, GE und VO in den jeweiligen Ausführungen „−" oder „+" (bzw. auch „~" bei VO) sowie, falls zutreffend, die Codes IA oder GB, vergeben. Sobald eine Vergabe aller Codes erfolgt ist, kann eine Klassifikation des Beweisprodukts vorgenommen werden.

5.3.3 Klassifikation von Beweisprodukten anhand von Codes

Die Klassifikation von Beweisprodukten als Beweis, Begründung, generischer Beweis, empirische Argumentation oder ungültige, unvollständige bzw. keine Argumentation erfolgt ausschließlich anhand der zuvor vergebenen Codes. Die entsprechenden Regeln zur Klassifikation sind in den untenstehenden Tabellen angegeben. Diese Regeln beinhalten eine konkrete Angabe, in welcher Ausführung ein Code vorliegen muss. Bei Codes, die lediglich vergeben werden, aber keine Ausführung aufweisen (z. B. wird IA vergeben oder nicht vergeben), ist das angegebene „–" als „nicht vergeben" zu interpretieren. Für die Klassifikation eines Beweisprodukts gilt zudem, dass alle aufgelisteten Ausführungen gleichzeitig auftreten müssen, damit eine entsprechende Klassifikation vorgenommen wird. Ausnahmen sind in den jeweiligen Anmerkungen genannt (Tabelle 5.7, 5.8, 5.9, 5.10 und 5.11).

Tabelle 5.7 Codes für die Klassifikation als Beweis

Beweis	
Code	Ausführung
Wahrheit der Annahmen (AW)	+
Wahrheit der Konklusionen (KW)	+
Gültigkeitsbereich erhalten (GE)	+
Induktives Argument (IA)	–
Generischer Beweis (GB)	–
Vollständigkeit der Argumentation (VO)	+
Sonstige Kategorie (NB, VASB, VSW, UV)	–

Tabelle 5.8 Codes für die Klassifikation als Begründung

Begründung	
Code	Ausführung
Wahrheit der Annahmen (AW)	+
Wahrheit der Konklusionen (KW)	+
Gültigkeitsbereich erhalten (GE)	+
Induktives Argument (IA)	–
Generischer Beweis (GB)	–
Vollständigkeit der Argumentation (VO)	~
Sonstige Kategorie (NB, VASB, VSW, UV)	–

Tabelle 5.9 Codes für die Klassifikation als generischer Beweis

Generischer Beweis

Code	Ausführung
Wahrheit der Annahmen (AW)	+
Wahrheit der Konklusionen (KW)	+
Gültigkeitsbereich erhalten (GE)	+
Induktives Argument (IA)	−
Generischer Beweis (GB)	+
Vollständigkeit der Argumentation (VO)	−
Sonstige Kategorie (NB, VASB, VSW, UV)	−

Tabelle 5.10 Codes für die Klassifikation als empirische Argumentation

Empirische Argumentation

Code	Ausführung
Wahrheit der Annahmen (AW)	+
Wahrheit der Konklusionen (KW)	+
Gültigkeitsbereich erhalten (GE)	−
Induktives Argument (IA)	+
Generischer Beweis (GB)	−
Vollständigkeit der Argumentation (VO)	$\sim$ / −
Sonstige Kategorie (NB, VASB, VSW, UV)	−

Anmerkung: Bei der Vollständigkeit der Argumentationskette sind zwei Ausführungen möglich. Das liegt daran, dass sowohl in der „$\sim$" als auch in der „−" Ausführung induktive Argumente möglich sind, in der „+" Ausführung hingegen nicht, da dann alle als notwendig erachteten Argumente ohne Einschränkung des Gültigkeitsbereichs vorhanden sind.

Tabelle 5.11 Codes für die Klassifikation als ungültige / unvollständige / keine Argumentation

Ungültige / unvollständige / keine Argumentation

Code	Ausführung
Wahrheit der Annahmen (AW)	+ / −
Gültigkeitsbereich erhalten (GE)	+ / −
Induktives Argument (IA)	+ / −

(Fortsetzung)

Tabelle 5.11 (Fortsetzung)

Ungültige / unvollständige / keine Argumentation	
Code	Ausführung
Generischer Beweis (GB)	–
Vollständigkeit der Argumentation (VO)	~ / –
Sonstige Kategorie (NB, VASB, VSW, UV)	+ / –

Anmerkung: Hier sind verschiedene Kombinationsmöglichkeiten möglich:
Ein Beweisprodukt wird automatisch als ungültige / unvollständige / keine
Argumentation klassifiziert, wenn einer der folgenden drei Fälle eintritt
– eine „sonstige Kategorie" „+ " ist
– „Annahmen wahr", „Konklusionen wahr" oder „Vollständigkeit der Argumentation"
„– " sind
– „Gültigkeitsbereich erhalten" „– " ist, aber nicht Folgendes gleichzeitig zutrifft:
„induktives Argument" „+ " und „Annahmen wahr" „+ " und „Konklusionen wahr" „+ "
sind. Diese Unterscheidung ist aufgrund des besonderen Interesses an einer Klassifikation
von korrekten empirischen Argumentationen entstanden.

Für die Klassifikation eines Beweisprodukts als Beweis (siehe oben) gilt also
beispielsweise, dass die Codes AW+, KW+, GE+ und VO+ vergeben und die
Codes IA, GB, NB, VASB, VSW und UV nicht vergeben werden. Würde einer
der erstgenannten Codes nicht in dieser angegebenen Ausführung vergeben werden (z. B. VO~ statt VO+), so würde das Beweisprodukt nicht als Beweis
klassifiziert werden. In dem Fall, dass VO~ statt VO+ vergeben wird, würde
das Beweisprodukt stattdessen als Begründung klassifiziert werden.

5.3.3.1 Auswertung der Daten

Die Ausführungen der Codes bzw. das Auftreten der Codes wurden wie folgt
interpretiert, um die Codes (in ihrer jeweiligen Ausführung) in einer Excel-
Tabelle zu erfassen und eine Klassifikation der Beweisprodukte über Formeln
in Excel zu ermöglichen. Hierzu wurde bei allen Codes „+ " als „2", „~ " als „1"
und „– " als „0" interpretiert, wobei „~ " letztendlich nur bei VO auftritt.[7]. Bei
den Codes IA, GB, NB, VASB, VSW und UV wird ein Auftreten als „1", ein
Nicht-Auftreten als „0" interpretiert. In den Tabellen oben wurden diese Codes
bei einem Auftreten mit „+ " bzw. bei einem Nichtauftreten mit „– " gekennzeichnet, obgleich im Codierprozess lediglich z. B. der Code IA vergeben oder nicht
vergeben wurde.

---

[7] Im Codiermanual gab es bei allen Codes zunächst die Unterteilung in „+ ", „~ " und „– ",
diese wurde allerdings überall außer bei VO so vergröbert, dass „~ " und „– " zu „– " zusammengefasst wurden.

Im Codierprozess wurde die Interpretation als „2", „1" und „0" noch nicht vorgenommen, weil angenommen wurde, dass eventuelle Flüchtigkeitsfehler bei der eigenen Codierung leichter erkannt werden, wenn z. B. statt einer „2" ein „+" und statt einer „0" ein „−" aufgeschrieben wird, da angenommen wurde, dass ein „+" bzw. ein „−" besser als eine „2" bzw. „0" erkennbar ist.

5.4 Qualitative Analyse von Akzeptanzkriterien

In diesem Teilkapitel wird dargelegt, wie die Beurteilung der in (5.2.4.) erläuterten Beweisprodukte durch die Studierenden analysiert wird. Die Analyse bezieht sich auf das offene Item (ii) des Fragebogens (siehe 5.2.5.), in dem die Studierenden ihre Entscheidung zur Beweisakzeptanz (Item (i)) erläutern sollten. Sie umfasst, wie in den Forschungsfragen in (4.3.) aufgeführt, die genannten Akzeptanzkriterien sowie deren Anzahl und Konkretheit. Zentral ist hierbei die Frage, wie Akzeptanzkriterien sowie deren Anzahl und Konkretheit codiert werden können. Eine Erläuterung der quantitativen Analyse der Beweisprodukte sowie von Beweisakzeptanz (Item (i)) und Akzeptanzkriterien erfolgt in Teilkapitel (5.5.).

5.4.1 Vorüberlegungen zur Codierung von Akzeptanzkriterien

Eine Überprüfung, ob die Kategorien aus der Analyse von Beweisprodukten (siehe 5.3.1.3.) unmittelbar auf die von Akzeptanzkriterien übertragbar sind, hat ergeben, dass die dort verwendeten Kategorien nicht zwingend auch jene Kategorien sind, die Studierende als Akzeptanzkriterien nennen. Vielmehr hat sich im Rahmen einer Pilotierung und aufgrund der vorliegenden Daten gezeigt, dass durchaus weitere Akzeptanzkriterien genannt werden (siehe auch Füllgrabe & Eichler, 2018a; 2018b). Diese Situation war mir Blick auf die in der Literatur (z. B. Harel & Sowder, 1998; Sommerhoff & Ufer, 2019) genannten Akzeptanzkriterien zu erwarten, da dort zum Beispiel auch Akzeptanzkriterien genannt wurden, die sich auf Oberflächenmerkmale (Harel & Sowder, 1998) oder das Verständnis (Sommerhoff & Ufer, 2019) beziehen.

Die in den Pilotierungen ermittelten Akzeptanzkriterien sind außerdem nicht vollends deckungsgleich mit den in der Literatur (z. B. Harel & Sowder, 1998; Sommerhoff & Ufer, 2019) beschriebenen Akzeptanzkriterien. Es kann angenommen werden, dass dies unter anderem mit den jeweils spezifischen Ansätzen der Datenerhebung im Zusammenhang steht. Beispielsweise haben Sommerhoff und

Ufer (2019) auch fehlerhafte Beweisprodukte vorgelegt, wodurch zu erwarten ist, dass Akzeptanzkriterien genannt werden, die sich auf diese fehlerhaften Aspekte fokussieren (siehe 3.2.4.). Zudem liegen jeweils andere Zusammensetzungen der Stichprobe vor, sodass auch eine unterschiedliche Vorerfahrung mit Mathematik bzw. unterschiedliches Wissen zu erwarten ist. Während z. B. in Sommerhoff und Ufer (2019) die Stichprobe Schülerinnen und Schülern, die später Mathematik studieren möchten, Studierenden des 1. Und 3. Semesters und forschende Mathematiker verschiedener Erfahrungsstufen umfasst, befinden sich in der eigenen Stichprobe (siehe (6.1.)) vor allem viele Studierende des ersten Studienjahrs und keine forschenden Mathematiker.

Da also keine ausschließliche Nutzung deduktiver Kategorien aus der Literatur oder des eigenen Kategoriensystems zur Codierung von Beweisprodukten sinnvoll ist, weil dadurch nicht das gesamte Spektrum der von den Studierenden genannten Akzeptanzkriterien erfasst werden kann, wird zunächst ein induktiver Zugang in Anlehnung an Kuckartz (2014) und Mayring (2015) gewählt. Dieser Zugang hat die Vorteile, dass zunächst ein geringer Informationsverlust bei der Codierung von Äußerungen der Studierenden existiert. Im späteren Verlauf dieses Teilkapitels (5.4.4.) wird allerdings erläutert, wie die Codes zu Kategorien zusammengefasst werden. Die Kriterien für die Zusammenfassung zu Kategorien werden in (5.4.3.2.) genannt. Hierbei erfolgt auch eine Orientierung an den Hypothesen dieser Arbeit (4.4.) und, in Verbindung mit den Hypothesen, an ausgewählten, in der Literatur zu findenden Kategorien sowie dem eigenen Kategoriensystem zur Codierung von Beweisprodukten (5.3.1.3.).

5.4.2 Codierung von Äußerungen der Studierenden

Als Resultat dieser Vorgehensweise hat sich gezeigt, dass die Äußerungen der Studierenden sich in der folgenden Gestalt codieren lassen:

BEREICH_OBJEKTNUMMER_EIGENSCHAFTSNUMMER_1/0_(K)_(F)
Dieser Code besteht aus verschiedenen Teilen, die ermittelt werden müssen. Die dazugehörige Vorgehensweise beim Codieren ist:

Zu Beginn wird überprüft, welcher Bereich eines Beweises mit einer Äußerung betrachtet wird. Die möglichen Bereiche sind: einzelne Teile des Beweises (ET), die Voraussetzungen (VO), die Behauptung (BE), das Gesamtbild (GE), die Sprache (SP). Eng damit verknüpft wird schließlich überprüft, um welches Objekt des Bereichs es sich handelt. Hierzu existiert eine Tabelle als Teil des Codiermanuals, in der die ermittelten Objekte durchnummeriert zu finden sind. Das gefundene Objekt, z. B. eine Definition (3) aus dem Bereich einzelne Teile (ET), wird dann im Code mit der Nummer versehen. Diesen Objekten werden wiederum bestimmte Eigenschaften zugewiesen, die ebenfalls nummeriert und in der genannten Tabelle vorzufinden sind. Hierbei ist allerdings immer die Frage, ob diese Eigenschaft zutrifft oder nicht zutrifft. Daher wird für „Zutreffen" eine 1 bzw. für „Nicht-Zutreffen" eine 0 angehängt. Ebenfalls wird, bei Bedarf, vermerkt, ob diese Äußerung konkret ist. In diesem Fall wird ein K angehängt. Wenn allerdings keine konkrete Äußerung getätigt wird, wird nichts angehängt. Ähnlich verhält es sich mit dem Vermerk, dass eine Äußerung falsch ist. Wenn eine Äußerung als objektiv falsch bezeichnet werden kann, dann wird ein F angehängt. Wann eine Äußerung genau als konkret und / oder falsch gilt, wird unten erklärt.

Beispielcodierung 1: „Der Beweis ist korrekt"
Die Äußerung wird mit GE_1_3_1 codiert: Der Beweis wird als Ganzes betrachtet (Bereich „Gesamtbild", also GE), wo das Objekt „Beweis" eingeordnet ist (also GE_1). Es wird die Eigenschaft „Korrektheit" betrachtet (also GE_1_3) und diese wird als zutreffend erachtet (also GE_1_3_1). Wenn die Äußerung „Der Beweis ist falsch" gewesen wäre, hätte man entsprechend GE_1_3_0 codiert.

Beispielcodierung 2: „Definitionen erklären, warum die Behauptung stimmt"
Die Äußerung wird mit ET_3_5_1, BE_2_5_1 und BE_2_3_1 codiert.

- ET_3_5_1: Es wird geschrieben, dass einzelne Teile des Beweises (Bereich), nämlich Definitionen (Objekt 3), etwas erklären (Eigenschaft 5 und Zustand 1, weil zutreffend).
- BE_2_5_1: Es wird erklärt (Eigenschaft 5, Zustand 1, weil zutreffend), warum die Behauptung (Bereich Behauptung, Objekt Nennung der Behauptung) stimmt. Dieser Code bezieht sich dieses Mal auf eine Passiv-Konstruktion: Es wird etwas erklärt, nämlich die Behauptung.
- BE_2_3_1: Zusätzlich wird auch noch geschrieben, dass die Behauptung (Bereich und Objekt Nennung der Behauptung) stimmt, also korrekt ist (Eigenschaft 3, Zustand 1, da zutreffend).

5.4.2.1 Betrachtete Bereiche
Die folgenden Entscheidungsregeln dienen der Ermittlung des Bereichs, der für eine Vergabe eines Codes benötigt wird. Die Entscheidungsregeln werden insbesondere relevant, wenn Objekte genannt werden, die in verschiedenen Bereichen auftreten.
Gesamtbild: Es handelt sich um den Bereich Gesamtbild, wenn explizit das Beweisprodukt als Ganzes oder allgemein genannte „Oberflächenmerkmale" (z. B. Formalia, Beweisstruktur, Darstellungsweise) betrachtet werden.

Darüber hinaus gilt die Regel „Im Zweifelsfall Gesamtbild": Wenn kein Objekt eindeutig zuzuordnen ist, wird im Zweifelsfall das Gesamtbild als Bereich und das Beweisprodukt insgesamt als Objekt betrachtet.

Beispiele für Objekte aus dem Bereich „Gesamtbild" sind: Betrachtung des Beweises insgesamt, Betrachtung der „Formalia", Betrachtung des „Beweisaufbaus", Betrachtung der „Darstellung", Bezeichnung des Gesamtbildes als etwas anderes, z. B. als „Es ist ein mathematischer Vergleich".

Einzelne Teile: Wenn es sich nicht um das Gesamtbild handelt, handelt es sich zunächst um einzelne Teile. Diese Regel wird durch eine Spezifikation der Bereiche Voraussetzungen, Behauptung und Sprache allerdings im weiteren Verlauf eingeschränkt. Es gilt daher: Es handelt sich um den Bereich „einzelne Teile", wenn es sich nicht um den Bereich „Voraussetzungen", „Behauptung", „Sprache" oder „Gesamtbild" handelt. Bei der Abgrenzung zum „Gesamtbild" ist insbesondere die Regel „im Zweifelsfall Gesamtbild" zu beachten.

Beispiele für Objekte aus dem Bereich „Einzelne Teile" sind: Schritte, Regeln, Definitionen, logische Schlüsse, Umformungen, Rechnungen, Rechenbeispiele, eine Abfolge, Techniken, einzelne Begründungen und Erklärungen, Definitionsbereiche, Vermutungen, Terme, der Anfang / das Ende des Beweises, ein „q.e.d.".

Voraussetzungen: Es handelt sich nur um den Bereich Voraussetzungen, wenn klar ist, dass damit auch die Voraussetzungen gemeint sind. Diese können als solche formuliert sein (Objekt VO_2) oder mit einem anderen Begriff bezeichnet werden, aus dem aber geschlossen werden kann, dass damit die Voraussetzungen gemeint sind (Objekt VO_1). Wenn Letzteres der Fall ist, muss der Kontext darauf hindeuten, dass es sich um die Voraussetzungen handelt, ansonsten wird in der Regel bzw. im Zweifelsfall der Bereich „einzelne Teile" betrachtet.

Beispiele für Objekte aus dem Bereich „Voraussetzungen" sind: etwas Gegebenes, Aussagen (sofern es sich sicher aus dem Kontext ergibt, dass es sich dabei um die Voraussetzungen handelt), Voraussetzungen.

Behauptung: Es handelt sich nur um den Bereich Behauptung, wenn klar ist, dass damit auch die Behauptung gemeint ist. Wie auch bei den Voraussetzungen (siehe oben) gilt: Die Behauptung kann als solche formuliert sein (Objekt BE_2) oder mit einem anderen Begriff bezeichnet werden, aus dem aber geschlossen werden kann, dass damit die Behauptung gemeint ist (Objekt BE_1). Wenn Letzteres der Fall ist, muss der Kontext darauf hindeuten, dass es sich um die Behauptung handelt, ansonsten wird in der Regel bzw. im Zweifelsfall der Bereich „einzelne Teile" betrachtet.

Beispiele für Objekte aus dem Bereich „Behauptung" sind: Ziel, etwas Unbekanntes (sofern es sich sicher aus dem Kontext ergibt, dass es sich dabei um die

Behauptung handelt), was zu zeigen ist, die Nennung von etwas anderem, das „lediglich bewiesen wurde".

Sprache: Es handelt sich um den Bereich Sprache, wenn die Objekte aus diesem Bereich explizit genannt werden. Ansonsten handelt es sich um Objekte aus einem anderen Bereich.

Beispiele für Objekte aus dem Bereich „Sprache" sind: Notationen, Wörter, Variablen, Zahlen, Vokabular.

Beispielcodierung 3: „Die Lösung ist korrekt"
Da nicht explizit geschrieben wird, dass es sich um die Lösung eines einzelnen Teils der Argumentation handelt, wird die Lösung als Gesamtbild interpretiert. Entsprechend wird der Code GE_1_3_1 („Gesamtbild ist korrekt") vergeben.

Beispielcodierung 4: „Die gegebenen Sachverhalte werden genutzt, um die Behauptung zu beweisen"
In diesem Beispiel wiederum deutet „die gegebenen" darauf hin, dass es sich bei den Sachverhalten um die Voraussetzungen handelt, weil diese explizit im Satz als Prämissen formuliert sind und somit gegeben sind. Daher handelt es sich um die Voraussetzungen und der Code VO_1_1_1 (gegebene Sachverhalte werden genutzt) aus dem Bereich VO wird vergeben. Zusätzlich wird der Code BE_2_4_1 (Behauptung wird bewiesen) vergeben.

5.4.2.2 Konkretheit von Äußerungen

Wenn ein Objekt so wie in der o.g. Tabelle des Codiermanuals benannt wird, dann gilt es nicht als konkret. Wenn allerdings konkrete Inhalte aus dem Beweisprodukt wiederholt werden, so gilt eine Äußerung als konkret. Ebenfalls gilt eine Äußerung als konkret, wenn inhaltliche Verbesserungsvorschläge gemacht werden, d. h. wenn geschrieben wird, welcher Inhalt hinzugefügt werden muss. Mit Inhalt sind explizit mathematische Inhalte und keine Oberflächenmerkmale (z. B. das Hinzufügen eines q.e.d.) gemeint. Generell gilt für die Codierung einzelner Schritte des Beweises: Wenn konkrete Schritte aus dem vorgelegten Beweis betrachtet oder konkrete Verbesserungsvorschläge gemacht werden, wird ET_1_..._K vergeben. Wenn diese Schritte explizit als Voraussetzungen, Behauptung oder Sprache erkennbar sind, werden hingegen VO_1_..._K bzw. BE_1_..._K bzw. SP_1_..._K vergeben. Wenn konkrete Schritte aus dem vorgelegten Beweis lediglich ohne dazugehörige Eigenschaft wiederholt werden, wird der Code ET_1_1_1_K vergeben. Wenn diese Schritte explizit als Voraussetzungen, Behauptung oder Sprache erkennbar sind, werden hingegen VO_1_1_1_K bzw. BE_1_1_1_K bzw. SP_1_1_1_K vergeben. Wenn konkrete Schritte zusätzlich als ein bestimmtes Objekt aus einem bestimmten Bereich bezeichnet werden,

werden die entsprechenden Objekte aus den entsprechenden Bereichen betrachtet. Ebenfalls gilt eine Äußerung als konkret, wenn eine konkrete Stelle im Beweisprodukt benannt wird. Konkretisierungen können sich auch auf bestimmte Objekte oder Eigenschaften beziehen. Dadurch wird eine Äußerung ebenfalls konkret. Eine genauere Benennung bedeutet aber nicht zwingend eine Konkretisierung im Sinne dieses Codiermanuals. Vielmehr kann eine Äußerung auch unkonkret bleiben, selbst wenn ein Objekt genauer benannt wurde. Ebenso werden Beispiele erst konkret, wenn explizit Zahlenbeispiele angegeben werden. Eine Konkretheit ist auch unabhängig von der Darstellungsform. Beispiele für konkrete Äußerungen werden in (5.4.4.) genannt.

5.4.2.3 Falsche Äußerungen

Eine Äußerung gilt als falsch, wenn sie objektiv als falsch bezeichnet werden kann. Das bedeutet gleichzeitig auch, dass sie nicht als falsch gilt, wenn sie subjektiv oder kontrovers ist, z. B. sich auf etwas Subjektives (z. B. Verständlichkeit), auf die Argumentationstiefe (z. B. Schritte fehlen), auf die Angemessenheit der Sprache (z. B. keine Wörter erlaubt, sondern nur mathematische Symbole), oder auf das Urteil, ob es sich um einen Beweis handelt bzw. ob die zu beweisende Behauptung wirklich auch bewiesen wird, bezieht. Beispiele für falsche Äußerungen werden in (5.4.4.) genannt.

Beispielcodierung 5: „p + q aus N = > cl(a + b)" wird nicht erklärt"
Es wird in dieser Äußerung aus dem Bereich „einzelne Teile" (ET_) ein Schritt im Beweis benannt (ET_1_), der als nicht erklärt (ET_1_5_0) bezeichnet wird. Da der Schritt zusätzlich auch konkret angegeben wird, wird der Code ET_1_5_0_K vergeben. Nicht vergeben wird der Zusatz _F, denn das Ausmaß, inwiefern eine Erklärung erfolgt, wird mit einer innewohnenden Kontroversität durchaus subjektiv unterschiedlich bewertet. Es ist also keine objektiv falsche Äußerung.

Beispielcodierung 6: „Es handelt sich um einen Beweis, weil wir uns auf die Definition rationaler Zahlen beziehen"
Zunächst wird der Code GE_1_1_1 vergeben, weil geschrieben wird, dass es sich um einen Beweis handelt. Weiterhin wird geschrieben, dass eine konkrete Definition genutzt werde, nämlich die der rationalen Zahlen. Dies ist aber falsch: es wird nicht die Definition der rationalen Zahlen genutzt. Dennoch handelt es sich um eine konkrete Äußerung, weil eine (angeblich) verwendete Definition genau benannt wird. Es wird daher der Code ET_3_1_1_K_F vergeben: Aus dem Bereich „einzelne Teile" (ET_) wird das Objekt „Definition" (ET_3) verwendet (ET_3_1_1). Dieses Objekt wird zwar konkret angegeben, allerdings handelt es

sich um eine objektiv falsche Äußerung, da man sich nicht auf die Definition rationaler Zahlen bezieht (ET_3_1_1_K_F).

Sonstige Codes
Zum oben genannten Aufbau für Codes existiert zudem eine Sonderregel für „sonstige" Codes: Diese haben lediglich die Gestalt SO_NUMMER und beinhalten folgende Äußerungen: das Testen von eigenen Beispielen und die Äußerung, dass der Satz für konkrete Beispiele gültig sei; Äußerungen, dass man sich unsicher sei oder „keine Ahnung" von Beweisen habe; Konventionen in dem Sinne, dass bestimmte Aspekte des vorgelegten Beweises „üblich" seien und deswegen akzeptiert werden; eine Angabe zur Beweisnotwendigkeit, also etwa einer Äußerung, dass es ein Beweis sei, weil bewiesen werden musste; ausschließlich unverständliche Äußerungen oder ein leeres / durchgestrichenes Antwortfeld oder der Bezug auf das eigene, im vorherigen Teil erstellte Beweisprodukt und nicht der vorgelegte Beweis.

5.4.2.4 Zwischenbetrachtung

Mit Blick auf die in (4.3.) formulierten Forschungsfragen ermöglicht die oben geschilderte Codierung von Äußerungen der Studierenden zunächst einen geringen Informationsverlust bei der Ermittlung von Akzeptanzkriterien. Mit dieser Vorgehensweise sind allerdings auch die folgenden Nachteile verbunden: die Kombinationen aus den Bestandteilen der Codes, also den Objekten, Eigenschaften, Zuständen, Angabe über Konkretheit und Angabe über Korrektheit führen zu theoretisch über 5000 möglichen Codes, von denen circa. 5 % in der Auswertung der Daten de facto allerdings nur genutzt wurden, da manche Kombinationen von Bestandteilen zu keinen realistischen Äußerungen führen. Mit Blick auf die Stichprobengröße von n = 291 Studierenden wäre eine inferenzstatistische Auswertung aber selbst bei 5 % der Codes nicht sinnvoll, weil manche Codes zu selten vergeben werden. Darüber hinaus können manche Codes auch zusammengefasst werden, weil sie inhaltlich weitestgehend gleichbedeutend sind bzw. sich zu größeren, vergröbernden Kategorien zusammenfassen lassen. Eine Zusammenfassung von Codes zu Kategorien wird im Folgenden vorgestellt.

5.4.3 Vorüberlegungen zur Zusammenfassung der Codes zu Kategorien

Eine Zusammenfassung der in (5.4.2.) erläuterten Codes erfolgt aus den in (5.4.2.4.) dargelegten Gründen. Bevor die Zusammenfassung der Codes zu

Kategorien erläutert wird, werden vorab verschiedene Kategoriensysteme bzw. Konstrukte aus der Literatur und das eigene Kategoriensystem zur Analyse von Beweisprodukten (siehe 5.3.1.3.) in einem Überblick genannt. Der Grund hierfür ist, dass einerseits in Teilen eine Orientierung der eigenen Kategorien an den Kategorien aus der Literatur erfolgt und andererseits, dass die Ergebnisse dieser Arbeit in den Forschungskontext eingebettet werden und daher ein Vergleich mit den Ergebnissen (und damit einhergehend auch Kategorien) anderer Studien erfolgt. Im Anschluss an die Nennung der Kategoriensysteme erfolgt schließlich eine kriteriengeleitete Zusammenfassung der eigenen Codes zu Kategorien.

5.4.3.1 Anknüpfung an bestehende Kategoriensysteme

Die für die Bildung von Kategorien zur Beschreibung von Akzeptanzkriterien herangezogenen Studien sind die von Harel und Sowder (1998), Kempen (2018) sowie Sommerhoff und Ufer (2019), die bereits in (3.2.) erläutert wurden. Von zusätzlichem Interesse für die Bildung von Kategorien sind die Funktionen von Beweisen (De Villiers, 1990, siehe (2.2.3.)) sowie das als Teil der Beweiskompetenz definierte Methodenwissen (Heinze & Reiss, 2003, siehe (2.4.2.)). Zudem wird das eigene Kategoriensystem zur Codierung von Beweisprodukten bei der Bildung von Kategorien zur Beschreibung von Akzeptanzkriterien genutzt.

Harel und Sowder (1998)

Harel und Sowder (1998, siehe auch (3.2.2.)) nutzen den Begriff „proof scheme" und definieren ein proof scheme als etwas, das eine Person überzeugt und als etwas, das eine Person für die Überzeugung anderer nutzt. Die von ihnen identifizierten proof schemes wurden bereits in (3.2.2.) erläutert, werden aber aufgrund der Bedeutsamkeit für die Zusammenfassung der eigenen Codes zu Kategorien erneut an dieser Stelle genannt. Sie umfassen die folgenden drei proof schemes:

- External conviction proof scheme
- Empirical proof scheme
- Analytical proof scheme

Das external conviction proof scheme beinhaltet eine Überzeugung aufgrund einer Autorität (z. B. einer Lehrkraft oder eines Buches), des Aussehens des Beweises (also unter völliger Nichtberücksichtigung von dessen Inhalt) oder der Existenz von Umformungen, hinter denen eine inhaltliche Bedeutung stehen kann, aber nicht zwingend muss. Letztendlich ist das external conviction proof scheme also losgelöst von inhaltlichen Bedeutungen und basiert lediglich auf einer Überzeugung durch Autoritäten oder Oberflächenmerkmalen.

Das empirical proof scheme beinhaltet eine Überzeugung durch die Überprüfung von Beispielen, indem deren Korrektheit auf den gesamten Gültigkeitsbereich des Satzes übertragen wird oder durch Anschauungen, aus denen Schlüsse gezogen werden.

Das analytical proof scheme beinhaltet eine Überzeugung durch einen deduktiven Charakter von Beweisen. Damit verbunden ist insbesondere, im Gegensatz zum empirical proof scheme, die Bedeutsamkeit einer Allgemeingültigkeit und das Heranziehen von Axiomen oder bereits bewiesenen Sätzen im Sinne der Einbettung in ein axiomatisches System (Harel & Sowder, 1998).

Kempen (2018)

Kempen (2018, siehe auch (3.2.3.)) definiert Beweisakzeptanz als das Ausmaß, inwiefern auf einer sechsstufigen Likertskala unter anderem eine Begründung jeweils als überzeugend („die Begründung überzeugt mich, dass die Behauptung wahr ist"), verifizierend („die Begründung zeigt, dass die Behauptung 100-prozentig für alle Zeiten wahr ist") und erklärend („die Begründung erklärt mir, warum die Behauptung wahr ist") empfunden wird und ob die Begründung ein korrekter und gültiger Beweis sei (Kempen, 2018, S. 257 f; siehe auch Kempen, 2016). Hierzu greift er unter anderem auf die Funktionen von Beweisen zurück, wie sie in (2.2.3.) erläutert wurden. Die hier relevanten Funktionen sind die Überzeugung, Verifikation und Erklärung. Zusätzlich fasst Kempen (2018) die Korrektheit bzw. Gültigkeit von und die Akzeptanz als Beweis zusammen. Zwar wird das Konstrukt der Beweisakzeptanz in dieser Arbeit nicht in derselben Form wie bei Kempen (2018) definiert, allerdings soll die Idee, dass das Ausmaß bzw. die Erfüllung von Funktionen von Beweisen als Akzeptanzkriterien gesehen werden können, für die eigene Arbeit genutzt werden. Über die Funktionen hinaus sind auch die in Kempen (2018) genannte Korrektheit bzw. Gültigkeit für die eigene Zusammenfassung von Codes zu Kategorien bedeutsam.

Funktionen von Beweisen (De Villiers, 1990)

Anknüpfend an die vorherigen Ausführungen zu Kempen (2018) werden die in (2.2.3.) vor allem anhand von De Villiers (1990) erläuterten Funktionen erneut genannt:

- **Verifikation und Überzeugung**: Beweise können verifizieren und überzeugen, dass ein Satz gültig ist
- **Erklärung**: Beweise ermöglichen eine Einsicht, warum ein Satz gültig ist
- **Systematisierung**: Beweise ermöglichen die Organisation verschiedener Resultate in ein deduktives System aus Axiomen, wesentlichen Konzepten und Sätzen
- **Erkundung**: Beweisen ermöglicht das Erkunden neuer Ergebnisse
- **Kommunikation**: Beweise können mathematisches Wissen tragen

In diesem Sinne kann ein Akzeptanzkriterium zum Beispiel sein, dass ein Beweis erklärt, warum eine Behauptung gilt. Die Systematisierungs-, Erkundungs- und Kommunikationsfunktion sind mit Blick auf die in dieser Arbeit vergebenen Codes allerdings von untergeordnetem Interesse für die eigene Zusammenfassung der Codes zu Kategorien.

Sommerhoff und Ufer (2019)

Sommerhoff und Ufer (2019, siehe auch (3.2.4.)) haben zur Auswertung ihrer Studie ein Kategoriensystem entwickelt, das deduktive und induktive Kategorien enthält. Die deduktiven Kategorien sind dabei strukturorientierte Kategorien, die die drei Komponenten des von Heinze und Reiss (2003) vorgestellten Methoden- wissens enthalten sowie Gegenbeispiele. Die anderen deduktiven Kategorien sind bedeutungsorientierte Kategorien, die das Verständnis, die Konsistenz mit dem Vorwissen und Ästhetik beinhalten. Die induktiven Kategorien wiederum bein- halten Trivialisierungen, Eindeutigkeit, die Nutzung aller Prämissen (Kategorie „criterial reasoning") sowie Verbesserungsvorschläge, die Nennung, dass es sich um einen Beweis handle oder Sonstige (Kategorie „non-criterial").

Methodenwissen (Heinze & Reiss, 2003)

Das von Heinze und Reiss (2003) definierte Methodenwissen wurde bereits in (2.4.2.) als Teil einer Beweiskompetenz erläutert. Es beschreibt das Wis- sen über die folgenden drei Bereiche. Aufgrund der Bedeutung für das eigene Kategoriensystem werden diese Bereiche wiederholt genannt:

1. **Beweisschema**: Jeder Schluss muss eine hinreichend argumentativ gestützte Deduktion sein.
2. **Beweisstruktur**: Ein Beweis startet mit gesicherten Voraussetzungen und endet mit der zu beweisenden Behauptung.
3. **Beweiskette**: Jeder Beweisschritt kann aus dem Vorherigen geschlossen werden, notfalls unterstützt durch weitere Argumente.

(Heinze & Reiss, 2003)

Eigenes Kategoriensystem zur Codierung von Beweisprodukten

Wie in (5.3.1.3.) beschrieben, umfasst das eigene Kategoriensystem zur Analyse von Beweisprodukten die folgenden Kategorien:

- **Wahrheit der Annahmen:** Es werden die Wahrheit oder die Wahrheitsfähigkeit der Annahmen überprüft.
- **Wahrheit der Konklusionen:** Es wird die Wahrheit der Konklusionen unter Voraussetzung der dazugehörigen Prämissen überprüft.
- **Erhalt des Gültigkeitsbereichs:** Es wird überprüft, ob der Gültigkeitsbereich erhalten bleibt oder eingegrenzt wird.
- **Induktives Argument:** Es wird überprüft, ob mindestens ein induktives Argument existiert.
- **Generischer Beweis:** Es wird überprüft, ob die Charakteristika eines generischen Beweises vorliegen.
- **Vollständigkeit der Argumentation:** Es wird im Vergleich mit Musterfällen überprüft, ob die Argumentation hinreichend vollständig für die Klassifikation des Beweisprodukts als Beweis oder Begründung ist.
- **Sonstige Kategorien:** Es wird überprüft, ob verschiedene Ausschlusskriterien existieren, um eine Klassifikation als ungültige / unvollständige oder keine Argumentation vorzunehmen.

5.4.3.2 Kriterien für die Zusammenfassung von Codes zu Kategorien

Wie in (4.4.) erläutert wurde, wurde bei der Ermittlung von Akzeptanzkriterien ein explorativer Zugang gewählt, bei dem anschließend überlegt wird, wie die codierten Äußerungen hinsichtlich verschiedener Kriterien einzuordnen sind. Diese Kriterien umfassen die in (4.4.) genannten Hypothesen und, damit verbunden, die in (5.4.3.1.) genannten Kategorien aus der Literatur.[8] Da allerdings aufgrund einer Pilotierung erwartet wurde, dass auch Äußerungen existieren, die nicht unmittelbar zu deduktiven Kategorien passen, erfolgt nicht ausschließlich eine Zusammenfassung der Codes zu deduktiven Kategorien, sondern auch zu induktiven Kategorien. Diese induktiven Kategorien werden aufgrund der Frage zusammengefasst, ob bestimmte Codes inhaltlich so ähnlich sind, dass eine Zusammenfassung möglich ist und ob sich Kategorien finden lassen, die eine inhaltliche Zusammenfassung rechtfertigen. Darüber hinaus dienen die deduktiven Kategorien aus der Literatur eher als Orientierung und werden nicht vollends übernommen, um weiterhin möglichst nah an den tatsächlichen Äußerungen der

---

[8] Eine Verbindung besteht dahingehend, dass die Formulierung von Hypothesen auch vor dem Hintergrund verschiedener Studien (siehe Kapitel 3) geschehen ist, zu denen die in (5.4.3.1.) genannten Kategorien gehören.

Studierenden zu bleiben. Dort, wo es möglich ist, wird aber ein Vergleich mit den Kategorien aus der Literatur angestellt.

Für die an den deduktiven Kategorien orientierte Zusammenfassung wurden die in (4.4.) formulierten Hypothesen sowie einige der in (5.4.3.1.) genannten Kategorien herangezogen. Die Hypothesen beziehen sich im Wesentlichen darauf, dass die genannten Akzeptanzkriterien abhängig von den Eigenschaften des zu beurteilenden Beweisprodukts sind (siehe hierzu (5.2.4.)). Insbesondere wurde angenommen, dass die Argumentationstiefe u. a. auf die Akzeptanzkriterien wirkt (4.4.3.). Diese wurden weitergehend ausdifferenziert, dass angenommen wurde, dass leistungsstarke Studierende häufiger als leistungsschwache Studierende die Akzeptanzkriterien nennen, die zu den existierenden Eigenschaften des vorgelegten Beweisprodukts passen. Diese Annahme wird vor allem auch für die Vorlage von Beweisprodukten mit unterschiedlicher Argumentationstiefe dahingehend getroffen, dass leistungsstarke Studierende häufiger Äußerungen tätigen, die im Zusammenhang mit den spezifischen Unterschieden in der Argumentationstiefe stehen (4.4.5.). Darüber hinaus wurde angenommen, dass leistungsstarke Studierende sich häufiger inhaltsbezogen und konkret äußern, Akzeptanzkriterien nennen, die dem Wissen über die Bereiche des Methodenwissen (Heinze & Reiss, 2003) entsprechen, sich häufiger zur Korrektheit des Beweisprodukts äußern und mehr Akzeptanzkriterien nennen, wenn dies passend ist. Umgekehrt wurde angenommen, dass leistungsschwache Studierende Beweisprodukte häufiger oberflächlich beurteilen, Fehlvorstellungen aufweisen und sich objektiv falsch äußern (4.4.4.).

5.4.4   Kategorien zur Codierung von Akzeptanzkriterien

Aufgrund der in (5.4.3.) genannten Vorüberlegungen werden im Folgenden die Kategorien zur Codierung von Akzeptanzkriterien erläutert. Hierbei erfolgt zunächst eine Übersicht über die Akzeptanzkriterien und anschließend eine genauere Erklärung unter Bezugnahme auf bestehende Kategoriensysteme (5.4.3.1.), Kriterien für die Zusammenfassung (5.4.3.2.) und darin enthaltende Hypothesen dieser Arbeit (siehe auch 4.4.).

5.4.4.1 Überblick über die Kategorien zur Codierung von Akzeptanzkriterien

Insgesamt ergeben sich die folgenden Kategorien für diese Arbeit im Überblick. Eine allgemeine Erläuterung zur Vergabe und spezielle Erläuterungen zu den einzelnen Kategorien erfolgen anschließend (Tabelle 5.12).

Tabelle 5.12 Kategorien zur Codierung von Akzeptanzkriterien

Kategorie	Kurzbeschreibung
Allgemeingültigkeit (ALG_z)	Es wird etwas als (nicht) allgemein(gültig) bezeichnet.
Nutzung, Existenz und Begründung von Objekten (NEB_z)	Es wird etwas genannt, das (nicht) genutzt wird, (nicht) existiert, etwas (nicht) begründet oder (nicht) begründet wird.
Formalia (FOR_z)	Es wird die (Nicht-)Existenz verschiedener Formalia genannt.
Korrektheit (KOR_z)	Es wird etwas als (nicht) korrekt bezeichnet.
Oberflächenmerkmale (OBE_z)	Es wird die (Nicht-)Existenz verschiedener Oberflächenmerkmale genannt.
Struktur (STR_z)	Es wird geschrieben, dass etwas (k)eine Struktur aufweist.
Verifikation (VER_z)	Es wird geschrieben, dass die Behauptung (nicht) verifiziert oder (nicht) begründet wird.
Verständnis (VST_z)	Es wird geschrieben, dass etwas (nicht) verständlich ist oder (nicht) erklärt wird.
Vollständigkeit (VOL_z)	Es wird etwas als (nicht) vollständig bezeichnet.
Entfernen (ENT_z)	Es wird geschrieben, dass etwas entfernt werden kann oder muss.
Objektiv falsche Äußerungen (FAL_z)	Es werden Äußerungen getätigt, die als objektiv falsch bezeichnet werden können.
Empirische Beweisvorstellung (EMP_z)	Es wird etwas geschrieben, das auf eine empirische Beweisvorstellung hindeutet.
Sonstige (SON_z)	Diese Kategorie umfasst alle sonstigen Codes.
Summe 1 (SUM_s)	Es werden alle genannten Akzeptanzkriterien gezählt, also die Summe aus ALG_z, NEB_z, FOR_z, KOR_z, OBE_z, STR_z, VER_z, VST_z, VOL_z, ENT_z, FAL_z, EMP_z gebildet.

(Fortsetzung)

Tabelle 5.12 (Fortsetzung)

Kategorie	Kurzbeschreibung
Summe 2 (SUM2_s)	Es werden lediglich alle gültigen genannten Akzeptanzkriterien gezählt, also die Summe aus ALG_z, NEB_z, FOR_z, KOR_z, STR_z, VER_z, VST_z, VOL_z, ENT_z (ohne OBE_z, FAL_z und EMP_z) gebildet.
Konkretheit (KON_z)	Es existiert mindestens eine konkrete Äußerung.

Bei den Kategorien ist grundsätzlich zu beachten, dass eine Kategorie gleichzeitig Äußerungen der Art, dass etwas zutrifft oder nicht zutrifft, beinhaltet. So
wird z. B. die Kategorie NEB_z vergeben, wenn geschrieben wird, dass etwas
begründet wird und auch, dass etwas nicht begründet wird. In der Auswertung
der Daten (siehe auch (5.6.)) werden die Akzeptanzkriterien auch unter Voraussetzung der Beweisakzeptanz betrachtet. Es wird daher zum Beispiel unter
Voraussetzung der Entscheidung, dass es sich beim Beweisprodukt um einen
mathematischen Beweis handle, ermittelt, welche Akzeptanzkriterien genannt
werden. So würden zum Beispiel die Akzeptanz als Beweis und die Vergabe
der Kategorie ALG_z so interpretiert werden, dass die Allgemeingültigkeit ein
Akzeptanzkriterium für die Akzeptanz als Beweis ist. Wäre die Beweisakzeptanz vorher anders, also läge der Fall der Nicht-Akzeptanz als Beweis vor, so
würde die Allgemeingültigkeit als Akzeptanzkriterium für die Nicht-Akzeptanz
interpretiert werden.[9]

Die Kategorien ALG_z, NEB_z, FOR_z, KOR_z, OBE_z, STR_z, VER_z,
VST_z, VOL_z, ENT_z, FAL_z und EMP_z sind ferner völlig dichotom. Es ist
daher nicht möglich, dass z. B. ein Code gleichzeitig zur Kategorie ALG_z und
NEB_z gehört. Eine Ausnahme bildet die gleichzeitige Zugehörigkeit von Codes
zu den genannten Kategorien und zur Kategorie Konkretheit. Hier gilt, dass ein
Code z. B. sowohl zur Kategorie Allgemeingültigkeit als auch zur Kategorie Konkretheit gehören kann. Eine genaue Erläuterung befindet sich in (5.4.4.2.) in der
Beschreibung zur Kategorie Konkretheit. Die Dichotomie gilt insbesondere auch
für Codes zu Äußerungen, die zwar eigentlich einer Kategorie zugeordnet werden
könnten (weil sie in ihrer Bedeutung dazu passen würden), aber objektiv falsch
sind. Hier gilt, dass alle Codes für objektiv falsche Äußerungen ausschließlich

---

[9] Es ist hierbei zu berücksichtigen, dass ein Grund für eine Nicht-Akzeptanz eines Beweisprodukts als Beweis im Rahmen dieser Arbeit auch als Akzeptanzkriterium bezeichnet wird,
siehe auch (2.3.4.). Eine Beurteilung dieser Entscheidung erfolgt in (5.4.4.4.)

zur Kategorie Objektiv falsche Äußerungen zugeordnet werden und sonst zu keiner anderen Kategorie. Dies gilt auch für Codes zu konkreten Äußerungen: Selbst wenn eine Äußerung konkret ist, wird sie zur Kategorie Objektiv falsche Äußerungen gezählt, wenn sie falsch ist. Diese Sonderregel ist in der Beschreibung zur Kategorie Konkretheit in (5.4.4.2.) erneut aufgeführt.

5.4.4.2 Erläuterung der Kategorien

Die Kategorien werden nun im Einzelnen erläutert und anhand von Beispielen veranschaulicht.[10]

Allgemeingültigkeit (ALG_z)

Zu dieser Kategorie gehören alle Äußerungen, die die Allgemeingültigkeit von Objekten aus allen Bereichen explizit benennen oder zwingend dafür sorgen, dass eine Allgemeingültigkeit des Beweisprodukts existiert.

Beispiele: Die Äußerung „Die Schlüsse sind allgemeingültig" würde mit ET_4_7_1 (Schlüsse allgemeingültig) und die Äußerung „Es ist ein allgemeingültiger Beweis" mit GE_1_7_1 (Beweis allgemeingültig) codiert werden. Beide Codes gehören zur Kategorie ALG_z. Die Allgemeingültigkeit stellt also das jeweilige Akzeptanzkriterium dar.

Wie in (5.2.4.) gezeigt wurde, sind beide zu beurteilenden Beweisprodukte allgemeingültig, sodass die Allgemeingültigkeit als Akzeptanzkriterium zu erwarten ist. Mit Blick auf die in (4.4.) genannten Hypothesen soll überprüft werden, inwiefern also diese tatsächlich vorliegende Eigenschaft von den Studierenden als Akzeptanzkriterium genannt wird. Gemäß des Methodenwissens (Heinze & Reiss, 2003; siehe auch (2.4.2.)) wäre diese Kategorie Teil des Beweisschemas. Dieses Beweisschema ist auch eine Kategorie bei Sommerhoff und Ufer (2019). Im eigenen Kategoriensystem zur Analyse von Beweisprodukten entspricht diese Kategorie der Kategorie „Erhalt des Gültigkeitsbereichs" (5.3.1.3.). Es wurde allerdings die Bezeichnung Allgemeingültigkeit für die Kategorie gewählt, weil sich aufgrund des zunächst induktiven Ansatzes gezeigt hat, dass der Begriff der Allgemeingültigkeit üblicherweise genannt wird. Eine entsprechende Bezeichnung der Kategorie passt also am besten zu den tatsächlich getätigten Äußerungen.

---

[10] Eine Übersicht, welche Kategorie aus welchen Codes besteht, ist im Anhang dieser Arbeit zu finden.

Nutzung, Existenz und Begründung von Objekten (NEB_z):
Zu dieser Kategorie gehören alle Objekte aus den Bereichen Gesamtbild, einzelne
Teile und Voraussetzungen, die genutzt werden, existieren oder etwas begründen
bzw. begründet werden. Codiert werden Äußerungen, die sich auf Inhalte des
vorgelegten Beweisprodukts oder auf fehlende Inhalte beziehen.

Beispiele: Die Äußerung „Es gibt logische Schlüsse" würde mit ET_4_1_1
(logische Schlüsse existent) codiert werden. Die Äußerung „Die einzelnen
Schritte sind nicht begründet" wird mit ET_1_4_0 (Schritte nicht begründet)
codiert. Beide Codes gehören zur Kategorie NEB_z. Die Nutzung, Existenz und
Begründung von Objekten stellt also jeweils ein Akzeptanzkriterium dar.

Aufgrund der formulierten Hypothesen (4.4.) soll überprüft werden, ob sich
Studierende inhaltsbezogen und konkret[11] äußern und ob sie Äußerungen tätigen, die dem Wissen über die Bereiche des Methodenwissens (Heinze & Reiss,
2003, siehe auch (2.4.2.)) entsprechen. Wenn nun die Kategorie NEB_z vergeben wird, kann geschlossen werden, dass sich die Studierenden bis zu einem
gewissen Maße inhaltsbezogen äußern. Dieses Maß ist allerdings beschränkt, wie
die Beispiele oben zeigen. So bezieht sich eine Äußerung wie „Es gibt logische Schlüsse" zwar auf den Inhalt des Beweisprodukts, allerdings kann daraus
nur sehr eingeschränkt geschlossen werden, dass der entsprechende Studierende
das Beweisprodukt auch wirklich inhaltlich durchdringt. Da mit den Kategorien
Vollständigkeit und Konkretheit allerdings noch weitere Kategorien existieren,
die den Schluss der Inhaltsbezogenheit sowie Konkretheit ermöglichen, können
entsprechende Schlüsse sicherer gezogen werden.

Bezogen auf die Bereiche des Methodenwissens können entsprechende
Schlüsse noch schwerer gezogen werden, da sich im Prozess der induktiven Findung von Kategorien gezeigt hat, dass exakte Äußerungen wie „jeder Schluss
ist eine hinreichend argumentativ gestützte Deduktion" nicht von den Studierenden getätigt wurden. Verglichen mit dem Kategoriensystem zur Analyse von
Beweisprodukten (5.3.1.3.) ist Kategorie NEB_z in Teilen mit der Kategorie
„Vollständigkeit der Argumentation" zu finden. Dort werden allerdings konkrete
Objekte angegeben, während hier auch Objekte unkonkret angegeben werden
können (z. B. lediglich als bestimmte Beweisschritte).

Formalia (FOR_z)
Zu dieser Kategorie gehören alle Codes, die Äußerungen der Art „Variablen sind
definiert" (SP_3_12_1), „Definitionsbereiche sind angegeben" (ET_13_1_1) oder
„Formalia sind erfüllt" (GE_2_1_1) beschreiben. Im eigenen Kategoriensystem

---

[11] Die Konkretheit wird anhand der dazugehörigen Kategorie überprüft.

zur Analyse von Beweisprodukten tangiert diese Kategorie lediglich punktuell die Kategorie „Vollständigkeit der Argumentation", da dort Teilweise auch Variablen definiert werden. Abgegrenzt werden kann die Kategorie von der Kategorie NEB_z dahingehend, dass die Kategorie FOR_z lediglich formelle Aspekte eines Beweises beschreibt und diese nicht durch die Kategorie NEB_z beschrieben werden. Eine gesonderte Schaffung dieser Kategorie basiert auf dem Eindruck bei der induktiven Findung von Kategorien, dass die Angabe der Formalia ein eigenes Akzeptanzkriterium darstellt, das sich nicht auf die Argumentationskette im engeren Sinne bezieht und aufgrund dessen man weniger auf eine Inhaltsbezogenheit schließen kann. Aus diesem Grund wurde die Kategorie von der Kategorie NEB_z getrennt.

Korrektheit (KOR_z):
Die Kategorie Korrektheit umfasst alle Codes, die Äußerungen über die Korrektheit von Objekten beschreiben.

Beispiele: Die Äußerung „Korrekter Beweis" wird mit GE_1_3_1 (Beweis korrekt) codiert. Die Äußerung „Alle Schritte sind korrekt" wird mit ET_1_3_1 (Schritte korrekt) codiert. Beide Codes sind Teil der Kategorie Korrektheit. Aufgrund der Vergabe dieser Kategorie kann geschlossen werden, dass die Korrektheit ein Akzeptanzkriterium darstellt. Darüber hinaus kann geschlossen werden, dass die Tätigkeit des Validierens (A. Selden & J. Selden (2015), siehe auch (2.4.1.)) bei der Beurteilung durch den Studierenden bedeutsam ist, da eine Einschätzung über die Korrektheit eine Validierung voraussetzt.

Verglichen mit dem eigenen Kategoriensystem zur Analyse von Beweisprodukten entspricht diese Kategorie im großen Maße den Kategorien Wahrheit der Annahmen sowie Wahrheit der Konklusionen. Bei Sommerhoff und Ufer (2019) existiert die Kategorie nicht im oben genannten Maße; allerdings tangiert sie die Bereiche des Methodenwissens (Heinze & Reiss, 2003), da die Korrektheit (oder passend: Gültigkeit) z. B. eine Eigenschaft einer Deduktion ist (Bereich Beweisschema des Methodenwissens).

Diese Kategorie ist auch vor dem Hintergrund der Hypothese zu sehen, dass sich leistungsstarke Studierende häufiger als leistungsschwache Studierende zur Korrektheit von Objekten äußern (siehe 4.4.4.).

Oberflächenmerkmale (OBE_z):
In dieser Kategorie werden verschiedene Oberflächenmerkmale aus allen Bereichen zusammengefasst. Dazu gehören verschiedene Kennzeichnungen von Objekten, etwa ein „Beweis:" zu Beginn des Beweises, ein q.e.d. am Ende des Beweises

oder lediglich die Existenz von „Buchstaben" oder eine Angabe einer „Beweis-struktur" (ohne Nennung, was damit gemeint ist; die Daten deuten aber darauf hin, dass es sich hierbei um eine Strukturierung des Beweises durch „Behauptung:", „Beweis:" und „q.e.d." handelt) oder lediglich die Äußerung ohne Nennung, was damit gemeint sei, dass der Beweis formal sei.

Beispiel: Die Äußerung „Es fehlt eine typische Beweisstruktur, also „Behaup-tung:", dann „Beweis:" und dann ein Kästchen am Ende" würde codiert werden mit GE_3_1_0 (Beweisstruktur fehlt), BE_2_17_0 (Behauptung nicht gekenn-zeichnet), GE_1_17_0 (Beweis nicht gekennzeichnet) und ET_18_1_0 (Kästchen fehlt). Alle genannten Codes sind Teil der Kategorie Oberflächenmerkmale. In diesem Beispiel stellen Oberflächenmerkmale also ein Akzeptanzkriterium dar.

Verglichen werden kann die Kategorie mit dem external conviction proof scheme (Harel & Sowder, 1998), das eine Überzeugung durch Autoritäten oder Oberflächenmerkmale beschreibt. Aufgrund der Vergabe der Kategorie OBE_z kann die Hypothese aus (4.4.4.), dass leistungsstarke Studierende selte-ner Oberflächenmerkmale als Akzeptanzkriterium nennen als leistungsschwache Studierende, untersucht werden.

Struktur (STR_z):
In dieser Kategorie werden Codes zusammengefasst, die Äußerungen hinsichtlich einer Strukturierung von Objekten aus allen Bereichen beschrieben. Hier sind etwa Äußerungen zu finden, dass der Beweis (nicht) mit den Voraussetzungen beginnt, (nicht) mit der Behauptung endet, oder generell einzelne Teile auf eine bestimmte Art und Weise angeordnet sind.

Beispiele: Die Äußerung „Der Beweis startet mit den Voraussetzungen und endet mit der Behauptung" wird mit VO_2_14_1 (Start mit Voraussetzungen) und BE_2_15_1 (Endet mit Behauptung) codiert. Die Äußerung „Die einzel-nen Beweisschritte sind Schritt für Schritt aufgeschrieben" wird mit ET_1_6_1 (Beweisschritte Schritt für Schritt aufgeschrieben) codiert. Die genannten Codes sind Teil der Kategorie Struktur. Eine Struktur wird also zum Akzeptanzkriterium.

Im eigenen Kategoriensystem zur Analyse von Beweisprodukten ist diese Kategorie Teil der Kategorie „Vollständigkeit der Argumentation", da dort z. B. eine Anordnung der Voraussetzungen zu Beginn des Beweisprodukts und der Behauptung am Ende des Beweisprodukts vorgenommen wird. Im Kategoriensys-tem von Sommerhoff und Ufer (2019) vereint die eigene Kategorie die Kategorien Beweisstruktur und Beweiskette (siehe auch Heinze & Reiss, 2003) aus Sommer-hoff und Ufer (2019), da sie sowohl Codes für Äußerungen zur Lokalisation der Voraussetzungen am Anfang bzw. der Behauptung am Ende (Beweisstruktur) als auch Codes für Äußerungen zur Anordnung der Argumentationskette (Beweiskette) beinhaltet.

Verifikation (VER_z):
Zu dieser Kategorie gehört der Bereich Behauptung. Es werden hier alle Objekte betrachtet, die (nicht) verifiziert oder (nicht) begründet wurden. Beispiele: Die Äußerung „Die Behauptung wird bewiesen" wird mit BE_2_4_1 (Behauptung bewiesen) codiert. Auch mit BE_2_4_1 wird die Äußerung „Die Behauptung wird begründet" codiert. Der Code BE_2_4_1 ist Teil der Kategorie Verifikation und Begründung. Die Verifikation bzw. Begründung der Behauptung ist also ein Akzeptanzkriterium.

Diese Kategorie entspricht der Verifikationsfunktion von Beweisen (De Villiers, 1990, siehe auch (2.2.3.1.)). Zwar kann aus theoretischer Sicht eine Unterscheidung zwischen Verifikation und Begründung vorgenommen werden (siehe hierzu die Ausführungen in (2.) insgesamt), allerdings wurde aufgrund einer hinreichenden Ähnlichkeit der beiden Begriffe entschieden, dass die Begründung einer Behauptung auch als Verifikation einer Behauptung im Rahmen dieses Kategoriensystems bezeichnet werden kann.

Verständnis (VST_z):
In dieser Kategorie werden Codes zusammengefasst, die Äußerungen dahingehend beschreiben, dass bestimmte Objekte als (nicht) verständlich oder (nicht) logisch empfunden werden oder dass etwas (nicht) erklärt oder (nicht) erklärt wird.

Beispiele: Die Äußerung „Der Beweis ist verständlich" wird mit GE_1_5_1 (Beweis ist verständlich) codiert. Die Äußerung „Es fehlen Erklärungen" hingegen wird mit ET_12_1_0 (Erklärungen fehlen) codiert. Die Äußerung „Es wird erklärt, warum die Behauptung stimmt" wird BE_2_5_1 (Behauptung wird erklärt) codiert. Alle Codes sind Teil der Kategorie Verständnis. Das Verständnis wird somit zum Akzeptanzkriterium.

Vor dem Hintergrund des letzten Beispiels ist vor allem darauf hinzuweisen, dass die Kategorie Verständnis auch die Erklärungsfunktion von Beweisen (De Villiers, 1990, siehe auch (2.2.3.2.)) beinhaltet. Hierbei wurde sich für eine Zuordnung zur Erklärungsfunktion und nicht zur Verifikationsfunktion entschieden, obgleich vermutet werden kann, dass „erklären" und „begründen" mitunter synonym verwendet werden.[12] Diese Zuordnung erfolgte auf Basis der Unkenntnis der tatsächlich gemeinten Bedeutung und gleichzeitig aufgrund der Passung zur Erklärungsfunktion. Vergleicht man die Kategorie mit Sommerhoff und Ufer (2019), so entspricht sie dort der bedeutungsorientierten Kategorie Verständnis.

Vollständigkeit (VOL_z):
Diese Kategorie beinhaltet alle Codes, die Äußerungen über die Vollständigkeit von Objekten aller Bereiche beschreiben.

Beispiele: Die Äußerung „Die logischen Schlüsse sind vollständig" wird mit ET_4_8_1 (Logische Schlüsse vollständig) codiert. Die Äußerung „Der Beweis ist nicht vollständig" wird mit GE_1_8_0 (Beweis nicht vollständig) codiert. Beide Codes sind Teil der Kategorie Vollständigkeit. Außerdem wird die Äußerung „Es fehlen Schritte" mit ET_1_1_0 (Schritte fehlen) codiert, allerdings auch der Kategorie Vollständigkeit zugeordnet. In allen drei Beispielen wird die Vollständigkeit zum Akzeptanzkriterium.

Das letzte Beispiel zeigt, dass nicht nur Äußerungen, die z. B. das Wort „vollständig" beinhalten, mit Codes codiert werden, die zur Kategorie Vollständigkeit gehören. Darüber hinaus gehören zur Kategorie Vollständigkeit auch Codes, die zwingend eine fehlende Vollständigkeit von bestimmten Objekten zur Folge haben.

Die Kategorie Vollständigkeit entspricht in weiten Teilen der Kategorie „Vollständigkeit der Argumentation" im eigenen Kategoriensystem zur Codierung von Beweisprodukten (5.3.1.3.). Bei Sommerhoff und Ufer (2019) würden Äußerungen dieser Art durch die Kategorie Beweiskette beschrieben werden. Wie im Zusammenhang mit der Kategorie NEB_z beschrieben wurde, dient die Kategorie Vollständigkeit auch dazu, zu ermitteln, inwiefern sich die Studierenden inhaltsbezogen äußern. Hierbei wird Bezug auf die in (4.4.) genannten Hypothesen genommen. Darüber hinaus wird angenommen, dass Äußerungen zur Vollständigkeit eine tiefergehende inhaltliche Durchdringung als z. B. die lediglich Nennung von Objekten aus dem Beweisprodukt (Kategorie NEB_z) voraussetzen. Diese Annahme basiert auf der Vorstellung, dass Überlegungen zur Vollständigkeit die Überlegung voraussetzen, ob ein Objekt im Beweisprodukt fehlt, während eine erneute Nennung von Objekten aus dem Beweisprodukt mitunter kein inhaltliches Verständnis voraussetzt.

---

[12] Siehe hierzu auch die Ausführungen zu Müller-Hill (2017) in (2.2.3.2.).

Entfernen (ENT_z):
Diese Kategorie umfasst Objekte aus allen Bereichen, über die geschrieben wird, dass sie entfernt werden können. Beispiel: Die Äußerung „Einzelne Schritte können entfernt werden" wird mit ET_1_2_1 (Schritte können entfernt werden) codiert. Dieser Code ist Bestandteil der Kategorie Entfernen. Das Entfernen wird hierbei zum Akzeptanzkriterium. Offen ist allerdings, ob das Entfernen von bestimmten Objekten allerdings auch zwingend ist. Dies ist aufgrund der vorliegenden Daten nicht immer klar ersichtlich. Allerdings ermöglicht die Kategorie eventuelle Rückschlüsse auf Vorstellungen, dass Beweisprodukte auch „zu viele" Argumente beinhalten können, die z. B. einem evaluierten Überblick entgegenstehen. Diese Überlegung wurde im Zusammenhang mit strengen Beweisen (siehe 2.2.1.) erläutert.

Objektiv falsche Äußerungen (FAL_z):
Diese Kategorie umfasst alle Codes, denen ein „_F" angehängt ist. Für die genauen Kriterien hierzu sei auf (5.4.2.3.) verwiesen. Im Wesentlichen handelt es sich hierbei um Codes, die bei objektiv falschen Äußerungen vergeben werden. Eine Äußerung gilt hingegen nicht als falsch, wenn sie subjektiv oder kontrovers ist.

Beispiel: Die Äußerung „Da wir uns auf die Definition rationaler Zahlen beziehen" kann als falsch bezeichnet werden, weil dies im Beweisprodukt nicht geschieht. Stattdessen bezieht man sich auf die Definition von Teilbarkeit. Es wird daher der Code ET_3_1_1_K_F (Die Definition rationaler Zahlen wird genutzt (konkret), aber das ist falsch).

Diese Kategorie ist vor allem aufgrund der Hypothese entstanden, dass leistungsschwache Studierende, im Gegensatz zu leistungsstarken Studierenden, Akzeptanzkriterien äußern, die auf ein Fehlverständnis des zu beurteilenden Beweisprodukts hindeuten. Dazu gehören insbesondere Äußerungen, die als objektiv falsch angesehen werden können. Entsprechend wird auch angenommen, dass die leistungsschwachen Studierenden Akzeptanzkriterien dieser Art auch häufiger nennen.

Empirische Beweisvorstellung (EMP_z):
Diese Kategorie umfasst den Code ET_7_1_0, der Äußerungen der Art „Es fehlt ein Beispiel" beschreibt. Sie wurde auch vor dem Hintergrund der Hypothese, dass leistungsschwache Studierende existieren, die, im Gegensatz zu leistungsstarken Studierenden, Akzeptanzkriterien äußern, die auf ein „empirical proof scheme" (Harel & Sowder, 1998) hindeuten, konzipiert (siehe 4.4.4.). Das empirical proof scheme entspricht bei Harel und Sowder (1998) im Wesentlichen einer

Überzeugung aufgrund der lediglichen Überprüfung von z. B. Zahlenbeispielen, wie in (3.2.2.) erläutert wurde. Im Rahmen dieser Kategorie wird dies so interpretiert, dass eine Überprüfung von Zahlenbeispielen als ausreichend für die Verifikation einer Behauptung angesehen wird. Die Kategorie EMP_z ist entsprechend auch vergleichbar mit der Kategorie „Induktives Argument" im eigenen Kategoriensystem zur Codierung von Beweisprodukten (5.3.1.3.).

Sonstige (SON_z):
Die Kategorie Sonstige umfasst alle restlichen Codes, die z. B. nicht klar bzw. sinnvoll einer anderen Kategorie zugeordnet werden konnten.

Summe 1 (SUM_s):
Es wird die Summe aller Kategorien (außer SON_z) gebildet. Das bedeutet, dass die Kategorien ALG_z, NEB_z, FOR_z, KOR_z, OBE_z, STR_z, VER_z, VST_z, VOL_z, ENT_z, FAL_z, EMP_z addiert werden. Wenn also beispielsweise die Kategorien NEB_z, OBE_z und VST_z bei der Äußerung eines Studierenden vergeben wurden, so ist das Ergebnis 3. Mit dieser Kategorie wird also die Anzahl der genannten Akzeptanzkriterien berechnet. Diese Kategorie dient auch der Überprüfung der Hypothese, dass leistungsstarke Studierende mehr Akzeptanzkriterien nennen als leistungsschwache Studierende (siehe (4.4.4.)).

Summe 2 (SUM2_s):
Summe 2 wird auf dieselbe Art und Weise berechnet wie Summe 1, allerdings mit dem Unterschied, dass OBE_z, FAL_z und EMP_z keine Summanden sind. Es werden also nur die Kategorien gezählt, die gültige Akzeptanzkriterien beschreiben. Die Kategorien OBE_z, FAL_z und EMP_z beschreiben hingegen Akzeptanzkriterien, die als ungültig bezeichnet werden können, weil sie lediglich auf Oberflächenmerkmalen, objektiv falschen Äußerungen und empirischen Beweisvorstellungen basieren. Daher ist es sinnvoll, diese bei der Berechnung der Anzahl aller gültigen Akzeptanzkriterien nicht zu berücksichtigen. Die zusätzliche Betrachtung dieser Kategorie basiert auf der in (4.4.4.) genannten Hypothese, dass leistungsstarke Studierende insbesondere mehr Akzeptanzkriterien als leistungsschwache Studierende nennen, wenn lediglich gültige Akzeptanzkriterien gezählt werden.

Konkretheit (KON_z):
Die Kategorie KON_z beinhaltet alle Codes, denen ein „_K" und kein „_F" angehängt wurde. Wenn mindestens ein Code existiert, der keine objektiv falsche

Äußerung beschreibt und ein „_K" angehängt hat, dann wird also die Kategorie KON_z vergeben.

Beispiele: Die Äußerung „Den Schluss von „Da $p + q \in \mathbb{N}$" nach „$c|(a + b)$" verstehe ich nicht" wird mit ET_4_5_0_K (konkreter Schluss ist nicht verständlich) codiert. Die beim kurzen Beweisprodukt getätigte Äußerung „Man müsste noch ergänzen, dass gemäß der Definition von Teilbarkeit eine natürliche Zahl $(p + q)$ mit $a + b = c(p + q)$ existiert" wird mit ET_1_1_0_K (konkreter Schritt muss hinzugefügt werden) codiert. Beide Codes sind Teil der Kategorie Konkretheit. Wenn die Äußerungen von zwei verschiedenen Studierenden stammen, hat also jeder Studierende eine konkrete Äußerung getätigt. Wenn beide Äußerungen vom selben Studierenden stammen, so zählt dies dennoch nur als eine konkrete Äußerung. Dies liegt daran, dass lediglich bestimmt wird, ob mindestens eine konkrete Äußerung existiert und nicht deren Anzahl.

Die Kategorie KON_z beschreibt also alle konkreten Äußerungen, die nicht objektiv falsch sind. Sie dient der Überprüfung der in (4.4.4.) formulierten Hypothese, dass leistungsstarke Studierende sich häufiger konkret äußern als leistungsschwache Studierende. Zusammen mit den Kategorien NEB_z und VOL_z dient sie also der Überprüfung der Inhaltsbezogenheit und Konkretheit der Äußerungen der Studierenden bei der Beurteilung eines vorgelegten Beweisprodukts.

Zu berücksichtigen ist ferner, dass Codes gleichzeitig zur Kategorie Konkretheit und einer der Kategorien ALG_z, NEB_z, FOR_z, KOR_z, OBE_z, STR_z, VER_z, VST_z, VOL_z, ENT_z, FAL_z oder EMP_z gehören können. Beispielsweise ist der im Beispiel genannte Code ET_4_5_0_K sowohl ein Code der Kategorie Verständnis als auch der Kategorie Konkretheit. Nicht möglich ist allerdings die gleichzeitige Zugehörigkeit eines Codes zur Kategorie Konkretheit und Objektiv falsche Äußerungen. Ein Code, der als falsch zu bezeichnen ist, gehört ausschließlich zur Kategorie Objektiv falsche Äußerungen. Abgesehen von der Möglichkeit einer doppelten Zugehörigkeit von Codes zur Kategorie Konkretheit und einer weiteren Kategorie (außer Objektiv falsche Äußerungen) sind die anderen Kategorien, wie oben genannt, vollständig dichotom. Eine gleichzeitige Zugehörigkeit eines Codes z. B. zu ALG_z und NEB_z ist nicht möglich.

5.4.4.3 Auswertung der Daten

Wenn ein Code vergeben wurde, der zu einer der genannten Kategorien gehört, wird also die entsprechende Kategorie vergeben. Wenn hingegen zwei Codes aus derselben Kategorie vergeben werden, so wird die Kategorie dennoch nur einmal vergeben. So wird beispielsweise die Äußerung „Die Schritte sind allgemeingültig

und der gesamte Beweis ist auch allgemeingültig" mit ET_1_7_1 (Schritte allgemeingültig) und GE_1_7_1 (Beweis allgemeingültig) codiert, allerdings wird nur
einmal die Kategorie ALG_z vergeben. Eine mehrfache Vergabe einer Kategorie
ist also nicht möglich. Insgesamt bedeutet dies für die Kategorien (außer Summe
1 und 2), dass eine Kategorie entweder vergeben oder nicht vergeben wird. Bei
der Übertragung der Kategorien in eine Excel-Tabelle werden „vergeben" daher
als „1" und „nicht vergeben" als „0" interpretiert.

Eine Ausnahme bilden, wie in (5.4.4.2.) erläutert, die Kategorien Summe 1
und Summe 2. Hier können Werte von 0 bis 12 (Summe 1) bzw. 0 bis 9 (Summe
2) angenommen werden. Der höchste Wert 12 in der Kategorie Summe 1 ist die
Anzahl aller möglichen Akzeptanzkriterien. Der höchste Wert 9 in der Kategorie
Summe 2 hingegen ist die Anzahl aller möglichen gültigen Akzeptanzkriterien.
Dieser Höchstwert ist niedriger, weil die Kategorien OBE_z, FAL_z und EMP_z
in dieser Kategorie nicht berücksichtigt werden, wie in der Beschreibung der
Kategorie erklärt wird.

5.4.4.4 Diskussion der Unterscheidung von Akzeptanzkriterien nach Fällen

In (5.4.4.1.) wurde die Entscheidung genannt, Akzeptanzkriterien im Falle der
Akzeptanz und Nicht-Akzeptanz jeweils als Gründe für bzw. Gründe gegen
eine Akzeptanz zu interpretieren. Dies hat zunächst den Nachteil, dass alle
Akzeptanzkriterien, die in Abwägungen, z. B. in Form einer Darstellung von
Pro- und Contra Argumenten, genannt werden, je nach Entscheidung bzgl. der
Beweisakzeptanz vollständig als Akzeptanzkriterien im Falle der Akzeptanz bzw.
Nicht-Akzeptanz interpretiert werden. Somit erfolgt eine Vereinfachung.

Die getätigte methodische Entscheidung vermeidet allerdings eine Problematik, die aufgrund der vorliegenden Daten aus schwerwiegender eingeschätzt
wurde. Wenn Codierer im Codierprozess entscheiden müssen, ob es sich bei
genannten Akzeptanzkriterien um ein Pro- oder Contra Argument handelt, kann
erwartet werden, dass dies unter anderem zu einer verringerten Interraterreliabilität führt. Diese Problematik ist insbesondere dann zu erwarten, wenn Studierende
verschiedene Fehlvorstellungen aufweisen. Wenn beispielsweise im Falle der
Nicht-Akzeptanz eine Äußerung der Art „Der Beweis ist verständlich, nicht
vollständig, ohne Beispiele" getätigt wird, könnten die Verständlichkeit als Pro-
Argument und die fehlende Vollständigkeit als Contra-Argument interpretiert
werden. Eine Interpretation von „ohne Beispiele" ist hingegen schwierig: Aus
Forschersicht könnte dies als Pro-Argument interpretiert werden, weil es auf eine
fehlende Beispielgebundenheit hindeutet. Allerdings könnte damit auch die Vorstellung verbunden sein, dass Beispiele in Beweisen zwingend notwendig sind.

In jedem Fall müsste bereits an dieser Stelle eine Interpretation durch den Codierer erfolgen. Im in diesem methodischen Ansatz gewählten Vorgehen erfolgt zwar
auch eine Zuordnung von „verständlich" zu „Nicht-Akzeptanz", allerdings basiert
dies nicht auf einer individuellen Interpretation, sondern stellt eine grundsätzliche, transparente Vereinfachung der Zuordnung von Akzeptanzkriterien, die erst
später im Analyseprozess erfolgt, dar.

5.5   Quantitative Analyse von Beweisprodukten

Die quantitative Analyse der Beweisprodukte dient in dieser Arbeit der Beantwortung verschiedener Forschungsfragen. Zunächst dient sie der Beantwortung
der Forschungsfrage 1a, welche Beweisprodukte von den Studierenden hergestellt
werden (4.3.2.). Es wird also die Performanz bei der Konstruktion von Beweisen gemessen. Auf Basis dieser Messung zur Performanz sollen zudem Gruppen
gebildet werden (FF-1b in (4.3.2.), siehe unten in (5.5.2.)). Diese Gruppen dienen
vor allem der Ermittlung von Zusammenhängen zwischen der Performanz und der
Beweisakzeptanz sowie den Akzeptanzkriterien (siehe (4.3.5.) und (4.3.6.)).

5.5.1   Messung der Performanz

Die Ermittlung der hergestellten Beweisprodukte entspricht der Messung der
Performanz der Studierenden bei der Konstruktion von Beweisen. Zur Quan-
tifizierung werden zunächst die Beweisprodukte mit Excel anhand der Codes
klassifiziert (5.5.1.1.). Anschließend erfolgt eine deskriptive Analyse der Daten,
um Forschungsfrage 1a (4.3.2.) zu beantworten.

5.5.1.1   Klassifikation von Beweisprodukten mit Excel

Wie in (5.3.3.1.) dargelegt wurde, werden die Ausführungen der Codes zur
Codierung von Beweisprodukten als „2", „1" und „0" interpretiert. Dadurch ist
es möglich, die in (5.3.3.) genannten Regeln zur Klassifikation der jeweiligen
Beweisprodukte als Excel-Formeln zu formulieren und dadurch die Klassifikation zu automatisieren. Eine manuelle Überprüfung der in (5.3.3.) dargestellten
Tabellen ist daher nicht notwendig, sondern wird durch die folgenden Formeln
realisiert. Diese sind hier für eine bessere Übersicht exemplarisch für das Beweisprodukt eines Studierenden aufgeführt, dessen Codes sich in Zeile 2 befinden
(daher wird ein Feld z. B. AA2 und nicht AA[Zeile] genannt) (Tabelle 5.13).

Tabelle 5.13 Excel-Formeln zur Klassifikation von Beweisprodukten

	Beweisprodukt	Formel
1	Beweis	= WENN(UND(AA2 = 0;AB2 = 0;AC2 = 0;AD2 = 0; AE2 = 2;AF2 = 2;AG2 = 2;AI2 = 0;AJ2 = 0;AK2 = 2);1;0)
2	Begründung	= WENN(UND(AA2 = 0;AB2 = 0;AC2 = 0;AD2 = 0; AE2 = 2;AF2 = 2;AG2 = 2; AI2 = 0;AJ2 = 0;AK2 = 1);1;0)
3	Empirische Argumentation	= WENN(UND(AA2 = 0;AB2 = 0;AC2 = 0;AD2 = 0; AE2 = 2;AF2 = 2;AG2 = 0;AI2 = 1;AJ2 = 0;AJ2 = 0);1;0)
4	Generischer Beweis	= WENN(UND(AA2 = 0;AB2 = 0;AC2 = 0;AD2 = 0; AE2 = 2;AF2 = 2;AG2 = 1;AI2 = 0;AJ2 = 1);1;0)
5	Ungültige / unvollständige / keine Argumentation	= WENN(UND(AW2 = 0;AX2 = 0;BA2 = 0;BC2 = 0);1;0)

Die für die Klassifikation der Beweisprodukte 1 bis 4 herangezogenen Codes waren in den folgenden Zellen der Zeile 2 zu finden (Tabelle 5.14):

Tabelle 5.14 Zuordnung der herangezogenen Codes zu den jeweiligen Zellen der Excel-Formeln

Code	Zelle
NB	AA2
VASB	AB2
VSW	AC2
UV	AD2
AW	AE2
KW	AF2
GE	AG2
IA	AI2
GB	AJ2
VO	AK2

Wenn also zum Beispiel alle sonstigen Codes NB, VASB, VSW, UV, IA und GB nicht vergeben werden und wiederum AW, KW, GE und VO jeweils in der Ausführung „+" vergeben werden, so wird jeweils in den Zellen der sonstigen Codes sowie IA und GB 0 und in den Zellen der genannten Codes 2 eingetragen. Entsprechend würde das Beweisprodukt dann als Beweis klassifiziert werden. Eine ähnliche Vorgehensweise erfolgt auch bei der Klassifikation als Begründung, empirische Argumentation oder generischer Beweis.

Wenn wiederum das Beweisprodukt nicht als Beweis (Zelle AW2), Begründung (Zelle AX2), empirische Argumentation (Zelle BA2) oder generischer Beweis (Zelle BC2) klassifiziert wird, so ergibt die dazugehörige Formel automatisch, dass es sich um eine ungültige / unvollständige / keine Argumentation handelt.

5.5.1.2 Deskriptive Analyse der Beweisprodukte

Zur Beantwortung von Forschungsfrage 1a (4.3.2.), also der Frage, welche Beweisprodukte von den Studierenden unterschiedlicher Lehramtsstudiengänge und Fachsemester hergestellt werden, wird eine deskriptive Analyse vorgenommen. Hierbei sind die absoluten und relativen Häufigkeiten der jeweiligen Beweisprodukte interessant. Aufgrund der Zusammensetzung der Stichprobe aus Studierenden unterschiedlicher Lehramtsstudiengänge und Fachsemester erfolgt zudem eine tiefergehende deskriptive Analyse unter Voraussetzung des Lehramtsstudiengangs und Studienjahrs.

5.5.2   Bildung von Gruppen anhand der Beweisprodukte

In Forschungsfrage 1b (4.3.2.) wird gefragt, welche Gruppen sich aufgrund der Performanz der Studierenden bilden lassen. Die dazugehörige Hypothese (4.4.1.) ist, dass es möglich ist, Gruppen von Studierenden auf der Basis ihrer Performanz bei der Konstruktion von Beweisen zu bilden. Genauer wurde angenommen, dass aufgrund dieser Performanz eine Unterteilung in leistungsstarke und leistungsschwache Studierende möglich ist. Ausgehend von den in (2.3.) definierten Begriffen für verschiedene Beweisprodukte und in (5.3.3.) dargelegten Klassifikationen zu diesen Beweisprodukten anhand von Codes, kann die Unterteilung in leistungsstarke und leistungsschwache Studierende wie folgt vorgenommen werden.

- **Gruppe A (leistungsstarke Studierende)**: Studierende, die einen Beweis oder eine Begründung hergestellt haben
- **Gruppe B (leistungsschwache Studierende)**: Studierende, die eine empirische Argumentation oder eine ungültige / unvollständige / keine Argumentationen hergestellt haben

Dabei wird die Gruppe der leistungsstarken Studierenden auch als Gruppe A und die Gruppe der leistungsschwachen Studierenden auch als Gruppe B bezeichnet. Diese Unterscheidung basiert auf den folgenden Überlegungen:

Zunächst kann aus theoretischer Perspektive argumentiert werden, dass die Herstellung eines Beweises und ggf. sogar eines generischen Beweises als gute Performanz bei der Konstruktion eines Beweises bezeichnet werden kann, da das Ziel der Herstellung eines Beweises damit erfüllt wird. Umgekehrt kann argumentiert werden, dass die Herstellung einer empirischen Argumentation und einer ungültige / unvollständige / keine Argumentation als schwache Performanz bezeichnet werden kann, weil das Ziel der Herstellung eines Beweises bei weitem nicht erreicht wurde, sondern stattdessen z. B. im Falle einer empirischen Argumentation etwas hergestellt wurde, das auf einer Fehlvorstellung basiert, die einer wesentlichen Eigenschaft eines Beweises widerspricht (siehe 2.3.7.).

Ob die Herstellung einer Begründung als gute oder schwache Performanz bezeichnet werden kann, ist wiederum problematisch. Wie in (2.3.5.) und (5.3.3.) erläutert wurde, ist der Unterschied nach eigener Definition in Anlehnung an G. Stylianides (2009) zwischen einem Beweis und einer Begründung lediglich der, dass bei einer Begründung nicht durchweg explizite Verweise zu verwendeten Regeln gemacht werden, wo dies notwendig ist. Wie allerdings ausführlich in (2.2.) diskutiert wurde, ist die Frage nach der notwendigen Argumentationstiefe kontrovers. Da die Klassifikation der Beweisprodukte und insbesondere des Beweises und der Begründung auf begründeten und transparenten Festlegungen einer hinreichend vollständigen Argumentationskette anhand des Codes VO (siehe 5.3.1.4.) erfolgt sind, basiert der Unterschied zwischen einem Beweis und einer Begründung streng genommen auf der eigenen Festlegung. Daher würde eine Veränderung dieser Festlegung auch für eine Verschiebung der Grenze zwischen guter und schwacher Performanz sorgen. Es kann daher bereits aufgrund dieser theoretischen und methodischen Überlegung durchaus gerechtfertigt sein, dass eine Begründung als gute Performanz bezeichnet werden kann.[13]

---

[13] Man stelle sich an dieser Stelle das Beweisprodukt eines erfahrenen Mathematikers vor, der verschiedene explizite Verweise zu verwendeten Regeln als nicht notwendig erachtet.

Vor dem Hintergrund der tatsächlich hergestellten Beweisprodukte in der betrachteten Stichprobe von n = 291 Studierenden dieser Arbeit (siehe (6.3.)) ergibt sich ein Bild, das weitere Argumente für die Zuordnung einer Begründung zu einer guten Performanz rechtfertigt: Während Beweise (52 Studierende; 17,9 % insgesamt), Begründungen (18; 6,2 %), generische Beweise (0; 0 %) und empirische Argumentationen (21; 7,2 %) jeweils nur einen geringen (bzw. keinen) Anteil der hergestellten Beweisprodukte ausmachen, nehmen ungültige / unvollständige / keine Argumentationen (200; 68,7 %) einen höheren Anteil der hergestellten Beweisprodukte ein. Der geringe Anteil an Begründungen von lediglich 6,2 % liefert dabei keine zusätzlichen Argumente für die Einführung einer weiteren Gruppe von Studierenden, sondern bestärkt vielmehr die Idee, diese zusammen mit (generischen) Beweisen zu betrachten.

Da in den Daten kein einziger generischer Beweis hergestellt wurde, wird die Gruppe der leistungsstarken Studierenden im weiteren Verlauf dieser Arbeit lediglich als die Gruppe von Studierenden, die einen Beweis oder eine Begründung hergestellt haben, bezeichnet, obgleich aufgrund der bisherigen Überlegungen ein generischer Beweis dieser Gruppe zugeordnet werden würde.

5.5.2.1 Skalenniveau

Die Messung der Performanz findet aufgrund der Zuordnung der Beweisprodukte zu den beiden Gruppen A und B auf Nominalskalenniveau statt (Bortz & Schuster, 2010). Hierbei werden Gruppe A (leistungsstarke Studierende) der Skalenwert 1 und Gruppe B (leistungsschwache Studierende) der Skalenwert 0 im Zuge der Auswertung der Daten zugeordnet. Die Angabe zum Skalenniveau dient der Wahl statistischer Tests (siehe (5.7.), um die in (4.4.4.) und (4.4.5.) formulierten Hypothesen über die Unterschiede zwischen Gruppe A und B zu überprüfen.

5.6 Quantitative Analyse von Beweisakzeptanz und Akzeptanzkriterien

Die quantitative Analyse der Beweisakzeptanz und der Akzeptanzkriterien dient den übergeordneten Forschungsfragen 2 bis 5 (siehe 4.3.1.). Im Folgenden wird jeweils erläutert, wie die dazu notwendige quantitative Analyse durchgeführt wird.

Dessen Performanz würde aufgrund der eigenen Festlegung dann als schwache Performanz bezeichnet werden, was ein verfälschtes Bild seiner eigentlich anzunehmenden hohen Beweiskompetenz mit sich ziehen würde.

5.6.1   Analyse der Beweisakzeptanz

Die quantitative Analyse der Beweisakzeptanz im Speziellen bezieht sich auf die Forschungsfragen 2a bis 5a (siehe (4.3.3.) bis (4.3.6.)), dient aber vor allem auch bei der Analyse der Akzeptanzkriterien der Unterscheidung zwischen Akzeptanzkriterien, indem hier durch die Berücksichtigung der Beweisakzeptanz zwischen Akzeptanzkriterien im Falle der Akzeptanz bzw. Nicht-Akzeptanz unterschieden wird. Akzeptanz bedeutet hier, dass das Beweisprodukt vom entsprechenden Studierenden als Beweis akzeptiert wurde und Nicht-Akzeptanz, dass das Beweisprodukt nicht als Beweis akzeptiert wurde.

5.6.1.1   Skalenniveau

Wie in (5.2.5.) erläutert wurde, handelt es sich beim Item zur Erhebung der Beweisakzeptanz um ein geschlossenes Item mit den Antwortmöglichkeiten „ja" und „nein", die als „1" und „0" interpretiert werden können. Die Messung der Beweisakzeptanz findet daher auf Nominalskalenniveau statt (Bortz & Schuster, 2010). Die Angabe zum Skalenniveau dient der späteren Wahl eines χ^2-Tests, der verwendet wird, um Unterschiede zwischen Akzeptanzkriterien im Falle der vorherigen Akzeptanz und Nicht-Akzeptanz zu ermitteln. Dies ist relevant für die jeweiligen Forschungsfragen 2e bis 5e.

5.6.1.2   Deskriptive Analyse der Beweisakzeptanz

Die Beweisakzeptanz insgesamt sowie die Beweisakzeptanz zum kurzen bzw. langen Beweisprodukt (5.2.4.) wird zunächst deskriptiv unter Angabe von absoluten und relativen Häufigkeiten (in %) analysiert. Darüber hinaus wird die Beweisakzeptanz auch unter Voraussetzung der jeweiligen Gruppenzugehörigkeit zur Gruppe A oder B, also der leistungsstarken oder leistungsschwachen Studierenden (siehe 5.5.2.) deskriptiv analysiert. Diese deskriptive Analyse dient den Forschungsfragen 2a bis 5a.

5.6.1.3   Inferenzstatistische Analyse der Beweisakzeptanz

Zusätzlich zur deskriptiven Analyse erfolgt eine inferenzstatistische Analyse. Diese inferenzstatistische Analyse wird zur Ermittlung von Unterschieden in der Beweisakzeptanz durchgeführt, um die Forschungsfragen 3f bis 5f zu beantworten. Untersucht werden also die folgenden Unterschiede:

1. Unterschiede zwischen den Beurteilungen der Studierenden beim kurzen und langen Beweisprodukt (FF-3f)
2. Unterschiede zwischen den Beurteilungen der Studierenden der Gruppe A und B (FF-4f)
3. Unterschiede zwischen den Beurteilungen der Studierenden der Gruppe A und B jeweils beim kurzen und langen Beweisprodukt (FF-5f)

Für alle drei Untersuchungen eignet sich jeweils ein χ^2-Test, da sowohl die unabhängigen Variablen (kurzes oder langes Beweisprodukt (5.2.4.1.) bzw. Gruppe A oder B (5.5.2.1.)) als auch die abhängige Variable (Akzeptanz oder Nicht-Akzeptanz als Beweis (5.6.1.1.)) nominalskaliert sind (Bortz und Schuster, 2010, S. 137 ff, siehe auch (5.7.1.)). Da in (3.) Unterschiede zwischen den Gruppen A und B sowohl beim kurzen als auch beim langen Beweisprodukt untersucht werden, wird hier jeweils das kurze oder lange Beweisprodukt als Fall angenommen. Weitere Angaben zum Test befinden sich in (5.7.) und (5.7.1.).

5.6.2   Analyse der Akzeptanzkriterien

Die quantitative Analyse der Akzeptanzkriterien (sowie deren Anzahl und Konkretheit) ist ein zentrales Anliegen dieser Arbeit und ist für die jeweiligen Forschungsfragen (2 bis 5) x (b bis e bzw. f) bedeutsam. Da es sich beim Item zur Erhebung von Akzeptanzkriterien um ein offenes Item handelt (5.2.5.), wurden in (5.4.) zunächst Codes zur Beschreibung der Äußerungen der Studierenden bei der Beantwortung der in diesem Item genannten Frage entwickelt (5.4.2.). Diese Codes wurden wiederum zu Kategorien zusammengefasst (5.4.4.), die die Akzeptanzkriterien beschreiben. Hierzu gehören Kategorien zur Beschreibung der Art des Akzeptanzkriteriums (z. B. die Kategorie Allgemeingültigkeit), zur Beschreibung der Konkretheit der Äußerung (Kategorie Konkretheit) und zur Anzahl der Akzeptanzkriterien (Kategorien Summe 1 und Summe 2).

5.6.2.1   Skalenniveau

Abgesehen von den Kategorien Summe 1 und Summe 2 gilt für die einzelnen Kategorien ALG_z, NEB_z, FOR_z, KOR_z, OBE_z, STR_z, VER_z, VST_z, VOL_z, ENT_z, FAL_z, EMP_z und KON_z, dass sie entweder vergeben oder nicht vergeben werden. Eine Vergabe wird hierbei als „1" und eine Nicht-Vergabe als „0" interpretiert. Eine Messung der Akzeptanzkriterien sowie der Konkretheit der Äußerungen erfolgt daher auf Nominalskalenniveau.

Die Kategorien Summe 1 und Summe 2 hingegen können, wie in (5.4.4.2.) erläutert, Werte von 0 bis 12 (Summe 1) bzw. 0 bis 9 (Summe 2) annehmen. Die Anzahl der Akzeptanzkriterien wird daher auf Intervallskalenniveau gemessen.

5.6.2.2 Deskriptive Analyse der Akzeptanzkriterien

Die deskriptive Analyse erfolgt für die Art und Anzahl der Akzeptanzkriterien sowie für die Konkretheit der Äußerungen. Sie erfolgt zudem nicht nur für die gesamte Stichprobe, sondern jeweils auch für unterschiedliche Teilstichproben. Beispielsweise wird die Analyse auch unter Voraussetzung der Beweisakzeptanz vorgenommen, d. h. es werden eine vorherige Akzeptanz oder Nicht-Akzeptanz als Fälle interpretiert, die jeweils eine bestimmte Teilstichprobe (z. B. alle Studierenden, die das Beweisprodukt vorab als Beweis akzeptiert haben) einschließen.

Die genannten relativen Häufigkeiten bilden den Quotienten aus den absoluten Häufigkeiten und der jeweiligen dazugehörigen (Teil-)Stichprobengröße. Beispielsweise haben 37 von 291 Studierenden eine Äußerung getätigt, die mit ALG_z codiert wurde. Dies entspricht 12,7 %. 80 von 180 Studierenden, die das Beweisprodukt als Beweis akzeptiert haben, haben wiederum eine Äußerung getätigt, die mit NEB_z codiert wurde. Dies entspricht 44,4 %.

Art der Akzeptanzkriterien

Die deskriptive Analyse der Art von Akzeptanzkriterien dient zunächst der Beantwortung der Forschungsfragen 2b bis 5b. Hierzu werden die absoluten und relativen Häufigkeiten (in %) angegeben. Zusätzlich wird analysiert, welche Kategorien, prozentual gesehen, am häufigsten und am seltensten vergeben werden.

Wenn Gruppen (also Studierende, die das kurze Beweisprodukt und Studierende, die das lange Beweisprodukt beurteilen oder leistungsstarke und leistungsschwache Studierende) im Rahmen der Forschungsfragen 3f bis 5f verglichen werden, wird zudem punktuell ein Vergleich dieser relativen Häufigkeiten vorgenommen. Der Vergleich von Gruppen erfolgt schwerpunktmäßig aber in der inferenzstatistischen Analyse (5.6.2.3.).

Anzahl der Akzeptanzkriterien

Die deskriptive Analyse der Anzahl der Akzeptanzkriterien dient der Beantwortung der Forschungsfragen 2c bis 5c. Sie erfolgt zunächst unter Angabe der absoluten und relativen Häufigkeiten (in %) pro Wert der Kategorien Summe

1 bzw. Summe 2. Dies bedeutet, dass absolut und relativ angegeben ist, wie viele Studierende z. B. 2 Akzeptanzkriterien genannt haben. Zusätzlich zu den relativen Häufigkeiten werden diese auch noch kumuliert angegeben (in %), um z. B. Aussagen über die relative Häufigkeit von 0 bis 3 Akzeptanzkriterien ersichtlich zu machen. Weiterhin erfolgt eine Angabe von Mittelwerten, Medianen und Standardabweichungen.

Konkretheit der Äußerungen
Wie in (5.4.4.2.) erläutert wurde, handelt es sich bei der Kategorie Konkretheit um eine Kategorie, die vergeben wird, wenn mindestens eine Äußerung konkret ist. Sie hat daher die Ausprägungen „keine konkrete Äußerung", interpretiert als „0" und „mindestens eine konkrete Äußerung", interpretiert als 1". Wie in (5.6.2.1.) genannt wurde, liegt also auch hier eine Messung auf Nominalskalenniveau vor. Daher erfolgt eine deskriptive Analyse wie bei der Art der Akzeptanzkriterien unter Angabe von absoluten und relativen Häufigkeiten (in %), um die Forschungsfragen 2d bis 5d zu beantworten.

5.6.2.3 Inferenzstatistische Analyse der Akzeptanzkriterien

Die inferenzstatistische Analyse der Akzeptanzkriterien dient der Beantwortung der Forschungsfragen 2e bis 5e (Vergleich von Akzeptanz und Nicht-Akzeptanz) sowie 3f bis 5f (Vergleich verschiedener Gruppen).

Vergleich von Akzeptanz und Nicht-Akzeptanz (FF-2e bis FF-5e)
Der Vergleich von Akzeptanz und Nicht-Akzeptanz ist eine kurze Formulierung für den Vergleich von Studierenden, die vorab ein Beweisprodukt als Beweis akzeptiert oder nicht akzeptiert haben. Es geht bei diesem Vergleich also darum, zu ermitteln, ob und inwiefern sich die Akzeptanzkriterien im Falle der Akzeptanz des Beweisprodukts als Beweis von den Akzeptanzkriterien im Falle der Nicht-Akzeptanz des Beweisprodukts als Beweis unterscheiden. Die Beweisakzeptanz wird daher zur unabhängigen Variablen, die nominalskaliert ist (5.6.1.1.).

Vergleich verschiedener Gruppen (FF-3f bis FF-5f)
Wie in der inferenzstatistischen Analyse der Beweisakzeptanz werden die folgenden Unterschiede untersucht:

1. Unterschiede zwischen den Beurteilungen der Studierenden beim kurzen und langen Beweisprodukt (FF-3f)
2. Unterschiede zwischen den Beurteilungen der Studierenden der Gruppe A und B (FF-4f)

3. Unterschiede zwischen den Beurteilungen der Studierenden der Gruppe A und B jeweils beim kurzen und langen Beweisprodukt (FF-5f)

Wie auch in (5.6.1.3.) werden in (3.) jeweils das kurze oder lange Beweisprodukt als Fall angenommen. Zusätzlich werden auch Fälle angenommen, die sich auf die Beweisakzeptanz beziehen. So können z. B. die Akzeptanzkriterien von Gruppe A und B im Falle der Nicht-Akzeptanz (also unter der Voraussetzung, dass die Gruppen vorab das Beweisprodukt nicht als Beweis akzeptiert haben) hinsichtlich ihrer Unterschiede untersucht werden.

Untersuchung von Unterschieden
Studierende mit Akzeptanz oder Nicht-Akzeptanz des Beweisprodukts (FF-2e bis FF-5e), Studierende mit kurzem oder langem Beweisprodukt (FF-3f), Studierende der Gruppe A oder B (FF-4f) sowie Studierende der Gruppe A oder B jeweils mit kurzem oder langem Beweisprodukt bilden hierbei jeweils eine unabhängige Variable. Die abhängigen Variablen sind wiederum die Art der Akzeptanzkriterien, die Anzahl der Akzeptanzkriterien und die Konkretheit der Äußerungen. Während die unabhängigen Variablen jeweils nominalskaliert sind, sind die abhängigen Variablen nominalskaliert (Art des Akzeptanzkriteriums und Konkretheit der Äußerungen) oder intervallskaliert (Anzahl der Akzeptanzkriterien). Aufgrund der jeweiligen Skalierungen werden entsprechend χ^2-Tests (abhängige Variablen: Art des Akzeptanzkriteriums oder Konkretheit der Äußerungen) bzw. Mann-Whitney-U-Tests (Anzahl der Akzeptanzkriterien) durchgeführt:

- **Art der Akzeptanzkriterien**: Hier eignet sich jeweils ein χ^2-Test, da sowohl die unabhängigen Variablen (Beweisakzeptanz (s. o.), kurzes oder langes Beweisprodukt (5.2.4.1.), Gruppe A oder B (5.5.2.1.)) als auch die abhängige Variable (Akzeptanzkriterium tritt auf / nicht auf (5.6.2.1.)) nominalskaliert sind (Bortz und Schuster, 2010, S. 137 ff, siehe auch (5.7.1.)).
- **Anzahl der Akzeptanzkriterien**: Bei der inferenzstatistischen Analyse der Anzahl der Akzeptanzkriterien eignet sich ein Mann-Whitney-U-Test, da die unabhängige Variable (siehe Art der Akzeptanzkriterien) nominalskaliert ist und die abhängige Variable intervallskaliert ist und die Voraussetzungen für einen t-Test nicht erfüllt sind (Bortz und Schuster, 2010, S. 130 ff). Weitere Angaben zum Test befinden sich in (5.7.) und (5.7.2.).

• **Konkretheit der Äußerungen:** Wie auch bei der Art der Akzeptanzkriterien eignet sich hier jeweils ein ein χ^2-Test, da sowohl die unabhängigen Variablen (Beweisakzeptanz (s. o.), kurzes oder langes Beweisprodukt (5.2.4.1.), Gruppe A oder B (5.5.2.1.)) als auch die abhängige Variable (Keine konkrete Äußerung / mindestens eine konkrete Äußerung (5.6.2.1.)) nominalskaliert sind (Bortz und Schuster, 2010, S. 137 ff, siehe auch (5.7.1.)).

Beispiele für diese Untersuchungen sind etwa, ob ein bestimmtes Akzeptanzkriterium signifikant häufiger im Falle der Akzeptanz oder Nicht-Akzeptanz genannt wird, inwiefern sich die Studierenden der Gruppe A und B bei der Nennung von Akzeptanzkriterien unterscheiden oder ob eine Gruppe Studierender signifikant mehr Akzeptanzkriterien nennt.

5.7 Statistische Tests

Im Folgenden soll ein kurzer Überblick über die in dieser Arbeit verwendeten Tests gegeben werden. Es werden aufgrund der durch die Daten gegebenen Voraussetzungen χ^2-Tests sowie Mann-Whitney-U-Tests durchgeführt. Für die Interpretation der Signifikanz können für beide Tests die folgenden Interpretationen der p-Werte nach Döring und Bortz (2016) verwendet werden (Tabelle 5.15):

Tabelle 5.15
Interpretation von p-Werten

Signifikanz	p-Wert
Nicht signifikant (n.s.)	$p > 0,05$
Signifikante Unterschiede	$p \leq 0,05$
Sehr signifikante Unterschiede	$p \leq 0,01$
Hochsignifikante Unterschiede	$p \leq 0,001$

Erläuterungen zur Dokumentation der jeweiligen Effektstärken der beiden Tests befinden sich unten in (5.7.1.) sowie (5.7.2.). Die angegebenen Effektstärken werden in dieser Arbeit auf zwei Nachkommastellen gerundet.

5.7.1 χ^2-Test

Der χ^2-Test kann verwendet werden, wenn die unabhängigen und abhängigen Variablen nominalskaliert sind (Bortz & Schuster, 2010). Für die Dokumentation der Effektstärke eines χ^2-Tests eignet sich die Angabe eines φ-Koeffizienten

(Cramer ' s φ), dessen Interpretation aufgrund der folgenden Tabelle erfolgt (Cohen, 1988, S. 216 ff; Bortz & Schuster, 2010, S. 141 f) (Tabelle 5.16):

Tabelle 5.16
Interpretation von
φ-Koeffizienten

Effektstärke	Wert für φ
Kleiner Effekt	$\lvert\phi\rvert > 0,1$
Mittlerer Effekt	$\lvert\phi\rvert > 0,3$
Großer Effekt	$\lvert\phi\rvert > 0,5$

5.7.2 Mann-Whitney-U-Test

Der Mann-Whitney-U-Test kann verwendet werden, wenn die unabhängigen Variablen nominalskaliert und die abhängigen Variablen intervallskaliert sind und gleichzeitig keine Normalverteilung der intervallskalierten Variablen vorliegt (Bortz & Schuster, 2010). Mit der Wahl des Mann-Whitney-U-Tests wurde eine Entscheidung gegen einen t-Test getroffen, da dieser u. a. eine Normalverteilung der abhängigen Variablen voraussetzt und die Normalverteilungsannahme in den vorliegenden Daten zumeist verletzt war. Obgleich der t-Test als robust gegenüber der Verletzung der Normalverteilungsannahme (Schmider et al., 2010), wurde der Mann-Whitney-U-Test in Anlehnung an Bortz und Schuster (2010) als passender Test gewählt. Die Überprüfung der Normalverteilung erfolgte hierbei jeweils über einen Kolmogorov-Smirnov-Test. Eine nicht in der Auswertung dieser Arbeit dokumentierte Analyse der Daten mit t-Tests ließ allerdings ähnliche Interpretationen wie die Analyse der Daten mit Mann-Whitney-U-Tests zu.

Für die Dokumentation der Effektstärke eines Mann-Whitney-U Tests eignet sich die Berechnung von Pearson's r durch $r = \frac{Z}{\sqrt{N}}$ (Fritz, Morris et al., 2012, S. 12). Nach Cohen (1988, S. 79 ff) können die Effektstärken wie folgt interpretiert werden[14] (Tabelle 5.17):

---

[14] Die von Cohen (1988) vorgeschlagenen Interpretationen werden allerdings durchaus kontrovers diskutiert. Gignac et al. (2016) haben hierzu in einer Meta-Studie ermittelt, dass aufgrund der Einteilung von Cohen (1988) weniger als 3 % der Studien eine große Effektstärke aufweisen. Sie plädieren daher für eine Revision dieser Werte dahingehend, dass Werte ab 0,2 als mittlerer und ab 0,3 als großer Effekt interpretiert werden können. Im Rahmen der eigenen Arbeit wird weiterhin die Interpretation von Cohen (1988) verwendet, allerdings mit Hinweis auf diese Kontroversität.

Tabelle 5.17 Interpretation von Pearson's r	Effektstärke	Wert für r
	Kleiner Effekt	$|r| > 0,1$
	Mittlerer Effekt	$|r| > 0,3$
	Großer Effekt	$|r| > 0,5$

5.8 Beispiele für eine qualitative Analyse von Beweisprodukten

Im Folgenden werden exemplarisch 6 verschiedene Beweisprodukte anhand der in (5.3.) dargelegten Methode codiert und klassifiziert, um die qualitative Analyse von Beweisprodukten transparent darzustellen. Hierbei werden alle durch die dargelegte Methode möglichen Klassifikationen vorgestellt. Die dazu verwendeten Beweisprodukte wurden mit einer Ausnahme von den Studierenden der betrachteten Stichprobe hergestellt. Einzig der generische Beweis wurde vom Forscher erstellt, da in den vorliegenden Daten kein generischer Beweis hergestellt wurde.

Vorbemerkungen zur Codierung von Beweisprodukten
Die Vorgehensweise bei der Codierung erfolgt immer nach dem gleichen Schema:
Es hat sich als sinnvoll erwiesen, bei der Analyse des Beweisprodukts mit den sonstigen Kategorien (NB, VASB, VSW, UV) zu beginnen, da keine weiteren Kategorien vergeben werden, wenn einer dieser Kategorien vergeben wird: Sobald ein Beweisprodukt z. B. mit NB („nicht bearbeitet") codiert wird, ist klar, dass dann z. B. nicht mehr die Aussagen hinsichtlich ihres Wahrheitsgehalts überprüft werden müssen, weil keine Aussagen existieren, die über eine erneute Formulierung der Behauptung hinausgehen. Da dies analog für alle sonstigen Kategorien gilt, werden die Beweisprodukte entsprechend auch automatisch als ungültige / unvollständige / keine Argumentation klassifiziert.
Im Zuge dieser Überprüfung wird auch überprüft, ob (lediglich) eine Behauptung aufgeschrieben wurde. Zur Berücksichtigung einer Behauptung gibt es, wie in (5.3.2.) erklärt, verschiedene Regeln. Diese Regeln bestimmen, ob eine Formulierung der Behauptung bei der weiteren Codierung durch die Kategorien AW, KW, GE, IA, GB, VO berücksichtigt wird.
Wenn keine der Kategorien NB, VASB, VSW oder UV vergeben wurde, wird das Beweisprodukt anhand der Kategorien AW, KW, GE, IA, GB, VO überprüft. Die Überprüfung wird weitestgehend kategorienweise vorgenommen. Hierbei existieren lediglich zwei Ausnahmen:

- Die Codierung von AW und KW erfolgt in einem sehr engen Verhältnis dahingehend, dass erst überlegt wird, bei welchen Aussagen es sich um Annahmen und bei welchen Aussagen es sich um Konklusionen handelt. Im Anschluss werden die Annahmen (für die Kategorie AW) und Konklusionen (für die Kategorie KW) gesondert überprüft.

- Die Überprüfung der Kategorie IA wird zusammen mit der Überprüfung des Gültigkeitsbereichs vorgenommen, da die Vergabe der Kategorie IA von der Ausführung der Kategorie GE abhängt: Wenn GE+ vergeben wird, wird IA automatisch nicht vergeben. Wenn GE− vergeben wird, wird überprüft, ob IA vergeben wird. Wenn darüber hinaus die Kategorie GB vergeben wird, werden die Kategorien GE, IA und GB in einem sehr engen Verhältnis überprüft. Dies hängt damit zusammen, dass die Kategorie IA nicht vergeben wird, wenn die Kategorie GB vergeben wird. Außerdem wird bei Vergabe der Kategorie GB der Code GE+ vergeben.

Am Ende der Überprüfung werden die Kategorien, wie auch im Abschnitt (5.3.3.) angewendet, tabellarisch in ihrer jeweiligen Ausführung aufgelistet. Auf Basis dieser Tabelle wird schließlich entschieden, wie das Beweisprodukt klassifiziert wird. In (5.5.1.) wird dargelegt, wie eine quantitative Analyse dieser Daten erfolgt. In der Auswertung der Daten erfolgt die Klassifikation der Beweisprodukte anhand von Excel-Formeln (5.5.1.1.).

Verwendete Kategorien

Die zur Codierung von Beweisprodukten verwendeten Kategorien wurden in (5.3.1.3.) genannt und in (5.3.1.4.) ausführlich erläutert. Die in (5.3.1.3.) aufgeführte Tabelle, in der alle Kategorien genannt wurden, wird zugunsten einer besseren Orientierung erneut aufgeführt (Tabelle 5.18):

Tabelle 5.18 Kategorien zur Codierung von Beweisprodukten

Kategorie	Kurzbeschreibung
Wahrheit der Annahmen (Code AW)	Es werden die Wahrheit oder die Wahrheitsfähigkeit der Annahmen überprüft.
Wahrheit der Konklusionen (Code KW)	Es wird die Wahrheit der Konklusionen unter Voraussetzung der dazugehörigen Prämissen überprüft.
Erhalt des Gültigkeitsbereichs (Code GE)	Es wird überprüft, ob der Gültigkeitsbereich erhalten bleibt oder eingegrenzt wird.
Induktives Argument (Code IA)	Es wird überprüft, ob mindestens ein induktives Argument existiert.
Generischer Beweis (Code GB)	Es wird überprüft, ob die Charakteristika eines generischen Beweises vorliegen.
Vollständigkeit der Argumentation (Code VO)	Es wird im Vergleich mit Musterfällen überprüft, ob die Argumentation hinreichend vollständig für die Klassifikation des Beweisprodukts als Beweis oder Begründung ist.
Sonstige Kategorien (Codes NB, VASB, VSW und UV)	Es wird überprüft, ob verschiedene Ausschlusskriterien existieren, um eine Klassifikation als ungültige / unvollständige oder keine Argumentation vorzunehmen.

5.8.1 Beispiel 1: Klassifikation als Beweis

Es wird das folgende Beweisprodukt codiert und klassifiziert (Abbildung 5.1):

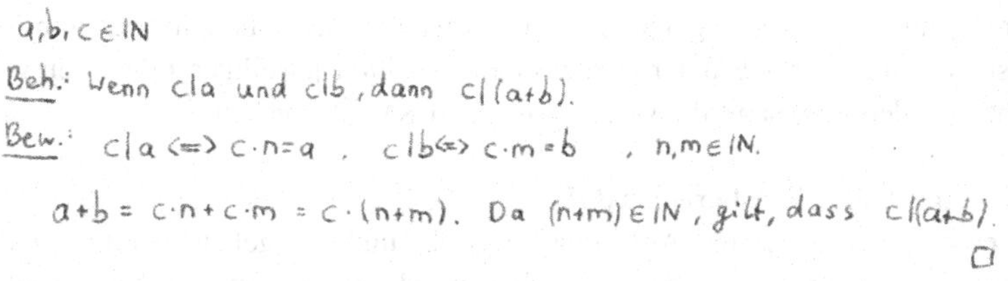

$$a, b, c \in \mathbb{N}$$

$$\underline{\text{Beh.:}} \text{ Wenn } c|a \text{ und } c|b, \text{ dann } c|(a+b).$$

$$\underline{\text{Bew.:}} \quad c|a \Leftrightarrow c \cdot n = a \quad, \quad c|b \Leftrightarrow c \cdot m = b \quad, \quad n, m \in \mathbb{N}.$$

$$a+b = c \cdot n + c \cdot m = c \cdot (n+m). \text{ Da } (n+m) \in \mathbb{N}, \text{ gilt, dass } c|(a+b).$$

$$\square$$

Abbildung 5.1 Beweisprodukt, das als Beweis klassifiziert wird

5.8.1.1 Codierung des Beweisprodukts

Die folgende Codierung dient der späteren Klassifikation des Beweisprodukts.

Sonstige Kategorien (NB, VASB, VSW, UV)
Im Falle dieses Beweisprodukts wird keine der Kategorien NB, VASB, VSW oder UV vergeben. Es existiert ein Beweisprodukt, in dem weder versucht wird, eine andere Aussage zu beweisen, noch versucht wird, den Satz zu widerlegen. Zudem ist es hinreichend verständlich und beschränkt sich inhaltlich nicht nur auf die erneute Formulierung der Behauptung. Entsprechend gilt es nun, das Beweisprodukt hinsichtlich der Kategorien Wahrheit der Aussagen, Erhalt des Gültigkeitsbereichs, Induktives Argument, Generischer Beweis und Vollständigkeit der Argumentation zu überprüfen.

Gemäß der Regelung zur Formulierung einer Behauptung (5.3.2.) wird der Teil „ $a, b, c \in \mathbb{N}$ Beh.: Wenn $c|a$ und $c|b$, dann $c|(a + b)$." nicht berücksichtigt. Es wird bei der folgenden Codierung also lediglich alles betrachtet, das sich unterhalb dieser Behauptung befindet.

Wahrheit der Aussagen (AW und KW)
In diesem Beweisprodukt sind lediglich die Aussagen $c|a$ und $c|b$ als Annahmen zu bezeichnen. Alle weiteren Aussagen sind Konklusionen aus vorherigen Aussagen, obgleich dies nicht durch einen Folgerungspfeil gekennzeichnet wird: Die Aussagen $c \cdot n = a$ und $c \cdot m = b$ mit $n, m \in \mathbb{N}$ folgen aus $c|a$ und $c|b$. Aus $c \cdot n = a$ und $c \cdot m = b$ folgt wiederum, dass $a + b = c \cdot n + c \cdot m = c \cdot (n + m)$ ist. Aus der Aussage $n, m \in \mathbb{N}$ wird, allerdings ohne Nennung einer entsprechenden Regel, gefolgert, dass $(n + m) \in \mathbb{N}$ gilt. Und aus $a + b = c \cdot n + c \cdot m = c \cdot (n + m)$ zusammen mit $(n + m) \in \mathbb{N}$ wird gefolgert, dass $c|(a + b)$ gilt.

Da die Aussagen $c|a$ und $c|b$ aufgrund der Voraussetzungen angenommen werden dürfen, gelten sie gemäß des Codiermanuals als wahr. Alle weiteren Konklusionen sind ebenfalls unter Berücksichtigung ihrer jeweiligen Prämissen wahr. Daher werden insgesamt die Codes AW+ und KW+ vergeben.

Erhalt des Gültigkeitsbereichs (GE)
Da bereits mit der ersten Annahme, dass $c|a$ und $c|b$ gelten, der notwendige Gültigkeitsbereich für den Satz betrachtet wurde und dieser in jedem einzelnen Argument nicht eingeschränkt wird, bleibt der Gültigkeitsbereich also insgesamt erhalten. Somit wird der Code GE+ vergeben. In der Folge existiert auch kein induktives Argument, daher wird die Kategorie IA nicht vergeben.

Generischer Beweis (GB)
Es handelt sich um keinen generischen Beweis, da keine verallgemeinerbare Argumentation anhand generischer Beispiele explizit gemacht wird. Daher wird die Kategorie GB nicht vergeben.

Vollständigkeit der Argumentation (VO)
Die Vollständigkeit der Argumentation erfolgt anhand eines Vergleichs mit einem der in (5.3.1.4.) dargestellten Musterfälle. In der Praxis wird dieser wie eine Art „Checkliste" durchgegangen, wie im Folgenden aufgezeigt wird. Zunächst ist aber festzuhalten, dass Variante 1 für die Beurteilung der Vollständigkeit der Argumentation herangezogen wird, da diese am ehesten aufgrund sehr starker Ähnlichkeit der Beweisschritte mit dem Beweisprodukt vergleichbar ist (Tabelle 5.19).

Tabelle 5.19 Beurteilung der Vollständigkeit der Argumentation

Schritt	Musterfall Variante 1	Beweisprodukt
1.	$c\|a$ und $c\|b$	Vorhanden
2.1.	($\Leftrightarrow$, $falls\ mit$ 1.) es existieren $p, q \in \mathbb{N}$ oder $p, q \in \mathbb{N}$	Vorhanden
2.2.	($\Leftrightarrow$, $falls\ ohne$ 2.1) $c \cdot p = a$ und $c \cdot q = b$	Vorhanden
3.1.	($\Rightarrow$)$a + b = c \cdot p + c \cdot q$	Vorhanden
3.2.	($a + b$, $falls\ ohne$ 3.1) $= c(p + q)$.	Vorhanden
5.[15]	($\Rightarrow$)$c\|(a + b)$. oder ($\Rightarrow$)Beh	Vorhanden

In einem Abgleich mit dem Musterfall ist ersichtlich, dass alle im Musterfall auftretenden Schritte im Beweisprodukt vorhanden sind. Zwar folgt daraus unmittelbar, dass der Code VO+ vergeben wird, allerdings sei an dieser Stelle auch darauf hingewiesen, dass im Codierprozess eine in (5.3.1.4.) dargestellte

---

[15] 4. Wird zugunsten einer besseren Übersichtlichkeit über alle Varianten übersprungen, da in Variante 2 ein Schritt 4 existiert. Wenn also in Variante 1 und 3 aus Schritt 5 ein Schritt 4 gemacht werden würde, würde der Schritt ($\Rightarrow$) c|(a + b) oder ($\Rightarrow$) Beh, der in allen Varianten auftritt, nicht durchweg gleich nummeriert werden. Für eine bessere Vergleichbarkeit der Varianten ist es günstiger, diesbezüglich eine Einheitlichkeit zu erhalten.

Tabelle verwendet wird, um festzustellen, welche Kombination aus vorhandenen Beweisschritten notwendig ist, um die Codes VO+, VO ~ oder VO− zu vergeben. Aus dieser würde auch hervorgehen, dass VO+ codiert wird.

5.8.1.2 Klassifikation des Beweisprodukts

Nachdem nun das Beweisprodukt anhand aller Kategorien analysiert wurde, kann eine Klassifikation des Beweisprodukts anhand der vergebenen Codes vorgenommen werden. In der Übersicht wurden folgende Kategorien in der rechts genannten Ausführung vergeben (Tabelle 5.20):

Tabelle 5.20
Klassifikation des
Beweisprodukts

Kategorie	Ausführung
Wahrheit der Annahmen (AW)	+
Wahrheit der Konklusionen (KW)	+
Gültigkeitsbereich erhalten (GE)	+
Induktives Argument (IA)	−
Generischer Beweis (GB)	−
Vollständigkeit der Argumentation (VO)	+
Sonstige Kategorie (NB, VASB, VSW, UV)	−

Im Abgleich mit den in (5.3.3.) dargestellten Regeln zur Klassifikation von Beweisprodukten folgt, dass es sich beim vorliegenden Beweisprodukt um einen Beweis handelt.

5.8.2   Beispiel 2: Klassifikation als Begründung

Es wird das folgende Beweisprodukt codiert und klassifiziert (Abbildung 5.2):

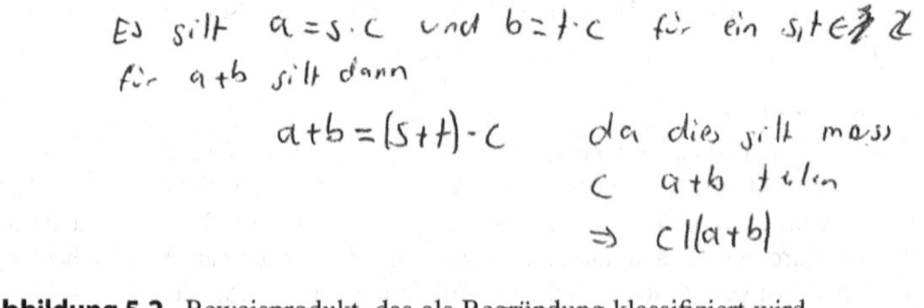

Abbildung 5.2 Beweisprodukt, das als Begründung klassifiziert wird

5.8.2.1 Codierung des Beweisprodukts

Die folgende Codierung dient der späteren Klassifikation des Beweisprodukts.

Sonstige Kategorie (NB, VASB, VSW, UV)
In diesem Beweisprodukt wird weder versucht, eine andere Aussage zu Beweisen noch versucht, den Satz zu widerlegen. Da keine Behauptung formuliert wurde, dafür aber weitere Argumente und diese auch hinreichend verständlich sind, kann keine der Kategorien NB, VASB, VSW UV vergeben werden. Überprüft werden nun daher AW, KW, GE, IA, GB und VO.

Wahrheit der Aussagen (AW und KW)
In diesem Beweisprodukt wird zu Beginn angenommen, dass $a = s \cdot c$ und $b = t \cdot c$ für ein $s, t \in \mathbb{Z}$ gelte. Hierbei handelt es sich eigentlich um eine Konklusion aus den im Satz formulierten Voraussetzungen $c|a$ und $c|b$. Da diese allerdings nicht im Lösungsfeld aufgeschrieben sind, gelten die getätigten Aussagen laut Codiermanual als Annahmen, die aufgrund der Voraussetzungen als wahr angenommen werden dürfen. Eine weitere Sonderregel bezieht sich auf die Angabe, dass $s, t \in \mathbb{Z}$ sind. Zwar ist der Satz nur für natürliche Zahlen formuliert, aber da der Satz ebenfalls für die ganzen Zahlen gilt und die natürlichen Zahlen eine Teilmenge der ganzen Zahlen sind, wurde festgelegt, dass es sich hierbei auch um eine wahre Aussage handelt. Es kann also der Code AW+ vergeben werden.

Alle weiteren Aussagen sind Konklusionen aus vorherigen Aussagen, die zwar nicht durchgehend mit Folgepfeilen verknüpft sind, aber bei denen eine Zusammensetzung zu einem Argument aufgrund äquivalenter Formulierungen offensichtlich ist. Die zu überprüfenden Aussagen $a + b = (s + t) \cdot c$ und „c muss a + b teilen" und $c|(a + b)$ sind unter Voraussetzung ihrer jeweiligen Prämissen durchweg wahr. Es kann daher der Code KW+ vergeben werden.

Erhalt des Gültigkeitsbereichs (GE)
In ähnlicher Weise wie bei der Beurteilung der Wahrheit der Annahmen kommt mit Blick auf den Erhalt des Gültigkeitsbereichs auch eine Sonderregel zum Tragen: Wenn versucht wird, den Satz für ganze Zahlen zu beweisen, dann gilt der Gültigkeitsbereich dadurch als nicht eingeschränkt, da die natürlichen Zahlen eine Teilmenge der ganzen Zahlen sind. Voraussetzung ist weiterhin allerdings, dass der Gültigkeitsbereich in der Gesamtheit der Argumentationskette nicht eingegrenzt wird. Dies ist in diesem Beweisprodukt nicht der Fall, also kann der Code GE+ vergeben werden. Gleichermaßen wird die Kategorie IA nicht vergeben, da kein induktives Argument existiert.

Generischer Beweis (GB)
Es handelt sich um keinen generischen Beweis, da keine generischen Beispiele
existieren, anhand derer eine verallgemeinerbare Argumentation explizit gemacht
wird. Daher wird die Kategorie GB nicht vergeben.

Vollständigkeit der Argumentation (VO)
Die Beurteilung der Vollständigkeit der Argumentation erfolgt anhand der untenstehenden Tabelle. Hierzu wurde gemäß der in (5.3.1.4.) formulierten Regelungen
Variante 1 des Musterfalls herangezogen, da in dieser die meisten Beweisschritte
des Beweisprodukts auftreten (Tabelle 5.21).

Tabelle 5.21 Beurteilung der Vollständigkeit der Argumentation

Schritt	Musterfall Variante 1	Beweisprodukt
1.	$c \mid a$ und $c \mid b$	Nicht vorhanden
2.1.	$(\Leftrightarrow, falls\, mit\, 1.)$ es existieren $p, q \in \mathbb{N}$ oder $p, q \in \mathbb{N}$	Vorhanden
2.2.	$(\Leftrightarrow, falls\, ohne\, 2.1)$ $c \cdot p = a$ und $c \cdot q = b$	Vorhanden[16]
3.1.	$(\Rightarrow)a + b = c \cdot p + c \cdot q$	Nicht vorhanden
3.2.	$(a + b, falls\, ohne\, 3.1)$ $= c(p + q)$.	Vorhanden
5.	$(\Rightarrow)c \mid (a + b)$. oder $(\Rightarrow)Beh$	Vorhanden

Im nächsten Schritt würde man ermitteln, ob eine Codierung mit VO+, VO~
oder VO− aufgrund der vorhandenen Schritte 1., 2.1., 2.2. und 5. vorgenommen
wird. Hierzu ergibt ein Blick in die (5.3.1.4.) aufgeführten Tabelle, dass der
Code VO~ vergeben werden muss. Inhaltlich kann dies so begründet werden, dass
zwar das erneute Nennen der Voraussetzungen und ein Teil des „Rechenweges"
(3.1.), mit dem die Summe von a und b auf eine Form gebracht werden, sodass
man die Teilbarkeit der Summe durch c folgern kann, fehlen, allerdings ist mit
$a + b = (s + t) \cdot c$ ein Teil des Rechenweges weiterhin vorhanden. Durch diesen
Teil existiert eine wesentliche Prämisse, aus der schließlich $c \mid (a + b)$ gefolgert
werden kann. Die vorhandenen Aussagen können daher als ausreichend für eine

---

[16] Zwar wird Schritt 2.2. nicht in der aufgeführten Form, sondern mit Ersetzung der natürlichen Zahlen durch die ganzen Zahlen aufgeführt, aber gemäß einer entsprechenden Sonderregel gilt dieser Schritt auch als vorhanden.

Begründung der Konklusion angesehen werden. Entsprechen wird auch der Code VO~ vergeben, der für die Klassifikation als Begründung notwendig ist.

5.8.2.2 Klassifikation des Beweisprodukts

Insgesamt ergibt sich also das folgende Bild für dieses Beweisprodukt (Tabelle 5.22):

Tabelle 5.22 Klassifikation des Beweisprodukts

Kategorie	Ausführung
Wahrheit der Annahmen (AW)	+
Wahrheit der Konklusionen (KW)	+
Gültigkeitsbereich erhalten (GE)	+
Induktives Argument (IA)	−
Generischer Beweis (GB)	−
Vollständigkeit der Argumentation (VO)	~
Sonstige Kategorie (NB, VASB, VSW, UV)	−

Daraus folgt, mit Blick auf die Regeln zur Klassifikation von Beweisprodukten (5.3.3.), dass es sich beim Beweisprodukt um eine Begründung handelt.

5.8.3 Beispiel 3: Klassifikation als empirische Argumentation

Es wird das folgende Beweisprodukt codiert und klassifiziert (Abbildung 5.3):

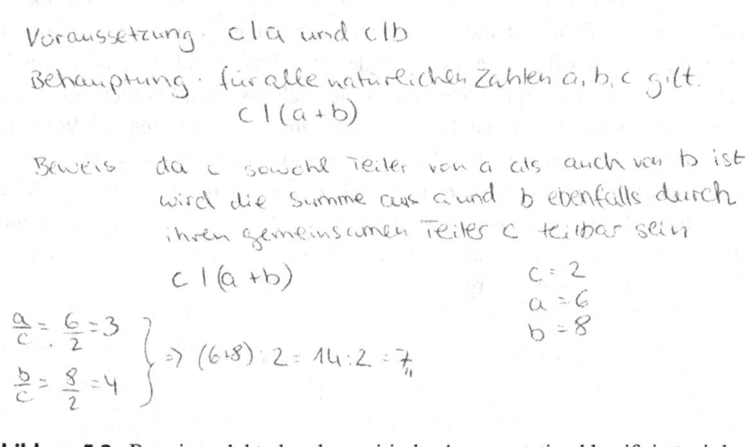

Abbildung 5.3 Beweisprodukt, das als empirische Argumentation klassifiziert wird

5.8.3.1 Codierung des Beweisprodukts

Die folgende Codierung dient der späteren Klassifikation des Beweisprodukts.

Sonstige Kategorie (NB, VASB, VSW, UV)

In diesem Beweisprodukt wird weder versucht, eine andere Aussage zu Beweisen noch versucht, den Satz zu widerlegen. Es wurde eine Behauptung (im Sinne des Codiermanuals) in Form einer Formulierung der Voraussetzung und Behauptung (im Sinne des Beweisprodukts) formuliert, aber zusätzlich existieren noch weitere Argumente. Diese sind hinreichend verständlich sind, sodass keine der Kategorien NB, VASB, VSW, UV vergeben werden kann. Überprüft werden nun daher AW, KW, GE, IA, GB und VO. Herangezogen werden dazu alle Aussagen, die unterhalb der Behauptung formuliert wurden.

Wahrheit der Aussagen (AW und KW)

Es existieren in diesem Beweisprodukt verschiedene Annahmen. Zum einen werden die Voraussetzungen in anderer, aber quasi-äquivalenter Form (c ist Teiler von a und b) wiederholt. Diese dürfen aufgrund der Voraussetzungen als wahr angenommen werden. Weiterhin gilt im Codiermanual die Wahl von Zahlenbeispielen als Annahme. Überprüft wird also, ob eine gewählte Zahl für a, b oder c korrekt gewählt ist. Im Beweisprodukt werden $c = 2$, $a = 6$ und $b = 8$ gesetzt. Diese Zahlen sind korrekt gewählt, da sie die Voraussetzungen $c|a$ und $c|b$ erfüllen, denn es gilt $2|6$ und $2|8$. Da somit alle Annahmen wahr sind, wird der Code AW+ vergeben.

Ausgehend von den Annahmen gibt es die folgenden Konklusionen: zunächst wird aus den Voraussetzungen, dass c Teiler von a und b ist, gefolgert, dass die Summe aus a und b ebenfalls durch den gemeinsamen Teiler c teilbar ist. Dies ist eine wahre Aussage, bei der es sich lediglich um die Konsequenz der Implikation des zu beweisenden Satzes handelt. Da es bei der Kategorie KW aber nur um den Wahrheitsgehalt unter der Voraussetzung der Prämissen handelt, muss zumindest an dieser Stelle nicht überprüft werden, ob der Schluss auch hinreichend gestützt wird. Vielmehr wird dies anhand der Überprüfung mit der Kategorie VO getan. Als weitere Konklusionen gelten $\frac{a}{c} = \frac{6}{2} = 3$ und $\frac{b}{c} = \frac{8}{2} = 4$, da diese Brüche aus der Annahme, dass $c = 2$, $a = 6$ und $b = 8$ seien, folgen sowie die aus den Brüchen geschlossene Konklusion $(6 + 8) : 2 = 14 : 2 = 7$. Unter ihren jeweiligen Prämissen können alle Konklusionen als wahr angesehen werden. Es wird daher der Code KW+ vergeben.

Erhalt des Gültigkeitsbereichs (GE)

Zu Beginn des Beweisprodukts wird mit dem Argument „da c sowohl Teiler von a als auch von b ist, wird die Summe aus a und b ebenfalls durch ihren gemeinsamen Teiler c teilbar sein" begonnen. Inhaltlich handelt es sich hierbei um die Wiederholung des zu beweisenden Satzes. In diesem Argument wird entsprechend auch nicht der Gültigkeitsbereich eingeschränkt. In der weiteren Argumentation, in der de facto Gründe dafür geliefert werden, warum das initiale Argument gilt, wird der Gültigkeitsbereich aufgrund der Betrachtung einzelner Zahlenbeispiele hingegen eingeschränkt. Daher wird der Code GE− vergeben. Da die Überprüfung anhand der Zahlenbeispiele den Zweck hat, eine Begründung des zuvor genannten Arguments zu geben, wird die Überprüfung anhand der Zahlenbeispiele als induktives Argument gewertet.[17] In der Folge wird zusätzlich zum Code GE− auch die Kategorie IA vergeben.

Generischer Beweis (GB)

Da Beispiele im Beweisprodukt existieren, ist zu überprüfen, ob es sich dabei um generische Beispiele handelt und ob eine verallgemeinerbare Argumentation anhand dieser Beispiele explizit gemacht wird. Es handelt sich im Beweisprodukt allerdings nur um einen überprüften Fall für $c = 2$, $a = 6$ und $b = 8$. Durch $\frac{a}{c} = \frac{6}{2} = 3$ und $\frac{b}{c} = \frac{8}{2} = 4$ und die dazugehörige Konklusion $(6 + 8) : 2 = 14 : 2 = 7$ deutet dieses Beispiel zumindest an, warum auch bei der Summe aus 6 und 8 durch das Teilen durch 2 wieder eine natürliche Zahl als Ergebnis entsteht, da die Brüche $\frac{a}{c}$ und $\frac{b}{c}$ unter Einsetzung der Zahlen $c = 2$, $a = 6$ und $b = 8$ addiert werden und somit zumindest gezeigt wird, dass mit dem Ergebnis 7 wieder eine natürliche Zahl entsteht. Um aber von generischen Beispielen sprechen zu können, wären weitere Beispiele nötig gewesen, die geschickt aufgeschrieben werden und somit eine Verallgemeinerung dieser generischen Beispiele anregen. Die zusätzlich notwendige Verallgemeinerung dieser

---

[17] Diese Regelung wird im Codiermanual sogar so weit ausgelegt, dass selbst die alleinige Überprüfung einzelner konkreter Beispiele ohne Schluss auf eine allgemeine Regel als induktives Argument gewertet wird. Diese Regelung wurde vor dem Hintergrund getroffen, dass oftmals nicht nochmal explizit aus alleinigen konkreten Zahlenbeispielen gefolgert wird, dass deswegen die Behauptung gelte. Wenn hingegen lediglich zusätzliche Beispiele zu einer Argumentationskette, in der der Gültigkeitsbereich nicht eingegrenzt wird, existieren, dann wird die Kategorie IA nicht vergeben. Der Grund ist, dass es bei der Kategorie IA darum geht, dass überprüft wird, ob sich die Argumentation insgesamt der Absicht heraus, Gründe für eine Aussage zu liefern, auf Beispiele stützt und nicht, ob Beispiele lediglich zur Verdeutlichung oder Erklärung zusätzlich herangezogen werden. Ersteres würde dann bedeuten, dass Beispiele der Verifikation dienen, letzteres hingegen würde bedeuten, dass Beispiele der Erklärung dienen.

Argumente wird in diesem Beweisprodukt zudem nicht vorgenommen. Dies ist auch explizit so im Codiermanual unter der Regel, dass es nicht ausreicht, wenn lediglich Beispiele genannt bzw. „angehäuft" werden ohne eine verallgemeinerbare Argumentation zu erbringen. Es kann daher auch nicht die Kategorie GB vergeben werden.

Vollständigkeit der Argumentation (VO)
Obgleich das Beweisprodukt bereits durch die vorherigen Kategorien klassifiziert werden kann, wird die Codierung durch VO weiterhin vorgestellt. Mit Blick auf die drei möglichen Varianten ist zu überprüfen, ob Variante 2 oder Variante 3 zum Vergleich herangezogen wird. Variante 1 scheidet aus, da im Beweisprodukt zwar 1. und 5. auftreten, allerdings treten diese Beweisschritte in allen drei Varianten auf. Variante 2 und 3 hingegen beinhalten zusätzlich noch Aussagen mit Brüchen, wie sie auch im Beweisprodukt auftreten. Da das Beweisprodukt zumindest in Ansätzen einen Beweisschritt (3.1.) aus Variante 2 aufweist, hat das Beweisprodukt insgesamt die meisten Beweisschritte aus Variante 2. Daher wird Variante 2 für den Vergleich herangezogen (Tabelle 5.23).

Tabelle 5.23 Beurteilung der Vollständigkeit der Argumentation

Schritt	Musterfall Variante 2	Beweisprodukt
1.	$c \mid a$ *und* $c \mid b$	Vorhanden
2.1.	($\Leftrightarrow$, *falls mit* 1.) es existieren $p, q \in \mathbb{N}$ oder $p, q \in \mathbb{N}$	Vorhanden
2.2.	($\Leftrightarrow$, *falls ohne* 2.1) $\frac{a}{c} = p$ und $\frac{b}{c} = q$	Nicht Vorhanden (lediglich in Ansätzen, daher Wahl der Variante)
3.1.	$\frac{a}{c} + \frac{b}{c} = p + q$ oder $\frac{a+b}{c} = p + q$	Nicht vorhanden
3.2.		
4.	$p + q \in \mathbb{N}$	Nicht vorhanden (lediglich angedeutet)
5.	($\Rightarrow$)$c \mid (a + b)$. oder ($\Rightarrow$)Beh	Vorhanden

Ein Vergleich mit der in (5.3.1.4.) aufgeführten Tabelle ergibt auf Basis der vorhandenen Beweisschritte 1 und 5, dass das Beweisprodukt mit VO− codiert werden muss.

5.8.3.2 Klassifikation des Beweisprodukts

Insgesamt wird das Beweisprodukt in der Übersicht wie folgt codiert (Tabelle 5.24):

Tabelle 5.24 Beurteilung des Beweisprodukts

Kategorie	Ausführung
Wahrheit der Annahmen (AW)	+
Wahrheit der Konklusionen (KW)	+
Gültigkeitsbereich erhalten (GE)	−
Induktives Argument (IA)	+
Generischer Beweis (GB)	−
Vollständigkeit der Argumentation (VO)	−
Sonstige Kategorie (NB, VASB, VSW, UV)	−

Gemäß der in (5.3.3.) formulierten Regeln zur Klassifikation von Beweisprodukten handelt es sich bei diesem Beweisprodukt also um eine empirische Argumentation.

5.8.4 Beispiel 4: Klassifikation als generischer Beweis

Es wird das folgende Beweisprodukt codiert und klassifiziert. Bei diesem Beweisprodukt handelt es sich nicht um ein Beweisprodukt, das Studierende hergestellt haben. Der Grund dafür ist, dass in den Daten keine generischen Beweise aufgetreten sind. Wie bereits oben geschrieben, wird ein selbst konstruierter generischer Beweis an dieser Stelle dennoch codiert, um die Überlegungen zur Codierung eines generischen Beweises besser erklären zu können. Der vorliegende generische Beweis beinhaltet zusätzlich Punktmuster, um auch noch Fragen der Darstellungsform eines Beweisprodukts zu diskutieren.

Im Rahmen dieser Arbeit hat die Darstellungsweise eines Beweisprodukts keinen Einfluss auf eine Codierung. Daher ist eine Nutzung von Punktmustern, wie in diesem Beweisprodukt, grundsätzlich möglich. Die entsprechende Codierung ist daher die Folgende (Abbildung 5.4).

Beweisprodukt

Sei $c = 2$, $a = 8$ und $b = 12$. Dann gilt: $2\,|\,8$ und $2\,|\,12$, weil $2 \cdot 4 = 8$ und $2 \cdot 6 = 12$. Dies kann auch so dargestellt werden, dass man 8 bzw. 12 in „2er-Blöcke" aufteilt:

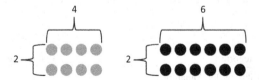

Wenn man die Summe bildet, bedeutet das, dass man die beiden Muster aneinanderlegt:

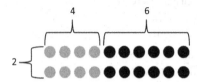

Wenn man die Summe bildet, hat man immer noch „2er-Blöcke", nämlich $4 + 6 = 10$ Stück. Das bedeutet, dass die Summe der Zahlen also immer noch durch 2 teilbar ist. In diesem Beispiel ist

$2 \cdot (4 + 6) = 2 \cdot 10 = 20$, also gilt $2\,|\,20$.

Dies kann man verallgemeinern. Wenn man die Zahlen a und b hat und beide durch c teilbar sind, dann bedeutet das, wie oben, dass diese jeweils in Form von „c-Blöcken" aufgeschrieben werden können. Diese kann man, wie oben, zusammensetzen, um die Summe aus a und b zu erhalten:

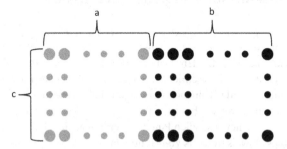

Man sieht auch hier, dass $a + b$ weiter aus c-Blöcken besteht, also teilt c auch $a + b$.

Abbildung 5.4   Beweisprodukt, das als generischer Beweis klassifiziert wird

5.8.4.1 Codierung des Beweisprodukts

Die folgende Codierung dient der späteren Klassifikation des Beweisprodukts.

Sonstige Kategorie (NB, VASB, VSW, UV)
Im Beweisprodukt wird weder versucht, eine andere Aussage zu beweisen noch versucht, den Satz zu widerlegen. Das Beweisprodukt ist hinreichend verständlich und beschränkt sich nicht auf die alleinige Formulierung der zu beweisenden Behauptung. Es werden daher nicht die Kategorien NB, VASB, VSW, UV vergeben. Da keine Behauptung über dem Beweisprodukt formuliert wird, wird das gesamte Lösungsfeld bei der folgenden Codierung anhand der Kategorien AW, KW, GE, IA, GB und VO betrachtet.

Wahrheit der Aussagen (AW und KW)
Es kann im Beweisprodukt eine Annahme identifiziert werden. Diese Annahme ist die Wahl der konkreten Zahlen $c = 2$, $a = 8$ und $b = 12$. Da $2|8$ und $2|12$ gilt, sind die Wahl der Zahlen und somit auch die Annahmen wahr. Daher wird der Code AW+ vergeben.

Die wesentliche Konklusion aus der ersten Annahme ist die Interpretation in 4 2er und 6 2er Blöcke. Diese Konklusion ist letztendlich nur ein Wechsel der Darstellungsform und kann als korrekt bezeichnet werden. Die folgende Konklusion, in der die entstandenen Blöcke aneinandergelegt werden, folgt aus der gewählten Darstellungsform und ist ebenfalls korrekt. Die Korrektheit der dazugehörigen Aussage, dass nun 10 2er Blöcke existieren, wird anhand der dazugehörigen Rechnung $2 \cdot (4 + 6) = 2 \cdot 10 = 20$, die unter Voraussetzung der Annahme $c = 2$, $a = 8$ und $b = 12$ korrekt ist, belegt. Die folgende Konklusion, dass der Sachverhalt aufgrund der Voraussetzungen (diese sind hier die Prämissen) verallgemeinerbar sei, da a und b aus einer bestimmten Anzahl an c-Blöcken bestehen, weist ebenfalls auf einen korrekten Wechsel der Darstellungsform hin. Die weitere Konklusion, dass die Addition von a und b wieder der Zusammensetzung zu einem Punktmuster entspricht, das auch aus c Blöcken besteht, ist eine Form von Analogiebildung zum aufgezeigten Beispiel und wesentlicher Teil der Verallgemeinerung. Aufgrund der beschriebenen Vorgehensweise, wie Punktmuster zusammengelegt werden können, kann diese Aussage auch als wahr bezeichnet werden. Insgesamt können also alle Konklusionen als wahr bezeichnet und der Code KW+ vergeben werden.

Erhalt des Gültigkeitsbereichs (GE)
Wenn die Kategorie GB vergeben wird, werden laut Codiermanual automatisch der Code GE+ vergeben und die Kategorie IA nicht vergeben. Die Diskussion einer Allgemeingültigkeit wird daher im Zuge des der Kategorie GB vorgenommen.

Generischer Beweis (GB)

Es ist nun zu diskutieren, ob es sich um einen generischen Beweis handelt. Gemäß der in (5.3.1.4.) dargestellten Kriterien (in Anlehnung an Biehler & Kempen, 2016) sind hierzu notwendig:

1. Es existieren konkrete, sog. generische Beispiele, anhand derer gezeigt werden kann, warum ein Satz für bestimmte Fälle des Gültigkeitsbereichs gilt und aus denen eine verallgemeinerbare Argumentation abstrahiert werden kann.
2. Ausgehend von den generischen Beispielen wird eine verallgemeinerbare Argumentation explizit gemacht, d. h. es wird begründet, warum die generischen Beispiele verallgemeinert werden können.

Die Existenz von konkreten Beispielen ist durch die Wahl von $c = 2$, $a = 8$ und $b = 12$ und der Betrachtung und Erläuterung der entsprechenden Punkmuster gegeben. Das Beispiel offenbart zudem eine Strategie, die eine Verallgemeinerbarkeit grundsätzlich zulässt: indem argumentiert wird, dass a und b aus 2er-Blöcken bestehen und diese zusammengesetzt immer noch aus 2er-Blocken entstehen, wird die Strategie des „Zusammensetzens" bereits für eine Verallgemeinerung angebahnt. Es kann also von einem generischen Beispiel gesprochen werden. Die konkreten Zahlen werden im nächsten Teil zu a und b verallgemeinert. Dort wird dann argumentiert, dass diese aufgrund ihrer Teilbarkeit durch c nun aus c-Blöcken bestehen. Die Strategie des Zusammensetzens ist nun dieselbe, da lediglich zwei Punktmuster zusammengesetzt werden, die aus derselben Blockgröße bestehen. Folglich besteht bei einer Zusammensetzung ebenfalls die Teilbarkeit durch c. Es sind daher alle notwendigen Kriterien für einen generischen Beweis erfüllt, sodass die Kategorie GB vergeben werden kann.

Diskussionswürdig ist in diesem Beispiel die Frage der Allgemeingültigkeit. Kern des dargestellten generischen Beweises ist die Entwicklung einer Strategie und dann die gelungene Übertragung auf den allgemeinen Fall. Diese Übertragung kann als das „Herzstück" eines generischen Beweises gesehen werden: wenn diese gelingt, dann darf auch von einer Allgemeingültigkeit gesprochen werden. Nichtsdestotrotz ist die Frage der Allgemeinheit von generischen Beweisen bzw. didaktisch orientierten Beweiskonzepten im Allgemeinen Gegenstand einer längeren Diskussion in der Mathematikdidaktik (siehe hierzu Biehler & Kempen, 2016). Dies bezieht sich im Speziellen auch auf den Aspekt der Anschauung, wie er im gezeigten generischen Beweis auftritt. Hier kann die Position bezogen werden, dass zwischen geometrische Darstellungen und algebraischen Formeln in Bezug auf die Frage der Allgemeingültigkeit keine Unterschiede existieren (Biehler & Kempen, 2016, S. 145 ff).

Zur Abgrenzung von einer empirischen Argumentation: Das geschilderte „Herzstück" eines generischen Beweises, also die Verallgemeinerung einer Argumentation, ist nach eigener Definition in einer empirischen Argumentation nicht gegeben. Der Unterschied besteht also darin, dass in einer empirischen Argumentation von einzelnen Beispielen auf eine Allgemeingültigkeit geschlossen wird, ohne diese ausgehend von den Beispielen zu begründen. Aus diesem Grund existiert im Codiermanual der explizite Hinweis, dass zusätzlich zu generischen Beispielen noch eine Verallgemeinerung durchgeführt werden muss, sonst werden die Codes GE− und IA statt GE+ und GB vergeben.

Vollständigkeit der Argumentation (VO)
Das vorliegende Beweisprodukt ist am ehesten mit Variante 1 vergleichbar. Zwar treten 2.2. und 3.3. nicht in der formulierten Darstellungsweise auf, allerdings existiert dazu die Regel, dass auch inhaltsgleiche Beweisschritte in einer anderen Darstellungsweise, also auch ikonische oder narrative Formulierungen, akzeptiert werden. Es gilt (Tabelle 5.25):

Tabelle 5.25 Beurteilung der Vollständigkeit der Argumentation

Schritt	Musterfall Variante 1	Beweisprodukt
1.	$c\,|\,a$ und $c\,|\,b$	Vorhanden
2.1.	$(\Leftrightarrow, falls\ mit\ 1.)$ es existieren $p, q \in \mathbb{N}$. oder $p, q \in \mathbb{N}$	Nicht vorrhanden
2.2.	$(\Leftrightarrow, falls\ ohne\ 2.1)$ $c \cdot p = a$ und $c \cdot q = b$	Vorhanden (in anderer Darstellungsform)
3.1.	$(\Rightarrow)a + b = c \cdot p + c \cdot q$	Vorhanden (in anderer Darstellungsform)
3.2.	$(a + b, falls\ ohne\ 3.1)$ $= c(p + q)$.	Nicht vorhanden
5.	$(\Rightarrow)c\,|\,(a + b)$. oder $(\Rightarrow)Beh$	Vorhanden

Vergleicht man die vorliegenden Beweisschritte 1., 2.2., 3.1. und 5. mit der Tabelle in (5.3.1.4.), so ergibt sich, dass das Beweisprodukt mit VO~ codiert wird (Tabelle 5.26).

5.8.4.2 Klassifikation des Beweisprodukts

Insgesamt ergibt sich also das folgende Bild:

Tabelle 5.26 Klassifikation des Beweisprodukts

Kategorie	Ausführung
Wahrheit der Annahmen (AW)	+
Wahrheit der Konklusionen (KW)	+
Gültigkeitsbereich erhalten (GE)	+
Induktives Argument (IA)	–
Generischer Beweis (GB)	+
Vollständigkeit der Argumentation (VO)	~
Sonstige Kategorie (NB, VASB, VSW, UV)	–

Das Beweisprodukt wird also als generischer Beweis klassifiziert.

5.8.5 Beispiel 5: Klassifikation als ungültige / unvollständige / keine Argumentation

Es wird das folgende Beweisprodukt codiert und klassifiziert (Abbildung 5.5):

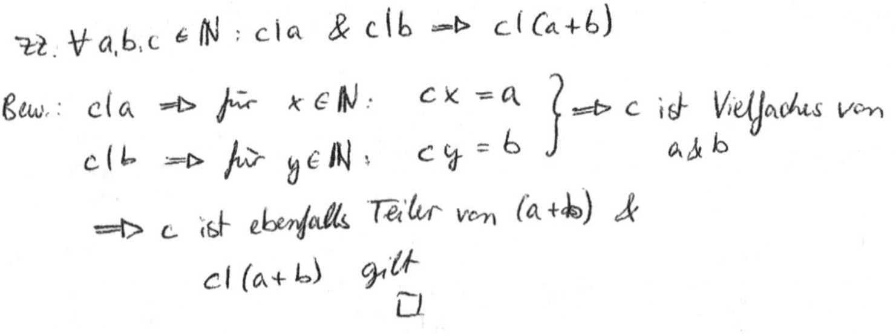

zz. $\forall a,b,c \in \mathbb{N}: c|a \; \& \; c|b \Rightarrow c|(a+b)$

Bew.: $c|a \Rightarrow$ für $x \in \mathbb{N}$: $cx = a$ } $\Rightarrow$ c ist Vielfaches von a & b

$c|b \Rightarrow$ für $y \in \mathbb{N}$: $cy = b$

$\Rightarrow$ c ist ebenfalls Teiler von $(a+b)$ &

$c|(a+b)$ gilt

□

Abbildung 5.5 Beweisprodukt, das als ungültige / unvollständige / keine Argumentation klassifiziert wird

5.8.5.1 Codierung des Beweisprodukts

Die folgende Codierung dient der späteren Klassifikation des Beweisprodukts.

Sonstige Kategorie (NB, VASB, VSW, UV)
Im Falle dieses Beweisprodukts kann festgestellt werden, dass keine der Kategorien NB, VASB, VSW, UV vergeben werden muss. Es existiert ein Beweisprodukt, in dem weder versucht wird, eine andere Aussage zu beweisen, noch versucht wird, den Satz zu widerlegen. Zudem ist es hinreichend verständlich und beschränkt sich inhaltlich nicht nur auf die erneute Formulierung der Behauptung. Entsprechend gilt es nun, das Beweisprodukt hinsichtlich der Kategorien „Wahrheit der Aussagen", Erhalt des Gültigkeitsbereichs, Induktives Argument, Generischer Beweis und Vollständigkeit der Argumentation zu überprüfen.

In diesem Beweisprodukt muss keine der Kategorien NB, VASB, VSW oder UV vergeben werden. Die Begründung dafür ist dieselbe wie in Beispiel 1: Es existiert ein Beweisprodukt, in dem weder versucht wird, eine andere Aussage zu beweisen, noch versucht wird, den Satz zu widerlegen. Zudem ist es hinreichend verständlich und beschränkt sich inhaltlich nicht nur auf die erneute Formulierung der Behauptung.

In diesem Beweisprodukt wird oberhalb des Beweises die Behauptung formuliert. Diese wird, gemäß der bereits in Beispiel 1 angewendeten Regelung zur Behauptung, nicht codiert. Stattdessen wird alles codiert, das sich unterhalb dieser Behauptung befindet.

Wahrheit der Aussagen (AW und KW)
Als Annahmen werden lediglich $c|a$ und $c|b$ betrachtet. Diese sind, nach Voraussetzung, als wahr zu akzeptieren. Alle weiteren Aussagen in diesem Beweisprodukt sind Konklusionen und als solche sogar durch einen Folgerungspfeil gekennzeichnet. Eine Überprüfung des Wahrheitsgehalts dieser Konklusionen unter Voraussetzung ihrer jeweiligen Prämissen ergibt das folgende Bild:

Die Aussagen, dass für $x \in \mathbb{N}$ $cx = a$ und für $y \in \mathbb{N}$ $cy = b$ gilt, ist unter den Prämissen $c|a$ und $c|b$ wahr. Ebenfalls ist wahr, dass c ebenfalls Teiler von $(a + b)$ ist und $c|(a + b)$ gilt. Dieser Aspekt ist allerdings sehr differenziert zu betrachten: zwar sind die Aussagen aus Sicht des Codierers wahr, weil dieser weiß, dass sie unter den genannten Prämissen, die unmittelbar darüber als „für $x \in \mathbb{N}$ $cx = a$ und für $y \in \mathbb{N}$ $cy = b$" formuliert sind, wahr sind. Allerdings folgt diese Konklusion nicht zwingend daraus: es könnten Zwischenschritte bzw. Regeln hinzugefügt werden, die diesen Schluss besser stützen. Dieser Aspekt wird allerdings genauer anhand der Kategorie VO überprüft, anhand dessen überprüft wird, ob Schlüsse hinreichend gestützt sind. Mit der Kategorie KW wird also eher isoliert ein Wahrheitsgehalt überprüft.

Die letzte verbleibende Konklusion „c ist ein Vielfaches von a und b" kann als falsch bezeichnet werden: Wenn für $x \in \mathbb{N}$ $cx = a$ und für $y \in \mathbb{N}$ $cy = b$ gilt, dann ist c kein Vielfaches von a und b, sondern a und b sind Vielfache von c. Wahr wäre sie nur für den Fall, dass $a = b = c$ ist. Da diese Einschränkung allerdings nicht gemacht wurde, kann die Konklusion in der vorliegenden Form als falsch bezeichnet werden.

An diesem Beispiel kann als Exkurs aber eine letztendlich verworfene Sonderregel des Codiermanuals diskutiert werden: Im Falle einer falschen Konklusion wird zusätzlich noch gefragt, ob diese falsche Konklusion als relevant oder nicht relevant gilt. Dies ist laut Codiermanual so formuliert, dass falsche Konklusionen relevant sind, wenn die weitere Argumentation im Beweisprodukt darauf aufbaut oder das Beweisprodukt damit beendet wird. Darauf aufbauen bedeutet, dass die Konklusion zu einer Prämisse eines Arguments wird oder Einfluss auf die Wahrheitswerte anderer Aussagen im Beweisprodukt hat. Umgekehrt gilt eine falsche Konklusion als nicht relevant, wenn die weitere Argumentation im Beweisprodukt nicht darauf aufbaut. Nicht darauf aufbauen bedeutet, dass die Konklusion nicht zu einer Prämisse eines Arguments wird (ohne das Beweisprodukt damit zu beenden) und keinen Einfluss auf die Wahrheitswerte anderer Aussagen im Beweisprodukt hat. Bezogen auf den konkreten Fall im Beweisprodukt gilt hier:

- Die Konklusion dient wahrscheinlich nicht als Prämisse für die Konklusion, dass c ebenfalls Teiler von $(a + b)$ ist und $c|(a + b)$ gilt. Vielmehr deuten sowohl der Aufbau des Beweisprodukts als auch der Inhalt der Konklusion „c ist ebenfalls Teiler von $(a + b)$ und $c|(a + b)$ gilt" und der vermeintlichen Prämisse „für $x \in \mathbb{N}: cx = a$ und für $y \in \mathbb{N}: cy = b$" darauf hin, dass diese Aussagen ein Argument bilden. Dies kann auch dadurch gestützt werden, dass die Konklusion „c ist ebenfalls Teiler von $(a + b)$ ist und $c|(a + b)$ gilt" eher nicht aus „c ist Vielfaches von a und b" gefolgert werden kann.
- Ebenfalls hat die Konklusion „c ist Vielfaches von a und b" keinen Einfluss auf die Wahrheitswerte anderer Aussagen im Beweisprodukt.
- Stattdessen scheint es sich bei „c ist Vielfaches von a und b" eher um eine Aussage, die zusätzlich neben das Beweisprodukt geschrieben wurde, zu handeln. Hier kann auch überlegt werden, welche Konsequenzen es hätte, wenn die Aussage „c ist Vielfaches von a und b" gar nicht existieren würde.

Unter Berücksichtigung dieser Sonderregel kann ein Codierer zu dem Schluss kommen, dass es sich um eine irrelevante Konklusion handelt. Daher würde der Code KW~ vergeben werden. Da die Relevanz allerdings, wie anhand der dargestellten Argumente sichtbar wird, eher hochinferent ist, wurde auf diese Sonderregel verzichtet. Stattdessen wurde unter Berücksichtigung weiterer, hochinferenter Beispiele festgelegt, dass die Existenz von mindestens einer falschen Aussage zum Code AW− bzw. KW− führt. In der Folge wurde auch von einer ursprünglichen Unterteilung von AW in AW−, AW~ und AW+ bzw. einer Unterteilung von KW in KW−, KW~ und KW+ abgekehrt. Während des Codierprozesses waren zwar weiterhin die Ausführungen AW~ und KW~ möglich, aber diese Codes wurden schließlich in AW− bzw. KW− integriert. Neben der hohen Inferenz war ein weiterer Grund die Seltenheit der Codes AW~ und KW~ und die offene Frage, wie ein Beweisprodukt zu klassifizieren ist, wenn es eine falsche, aber irrelevante Konklusion beinhaltet.

Da also alle Annahmen wahr sind, aber die genannte falsche Konklusion existiert, werden die Codes AW+ und KW− vergeben. Obgleich sich durch die Existenz des Codes KW− bereits eine Klassifikation als ungültige / unvollständige / keine Argumentation ergibt, sollen die weiteren Kategorien im Folgenden dennoch erläutert werden, da diese auch im Codierprozess vergeben wurden und eine Betrachtung der Codierung aufgrund des Anspruchs dieses Abschnittes, Codierprozesse zu verdeutlichen, sinnvoll ist.

Erhalt des Gültigkeitsbereichs (GE)
Der Gültigkeitsbereich wird in der Gesamtheit der Argumentationskette nicht eingegrenzt. Ausgehend von den Annahmen $c|a$ und $c|b$ bleiben die Aussagen jeweils bis zur Konklusion $c|(a + b)$ allgemein. Dies gilt im Sinne des Codiermanuals sogar trotz der falschen Aussage „c ist Vielfaches von a und b", die so interpretiert werden kann, dass der Satz nur für den Fall, dass c ein Vielfaches von a und b ist, gelte. Hier existiert die Regelung, dass der Gültigkeitsbereich zwar in einem oder mehreren Argumenten eingegrenzt wird, allerdings gilt der Gültigkeitsbereich der Argumentationskette dennoch als nicht eingegrenzt, wenn parallel zu den „eingrenzenden" Argumenten eine Argumentationskette existiert, in der der Gültigkeitsbereich nicht eingegrenzt wird mit der Folge, dass er insgesamt nicht eingegrenzt wird. Dies ist im Falle dieses Beweisprodukts zutreffend: Da zusätzlich aus „für $x \in \mathbb{N} : cx = a$ und für $y \in \mathbb{N} : cy = b$" gefolgert wird, dass „c ebenfalls Teiler von $(a + b)$ ist und $c|(a + b)$ gilt" und somit eine durchgehende Argumentationskette ohne Einschränkung des Gültigkeitsbereichs existiert, gilt der Gültigkeitsbereich gemäß der genannten Regelung insgesamt als nicht eingegrenzt und somit wird der Code GE+ vergeben. Da GE+ vergeben wurde, wird ferner die Kategorie IA nicht vergeben, da kein induktives Argument existiert.

Generischer Beweis (GB)
Es handelt sich um keinen generischen Beweis, da keine generischen Beispiele existieren, anhand derer eine verallgemeinerbare Argumentation explizit gemacht wird. Daher wird die Kategorie GB nicht vergeben.

Vollständigkeit der Argumentation (VO)
Die Beurteilung der Vollständigkeit der Argumentation erfolgt anhand der untenstehenden Tabelle. Hierzu wurde gemäß der in (5.3.1.4.) formulierten Regelungen Variante 1 des Musterfalls herangezogen, da in dieser die meisten Beweisschritte des Beweisprodukts auftreten (Tabelle 5.27).

Tabelle 5.27 Beurteilung der Vollständigkeit der Argumentation

Schritt	Musterfall Variante 1	Beweisprodukt
1.	$c|a$ *und* $c|b$	Vorhanden
2.1.	($\Leftrightarrow$, *falls mit* 1.) es existieren $p, q \in \mathbb{N}$ oder $p, q \in \mathbb{N}$	Vorhanden
2.2.	($\Leftrightarrow$, *falls ohne* 2.1) $c \cdot p = a$ und $c \cdot q = b$	Vorhanden
3.1.	($\Rightarrow$)$a + b = c \cdot p + c \cdot q$	Nicht vorhanden
3.2.	($a + b$, *falls ohne* 3.1) $= c(p + q)$.	Nicht vorhanden
5.	($\Rightarrow$)$c|(a + b)$. oder ($\Rightarrow$)Beh	Vorhanden

Im nächsten Schritt würde man ermitteln, ob eine Codierung mit VO+, VO~ oder VO− aufgrund der vorhandenen Schritte 1., 2.1., 2.2. und 5. vorgenommen wird. Hierzu ergibt ein Blick in die Tabelle des Codiermanuals, dass der Code VO− vergeben werden muss. Dies kann auch inhaltlich begründet werden: Die fehlenden Schritte 3.1. und 3.2. stellen gemäß dem Musterfall eine Form von „Rechenweg" dar, in dem man die Summe von a und b auf eine Form bringt, sodass am Ende die Teilbarkeit gefolgert werden kann. $a + b = c \cdot p + c \cdot q = c(p + q)$. Erst durch $c(p + q)$ oder zumindest durch $a + b = c \cdot p + c \cdot q$ (wenn man es dem Leser überlässt, c auszuklammern) ist ersichtlich, warum daraus dann auch $c|(a + b)$ gefolgert werden kann. Da diese Schritte als notwendige Schritte erachtet werden, um ausreichend Gründe für die Konklusion $c|(a + b)$ liefern zu können, ist mindestens einer der Schritte auch notwendig für den Code VO~ und somit für die Klassifikation als Begründung. Da in diesem Beweisprodukt allerdings weder der Schritt 3.1. noch der Schritt 3.2. zusätzlich zu den vorhandenen Schritten auftritt, wird der Code VO− vergeben.

5.8.5.2 Klassifikation des Beweisprodukts

Insgesamt ergibt sich also das folgende Bild für dieses Beweisprodukt
(Tabelle 5.28):

Tabelle 5.28
Klassifikation des
Beweisprodukts

Kategorie	Ausführung
Wahrheit der Annahmen (AW)	+
Wahrheit der Konklusionen (KW)	−
Gültigkeitsbereich erhalten (GE)	+
Induktives Argument (IA)	−
Generischer Beweis (GB)	−
Vollständigkeit der Argumentation (VO)	−
Sonstige Kategorie (NB, VASB, VSW, UV)	−

Daraus folgt, mit Blick auf die Regeln zur Klassifikation von Beweisprodukten aus (5.3.3.), dass es sich bei diesem Beweisprodukt um eine ungültige / unvollständige / keine Argumentation handelt.

5.8.6 Beispiel 6: Klassifikation als ungültige / unvollständige / keine Argumentation

Es wird das folgende Beweisprodukt codiert und klassifiziert (Abbildung 5.6):

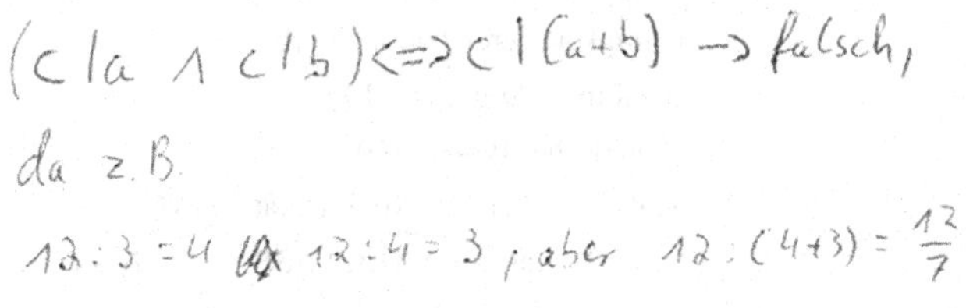

$$(c \mid a \wedge c \mid b) <=> c \mid (a+b) \longrightarrow falsch,$$

$$da \; z.\,B.$$

$$12 : 3 = 4 \; \text{(øx)} \; 12 : 4 = 3 \; , \; aber \; 12 : (4+3) = \frac{12}{7}$$

Abbildung 5.6 Beweisprodukt, das als ungültige / unvollständige / keine Argumentation klassifiziert wird

5.8.6.1 Codierung des Beweisprodukts
Die folgende Codierung dient der späteren Klassifikation des Beweisprodukts.

Sonstige Kategorie (NB, VASB, VSW, UV)
In diesem Beweisprodukt kann die Kategorie VSW vergeben werden: Der Studierende kommt zu dem Schluss, dass $c|a$ und $c|b < = > c|(a + b)$ falsch sei. Für die Rückrichtung „<=" äre die Einschätzung zwar korrekt, dass dies nicht für alle natürlichen Zahlen gilt, allerdings beinhaltet seine Äußerung explizit auch die Implikation $c|a$ und $c|b = > c|(a + b)$. Die von ihm attestierte Inkorrektheit stützt er mit einer Rechnung, die für sich genommen zwar korrekt ist, aber auf der falschen Wahl von Zahlenbeispielen für a, b und c basiert. Hier werden vermeintlich a = 3, b = 4 und c = 12 von Studierenden gewählt.

Vergabe weiterer Kategorien
Gemäß einer eingangs und in (5.3.2.) geschilderten Regelung wird keine weitere Kategorie vergeben, der zur Klassifikation von Beweisprodukten herangezogen wird. Der inhaltliche Hintergrund ist, dass die Kategorie VSW (genauso wie eine der Kategorien NB, VASB, UV) ausreicht, um ein Beweisprodukt automatisch als ungültige / unvollständige / keine Argumentation zu klassifizieren (Tabelle 5.29).

5.8.6.2 Klassifikation des Beweisprodukts

Tabelle 5.29
Klassifikation des
Beweisprodukts

Kategorie	Ausführung
Wahrheit der Annahmen (AW)	
Wahrheit der Konklusionen (KW)	
Gültigkeitsbereich erhalten (GE)	
Induktives Argument (IA)	
Generischer Beweis (GB)	
Vollständigkeit der Argumentation (VO)	
Sonstige Kategorie (NB, VASB, VSW, NBA, UV)	+

   Da die Kategorie VSW vergeben wurde, wird das Beweisprodukt gemäß der Regelung in (5.3.3.) als ungültige / unvollständige / keine Argumentation klassifiziert.

Ergebnisse und Einzeldiskussionen 6

In diesem Kapitel werden die Ergebnisse dieser Arbeit dargestellt und diskutiert. Das Kapitel umfasst die folgenden acht Teilkapitel:

Beschreibung der Stichprobe (6.1.): Im ersten Teilkapitel wird die Stichprobe dieser Arbeit dargestellt.

Interraterreliabilität (6.2.): Im zweiten Teilkapitel werden die Interraterreliabilitäten bei der Codierung von Beweisprodukten (6.2.1.) und Akzeptanzkriterien (6.2.2.) berechnet und diskutiert.

Ergebnisse und Diskussion Beweisprodukte (6.3.): Das dritte Teilkapitel beinhaltet die Ergebnisse der Messung der Performanz bei der Konstruktion von Beweisen. Es dient einerseits der Darstellung der Ergebnisse zu den jeweiligen Beweisprodukten ((6.3.1.), mit vertiefender Analyse in (6.3.3.)) und andererseits der Bildung von Gruppen, die vor allem für die Teilkapitel (6.4.), (6.7.) und (6.8.) von großer Bedeutung sind (6.3.2.).

Ergebnisse und Diskussion Beweisakzeptanz (6.4.): Im vierten Teilkapitel erfolgt eine Analyse der Beweisakzeptanz. Die Ergebnisse werden für die gesamte Stichprobe (6.4.1.) sowie für verschiedene Gruppen ((6.4.2.) bis (6.4.4.)) dargestellt und diskutiert.

Die folgenden Teilkapitel beziehen sich jeweils auf die Art und Anzahl der Akzeptanzkriterien sowie die Konkretheit der Äußerungen. Die Teilkapitel unterscheiden sich dahingehend, dass unterschiedliche Gruppen von Studierenden betrachtet werden.

Ergebnisse und Diskussion Akzeptanzkriterien, gesamte Stichprobe, beide Beweisprodukte (6.5.): Dieses Teilkapitel stellt die Art (6.5.1.) und Anzahl (6.5.2.) der Akzeptanzkriterien sowie Konkretheit der Äußerungen (6.5.3.) der gesamten Stichprobe dar. Dieses Teilkapitel dient vor allem der Diskussion der Akzeptanzkriterien und Einschätzung der Gesamtstichprobe.

© Der/die Autor(en), exklusiv lizenziert an Springer Fachmedien Wiesbaden GmbH, ein Teil von Springer Nature 2023
F. Füllgrabe, *Konstruktion und Akzeptanz von Beweisen*, Mathematikdidaktik im Fokus, https://doi.org/10.1007/978-3-658-41303-3_6

Ergebnisse und Diskussion Akzeptanzkriterien, Vergleich des kurzen und langen Beweisprodukts (6.6.): In diesem Teilkapitel werden die Studierenden, die das kurze oder lange Beweisprodukt beurteilt haben, jeweils als Gruppen aufgefasst. Eine vergleichende deskriptive und inferenzstatistische Analyse dieser beiden Gruppen dient der Analyse der Wirkung der Argumentationstiefe auf die Art (6.6.1.) und Anzahl (6.6.2.) der Akzeptanzkriterien sowie der Konkretheit der Äußerungen (6.6.3.).

Ergebnisse und Diskussion Akzeptanzkriterien, Vergleich der Gruppen A und B (6.7.): Dieses Teilkapitel dient der Analyse von Zusammenhängen zwischen der Performanz bei der Konstruktion von Beweisen sowie der bei der Beurteilung von Beweisprodukten genannten Akzeptanzkriterien. Zur Analyse dieser Zusammenhänge werden die auf Grundlage der Performanz bei der Konstruktion von Beweisen gebildeten Gruppen (leistungsstarke Studierende und leistungsschwache Studierende) deskriptiv und inferenzstatistisch miteinander verglichen. Die Analysen beziehen sich auf die Art (6.7.1.) und Anzahl (6.7.2.) der Akzeptanzkriterien sowie der Konkretheit der Äußerungen (6.7.3.).

Ergebnisse und Diskussion Akzeptanzkriterien, Vergleich der Gruppen A und B beim kurzen und langen Beweisprodukt (6.8.): Das letzte Teilkapitel dient einer vertiefenden Analyse der Zusammenhänge aus (6.7.), indem die beiden Gruppen jeweils beim kurzen und langen Beweisprodukt miteinander verglichen werden. Das Ziel dieses Teilkapitels ist es, die Wirkung der Argumentationstiefe auf die Zusammenhänge zwischen der Performanz und den Akzeptanzkriterien zu analysieren. Wie in den vorherigen Kapiteln beziehen sich die Analysen auf die Art (6.8.1.) und Anzahl (6.8.2.) der Akzeptanzkriterien sowie der Konkretheit der Äußerungen (6.8.3.), die pro Beweisprodukt erfolgen.

6.1 Stichprobe

Die in dieser Arbeit betrachtete Stichprobe besteht aus insgesamt 291 Studierenden unterschiedlicher Lehramtsstudiengänge, Universitäten, Veranstaltungen und Studienjahre. Im Folgenden wird erläutert, wie sich die Stichprobe dieser Arbeit genau zusammensetzt. Hierzu wird zunächst die gesamte Stichprobe betrachtet und erläutert, wie sich die Studierenden auf die verschiedenen Lehramtsstudiengänge verteilen (6.1.1.), in welchen Veranstaltungen (welcher Universität) die Daten erhoben wurde (6.1.2.) und wie sich die Studierenden auf verschiedene Studienjahre verteilen (6.1.3.). Im Anschluss werden auf den Studiengängen basierende Teilstichproben genauer betrachtet (6.1.4.). Zuletzt erfolgt eine für die Diskussion der gesamten Arbeit bedeutsame Bemerkung zur Zusammensetzung der Gesamtstichprobe (6.1.5.).

6.1.1 Verteilung auf die Lehramtsstudiengänge

Die Studierenden der Stichprobe verteilen sich wie folgt auf die verschiedenen Lehramtsstudiengänge (Tabelle 6.1):

Tabelle 6.1 Zusammensetzung der Stichprobe (Verteilung auf Lehramtsstudiengänge)

Studiengang	Absolute Häufigkeit	In Prozent
Lehramt an Grundschulen (L1)	111	38,1
Lehramt an Haupt- und Realschulen (L2)	71	24,4
Lehramt an Gymnasien (L3)	93	32,0
Lehramt an beruflichen Schulen (L4)	16	5,5
Summe	291	100

Mit 38,1 % bilden die Studierenden des Lehramts an Grundschulen den größten Anteil der Gesamtstichprobe, gefolgt von den Studierenden des Lehramts an Gymnasien (32 %) und den Studierenden des Lehramts an Haupt- und Realschulen (24,4 %). Einen sehr geringen Anteil von lediglich 5,5 % haben die Studierenden des Lehramts an beruflichen Schulen.

Beschreibung der Studiengänge
Die unterschiedlichen Lehramtsstudiengänge können wie folgt beschrieben werden:
Lehramt an Grundschulen (L1): Es werden drei Fächer für die Klassen 1 bis 6 studiert. Davon ist das Fach Mathematik (neben dem Fach Deutsch) Pflichtfach. Das Studium ist modularisiert. Der Abschluss ist das erste Staatsexamen für das Lehramt an Grundschulen.
Lehramt an Haupt- und Realschulen (L2): Es werden mindestens zwei Fächer aus einem bestimmten Fachangebot gewählt. Darunter kann auch das Fach Mathematik gewählt werden. Mathematik ist allerdings kein Pflichtfach. Das Studium ist modularisiert. Der Abschluss ist das erste Staatsexamen für das Lehramt an Haupt- und Realschulen.
Lehramt an Gymnasien (L3): Wie im Lehramt an Haupt- und Realschulen werden mindestens zwei Fächer aus einem bestimmten Fachangebot gewählt. Das Fach Mathematik kann ebenfalls gewählt werden, ist aber ebenfalls kein Pflichtfach. Das Studium ist sowohl an der Universität Kassel als auch an der Philipps-Universität Marburg modularisiert. Der Abschluss ist das erste Staatsexamen für das Lehramt an Gymnasien.

Lehramt an beruflichen Schulen (L4): Der Studiengang heißt eigentlich „Berufs-
und Wirtschaftspädagogik", wird zum Zwecke einer Vereinheitlichung und zum
Zwecke eines besseren Verständnisses des Studiengangs in dieser Arbeit aber
Lehramt an beruflichen Schulen (L4) genannt. Im Gegensatz zu den anderen
Lehramtsstudiengängen ist es ein modularisierter Bachelor- und Mastersu-
diengang. Neben einer beruflichen Fachrichtung können die Studierenden ein
Zweitfach wählen, zu denen auch das Fach Mathematik gehört.

6.1.2 Veranstaltungen, in denen Daten erhoben wurden

Die Datenerhebungen erfolgten in verschiedenen Veranstaltungen der Universität
Kassel und der Philipps-Universität Marburg. An der Philipps-Universität wurden
allerdings lediglich Daten von Studierende des Lehramts an Gymnasien erhoben,
weil die Philipps-Universität Marburg ausschließlich das Lehramtsstudium für das
Lehramt an Gymnasien anbietet. Die Zusammensetzung der Stichprobe besteht
insgesamt größtenteils aus Studierenden der Universität Kassel. Dort wurden die
Daten von 260 (89,35 %) Studierenden unterschiedlicher Lehramtsstudiengänge
aufgenommen, während es von der Philipps-Universität 31 (10,65 %) Studierende
sind.

Die Veranstaltungen waren (unter Angabe der vertretenden Lehramtsstudiengänge und der Anzahl der Studierenden in den jeweiligen Veranstaltungen)
(Tabelle 6.2 und 6.3):

Tabelle 6.2 Zusammensetzung der Stichprobe (Verteilung auf die Lehrveranstaltungen der
Universität Kassel)

Universität Kassel

Veranstaltung	gesamt	L1	L2	L3	L4
Arithmetik und Geometrie	111	111	–	–	–
Didaktik des Mathematikunterrichts in der Sekundarstufe 1	44	–	27	11	6
Elementare Stochastik	14	–	12	–	2
Grundlagen der Mathematik	59	–	–	51	8
Grundzüge der Mathematik	32	–	32	–	–
Summe	260	111	71	62	16

Tabelle 6.3 Zusammensetzung der Stichprobe (Verteilung auf die Lehrveranstaltungen der Philipps-Universität Marburg)

Philipps-Universität Marburg

Veranstaltung	gesamt	L1	L2	L3	L4
Didaktik der Algebra	9	–	–	9	–
Didaktik der Geometrie	5	–	–	5	–
Elementarmathematik vertieft verstehen	17	–	–	17	–
Summe	31	0	0	31	0

6.1.3 Verteilung auf Studienjahre

Die Studierenden befinden sich in den folgenden Studienjahren im Fach Mathematik. Die Angaben basieren auf einer Abfrage des Fachsemesters Mathematik im Fragebogen (siehe (5.2.1.)) (Tabelle 6.4).

Tabelle 6.4 Zusammensetzung der Stichprobe (Verteilung auf die Studienjahre)

Studienjahr Mathematik	Absolute Häufigkeit	In Prozent
1	183	62,9
2	38	13,1
3	28	9,6
4	27	9,3
5	14	4,5
6	1	0,3
7	1	0,3
Summe	291	100
Mittelwert	1,8179	
Median	1	
Standardabweichung	1,26947	

Mit einem Anteil von 62,9 % befinden sich ein Großteil der Studierenden im ersten Studienjahr Mathematik ihres jeweiligen Lehramtsstudiengangs. Diese Verteilung ist nicht überraschend, da drei der vier meistbesuchten Veranstaltungen, namentlich Arithmetik und Geometrie, Grundzüge der Mathematik und Grundlagen der Mathematik, Veranstaltungen sind, die üblicherweise im ersten Studienjahr besucht werden.

6.1.4 Vertiefende Darstellung der Stichprobe

Im Folgenden wird vertiefend dargestellt, wie sich die Studierenden unter Voraussetzung ihres jeweiligen Lehramtsstudiengangs auf die einzelnen Studienjahre verteilen.

Lehramt an Grundschulen (L1) (Tabelle 6.5)

Tabelle 6.5 Verteilung der Studierenden des Lehramts an Grundschulen auf die Studienjahre

Studienjahr Mathematik	Absolute Häufigkeit	In Prozent
1	104	93,7
2	2	1,8
3	3	2,7
4	1	0,9
6	1	0,9
Summe	111	100
Mittelwert	1,1441	
Median	1	
Standardabweichung	0,64451	

Innerhalb der Studierenden des Lehramts an Grundschulen befinden sich 93,7 % der Studierenden im ersten Studienjahr. Dies ist darauf zurückzuführen, dass die Daten in der Vorlesung Arithmetik und Geometrie erhoben wurden, die regulär im ersten Studienjahr besucht wird.

Lehramt an Haupt- und Realschulen (L2) (Tabelle 6.6)

Tabelle 6.6 Verteilung der Studierenden des Lehramts an Haupt- und Realschulen auf die Studienjahre

Studienjahr Mathematik	Absolute Häufigkeit	In Prozent
1	28	39,4
2	25	35,2
3	4	5,6
4	9	12,7
5	5	7,0
Summe	71	100
Mittelwert	2,1268	
Median	2	
Standardabweichung	1,26412	

Bei den Studierenden des Lehramts an Haupt- und Realschulen zeigt sich eine andere Verteilung der Studierenden auf die Studienjahre. Diese verteilen sich nicht nur noch im großen Maße auf das erste Studienjahr (39,4 %), sondern auch auf das zweite Studienjahr (35,2 %). Insgesamt machen die Studierenden des ersten und zweiten Studienjahrs 74,6 % der Studierenden aus.

Lehramt an Gymnasien (L3) (Tabelle 6.7)

Tabelle 6.7 Verteilung der Studierenden des Lehramts an Gymnasien auf die Studienjahre

Studienjahr Mathematik	Absolute Häufigkeit	In Prozent
1	43	46,2
2	7	7,5
3	19	20,4
4	15	16,1
5	8	8,6
7	1	1,1
Summe	93	100
Mittelwert	2,3763	
Median	2	
Standardabweichung	1,49575	

Unter den Studierenden des gymnasialen Lehramts gibt es mit 46,2 % wieder einen großen Teil an Studierenden im ersten Studienjahr, während sich der Rest der Studierenden auf verschiedene Studienjahre, auch spätere Studienjahre, verteilt. Der große Anteil an Studierenden im ersten Studienjahr ist darauf zurückzuführen, dass mehr als die Hälfte der Studierenden des Lehramts an Gymnasien aus der Veranstaltung Grundlagen der Mathematik stammt und diese regulär von Studierenden des ersten Studienjahres besucht wird.

Lehramt an beruflichen Schulen (L4) (Tabelle 6.8)

Tabelle 6.8 Verteilung der Studierenden des Lehramts an beruflichen Schulen auf die Studienjahre

Studienjahr Mathematik	Absolute Häufigkeit	In Prozent
1	8	50
2	4	25
3	2	12,5
4	2	12,5
Summe	16	100
Mittelwert	1,8750	
Median	1,5	
Standardabweichung	1,08781	

Die Hälfte der Studierenden des Lehramts an beruflichen Schulen befindet sich im ersten Studienjahr Mathematik, während sich die weiteren Studierenden auf die folgenden Studienjahre verteilen.

6.1.5 Bemerkungen zur Stichprobe

Die Stichprobe weist insgesamt keine Gleichverteilung bei den Lehramtsstudiengängen, Studienjahren oder Veranstaltungen auf. Besonders auffällig ist hierbei der hohe Anteil an Studierenden des ersten Studienjahres. Anknüpfend z. B. an die Theorie soziomathematischer Normen (2.2.4) kann allerdings angenommen werden, dass Zusammenhänge zwischen der Zugehörigkeit eines Studierenden z. B. zu einer bestimmten Veranstaltung und der Beweisakzeptanz sowie Akzeptanzkriterien existieren. Es kann daher auch angenommen werden, dass die spezifische Zusammensetzung der Stichprobe entsprechend auch im Zusammenhang mit der Beweisakzeptanz und den Akzeptanzkriterien zu sehen ist. Daher müssen die Ergebnisse in (6.3.) bis (6.8.) auch unter diesem Gesichtspunkt diskutiert werden. Allerdings ist es ein wesentliches Anliegen dieser Arbeit, Beweisakzeptanz und Akzeptanzkriterien im Zusammenhang mit der Performanz bei der Konstruktion von Beweisen zu analysieren ((4.2.), siehe auch (6.7.) und (6.8.)). Hierbei wird angenommen, dass die oben geschilderten Zusammenhänge bei der Analyse von Beweisakzeptanz und Akzeptanzkriterien von Gruppen, die auf dieser Performanz basieren (5.5.2.), bis zu einem gewissen Maße abgeschwächt werden. Limitationen im Zusammenhang mit der Stichprobe werden in (7.6.) erneut aufgegriffen und diskutiert.

6.2 Berechnung und Diskussion der Interraterreliabilitäten

Im Folgenden werden jeweils die Interraterreliabilitäten zu den verwendeten Kategorien der qualitativen Analysen der Beweisprodukte (5.3.1.3.) und Akzeptanzkriterien (5.4.4.1.) berechnet und diskutiert. Für die Beurteilung der Interraterreliabilität eignet sich nach Wirtz und Caspar (2002) die Berechnung eines Cohens Kappa pro Kategorie. Bevor die Ergebnisse dargelegt werden, erfolgen verschiedene Vorbemerkung, die für die Berechnung und Diskussion der Ergebnisse von Bedeutung sind.

Interpretation der Ergebnisse
Für die Interpretation des entsprechenden Koeffizienten gelten nach Bortz und Döring (2016) die folgenden Richtwerte (Tabelle 6.9):

Tabelle 6.9 Interpretation von Cohens Kappa

Cohens Kappa	Interpretation
>0,75	sehr gut
0,60–0,75	gut
0,40–0,60	mittelmäßig bzw. gerade noch ausreichend

Seltene Kategorien
Mitunter ist es notwendig, dass Kategorien aufgrund ihrer Seltenheit genauer untersucht werden müssen. Als selten gelten im Rahmen dieser Arbeit Kategorien, die in weniger als 10 % der doppelt codierten Daten auftreten. Da die

Kategorien bei den Ratern in unterschiedlicher Häufigkeit auftreten, wird jeweils die kleinere Häufigkeit für die 10 % Regelung berücksichtigt. Nach Wirtz und Caspar (2002, S. 237ff) bietet es sich bei seltenen Kategorien an, zwei Koeffizienten anzugeben:

1. **Variante 1**[1]: Einen Koeffizienten, der für alle Fälle berechnet wird. Hierzu gehören insbesondere die Fälle, in denen beide Rater eine Kategorie nicht vergeben haben. Da die Kategorien selten vergeben werden, hat dies zur Folge, dass sehr häufig die Kombination „0"-„0" auftritt, also jene Kombination, in der beide Rater die jeweiligen Kategorien nicht vergeben haben.[2] Inhaltlich ist diese Variante durchaus vertretbar: Es geht um die Frage, ob die Rater bemerken, ob ein Beweisprodukt in eine bestimmte „Ausschlusskategorie" fällt.

2. **Variante 2**: Einen Koeffizienten, der nur für die Fälle berechnet wird, in denen mindestens ein Rater die entsprechende Kategorie vergibt. Es werden hier also lediglich die Kombinationen „1"-„0", „0"-„1" und „1"-„1", nicht aber die Kombination „0"-„0", vergeben. Aufgrund der Seltenheit der Kategorien hat dies zur Folge, dass insgesamt nur sehr wenige Fälle verglichen werden. Hinzu kommt, dass es durchaus auch passieren kann, dass ein Rater durchweg nur „1" und ein Rater durchweg nur „0" vergibt. Eine Berechnung eines Cohens Kappa ist dort nicht möglich. Die prozentuale Übereinstimmung kann aber dennoch berechnet werden.

Berücksichtigt man beide Koeffizienten, so lässt sich die Interraterreliabilität bei diesen Kategorien besser beurteilen.

Nichtvergabe von Kategorien
Bei der Codierung von Beweisprodukten geht es bei bestimmten Kategorien darum, in welcher Ausführung sie vergeben werden. Diese Kategorien werden immer vergeben, es sei denn, es werden vorab bestimmte „Ausschlusskategorien" vergeben. Eine Nichtvergabe dieser Kategorien hat allerdings eine andere Bedeutung als eine Nichtvergabe von Kategorien bei der Codierung von Akzeptanzkriterien. Es wird daher jeweils in (6.2.1.) und (6.2.2.) erläutert, was eine Nichtvergabe bedeutet.

---

[1] Bei den Kategorien, die nicht selten auftreten, wurde ausschließlich Variante 1 gewählt.

[2] Die Kombination „1"-„0" wäre dann z. B. gegeben, wenn Rater 1 eine Kategorie vergeben hat, Rater 2 hingegen nicht.

6.2.1 Interraterreliabilität (Codierung von Beweisprodukten)

Im Folgenden wird die Interraterreliabilität zu den Kategorien berechnet und diskutiert, die bei der Codierung von Beweisprodukten verwendet wurden. Da die Kategorie GB im gesamten Datensatz nicht vergeben wurde, entfällt die dazugehörige Berechnung eines Cohens Kappa.

Stichprobe

Als Grundlage für die Analyse der Interraterreliabilität dient ein Datensatz aus 459 Beweisprodukten, von denen 115 durch zwei unabhängige Rater doppelt codiert wurden. Dies entspricht einem Anteil von 25 % der Daten.

Die untersuchte Gesamtstichprobe dieser Arbeit besteht zwar aus lediglich 291 Studierenden, deren Beweisprodukte vollständig in den genannten 459 Beweisprodukten enthalten sind. Die Differenz aus der Anzahl ergibt sich daraus, dass bei den übrigen 168 Studierenden zu Testzwecken ein anderer Fragebogen und ein anderes Beweisprodukt vorgelegt wurden, die für die Analyse der Beweisakzeptanz und Beweisprodukte im Rahmen dieser Arbeit nicht weiterverwendet wurden. Da gemäß der dargelegten Vorgehensweise bei der Datenerhebung (5.2.1.) die Herstellung des Beweisprodukts unabhängig von der darauffolgenden Beurteilung eines Beweisprodukts erfolgt, kann zur Beurteilung der Interraterreliabilität auf den kompletten Datensatz von 459 Beweisprodukten zurückgegriffen werden, da sich die Bedingungen der genannten 168 Beweisprodukte nicht von den Bedingungen der übrigen 291 Beweisprodukte unterscheiden.

Seltene Kategorien

Die Kategorien NB, VASB, VSW, UV sind seltene Kategorien. Die Interraterreliabilität zu diesen Kategorien wird daher separat diskutiert.

Nichtvergabe von Kategorien

Eine Codierung von Beweisprodukten erfolgt gemäß den Vorgaben im Codiermanual de facto „zweistufig": Wenn einer der Kategorien NB, VASB, VSW oder UV vergeben wird, dann werden die Kategorien AW, KW, GE, IA und VO nicht mehr vergeben. Wenn hingegen keiner der Kategorien NB, VASB, VSW oder UV vergeben wurde, erfolgt immer eine Vergabe von AW, KW, GE und VO in einer bestimmten Ausführung sowie, sofern zutreffend, die Kategorie IA (5.3.2.).[3]

---

[3] In der Kategorie IA gibt es keine Ausführungen wie bei den Kategorien AW, KW, GE und VO. Stattdessen wird eine 1 für „zutreffend" und eine 0 für „nicht zutreffend" vergeben. Einen Einfluss auf die Überlegungen zur Interraterreliabilität hat dieser Unterschied allerdings nicht.

Ob eine Vergabe von AW, KW, GE, IA und VO erfolgt, hängt also von der
Vergabe der Kategorien NB, VASB, VSW oder UV ab. Daher werden bei der
Berechnung eines Cohens Kappa zu den Kategorien AW, KW, GE, IA und VO
nur die Fälle betrachtet, bei denen beide Rater die entsprechende Kategorie (in
einer der Ausführungen) vergeben haben. Wenn also beispielsweise Rater 1 die
Kategorie VASB vergibt und der andere Rater nicht, so werden vom ersten Rater
keine Kategorien AW, KW, GE, IA und VO vergeben, vom zweiten Rater hingegen schon. Dieser Fall würde dann aber nicht in die Berechnung eines Cohens
Kappa in den Kategorien AW, KW, GE, IA und VO berücksichtigt.

6.2.1.1 Interraterreliabilität (nicht seltene Kategorien)

In der folgenden Tabelle sind die Ergebnisse eines Cohens Kappa Koeffizienten
pro Kategorie zu entnehmen (Tabelle 6.10).

Tabelle 6.10 Angabe von Cohens Kappa pro Kategorie

Kategorie	N	Cohens Kappa	Asymptotischer Standardfehler
AW	72	0,813	0,072
KW	58	0,750	0,089
GE	72	0,823	0,069
IA	61	0,880	0,068
VO	72	0,799	0,073

Unter Berücksichtigung der zu Beginn genannten Richtwerte können die oben
ermittelten Werte nach Bortz und Döring (2016) jeweils als gut (KW) bzw. sehr
gut (AW, GE, IA, VO) bezeichnet werden.

6.2.1.2 Interraterreliabilität (seltene Kategorien)

Bei den weiteren verwendeten Kategorien NB, VASB, VSW und UV handelt es
sich um seltene Kategorien, die eine gesonderte Betrachtung erfordern. Gemäß
den Erläuterungen in (5.3.3.1.) wird bei ihnen jeweils eine 1 vergeben, wenn die
Kategorie vergeben wird und 0, wenn sie nicht vergeben wird.

Variante 1 (Tabelle 6.11)

Tabelle 6.11 Cohens Kappa pro Kategorie

Kategorie	N	Cohens Kappa	Asymptotischer Standardfehler
NB	115	0,726	0,096
VASB	115	0,374	0,156
VSW	115	0,884	0,114
UV	115	–	

Gemäß der von Bortz und Döring (2016) genannten Richtwerte kann der Wert für Cohens Kappa in der Kategorie NB als gut und in der Kategorie VSW als sehr gut bezeichnet werden. In der Kategorie VASB ist der Wert allerdings nicht zufriedenstellend. Es konnte kein Cohens Kappa zur Kategorie UV berechnet werden, weil bei einem Rater konstant „0" vergeben wurde. Dies liegt daran, dass dieser Rater nie die Kategorie UV vergeben hat.

Variante 2
Der Versuch, ein Cohens Kappa nach Variante 2 zu berechnen, ergibt, dass bei den Kategorien NB, VASB, VSW und UV die Berechnung eines Cohens Kappas durchweg nicht möglich ist, da bei allen Kategorien die Situation besteht, dass ein Rater konstant „1" bzw. „0" vergeben hat. Dadurch existieren verschiedene Kombinationen von Beurteilungen nicht, wie etwa die Kombination („0" / „0") und („0" / „1") bei der Kategorie NB. In den untenstehenden Kreuztabellen sind die entsprechenden Felder daher leer.

Es ergeben sich insgesamt die folgenden Kreuztabellen, bei denen sich auf der Horizontalen Rater 1 und auf der Vertikalen Rater 2 befinden (Tabelle 6.12, 6.13, 6.14 und 6.15):

Tabelle 6.12 Kreuztabelle (Kategorie NB)

NB	1
0	7
1	11

Tabelle 6.13 Kreuztabelle
(Kategorie VASB)

VASB	1
0	9
1	3

Tabelle 6.14 Kreuztabelle
(Kategorie VSW)

VSW	0	1
1	1	4

Tabelle 6.15 Kreuztabelle
(Kategorie UV)

UV	0	
1	10	

Um eine Beurteilung dennoch vornehmen zu können, wird anstelle eines Cohens Kappas jeweils die prozentuale Übereinstimmung berechnet (Tabelle 6.16):

Tabelle 6.16 Prozentuale
Übereinstimmung pro
Kategorie

Kategorie	Prozentuale Übereinstimmung
NB	$P\ddot{U}_{NB} = \frac{11}{18} \approx 61\%$
VASB	$P\ddot{U}_{VASB} = \frac{3}{12} \approx 25\%$
VSW	$P\ddot{U}_{VSW} = \frac{4}{5} \approx 80\%$
UV	$P\ddot{U}_{UV} = \frac{0}{10} = 0\%$

Während die prozentuale Übereinstimmung zur Kategorie VSW als gut bezeichnet werden kann, sind die prozentualen Übereinstimmungen zu den Kategorien VASB und UV nicht ausreichend. Selbst die prozentuale Übereinstimmung zur Kategorie NB kann als problematisch bezeichnet werden, da prozentuale Übereinstimmungen generell als überschätzt gelten (Wirtz & Caspar, 2002). Die Ergebnisse sollten daher unter Berücksichtigung beider Varianten diskutiert werden.

Diskussion beider Varianten
Zunächst ist zu berücksichtigen, dass die Werte von NB und VSW in Variante 1 als (sehr) gut bezeichnet werden können.

Da in der Kategorie VSW auch die prozentuale Übereinstimmung gut ist, kann die Interraterreliabilität in der Kategorie VSW insgesamt als gut bis sehr gut bezeichnet werden.

Die Interraterreliabilität zur Kategorie NB kann unter Berücksichtigung von Variante 1 als ausreichend bis gut bezeichnet werden. Diese Einschätzung basiert auch darauf, dass die Ergebnisse aus Variante 1 stärker gewichtet werden sollten, da eine Berücksichtigung der „0"–„0" Kombinationen erfolgen sollte.

Die nicht ausreichende Interraterreliabilität in der Kategorie UV hängt vermutlich damit zusammen, dass die Beurteilung, ob etwas völlig unverständlich sei, im sehr großen Maße subjektiv ist. Zudem könnte die Tatsache, dass Rater 2 nie die Kategorie UV vergeben hat, möglicherweise auf eine Form von „Goodwill" zurückzuführen sein: es wird, trotz vermeintlich größerer Unverständlichkeit des Beweisprodukts, versucht, es hinsichtlich weiterer Kategorien zu beurteilen. Eine vollständige Interpretation des Ergebnisses in dieser Hinsicht ist allerdings nicht möglich.

Die nicht ausreichende Interraterreliabilität bei der Kategorie VASB lässt sich aufgrund der vorliegenden Daten hingegen nicht erklären.

Aufgrund der nicht ausreichenden Ergebnisse in den Kategorien UV und VASB stellt sich die Frage nach einer Lösung dieser Problematik. Da die Kategorien NB, VASB, VSW und UV dazu beitragen, ein Beweisprodukt als ungültige / unvollständige / keine Argumentation zu klassifizieren, bestehen zwei Möglichkeiten:

1. Es ist zu überprüfen, ob ggf. eine Zusammenfassung zu einer Kategorie möglich ist und inwiefern dort eine ausreichende Interraterreliabilität besteht.
2. Es ist diskutieren, welche Konsequenz eine nicht ausreichende Übereinstimmung in den Kategorien VASB und UV. In diesem Fall ist zu überprüfen, inwiefern sie einen Einfluss auf die Klassifikation als ungültige / unvollständige / keine Argumentation hat.

Zu 1.: Die Kategorien können zu einer „Sonstigen" Kategorie zusammengefasst werden, da alle Kategorien dahingehend inhaltlich vergleichbar sind, dass sie alle in Form einer „Ausschlusskategorie" der Klassifikation als ungültige / unvollständige / keine Argumentation dienen. Geht man auf diese Weise vor, so erhält man für diese Kategorie den folgenden Wert für Cohens Kappa (Tabelle 6.17):

Tabelle 6.17 Cohens Kappa (Kategorie SO) nach Variante 1

Kategorie	N	Cohens Kappa	Asymptotischer Standardfehler
SO	115	0,542	0,088

Unter Berücksichtigung der in Bortz und Döring (2016, S. 346) aufgestellten Richtwerte ist das berechnete Cohens Kappa als mittelmäßig bzw. gerade noch ausreichend zu bewerten. Bei dieser Berechnung wurden alle Fälle gemäß Variante 1 berücksichtigt. Eine Überprüfung nach Variante 2, also der Fälle, bei denen mindestens ein Rater die Kategorie SO vergibt, ergibt folgendes Ergebnis (Tabelle 6.18):

Tabelle 6.18 Cohens Kappa (Kategorie SO) nach Variante 2

Kategorie	N	Cohens Kappa	Asymptotischer Standardfehler
SO	31	−0,309	0,076

In diesem Fall ergibt sich ein nicht zufriedenstellendes Cohens Kappa.

Zusätzlich erfolgt die Überprüfung der prozentualen Übereinstimmung anhand der Ergebnisse aus der folgenden Kreuztabelle (Tabelle 6.19):

Tabelle 6.19 Kreuztabelle (Kategorie SO)

SO	0	1
0		13
1	8	21

Daraus ergibt sich die folgende prozentuale Übereinstimmung (Tabelle 6.20):

Tabelle 6.20 Prozentuale Übereinstimmung (Kategorie SO)

Kategorie	Prozentuale Übereinstimmung
SO	$P\ddot{U}_{SO} = \frac{21}{34} \approx 62\%$

Da eine prozentuale Übereinstimmung als überschätzt gilt (Wirtz & Caspar, 2002), sollte auch die vorliegende prozentuale Übereinstimmung mit Vorsicht betrachtet werden. Betrachtet man das Ergebnis allerdings zusammen mit dem Ergebnis nach Variante 1, so kann aus dem Gesamtbild auf eine ausreichende Interraterreliabilität geschlossen werden.

Zu 2.: Wie in (5.3.3.) erläutert wurde, erfolgt eine Klassifikation als ungültige / unvollständige / keine Argumentation, wenn eine der Kategorien NB, VASB, VSW oder UV vergeben wird, wenn AW− oder KW− oder VO− sind oder wenn GE− ist (aber nicht gleichzeitig IA, AW+ und KW+ vergeben werden).

Eine Durchsicht der Daten hat nun Folgendes mit einer einzigen Ausnahme[4] ergeben:

- Wenn Rater 1 eine der Kategorien NB, VASB, VSW oder UV vergeben hat, dann hat Rater 2 entweder auch eine dieser Kategorien vergeben oder den Code VO−
- Analog gilt dies für Rater 2: Wenn dieser eine der Kategorien NB, VASB, VSW oder UV vergeben hat, dann hat Rater 1 entweder auch eine dieser Kategorien vergeben oder den Code VO−

Da also immer der Fall eintritt, dass Rater 1 und Rater 2 gleichzeitig eine Kategorie vergeben, der dafür sorgt, dass das Beweisprodukt als ungültige / unvollständige / keine Argumentation klassifiziert wird, hat die geschilderte Problematik in der betrachteten Stichprobe keinen Einfluss auf die Klassifikation der Beweisprodukte. Dieser Befund wäre auch in einer anderen Stichprobe zu erwarten gewesen: Die Codierung durch eine der Kategorien NB, VASB, VSW oder UV deutet aus inhaltlicher Sicht stark darauf hin, dass ein vorliegendes Beweisprodukt erhebliche Defizite aufweist. Wenn einer der Rater eine der Kategorien NB, VASB, VSW oder UV vergibt, kann daher erwartet werden, dass vom anderen Rater mindestens eine der Kategorien AW−, KW−, GE− oder VO− vergeben wird, sodass auch bei einer anderen Stichprobe kein Einfluss der Problematik auf die Klassifikation als ungültige / unvollständige / keine Argumentation wahrscheinlich ist.

6.2.2 Interraterreliabilität (Codierung von Akzeptanzkriterien)

Stichprobe
Als Grundlage für die Doppelcodierung diente ein Datensatz aus 291 Fragebögen, von denen 88 durch zwei unabhängige Rater doppelt codiert wurden. Dies entspricht einem Anteil von 30 % der Daten.

---

[4] Die einzige Ausnahme ist ein Fall, in dem Rater 2 die Kategorie VASB vergeben hat, der Rater 1 hingegen nichts codiert hat, da dieses Beweisprodukt im Codierprozess übersehen wurde. Bei einer nachträglichen Codierung würde Rater 1 ebenfalls die Kategorie VASB vergeben.

Seltene Kategorien

Die Kategorien KOR_z, STR_z, ENT_z, FAL_z und EMP_z sind seltene Kategorien. Die Interraterreliabilität zu diesen Kategorien wird daher separat diskutiert.

Nichtvergabe von Kategorien

Gemäß den Erläuterungen in (5.4.4.3.) werden die Vergabe einer Kategorie als „1" und die Nicht-Vergabe einer Kategorie als „0" interpretiert. Bei der jeweiligen Berechnung eines Cohens Kappa Koeffizienten werden im Falle der Kategorien zu den Akzeptanzkriterien auch die Fälle gezählt, in denen „0"–„0" Kombinationen auftreten, d. h. beide Rater eine bestimmte Kategorie nicht vergeben haben.

Diese Entscheidung basiert darauf, dass eine Interraterreliabilität im Falle der Akzeptanzkriterien de facto die Übereinstimmung beider Rater bei der Frage beschreibt, ob sie die Nennung eines bestimmten Akzeptanzkriteriums erkennen. Eine Nichtvergabe einer Kategorie bei beiden Ratern bedeutet in diesem Fall, dass sie zum selben Urteil dahingehend kommen, dass ein bestimmtes Akzeptanzkriterium nicht genannt wird. Entsprechend würde eine Nichtberücksichtigung dieser „0"–„0" Kombinationen Übereinstimmungen auslassen, die tatsächlich aber vorliegen. Daher werden in der Berechnung der Interraterreliabilität „0"–„0" Kombinationen berücksichtigt.

6.2.2.1 Interraterreliabilität (nicht seltene Kategorien)

In der folgenden Tabelle sind die Ergebnisse eines Cohens Kappa Koeffizienten pro Kategorie zu entnehmen (Tabelle 6.21).

Tabelle 6.21 Cohens Kappa pro Kategorie

Kategorie	N	Cohens Kappa	Asymptotischer Standardfehler
ALG_z	88	0,690	0,118
NEB_z	88	0,728	0,076
FOR_z	88	0,807	0,093
OBE_z	88	0,836	0,064
VER_z	88	0,879	0,059
VST_z	88	0,949	0,036
VOL_z	88	0,835	0,071
SON_z	88	0,743	0,073
KON_z	88	0,799	0,079

Nach Bortz und Döring (2016) können die oben ermittelten Werte jeweils als gut (ALG_z, NEB_z, SON_z) bzw. sehr gut (FOR_z, OBE_z, VER_z, VST_z, VOL_z, KON_z) bezeichnet werden

6.2.2.2 Interraterreliabilität (seltene Kategorien)

Wie eingangs in (6.2.) beschrieben wurde, empfiehlt sich in Anlehnung an Wirtz und Caspar (2002) die Untersuchung anhand der beiden oben genannten Varianten 1 und 2. Variante 1 beinhaltet hierbei auch „0"–„0" Kombinationen, Variante 2 hingegen nicht.

Variante 1 (Tabelle 6.22)

Tabelle 6.22 Cohens Kappa pro Kategorie (Variante 1)

Kategorie	N	Cohens Kappa	Asymptotischer Standardfehler
KOR_z	88	0,751	0,138
STR_z	88	0,649	0,188
ENT_z	88	0,662	0,317
FAL_z	88	0,662	0,317
EMP_z	88	1,000	0,000

Nach Bortz und Döring (2016) können die oben ermittelten Werte jeweils als gut (STR_z, ENT_z, FAL_z) bzw. sehr gut (KOR_z, EMP_z) bezeichnet werden. Allerdings sind auch die Ergebnisse zu Variante 2 zu berücksichtigen

Variante 2

Unter Nichtberücksichtigung der „0"–„0" Kombinationen können jeweils keine zufriedenstellenden Werte für Cohens Kappa berechnet werden. Daher wird zusätzlich eine prozentuale Häufigkeit angegeben (Tabelle 6.23).

Tabelle 6.23 Prozentuale Übereinstimmung pro Kategorie

Kategorie	Prozentuale Übereinstimmung
KOR_z	$\frac{5}{8} = 62,5\%$
STR_z	$\frac{3}{6} = 50\%$
ENT_z	$\frac{1}{2} = 50\%$
FAL_z	$\frac{1}{2} = 50\%$
EMP_z	$\frac{1}{1} = 100\%$

Die aufgeführten Kategorien weisen eine prozentuale Übereinstimmung von 50 % - 100 % auf. Zu berücksichtigen ist allerdings, dass 50 % nicht zwingend als ausreichend bezeichnet werden können, da prozentuale Übereinstimmungen als überschätzt gelten (Wirtz & Caspar, 2002). Es sollten daher die Ergebnisse beider Varianten in ihrer Gesamtheit diskutiert werden.

Diskussion beider Varianten
Zwar birgt eine Berücksichtigung der „0"–„0" Kombinationen das Risiko einer zu geringen Gewichtung der weiteren Kombinationen, allerdings ist eine Nicht-berücksichtigung der „0"–„0" Kombinationen aus inhaltlicher Sicht dahingehend problematisch, dass ein übereinstimmendes Urteil zweier Rater auch die inhalt-liche Bedeutung hat, dass diese sich einig darüber sind, dass ein bestimmter Studierender ein Akzeptanzkriterium <u>nicht</u> nennt.

Diese Nichtberücksichtigung hätte dann zur Folge, dass dieses Urteil gar kein Gewicht hat. Hinzu kommt: je größer die Anzahl der zu codierenden Fra-gebögen wird, desto größer wird auch die Anzahl der Fälle, in denen keine Übereinstimmung zwischen den beiden Ratern besteht. Wenn aber nun die „0"–„0" Kombinationen, in denen eine Übereinstimmung besteht, nicht berück-sichtigt werden, so wiegen die Fälle, in denen keine Übereinstimmung besteht, also die „1"–„0" und „0"–„1" Kombinationen, schwerer. Folglich wird durch die hier dargestellte prozentuale Übereinstimmung, die unter Nichtberücksichti-gung der „0"–„0" Kombinationen erfolgt, die Interraterreliabilität im Gesamtbild möglicherweise sogar unterschätzt. Mit besonderem Fokus auf die genann-ten Kategorien mit der geringsten prozentualen Übereinstimmung, also STR_z, ENT_z und FAL_z, könnte in dieser Problematik der stärkeren Gewichtung von „1"–„0" und „0"–„1" Kombinationen bei gleichzeitiger Nichtberücksich-tigung von inhaltlich eigentlich aussagekräftigen „0"–„0" Kombinationen eine entscheidende Ursache sein.

Insgesamt erscheint es daher besser, die „0"–„0" Kombinationen auch zu berücksichtigen und das Gesamtbild zumindest kritisch anhand der ausschließ-lichen Betrachtung von „1"–„1", „1"–„0" und „0"–„1" Kombinationen zu hinterfragen. Die Interraterreliabilität kann vor dem Hintergrund der guten bis sehr guten Werte nach Variante 1 insgesamt daher als gut bezeichnet werden. Die teilweise eher nicht zufriedenstellenden prozentualen Übereinstimmungen scheinen primär ein Resultat der großen Gewichtung von „1"–„0" und „0"–„1" Kombinationen bei gleichzeitiger Nichtberücksichtigung von „0"–„0" Kombina-tionen zu sein. Hier könnten die Resultate ggf. sogar umgedeutet werden: trotz der Nichtberücksichtigung von „0"–„0" Kombinationen existieren immer noch prozentuale Übereinstimmungen von mindestens 50 %.

Weiterhin sollte die Berechnung der Interraterreliabilität in der Kategorie EMP_z diskutiert werden, die unter Nichtberücksichtigung von „0"–„0" auf lediglich einer Vergabe der Kategorie EMP_z basiert. Wie in (5.4.4.2.) erläutert wurde, wird die Kategorie EMP_z vergeben, wenn der Code ET_7_1_0 vergeben wird. Dies ist dann der Fall, wenn Äußerungen der Art „Es fehlt ein Beispiel" getätigt werden. Es kann angenommen werden, dass Äußerung dieser Art leicht erkannt werden, sodass auch bei einem größeren Datensatz davon ausgegangen werden kann, dass die Übereinstimmung der Rater hoch bleibt.

Unter Berücksichtigung der getätigten Diskussion scheint insgesamt eine gute Interraterreliabilität gegeben zu sein, sodass die Kategorien für die weitere Analyse genutzt werden können.

6.3 Ergebnisse und Diskussion Beweisprodukte

In diesem Teilkapitel werden die folgenden Forschungsfrage aus (4.3.2.) beantwortet:

1. FF-1a: Welche Beweisprodukte stellen Studierende unterschiedlicher Lehramtsstudiengänge und Studienjahre her?
2. FF-1b: Welche Gruppen lassen sich aufgrund dieser Performanz bei der Konstruktion von Beweisen bilden?

Das Ziel dieses Teilkapitels ist also die Messung der Performanz der Studierenden bei der Konstruktion von Beweisen (siehe hierzu auch (2.4.1.) und (4.2.)) und die Bildung von Gruppen auf Basis dieser Performanz. Die Messung der Performanz (FF-1a) erfolgt aufgrund einer deskriptiven Analyse der Beweisprodukte und anhand der methodischen Überlegungen in (5.5.1.), die auf den Überlegungen zur Codierung und Klassifikation von Beweisprodukten in (5.3.) basieren. Die Bildung von Gruppen auf Basis dieser Performanz (FF-1b) erfolgt anhand der Überlegungen in (5.5.2.) und dient den differenzierten Betrachtungen der Beweisakzeptanz in (6.4.) und Akzeptanzkriterien in (6.7.) und (6.8.), um Zusammenhänge zwischen der Performanz und Beweisakzeptanz bzw. Akzeptanzkriterien (zu diesem Forschungsanliegen siehe (4.2.) und (4.3.)) zu ermitteln. Zusätzlich zur kompakten deskriptiven Analyse in (6.3.1.) und der Bildung von Gruppen (6.3.2.) erfolgt eine vertiefende deskriptive Analyse in (6.3.3.).

Stichprobe
Es wird die in (6.1.) dargestellte Gesamtstichprobe von 291 Studierenden betrachtet.

6.3.1 Deskriptive Analyse der Beweisprodukte

Die Studierenden haben die folgenden Beweisprodukte hergestellt, die auf den in (5.3.3.) formulierten Regeln zur Klassifikation von Beweisprodukten basieren (Tabelle 6.24):

Tabelle 6.24 Absolute und prozentuale Häufigkeiten der hergestellten Beweisprodukte

Beweisprodukt	Anzahl	In Prozent	Kumulierte Prozente
Beweis	52	17,9	17,9
Begründung	18	6,2	24,1
Generischer Beweis	0	0	24,1
Empirische Argumentation	21	7,2	31,3
Ungültige / unvollständige / keine Argumentation	200	68,7	100
Summe	291	100	100

Die Ergebnisse zur Herstellung der Beweisprodukte weisen insgesamt eine sehr ungleiche Verteilung auf. Während Beweise (17,9 %) und Begründungen (6,2 %) (und generische Beweise (0 %)) lediglich 24,1 % der hergestellten Beweisprodukte ausmachen, machen empirische Argumentationen (7,2 %) und ungültige / unvollständige / keine Argumentationen (68,7 %) zusammen 75,9 % der hergestellten Beweisprodukte aus.

6.3.2 Bildung von Gruppen

Auf Basis der Ergebnisse der deskriptiven Analyse (6.3.1.) können nun Gruppen gebildet werden. Gemäß den Überlegungen in (5.2.2.) sind die Gruppen:

- **Gruppe A (leistungsstarke Studierende)**: Studierende, die einen Beweis oder eine Begründung hergestellt haben
- **Gruppe B (leistungsschwache Studierende)**: Studierende, die eine empirische Argumentation, oder eine ungültige / unvollständige / keine Argumentationen hergestellt haben

Entsprechend der Ergebnisse der deskriptiven Analyse umfassen Gruppe A insgesamt 70 Studierende (24,1 %) und Gruppe B 221 Studierende (75,9 %).

6.3.3   Vertiefende deskriptive Analyse

Die deskriptive Analyse in (6.3.1.) sowie die darauf aufbauende Bildung von Gruppen in (6.3.2.) dienen der Beantwortung der in initial und in (4.3.) formulierten Forschungsfragen sowie der weiteren Analyse von Akzeptanzkriterien im Rahmen dieser Arbeit. Punktuell soll im Folgenden dennoch eine vertiefende deskriptive Analyse erfolgen. Diese Analyse umfasst:

1. Eine genauere Analyse der Gründe für eine Klassifikation als ungültige / unvollständige / keine Argumentation (6.3.3.1.). Hierzu werden die vergebenen Kategorien (5.3.1.3.), die eine Klassifikation von Beweisprodukten anhand der in (5.3.3.) aufgestellten Regeln ermöglicht haben. Diese genauere Analyse wird durch den hohen prozentualen Anteil dieses Beweisprodukts (68,7 %) motiviert und ist auch durch die Tatsache begründet, dass ein „Scheitern" bei der Herstellung eines Beweises bzw. einer Begründung oftmals zu einer Klassifikation als ungültige / unvollständige / keine Argumentation führt.

2. Eine deskriptive Analyse der Beweisprodukte mit einer Sortierung nach Studienjahr und Studiengang. Diese Analyse ist aufgrund der spezifischen Eigenschaften der vorliegenden Stichprobe (6.1.) lohnenswert, da sich die Stichprobe aus Studierenden unterschiedlicher Studienjahre und Lehramtsstudiengänge zusammensetzt und keine Gleichverteilung auf die einzelnen Studienjahre und Studiengänge vorliegt. Beispielsweise besteht die Teilstichprobe der Studierenden des ersten Studienjahrs (183 Studierende) zum großen Teil aus Studierenden des Lehramts an Grundschulen (104 Studierende). Nach einer Sortierung nach Studienjahr (6.3.3.2.) erfolgt eine Sortierung nach Studiengang (6.3.3.3.) und schließlich eine Sortierung sowohl nach Studienjahr als auch nach Studiengang (6.3.3.4.).

6.3.3.1   Analyse der Gründe für die Klassifikation als ungültige / unvollständige / keine Argumentation

Mit einem Anteil von 68,7 % (200 Beweisprodukte) machen ungültige / unvollständige / keine Argumentationen einen Großteil der Beweisprodukte aus. In der folgenden Tabelle sind die Codes dargestellt, die zu dieser Klassifikation gemäß dem Regeln in (5.3.3.) geführt haben (Tabelle 6.25).

Tabelle 6.25 Gründe für die Klassifikation als ungültige / unvollständige / keine Argumentation

Ursache	Anzahl
Vergabe der Codes NB, VASB, VSW, UV	81
Vergabe des Codes VO− (ggf. mit gleichzeitiger Vergabe der Codes AW−, KW− und GE−)	115
Vergabe des Codes KW− (alleinige Ursache)	2
Vergabe des Codes GE− (alleinige Ursache)	2

Eine Klassifikation erfolgte vor allem aufgrund der Vergabe von zwei Typen von Codes: verschiedene sonstige Codes (NB, VASB, VSW, UV), also die Codes der Sonstigen Kategorie (5.3.1.4.) oder dem Code VO− (ggf. mit gleichzeitiger Vergabe der Codes AW−, KW− und GE−). Bezüglich der verschiedenen Codes der sonstigen Kategorie ergeben sich die folgenden genaueren Gründe für die Klassifikation (Tabelle 6.26):

Tabelle 6.26 Gründe für die Klassifikation als ungültige / unvollständige / keine Argumentation (Sonstige Kategorie)

Sonstige Kategorie	Anzahl
NB (nicht bearbeitet)	43
VASB (Versuch, anderen Satz zu beweisen)	28
VSW (Versuch, Satz zu widerlegen)	8
UV (unverständlich)	2
Summe	81

Da es gemäß den in (5.3.1.4.) genannten Regeln vorgeschrieben ist, dass kein weiterer Code vergeben wird, wenn einer der Codes NB, VASB, VSW oder UV vergeben wird, kann geschlossen werden, dass 81 Beweisprodukte bereits durch die sonstige Kategorie als ungültige / unvollständige / keine Argumentation klassifiziert werden.

Die zweite häufige Ursache für die Klassifikation als ungültige / unvollständige / keine Argumentation ist die Vergabe des Codes VO−., der, ggf. mit gleichzeitiger Vergabe der Codes AW−, KW− und GE−, in 115 Beweisprodukten vergeben wird. Die Codes AW−, KW− und GE− korrelieren hierbei häufig mit VO−: Immer, wenn AW− vergeben wurde (60 Fälle), wurde auch der Code VO− vergeben. Wenn KW− vergeben wurde, wurde der Code VO− fast immer gleichzeitig vergeben (60 von 62 Fällen). Wenn GE− vergeben wurde, wurde der Code VO− ebenfalls fast immer gleichzeitig vergeben (46 von 48 Fällen). In den 4 Fällen, in denen VO− nicht gleichzeitig vergeben wurde, ergibt sich das folgende Bild:

- In zwei Fällen wurde der Code KW− zusätzlich zu den Codes AW+, VO~ und GE+ vergeben. Hier ist also die Vergabe von KW− verantwortlich für die Klassifikation als ungültige / unvollständige / keine Argumentation. Diese beiden Beweisprodukte sind Beweisprodukte, in denen zwar der Gültigkeitsbereich nicht eingeschränkt wird, alle Annahmen korrekt sind und sogar eine für eine Vergabe von VO~ hinreichende Anzahl an Beweisschritten vorhanden ist, aber mindestens eine falsche Konklusion existiert.
- In zwei Fällen wurde der Code GE− zusätzlich zu den Codes AW+, KW+, VO~ vergeben. Insbesondere wurde hier nicht der Code IA vergeben. Der Code GB wäre wiederum nicht möglich gewesen, da durch die Vergabe von GB automatisch der Code GE+ vergeben wird, wie in (5.3.1.4.) erläutert wurde. Es ist also die Vergabe von GE− verantwortlich für die Klassifikation als ungültige / unvollständige / keine Argumentation. Diese beiden Beweisprodukte sind Beweisprodukte, in denen der Gültigkeitsbereich eingeschränkt wurde, aber ansonsten durchweg korrekte Aussagen existieren und eine für die Vergabe von VO~ hinreichend vollständige Argumentationskette vorliegt.

Wenn hingegen VO− vergeben wurde, dann gibt es 21 Beweisprodukte, in denen nicht gleichzeitig AW−, KW− und GE− vergeben wurden. Diese 21 Beweisprodukte wurden also ausschließlich aufgrund einer nicht hinreichenden Argumentationstiefe als ungültige / unvollständige / keine Argumentation klassifiziert und nicht zusätzlich noch aufgrund falscher Annahmen bzw. Konklusionen und eines eingeschränkten Gültigkeitsbereichs. In 94 Fällen wird ein Beweisprodukt also (auch) aus weiteren Gründen als ungültige / unvollständige / keine Argumentation klassifiziert.

6.3.3.2 Deskriptive Analyse der Beweisprodukte (Sortierung nach Studienjahr)

Bei einer Sortierung nach Studienjahren ergeben sich die folgenden Ergebnisse.

Studierende im ersten Studienjahr (Tabelle 6.27)

Tabelle 6.27 Absolute und prozentuale Häufigkeiten der hergestellten Beweisprodukte (erstes Studienjahr)

Beweisprodukt	Anzahl	In Prozent	Kumulierte Prozente
Beweis	8	4,4	4,4
Begründung	8	4,4	8,8
Generischer Beweis	0	0	8,8
Empirische Argumentation	18	9,8	18,6
Ungültige / unvollständige / keine Argumentation	149	81,4	100
Summe	183	100	100

Studierende ab dem zweiten Studienjahr (Tabelle 6.28)

Tabelle 6.28 Absolute und prozentuale Häufigkeiten der hergestellten Beweisprodukte (ab dem zweiten Studienjahr)

Beweisprodukt	Anzahl	In Prozent	Kumulierte Prozente
Beweis	44	40,7	40,7
Begründung	10	9,3	50
Generischer Beweis	0	0	50
Empirische Argumentation	3	2,8	52,8
Ungültige / unvollständige / keine Argumentation	51	47,2	100
Summe	108	100	100

Die Unterscheidung zwischen Studierenden im ersten Studienjahr und Studierenden ab dem zweiten Studienjahr ermöglicht ein differenziertes Bild:

Die Studierenden des ersten Studienjahres stellen in 8,8 % der Fälle (16 Studierende) einen Beweis oder eine Begründung her (Beweis: 4,4 % (8 Studierende), Begründung: 4,4 % (8 Studierende)). In 91,2 % der Fälle (167

Studierende) stellen sie hingegen eine empirische Argumentation oder eine ungültige / unvollständige / keine Argumentation her (empirische Argumentation: 9,8 % (18 Studierende), ungültige / unvollständige / keine Argumentation: 81,4 % (149 Studierende)).

Im Gegensatz dazu stellen die Studierenden ab dem zweiten Studienjahr in 50 % der Fälle einen Beweis oder eine Begründung her (Beweis: 40,7 % (44 Studierende), Begründung: 9,3 % (10 Studierende)). In 50 % der Fälle stellen sie entsprechend eine empirische Argumentation oder eine ungültige / unvollständige / keine Argumentation her (empirische Argumentation: 2,8 % (3 Studierende), ungültige / unvollständige / keine Argumentation: 47,2 % (51 Studierende)).

Gesamtbetrachtung
Insgesamt ergibt sich beim Vergleich des ersten Studienjahres mit den Studienjahren ab dem zweiten Studienjahr das folgende Bild. Angegeben sind jeweils die prozentualen Häufigkeiten und die Gruppen A und B, die gemäß den Überlegungen in (5.2.2.) gebildet wurden. Gruppe A beinhaltet die Studierenden, die einen Beweis oder eine Begründung hergestellt haben (leistungsstarke Studierende), während Gruppe B die Studierenden beinhaltet, die eine empirische Argumentation oder ungültige / unvollständige / keine Argumentation hergestellt haben (leistungsschwache Studierende) (Tabelle 6.29).

Tabelle 6.29
Zuordnungen zu den Gruppen A und B (erstes Studienjahr / ab dem zweiten Studienjahr)

	Erstes Studienjahr	Ab dem zweiten Studienjahr
Gruppe A	8,8	50
Gruppe B	91,2	50
Summe	100	100

Der Anteil an Beweisen und Begründungen ist im ersten Studienjahr wesentlich geringer ist als ab dem zweiten Studienjahr (erstes Studienjahr: 8,8 %, ab dem zweiten Studienjahr: 50 %). Der Anteil an empirischen Argumentationen und ungültigen / unvollständigen / keine Argumentationen ist hingegen im ersten Studienjahr wesentlich größer (erstes Studienjahr: 91,2 %, ab dem zweiten Studienjahr: 50 %). Die Studierenden des ersten Studienjahrs weisen also eine deutlich geringere Performanz bei der Konstruktion von Beweisen als die Studierenden ab dem zweiten Studienjahr auf.

6.3.3.3 Deskriptive Analyse der Beweisprodukte (Sortierung nach Studiengang)

Eine Sortierung nach Studiengängen ergibt die folgenden Ergebnisse.

Studierende des Lehramts an Grundschulen (Tabelle 6.30)

Tabelle 6.30 Absolute und prozentuale Häufigkeiten der hergestellten Beweisprodukte (Studierende des Lehramts an Grundschulen)

Beweisprodukt	Anzahl	In Prozent	Kumulierte Prozente
Beweis	1	0,9	0,9
Begründung	2	1,8	2,7
Generischer Beweis	0	0	2,7
Empirische Argumentation	15	13,5	16,2
Ungültige / unvollständige / keine Argumentation	93	83,8	100
Summe	111	100	100

Die Studierenden des Lehramts an Grundschulen haben in 2,7 % der Fälle (3 Studierende) einen Beweis oder eine Begründung hergestellt (Beweis: 0,9 % (1 Studierender), Begründung: 1,8 % (2 Studierende). Der Anteil der empirischen Argumentation oder ungültigen / unvollständigen / keine Argumentationen beträgt hingegen 97,3 % (empirische Argumentation: 13,5 % (15 Studierende), ungültigen / unvollständigen / keine Argumentationen: 83,8 % (93 Studierende)).

Studierende des Lehramts an Haupt- und Realschulen (Tabelle 6.31)

Tabelle 6.31 Absolute und prozentuale Häufigkeiten der hergestellten Beweisprodukte (Studierende des Lehramts an Haupt- und Realschulen)

Beweisprodukt	Anzahl	In Prozent	Kumulierte Prozente
Beweis	11	15,5	15,5
Begründung	5	7	22,5
Generischer Beweis	0	0	22,5
Empirische Argumentation	0	0	22,5
Ungültige / unvollständige / keine Argumentation	55	77,5	100
Summe	71	100	100

Bei den Studierenden des Lehramts an Haupt- und Realschulen sind es 22,5 % (16 Studierende), die einen Beweis oder eine Begründung hergestellt haben (Beweis: 15,5 % (11 Studierende), Begründung: 7 % (5 Studierende)). 77,5 % haben eine empirische Argumentation oder ungültige / unvollständige / keine Argumentation hergestellt (empirische Argumentation: 0 %, ungültigen / unvollständigen / keine Argumentationen: 77,5 % (55 Studierende)).

Studierende des Lehramts an Gymnasien (Tabelle 6.32)

Tabelle 6.32 Absolute und prozentuale Häufigkeiten der hergestellten Beweisprodukte (Studierende des Lehramts an Gymnasien)

Beweisprodukt	Anzahl	In Prozent	Kumulierte Prozente
Beweis	39	41,9	41,9
Begründung	8	8,6	50,5
Generischer Beweis	0	0	50,5
Empirische Argumentation	5	5,4	55,9
Ungültige / unvollständige / keine Argumentation	41	44,1	100
Summe	93	100	100

Die Studierenden des Lehramts an Gymnasien haben in 50,5 % der Fälle (47 Studierende) einen Beweis oder eine Begründung hergestellt (Beweis: 41,9 % (39 Studierende), Begründung: 8,6 % (8 Studierende). Der Anteil der empirischen Argumentation oder ungültigen / unvollständigen / keine Argumentationen beträgt 49,5 % (empirische Argumentation: 5,4 % (5 Studierende), ungültigen / unvollständigen / keine Argumentationen: 44,1 % (41 Studierende)).

Studierende des Lehramts an beruflichen Schulen (Tabelle 6.33)

Tabelle 6.33 Absolute und prozentuale Häufigkeiten der hergestellten Beweisprodukte (Studierende des Lehramts an beruflichen Schulen)

Beweisprodukt	Anzahl	In Prozent	Kumulierte Prozente
Beweis	1	6,2	6,2
Begründung	3	18,8	25
Generischer Beweis	0	0	25
Empirische Argumentation	1	6,2	31,2
Ungültige / unvollständige / keine Argumentation	11	68,8	100
Summe	16	100	100

Bei den Studierenden des Lehramts an beruflichen Schulen haben 25 % der Studierenden (4 Studierende) einen Beweis oder eine Begründung hergestellt (Beweis: 6,2 % (1 Studierender), Begründung: 18,8 % (3 Studierende). 75 % der Studierenden (12 Studierende) haben eine empirische Argumentation oder ungültige / unvollständige / keine Argumentation hergestellt (empirische Argumentation: 6,2 % (1 Studierender), ungültigen / unvollständigen / keine Argumentationen: 68,8 % (11 Studierende)).

Gesamtbetrachtung

Vergleicht man die jeweiligen Studierenden des Lehramts, so ergibt sich das folgende Bild (Tabelle 6.34).

Tabelle 6.34 Verteilung der Lehramtsstudiengänge auf die Gruppen A und B

	Grundschulen	Haupt- und Realschulen	Gymnasien	Berufliche Schulen
Gruppe A	2,7	22,5	50,5	25
Gruppe B	97,3	77,5	49,5	75
Summe	100	100	100	100

Bei den Studierenden des Lehramts an Grundschulen befinden sich am wenigsten Studierende in Gruppe A (2,7 %). Die Anteile bei den Studierenden des Lehramts an Haupt- und Realschulen und beruflichen Schulen ist in etwa vergleichbar (22,5 % und 25 %). Die Studierenden des Lehramts an Gymnasien weisen den größten Anteil in dieser Gruppe auf (50,5 %).

Entsprechend umgekehrt weisen die Studierenden des Lehramts an Grundschulen in Gruppe B den größten Anteil auf (97,3 %), gefolgt von den Studierenden des Lehramts an beruflichen Schulen (75 %) und Haupt- und Realschulen (77,5 %). Der Anteil an Studierenden des Lehramts an Gymnasien liegt bei 49,5 % und ist wesentlich geringer.

Insgesamt weisen die Studierenden des Lehramts an Gymnasien also mit Abstand die größte Performanz auf, gefolgt von den Studierenden des Lehramts an beruflichen Schulen und Haupt- und Realschulen. Die Studierenden des Lehramts an Grundschulen zeigen hingegen die mit großem Abstand geringste Performanz.

6.3.3.4 Deskriptive Analyse der Beweisprodukte (Sortierung nach Studienjahr und Studiengang)

Eine Sortierung nach Studienjahr und Studiengang ergibt die folgenden Ergebnisse.

Erstes Studienjahr: Studierende des Lehramts an Grundschulen (Tabelle 6.35)

Tabelle 6.35 Absolute und prozentuale Häufigkeiten der hergestellten Beweisprodukte (erstes Studienjahr, Studierende des Lehramts an Grundschulen)

Beweisprodukt	Anzahl	In Prozent	Kumulierte Prozente
Beweis	0	0	0
Begründung	2	1,9	1,9
Generischer Beweis	0	0	1,9
Empirische Argumentation	13	12,5	14,4
Ungültige / unvollständige / keine Argumentation	89	85,6	100
Summe	104	100	100

Die Studierenden des Lehramts an Grundschulen im ersten Studienjahr haben in 1,9 % der Fälle (3 Studierende) einen Beweis oder eine Begründung hergestellt (Beweis: 0 %, Begründung: 1,9 % (2 Studierende). Der Anteil der empirischen Argumentation oder ungültigen / unvollständigen / keine Argumentationen beträgt

hingegen 98,1 % (empirische Argumentation: 12,5 % (15 Studierende), ungültigen / unvollständigen / keine Argumentationen: 85,6 % (89 Studierende)).
Aufgrund der Tatsache, dass sich 93,7 % der Studierenden des Lehramts an
Grundschulen im ersten Studienjahr befinden (6.1.4.), sind die Anteile in dieser Betrachtung sehr ähnlich zu den Anteilen der Betrachtung der Studierenden
des Lehramts an Grundschulen, die unabhängig vom Studienjahr erfolgt ist.

**Erstes Studienjahr: Studierende des Lehramts an Haupt- und Realschulen
(Tabelle 6.36)**

Tabelle 6.36 Absolute und prozentuale Häufigkeiten der hergestellten Beweisprodukte
(erstes Studienjahr, Studierende des Lehramts an Haupt- und Realschulen)

Beweisprodukt	Anzahl	In Prozent	Kumulierte Prozente
Beweis	2	7,1	7,1
Begründung	1	3,6	10,7
Generischer Beweis	0	0	10,7
Empirische Argumentation	0	0	10,7
Ungültige / unvollständige / keine Argumentation	25	89,3	100
Summe	28	100	100

Bei den Studierenden des Lehramts an Haupt- und Realschulen im ersten Studienjahr sind es 10,7 % (3 Studierende), die einen Beweis oder eine Begründung
hergestellt haben (Beweis: 7,1 % (2 Studierende), Begründung: 3,6 % (1 Studierender)). 89,3 % (25 Studierende) haben eine empirische Argumentation oder
ungültige / unvollständige / keine Argumentation hergestellt (empirische Argumentation: 0 %, ungültigen / unvollständigen / keine Argumentationen: 89,3 %
(25 Studierende)).

Erstes Studienjahr: Studierende des Lehramts an Gymnasien (Tabelle 6.37)

Tabelle 6.37 Absolute und prozentuale Häufigkeiten der hergestellten Beweisprodukte (erstes Studienjahr, Studierende des Lehramts an Gymnasien)

Beweisprodukt	Anzahl	In Prozent	Kumulierte Prozente
Beweis	6	14	14
Begründung	3	7	21
Generischer Beweis	0	0	21
Empirische Argumentation	5	11,6	32,6
Ungültige / unvollständige / keine Argumentation	29	67,4	100
Summe	43	100	100

Unter den Studierenden des Lehramts and Gymnasien haben im ersten Studienjahr 21 % (9 Studierende) einen Beweis oder eine Begründung hergestellt (Beweis: 14 % (6 Studierende), Begründung: 7 % (3 Studierende)). 79 % der Studierenden haben wiederum eine empirische Argumentation oder eine ungültige / unvollständige / keine Argumentation hergestellt (empirische Argumentation: 11,6 % (5 Studierende), ungültige / unvollständige / keine Argumentation: 67,4 % (29 Studierende)).

Erstes Studienjahr: Studierende des Lehramts an beruflichen Schulen (Tabelle 6.38)

Tabelle 6.38 Absolute und prozentuale Häufigkeiten der hergestellten Beweisprodukte (erstes Studienjahr, Studierende des Lehramts an beruflichen Schulen)

Beweisprodukt	Anzahl	In Prozent	Kumulierte Prozente
Beweis	0	0	0
Begründung	2	25	25
Generischer Beweis	0	0	25
Empirische Argumentation	0	0	25
Ungültige / unvollständige / keine Argumentation	6	75	100
Summe	8	100	100

Bei den Studierenden des Lehramts an beruflichen Schulen im ersten Studienjahr haben 25 % der Studierenden (2 Studierende) einen Beweis oder eine Begründung hergestellt (Beweis: 0 %, Begründung: 25 % (2 Studierende). 75 % der Studierenden (6 Studierende) haben eine empirische Argumentation oder ungültige / unvollständige / keine Argumentation hergestellt (empirische Argumentation: 0 %, ungültigen / unvollständigen / keine Argumentationen: 75 % (6 Studierende)).

Ab dem zweiten Studienjahr: Studierende des Lehramts an Grundschulen (Tabelle 6.39)

Tabelle 6.39 Absolute und prozentuale Häufigkeiten der hergestellten Beweisprodukte (ab dem zweiten Studienjahr, Studierende des Lehramts an Grundschulen)

Beweisprodukt	Anzahl	In Prozent	Kumulierte Prozente
Beweis	1	14,3	14,3
Begründung	0	0	14,3
Generischer Beweis	0	0	14,3
Empirische Argumentation	2	28,6	42,9
Ungültige / unvollständige / keine Argumentation	4	57,1	100
Summe	7	100	100

Die Studierenden des Lehramts an Grundschulen ab dem zweiten Studienjahr haben in 14,3 % der Fälle (1 Studierender) einen Beweis oder eine Begründung hergestellt (Beweis: 14,3 % (1 Studierender), Begründung: 0 %). Der Anteil der empirischen Argumentation oder ungültigen / unvollständigen / keine Argumentationen beträgt 85,7 % (empirische Argumentation: 28,6 % (2 Studierende), ungültigen / unvollständigen / keine Argumentationen: 57,1 % (4 Studierende)). Es befinden sich vergleichsweise sehr wenige Studierende des Lehramts an Grundschulen in einem höheren Studienjahr.

Ab dem zweiten Studienjahr: Studierende des Lehramts an Haupt- und Realschulen (Tabelle 6.40)

Tabelle 6.40 Absolute und prozentuale Häufigkeiten der hergestellten Beweisprodukte (ab dem zweiten Studienjahr, Studierende des Lehramts an Haupt- und Realschulen)

Beweisprodukt	Anzahl	In Prozent	Kumulierte Prozente
Beweis	9	20,9	20,9
Begründung	4	9,3	30,2
Generischer Beweis	0	0	30,2
Empirische Argumentation	0	0	30,2
Ungültige / unvollständige / keine Argumentation	30	69,8	100
Summe	43	100	100

Bei den Studierenden des Lehramts an Haupt- und Realschulen ab dem zweiten Studienjahr sind es 30,2 % (13 Studierende), die einen Beweis oder eine Begründung hergestellt haben (Beweis: 20,9 % (9 Studierende), Begründung: 9,3 % (4 Studierende)). 69,8 % (30 Studierende) haben eine empirische Argumentation oder ungültige / unvollständige / keine Argumentation hergestellt (empirische Argumentation: 0 %, ungültigen / unvollständigen / keine Argumentationen: 69,8 % (30 Studierende)).

Ab dem zweiten Studienjahr: Studierende des Lehramts an Gymnasien (Tabelle 6.41)

Tabelle 6.41 Absolute und prozentuale Häufigkeiten der hergestellten Beweisprodukte (ab dem zweiten Studienjahr, Studierende des Lehramts an Gymnasien)

Beweisprodukt	Anzahl	In Prozent	Kumulierte Prozente
Beweis	33	66	66
Begründung	5	10	76
Generischer Beweis	0	0	76
Empirische Argumentation	0	0	76
Ungültige / unvollständige / keine Argumentation	12	24	100
Summe	50	100	100

Unter den Studierenden des Lehramts and Gymnasien haben ab dem zweiten Studienjahr 76 % (38 Studierende) einen Beweis oder eine Begründung hergestellt (Beweis: 66 % (33 Studierende), Begründung: 10 % (5 Studierende)). 24 % der Studierenden haben wiederum eine empirische Argumentation oder eine ungültige / unvollständige / keine Argumentation hergestellt (empirische Argumentation: 0 %, ungültige / unvollständige / keine Argumentation: 24 % (12 Studierende)).

Ab dem zweiten Studienjahr: Studierende des Lehramts an beruflichen Schulen (Tabelle 6.42)

Tabelle 6.42 Absolute und prozentuale Häufigkeiten der hergestellten Beweisprodukte (ab dem zweiten Studienjahr, Studierende des Lehramts an beruflichen Schulen)

Beweisprodukt	Anzahl	In Prozent	Kumulierte Prozente
Beweis	1	12,5	12,5
Begründung	1	12,5	25
Generischer Beweis	0	0	25
Empirische Argumentation	1	12,5	37,5
Ungültige / unvollständige / keine Argumentation	5	62,5	100
Summe	8	100	100

Bei den Studierenden des Lehramts an beruflichen Schulen ab dem zweiten Studienjahr haben 25 % der Studierenden (2 Studierende) einen Beweis oder eine Begründung hergestellt (Beweis: 12,5 % (1 Studierender), Begründung: 12,5 % (1 Studierender). 75 % der Studierenden (6 Studierende) haben eine empirische Argumentation oder ungültige / unvollständige / keine Argumentation hergestellt (empirische Argumentation: 12,5 % (1 Studierender), ungültigen / unvollständigen / keine Argumentationen: 62,5 % (5 Studierende)).

Gesamtbetrachtung
Vergleicht man die jeweiligen Studierenden des Lehramts im ersten Studienjahr und ab dem zweiten Studienjahr miteinander, so ergibt sich das folgende Bild. (Tabelle 6.43 und 6.44)

Tabelle 6.43 Verteilung der Lehramtsstudiengänge auf die Gruppen A und B (erstes Studienjahr)

Erstes Studienjahr	Grundschulen	Haupt- und Realschulen	Gymnasien	Berufliche Schulen
Gruppe A	1,9	10,7	21	25
Gruppe B	98,1	89,3	79	75
Summe	100	100	100	100

Tabelle 6.44 Verteilung der Lehramtsstudiengänge auf die Gruppen A und B (ab dem zweiten Studienjahr)

Ab dem zweiten Studienjahr	Grundschulen	Haupt- und Realschulen	Gymnasien	Berufliche Schulen
Gruppe A	14,3	30,2	76	25
Gruppe B	85,7	69,8	24	75
Summe	100	100	100	100

Bei den Studierenden im ersten Studienjahr befinden sich im unter den Studierenden des Lehramts an Grundschulen nur sehr wenige Studierende in Gruppe A (1,9 %) und fast alle in Gruppe B (98,1 %). Obgleich sich hier mehr Studierende in Gruppe A befinden, existiert bei den Studierenden des Lehramts an Haupt- und Realschulen (Gruppe A: 10,7 %, Gruppe B: 89,3 %), bei den Studierenden des Lehramts an Gymnasien (Gruppe A: 21 %, Gruppe B: 79 %) und bei den Studierenden des Lehramts an beruflichen Schulen (Gruppe A: 25 %, Gruppe B: 75 %) eine ähnliche Verteilung.

Bei den Studierenden im zweiten Studienjahr liegt bei den Studierenden des Lehramts an Grundschulen eine ähnliche Verteilung wie im ersten Studienjahr vor, allerdings befinden sich nun mehr Studierende in Gruppe A (Gruppe A: 14,3 %, Gruppe B: 85,7 %). Eine Veränderung liegt auch bei den Studierenden des Lehramts an Haupt- und Realschulen vor (Gruppe A: 30,2 %, Gruppe B: 69,8 %). Während die Studierenden des Lehramts an beruflichen Schulen keine Veränderung aufweisen (Gruppe A: 25 %, Gruppe B: 75 %), weisen die Studierenden des Lehramts an Gymnasien eine starke Veränderung dahingehend auf, dass sich nun 75 % der Studierenden in Gruppe A befinden und nur noch 24 % der Studierenden in Gruppe B.

Vergleicht man die Studierenden des ersten Studienjahres also mit den Studierenden ab dem zweiten Studienjahr, so liegt zwar insgesamt bei allen Studierenden (außer den Studierenden des beruflichen Lehramts) ab dem zweiten Studienjahr eine bessere Performanz vor, allerdings befinden sich bei den Studierenden des Lehramts an Grundschulen, Haupt- und Realschulen (und auch beruflichen Schulen) weiterhin ein großer Teil in Gruppe B. Eine Ausnahme bilden hierbei die Studierenden des Lehramts an Gymnasien, bei denen sich ab dem zweiten Studienjahr ein großer Teil der Studierenden in Gruppe A befindet.

6.3.4 Diskussion der Ergebnisse

Die Ergebnisse der deskriptiven Analysen werden im Folgenden diskutiert.

6.3.4.1 Interpretation des Gesamtergebnisses und Bildung von Gruppen

Aufgrund der Ergebnisse in (6.3.1.), dass lediglich 24,1 % der Studierenden zur Gruppe A gehören (17,9 % Beweis, 6,2 % Begründung) und 75,9 % zur Gruppe B (7,2 % empirische Argumentation, 68,7 % ungültige / unvollständige / keine Argumentationen), kann insgesamt von einer sehr geringen Performanz der Stichprobe gesprochen werden.

In der Folge ergibt sich in (6.3.2.), dass 24,1 % der Studierenden Gruppe A und 75,9 % der Studierenden Gruppe B zugeordnet werden. Gemäß den Überlegungen in (5.2.2.) besteht Gruppe A aus den Studierenden mit einer hohen Performanz und Gruppe B aus den Studierenden mit einer geringen Performanz bei der Konstruktion von Beweisen. Diese Gruppen werden bei der Ermittlung von Zusammenhängen zwischen der Performanz und der Beweisakzeptanz sowie den dazugehörigen Akzeptanzkriterien bei der Beurteilung von Beweisprodukten gemäß eines wesentlichen Forschungsanliegens dieser Arbeit (siehe (4.2.)) im weiteren Verlauf dieser Arbeit bedeutsam.

6.3.4.2 Interpretationen der Einzelergebnisse der Beweisprodukte

Im Folgenden wird die geringe Performanz der Stichprobe mit Fokus auf den Regeln zur Klassifikation von Beweisprodukten (siehe (5.3.3.)) diskutiert.

Beweis und Begründung versus ungültige / unvollständige / keine Argumentation

Da lediglich 24,1 % der Studierenden einen Beweis oder eine Begründung hergestellt haben, kann auf eine geringe Performanz der Stichprobe geschlossen werden. Dieses Ergebnis soll nun, in Kontrastierung mit einer ungültigen / unvollständigen / keine Argumentation diskutiert werden.

Gemäß den Regeln zur Klassifikation in (5.3.3.) müssen Beweisprodukte durchweg wahre Annahmen und Konklusionen aufweisen (Codes AW+ und KW+), den Gültigkeitsbereich erhalten (Code GE+) und eine für einen Beweis oder Begründung hinreichend vollständige Argumentationskette aufweisen (Beweis: Code VO+, Begründung: VO~). Wird hingegen einer dieser Codes in der Ausführung AW−, KW−, VO− oder GE− vergeben, so wird ein Beweisprodukt als ungültige / unvollständige / keine Argumentation klassifiziert (es sei denn, die Voraussetzungen für die Klassifikation als empirische Argumentation liegen vor). Wie in der Analyse in (6.3.3.1.) wurde allerdings dargelegt, dass eine Klassifikation als ungültige / unvollständige / keine Argumentation in den meisten Fällen aus mehreren Gründen erfolgt: Jeweils zweimal war lediglich die Vergabe des Codes KW− oder GE− der Grund für eine entsprechende Klassifikation und 21-mal war es der Code VO−. Das bedeutet, dass zumeist mehrere Gründe für die Klassifikation als ungültige / unvollständige / keine Argumentation vorliegen.

Da der Code VO− in 21 Fällen entscheidend für die Klassifikation als ungültige / unvollständige / keine Argumentation war, kann zudem diskutiert werden, ob die Beweisprodukte aufgrund sehr strikter Vorgaben bei der Vergabe des Codes VO− so codiert wurden. Hiermit verbunden sind im Wesentlichen zwei Fragen: Es ist die Frage, ob bestimmte Beweisideen grundsätzlich nicht berücksichtigt wurden und Beweisprodukte deswegen nicht als Beweis oder Begründung klassifiziert wurden. Mit Blick auf die in (5.3.1.4.) vorgestellten drei Lösungsvarianten in der Kategorie VO kann dieser Erklärungsansatz allerdings verworfen werden, da die Lösungsvarianten nicht ausschließlich deduktiv entwickelt wurden, sondern auch induktiv: Es wurden auch Beweisprodukte der Studierenden unter dem Gesichtspunkt, ob daraus weitere Lösungsvarianten entstehen, diskutiert. Zudem wurde zusätzlich vereinbart, dass neue Lösungsvarianten, die wider Erwarten in den Daten auftreten, als Sonderfälle gekennzeichnet und, bei gleichzeitiger Erfüllung der weiteren notwendigen Kriterien, auch z. B. als Beweise oder Begründungen gekennzeichnet werden. Allerdings haben sich letztendlich lediglich die drei vorgestellten Lösungsvarianten ergeben und kein zusätzlicher Sonderfall.

Weiterhin kann gefragt werden, ob bestimmte Beweisschritte für die Studierenden nicht zugänglich sind und diese der Grund sind, warum Beweisprodukte nicht als Beweis oder Begründung klassifiziert werden. Einen Beweisschritt dieser Art gab es: In einer früheren Version der ersten Lösungsvariante wurde zusätzlich in einem 4. Beweisschritt erwartet, dass die Aussage „(da) $p + q \in \mathbb{N}$" genannt wird, um aus der Aussage „$(a + b) = c(p + q)$" die Aussage „$c|(a + b)$" schließen zu können. Da das Fehlen dieser Aussage allerdings dafür verantwortlich war, dass Beweisprodukte nicht als Beweis, sondern als Begründung klassifiziert wurden und diese Aussage sehr häufig gefehlt hat, wurde geschlossen, dass sie für viele Studierende nicht zugänglich ist oder als nicht notwendig erachtet wird. In einer Diskussion wurde schließlich beschlossen, dass dieser Schritt aus Lösungsvariante 1 entfernt wird. Diese Änderung ist bei den vorliegenden Ergebnissen auch berücksichtigt. Bei den weiteren vorhandenen Schritten in den jeweiligen Lösungsvarianten bestand die Überzeugung von einer Notwendigkeit dieser Schritte aber weiterhin. Hier überwog letztendlich die Überzeugung, dass durch das Entfernen weiterer Schritte eine Klassifikation als Beweis nicht mehr zu rechtfertigen gewesen wäre.

Trotz der kritischen Hinterfragung der Klassifikation als Beweis und Begründung konnten keine schwerwiegenden Argumente gefunden werden, die die geringe Anzahl von Beweisen und Begründungen in den vorliegenden Daten rechtfertigt. Stattdessen kann aber gefragt werden, wie dieses Ergebnis zustande kommt. Hierzu kann ein differenzierter Blick auf die Zusammensetzung der Stichprobe (6.1.) und die Untersuchung der Performanz der Teilstichproben in (6.3.3.2.) bis (6.3.3.4.) erfolgen.

Generischer Beweis

Dass unter den vorliegenden 291 Beweisprodukten keines als generischer Beweis klassifizierbar war, ist überraschend. Dieses Ergebnis deutet darauf hin, dass didaktisch orientierte Beweiskonzepte in der Schule und, vor allem mit Blick auf die höheren Fachsemester, im Studium entweder nicht oder nur wenig thematisiert bzw. akzeptiert wurden oder dass Studierende bei der Herstellung eines Beweisproduktes eher versuchen, einen Beweis und keinen generischen Beweis herzustellen. Da keine Daten erhoben wurden, die dieser Frage weiter nachgehen, können hierzu keine weiteren Aussagen getätigt werden.[5]

---

[5] Bezüglich der Akzeptanz von didaktisch orientierten Beweiskonzepten, insbesondere generischen Beweisen, sei aber auf die Arbeit von Kempen (2018) hingewiesen. Ein wesentliches Resultat in der Arbeit von Kempen ist, dass die Beweisakzeptanz von formalen Beweisen bei Studienanfängern größer ist als die Beweisakzeptanz von didaktisch orientierten Beweiskonzepten. Anzumerken ist hierbei aber, dass Beweisakzeptanz bei Kempen ein anderes Konstrukt ist, wie in (3.2.3.) erläutert wurde.

Empirische Argumentation

Mit einem Anteil von 7,2 % (21 Beweisprodukte) machen empirische Argumentationen einen geringen Anteil der Beweisprodukte aus. Gemäß den Regeln in (5.3.3.) handelt es sich um eine empirische Argumentation, wenn zwar die Annahmen und Konklusionen korrekt sind, aber mindestens ein induktives Argument zu einer Einschränkung des Gültigkeitsbereichs führt. Ein Beispiel hierfür ist etwa eine Argumentation, die lediglich auf der korrekten Überprüfung des Satzes mit Zahlenbeispielen basiert (siehe (5.8.)).

Das Ergebnis kann so interpretiert werden, dass 21 Studierende zwar nicht dazu in der Lage waren, einen Beweis oder eine Begründung herzustellen, allerdings haben sie in ihrer empirischen Argumentation gezeigt, dass sie die Teilbarkeitsaussagen im zu beweisenden Satz immerhin mit einem oder mehreren korrekten Beispielen überprüfen können. Es kann also hier von einem gewissen Verständnis des Inhalts gesprochen werden. Das Vorhandensein von induktiven Argumenten deutet vorsichtig auf das Vorhandensein eines empirical proof schemes (Harel & Sowder, 1998, siehe (3.2.2.) und (5.4.3.1.)) hin. Sicher ist das Vorhandensein des empirical proof schemes allerdings nicht zwingend: Es geht nicht zwingend hervor, ob sie das selbst hergestellte Beweisprodukt auch als Beweis bezeichnen würden. Stattdessen besteht z. B. auch die Möglichkeit, dass sie lediglich Beispiele getestet haben und gar nicht davon überzeugt sind, dass diese einen Beweis darstellen. Für eine sichere Interpretation hätte man die Studierenden zusätzlich befragen müssen.

6.3.4.3 Sortierung nach Studienjahr und Studiengang

Wenn eine Sortierung nach Studienjahr erfolgt (erstes Studienjahr und ab dem zweiten Studienjahr), so können im ersten Studienjahr lediglich 8,8 % der Studierenden Gruppe A und 91,2 % Gruppe B zugeordnet werden. Es kann also von einer sehr geringen Performanz in dieser Teilstichprobe gesprochen werden. Betrachtet man die Ergebnisse der Studierenden ab dem zweiten Studienjahr (Gruppe A: 50 %, Gruppe B: 50 %), so kann geschlossen werden, dass die Performanz ab dem zweiten Studienjahr deutlich höher ist.

Wenn eine Sortierung nach Studiengang erfolgt, kann aufgrund der dazugehörigen Ergebnisse geschlossen werden, dass die Studierenden des Lehramts an Gymnasien die mit Abstand größte Performanz aufweisen (Gruppe A: 50,5 %, Gruppe B: 49,5 %), gefolgt von den Studierenden des Lehramts an beruflichen Schulen (Gruppe A: 25 %, Gruppe B: 75 %) und Haupt- und Realschulen (Gruppe A: 22,5 %, Gruppe B: 77,5 %). Die Studierenden des Lehramts an Grundschulen zeigen hingegen die mit großem Abstand geringste Performanz (Gruppe A: 2,7 %, Gruppe B: 97,3 %). Während die Performanz der erstgenannten drei Studiengänge nicht aufgrund der vorliegenden Daten zu erklären ist, sollte allerdings auf eine spezifische Eigenschaft der Studierenden des Lehramts an Grundschulen hingewiesen werden: Während in den anderen Studiengängen das Fach Mathematik jeweils ein Wahlfach ist, ist Mathematik in diesem Studiengang an der Universität Kassel ein Pflichtfach (siehe auch (6.1.1.)). Dies bedeutet, dass auch Studierende, die Mathematik nicht freiwillig gewählt hätten, Mathematik studieren und der Stichprobe angehören. Dieser Aspekt könnte ein Faktor bei der Erklärung der Performanz der Studierenden sein.

Bei beiden Sortierungen ist allerdings zu berücksichtigen, dass keine Gleichverteilung der Studierenden der jeweiligen Lehramtsstudiengänge auf die Studienjahre vorliegt (siehe (6.1.)). Insbesondere gilt für die Studierenden des Lehramts an Grundschulen, dass sich ein Großteil der Studierenden im ersten Studienjahr befindet (93,7 %). Aus diesem Grund ist eine zusätzliche kombinierte Betrachtung nach Studienjahr und Studiengang aufschlussreich.

Aufgrund der Ergebnisse mit einer Sortierung nach Studienjahr und Studiengang kann geschlossen werden, dass die geringe Performanz im ersten Studienjahr im unterschiedlichen Maße für alle Studiengänge gilt. So befinden sich in Gruppe A 1,9 % (Grundschulen), 10,7 % (Haupt- und Realschulen), 21 % (Gymnasien) und 25 % (berufliche Schulen). Im zweiten Studienjahr hingegen ist die Performanz in den jeweiligen Studiengängen besser (Jeweils Gruppe A: Grundschulen: 14,3 %, Haupt- und Realschulen: 30,2 %, Gymnasien: 76 %, berufliche Schulen: 25 %). Allerdings befinden sich unter den Studierenden des Lehramts an Grundschulen, Haupt- und Realschulen und beruflichen Schulen weiterhin ein Großteil in Gruppe B. Daher kann auch hier geschlossen werden, dass in diesen Studiengängen ab dem zweiten Studienjahr weiterhin eine geringe Performanz vorliegt. Eine Ausnahme bilden die Studierenden des Lehramts an Gymnasien. Aufgrund des Ergebnisses, dass hier 76 % der Studierenden Gruppe A zuzuordnen sind, kann geschlossen werden, dass die Performanz ab dem zweiten Studienjahr hoch ist und, verglichen mit dem ersten Studienjahr, deutlich erhöht ist.

Insgesamt kann also geschlossen werden, dass die Performanz der Stichprobe generell gering ist und lediglich die Teilstichprobe der Studierenden des Lehramts an Gymnasien ab dem zweiten Studienjahr eine Ausnahme bildet.

6.3.4.4 Anmerkungen zu den Ergebnissen mit Blick auf die weiteren Analysen

Aufgrund der Verteilung der Studierenden auf die Studienjahre und des sehr großen Anteils an Studierenden im ersten Studienjahr (62,9 %) wurde erwartet, dass die Performanz der Gesamtstichprobe nicht hoch ist. Dass sie hingegen im dargestellten Maße gering ist, ist überraschend.

Da ein wesentliches Forschungsanliegen dieser Arbeit aber die Analyse von Zusammenhängen zwischen der Performanz und der Beweisakzeptanz sowie den dazugehörigen Akzeptanzkriterien ist, dient die Messung der Performanz allerdings primär der Bildung von Gruppen, die auf dieser Performanz basieren und weniger einer umfassenden Darstellung der Performanz von Studierenden verschiedener Lehramtsstudiengänge bei der Konstruktion von Beweisen.

6.3.4.5 Kritische Reflexion zur Betrachtung der Lösungsfelder

Kritisch kann zudem die Regel zur Auswertung der beiden Felder „Notizen" und „fertige Lösung" (siehe hierzu (5.3.2.)) hinterfragt werden, die bei der Codierung von Beweisprodukten angewandt wird. Wenn z. B. der Fall eintritt, dass die Studierenden lediglich Beispiele in das Feld „Notizen" geschrieben haben und das Feld „fertige Lösung" leer blieb, wird gemäß der Regel das Feld „Notizen" codiert. Unklar ist allerdings, ob die Studierenden in diesem Fall lediglich Beispiele getestet haben, oder ob sie dieses Testen von Beispielen als Beweis ansehen. Auf Basis der Durchsicht aller Daten wurde allerdings der Eindruck gewonnen, dass das Notizfeld auch als Lösungsfeld gesehen werden kann, da z. B. auch viele Beweise in das Notizfeld geschrieben wurden. Daher wurde die genannte Regel eingeführt.

Für das skizzierte Beispiel kann zudem argumentiert werden: Da die beiden Beweisprodukte empirische Argumentation und ungültige / unvollständige / keine Argumentation ohnehin zu Gruppe B zusammengefügt werden, hat diese Problematik keinen Einfluss auf die weiteren Ergebnisse dieser Arbeit, denn eine Nichtberücksichtigung des Notizfeldes und ein leeres Lösungsfeld würden in einer Klassifikation als ungültige / unvollständige / keine Argumentation resultieren, sodass in beiden möglichen Fällen eine Zuordnung zu Gruppe B erfolgt wäre.

6.4   Ergebnisse und Diskussion Beweisakzeptanz

In diesem Teilkapitel werden die Ergebnisse zur Beweisakzeptanz vorgestellt. Hierzu werden im Wesentlichen zwei Typen von Forschungsfragen beantwortet, die sich auf die Analyse der Beweisakzeptanz bei verschiedenen Gruppen (FF-2a bis FF-5a) beziehen sowie die dazugehörigen Ergebnisse vergleichen (FF-3f bis FF-5f). Im Detail handelt es sich um die folgenden Forschungsfragen aus (4.3.3.) bis (4.3.6.), die aufgrund der Ergebnisse aus (6.3.) präzisiert wurden:

Beweisakzeptanz verschiedener Gruppen

1. FF-2a: Wie werden vorgelegte Beweisprodukte von Studierenden des Lehramts unterschiedlicher Lehramtsstudiengänge und Fachsemester hinsichtlich der Beweisakzeptanz beurteilt?
2. FF-3a: Wie werden vorgelegte Beweisprodukte, die sich in ihrer Argumentationstiefe unterscheiden, jeweils von Studierenden des Lehramts unterschiedlicher Lehramtsstudiengänge und Fachsemester hinsichtlich der Beweisakzeptanz beurteilt?
3. FF-4a: Wie werden vorgelegte Beweisprodukte von Studierenden des Lehramts der Gruppen A und B (siehe (6.3.)) hinsichtlich der Beweisakzeptanz beurteilt?
4. FF-5a: Wie werden vorgelegte Beweisprodukte, die sich in ihrer Argumentationstiefe unterscheiden, jeweils von Studierenden des Lehramts der Gruppen A und B (siehe (6.3.)), hinsichtlich der Beweisakzeptanz beurteilt?

Vergleich verschiedener Gruppen hinsichtlich der Beweisakzeptanz

5. FF-3f: Wie unterscheiden sich die jeweiligen von den Studierenden getätigten Beurteilungen zu den Beweisprodukten mit unterschiedlicher Argumentationstiefe hinsichtlich der oben genannten Forschungsfrage FF-3a?
6. FF-4f: Wie unterscheiden sich die von den Studierenden der jeweiligen Gruppen A und B getätigten Beurteilungen zu den Beweisprodukten hinsichtlich der oben genannten Forschungsfrage FF-4a?
7. FF-5f: Wie unterscheiden sich die von den Studierenden der jeweiligen Gruppen A und B getätigten Beurteilungen zu den Beweisprodukten mit unterschiedlicher Argumentationstiefe hinsichtlich der oben genannten Forschungsfrage FF-5a?

Gemäß den Überlegungen in (5.6.1.) erfolgt zur Beantwortung der Forschungsfragen 2a bis 5a eine deskriptive Analyse der Daten (5.6.1.2.) und zur Beantwortung der Forschungsfragen 3f bis 5f eine inferenzstatistische Analyse der Daten (5.6.1.3.). Das Teilkapitel orientiert sich an den jeweiligen Forschungsfragen und ist wie folgt aufgebaut:

1. Analyse der Beweisakzeptanz der Gesamtstichprobe (FF-2a) in Abschnitt (6.4.1.)
2. Analyse der Beweisakzeptanz beim kurzen und langen Beweisprodukt (FF-3a und FF-3f) in Abschnitt (6.4.2.)
3. Analyse der Beweisakzeptanz der Gruppen A und B (FF-4a und FF-4f) in Abschnitt (6.4.3.)
4. Analyse der Beweisakzeptanz der Gruppen A und B beim kurzen und langen Beweisprodukt (FF-5a und FF-5f) in Abschnitt (6.4.4.)
5. Diskussion der Ergebnisse in Abschnitt (6.4.5.)

Die jeweiligen Ergebnisse der genannten Abschnitte sind zusätzlich für die in (4.3.3.) bis (4.3.6.) formulierten Forschungsfragen 2e bis 5e bedeutsam, die bei der Analyse der Akzeptanzkriterien in den Abschnitten (6.5.) bis (6.8.) beantwortet werden. Die Ergebnisse der Beweisakzeptanz dienen dort der Unterscheidung von Fällen (vorherige Akzeptanz oder Nicht-Akzeptanz als Beweis), um zu bestimmen, ob ein genanntes Akzeptanzkriterium ein Grund für oder gegen die Akzeptanz als Beweis darstellt.

Stichprobe
In (6.4.1.) werden alle Studierende betrachtet, also die Gesamtstichprobe aus 291 Studierenden (siehe (6.1.)). In (6.4.2.), (6.4.3.) und (6.4.4.) werden verschiedene Teilstichproben betrachtet. Diese sind:

- In (6.4.2.): Die Studierenden, die das kurze Beweisprodukt beurteilt haben (149 Studierende) und die Studierenden, die das lange Beweisprodukt beurteilt haben (142 Studierende).
- In (6.4.3.): Die Studierenden der Gruppe A (70 Studierende) und Gruppe B (221 Studierende)
- In (6.4.4.): Die Studierenden, die das kurze Beweisprodukt beurteilt haben und zu Gruppe A (38 Studierende) oder Gruppe B (111 Studierende) gehören bzw. die Studierenden, die das lange Beweisprodukt beurteilt haben und zu Gruppe

A (32 Studierende) oder Gruppe B (110 Studierende) gehören. Es handelt sich hier also um 4 Teilstichproben.

6.4.1 Analyse der Beweisakzeptanz (gesamte Stichprobe)

Die folgende Analyse bezieht sich auf die Gesamtstichprobe und beide Beweisprodukte (Tabelle 6.45).

6.4.1.1 Deskriptive Analyse (FF-2a)

Tabelle 6.45
Beweisakzeptanz (beide Beweisprodukte)

Beide Beweisprodukte	Absolute Häufigkeit	In Prozent
Ist ein Beweis	180	63,8
Ist kein Beweis	102	36,2
Summe	282	100
Fehlend	9	

Die beiden vorgelegten Beweisprodukte werden in der Summe also häufiger als Beweis akzeptiert (63,8 %) als nicht als Beweis akzeptiert (36,2 %). 9 Studierende haben entweder keine Entscheidung getroffen (leeres Feld) oder mehrere Kreuze vergeben oder ein Kreuz uneindeutig vergeben.

6.4.2 Analyse der Beweisakzeptanz beim kurzen und langen Beweisprodukt

Die folgende Analyse bezieht sich jeweils auf das kurze und das lange Beweisprodukt. Die prozentualen Häufigkeiten beziehen sich jeweils auf die Studierenden der oben geschilderten Teilstichproben, die ein Urteil zur Beweisakzeptanz abgegeben haben.

6.4.2.1 Deskriptive Analyse (FF-3a)

Kurzes Beweisprodukt (Tabelle 6.46)

Tabelle 6.46
Beweisakzeptanz (kurzes Beweisprodukt)

Kurzes Beweisprodukt	Absolute Häufigkeit	In Prozent
Ist ein Beweis	77	53,1
Ist kein Beweis	68	46,9
Summe	145	100
Fehlend	4	

Das kurze Beweisprodukt wird von 53,1 % (77 Studierende) der Studierenden als Beweis akzeptiert, von 46,9 % (68 Studierende) hingegen nicht.

Langes Beweisprodukt (Tabelle 6.47)

Tabelle 6.47
Beweisakzeptanz (langes Beweisprodukt)

Langes Beweisprodukt	Absolute Häufigkeit	In Prozent
Ist ein Beweis	103	75,2
Ist kein Beweis	34	24,8
Summe	137	100
Fehlend	5	

Das lange Beweisprodukt wird von 75,2 % (103 Studierende) der Studierenden der Teilstichprobe als Beweis akzeptiert, von 24,8 % (34 Studierende) hingegen nicht.

6.4.2.2 Inferenzstatistische Analyse (FF-3f)

Gemäß den Überlegungen zur inferenzstatistischen Analyse der Beweisakzeptanz (5.6.1.3.) wurde ein χ^2-Test durchgeführt. Dieser ergibt, dass das lange Beweisprodukt hochsignifikant häufiger mit kleiner Effektstärke als Beweis akzeptiert wurde (kurz: 53,1 %, lang: 75,2 %; $\chi^2(1) = 14,874$, p < 0,001, $\varphi = 0,230$).

6.4.3   Analyse der Beweisakzeptanz der Gruppen A und B

Im Folgenden wird jeweils die Beweisakzeptanz der beiden Gruppen A und B analysiert und miteinander verglichen. Diese Analyse bezieht sich auf beide Beweisprodukte.

6.4.3.1   Deskriptive Analyse (FF-4a)

Gruppe A (Tabelle 6.48)

Tabelle 6.48
Beweisakzeptanz (Gruppe A, beide Beweisprodukte)

Gruppe A: beide Beweisprodukte	Absolute Häufigkeit	In Prozent
Ist ein Beweis	48	68,6
Ist kein Beweis	22	31,4
Summe	70	100
Fehlend	0	

Die beiden Beweisprodukte werden von 68,6 % (48 Studierende) der Studierenden der Gruppe A als Beweis akzeptiert und von 31,4 % (22 Studierende) der Studierenden der Gruppe A nicht akzeptiert.

Gruppe B (Tabelle 6.49)

Tabelle 6.49
Beweisakzeptanz (Gruppe B, beide Beweisprodukte)

Gruppe B: beide Beweisprodukte	Absolute Häufigkeit	In Prozent
Ist ein Beweis	132	62,3
Ist kein Beweis	80	37,7
Summe	212	100
Fehlend	9	

Die beiden Beweisprodukte werden von 62,3 % der Studierenden der Gruppe B als Beweis akzeptiert und von 37,7 % der Studierenden der Gruppe B nicht akzeptiert. 9 Studierende haben entweder keine Entscheidung getroffen (leeres Feld) oder mehrere Kreuze vergeben oder ein Kreuz uneindeutig vergeben.

6.4.3.2 Inferenzstatistische Analyse (FF-4f)

Gemäß des durchgeführten χ^2-Tests (5.6.1.3.) existieren zwischen den beiden Gruppen keine signifikanten Unterschiede hinsichtlich der Beweisakzeptanz.

6.4.4 Analyse der Beweisakzeptanz der Gruppen A und B beim kurzen und langen Beweisprodukt

Im Folgenden wird jeweils die Beweisakzeptanz der beiden Gruppen A und B analysiert und miteinander verglichen. Diese Analyse bezieht sich jeweils auf das kurze und das lange Beweisprodukt.

6.4.4.1 Deskriptive Analyse (FF-5a)

Kurzes Beweisprodukt, Gruppe A (Tabelle 6.50)

Tabelle 6.50 Beweisakzeptanz (Gruppe A, kurzes Beweisprodukt)	**Gruppe A: kurzes Beweisprodukt**	**Absolute Häufigkeit**	**In Prozent**
	Ist ein Beweis	22	57,9
	Ist kein Beweis	16	42,1
	Summe	38	100
	Fehlend	0	

57,9 % (22 Studierende) der Studierenden der Gruppe A akzeptieren das kurze Beweisprodukt als Beweis, während 42,1 % (16 Studierende) dies nicht tun.

Kurzes Beweisprodukt, Gruppe B (Tabelle 6.51)

Tabelle 6.51 Beweisakzeptanz (Gruppe B, kurzes Beweisprodukt)	**Gruppe B: kurzes Beweisprodukt**	**Absolute Häufigkeit**	**In Prozent**
	Ist ein Beweis	55	51,4
	Ist kein Beweis	52	48,6
	Summe	107	100
	Fehlend	4	

51,4 % (55 Studierende) der Studierenden der Gruppe B akzeptieren das kurze Beweisprodukt als Beweis, während 48,6 % (52 Studierende) dies nicht tun. 4 Studierende der Gruppe B haben entweder keine Entscheidung getroffen (leeres Feld) oder mehrere Kreuze vergeben oder ein Kreuz uneindeutig vergeben.

Langes Beweisprodukt, Gruppe A (Tabelle 6.52)

Tabelle 6.52
Beweisakzeptanz (Gruppe A, langes Beweisprodukt)

Gruppe A: langes Beweisprodukt	Absolute Häufigkeit	In Prozent
Ist ein Beweis	26	81,3
Ist kein Beweis	6	18,8
Summe	32	100
Fehlend	0	

Das lange Beweisprodukt wird von 81,3 % der Studierenden der Gruppe A als Beweis akzeptiert. 18,8 % der Studierenden der Gruppe A akzeptieren es nicht als Beweis.

Langes Beweisprodukt, Gruppe B (Tabelle 6.53)

Tabelle 6.53
Beweisakzeptanz (Gruppe B, langes Beweisprodukt)

Gruppe B: langes Beweisprodukt	Absolute Häufigkeit	In Prozent
Ist ein Beweis	77	73,3
Ist kein Beweis	28	26,7
Summe	105	100
Fehlend	5	

Von den Studierenden der Gruppe B akzeptieren 73,3 % das lange Beweisprodukt als Beweis, während 26,7 % dies nicht tun. 5 Studierende der Gruppe B haben entweder keine Entscheidung getroffen (leeres Feld) oder mehrere Kreuze vergeben oder ein Kreuz uneindeutig vergeben.

6.4.4.2 Inferenzstatistische Analyse (FF-5f)

Zum Vergleich der Studierenden der Gruppe A und B wurde jeweils beim kurzen und langen Beweisprodukt ein χ^2-Test durchgeführt. Aufgrund beider χ^2-Tests wurde ermittelt, dass sich die Studierenden der Gruppe A und B weder beim kurzen noch beim langen Beweisprodukt signifikant unterscheiden.

6.4.5 Diskussion der Ergebnisse

Grundsätzlich werden die vorgelegten Beweisprodukte eher als Beweis akzeptiert (63,8 %) als nicht akzeptiert (36,2 %), wobei sich die Gruppen A und B bei dieser Beurteilung nicht signifikant voneinander unterscheiden. Da allerdings zwei verschiedene Beweisprodukte vorgelegt wurden, die sich hinsichtlich ihrer Argumentationstiefe unterscheiden, sind die Ergebnisse zur Beweisakzeptanz bei den jeweiligen Beweisprodukten aufschlussreicher:

In (4.4.2.) wurde angenommen, dass die Beweisakzeptanz von den Eigenschaften des zu beurteilenden Beweisprodukts abhängt, also, wie in (4.4.3.) erläutert, auch von der Argumentationstiefe. Da das kurze Beweisprodukt aus Forschersicht keine hinreichend vollständige Argumentationskette aufweist, das lange Beweisprodukt hingegen schon (5.2.4.), wurde angenommen, dass sich die Beweisprodukte daher hinsichtlich der Beweisakzeptanz unterscheiden. Aufgrund der ermittelten hochsignifikanten Unterschiede mit kleiner Effektstärke zwischen den beiden Beweisprodukten wurde diese Hypothese bestätigt.

Weiterhin wurde in (4.4.4.) angenommen, dass sich die Gruppen A und B hinsichtlich der Beweisakzeptanz unterscheiden, wenn ein Beweisprodukt Eigenschaften aufweist, durch die ein Beweisprodukt nicht als Beweis akzeptiert werden kann. Diese Annahme basiert auf der Annahme, dass Studierende der Gruppe A tatsächlich vorliegende Eigenschaften bzw. nicht vorliegende Eigenschaften eher erkennen als Studierende der Gruppe B. Wie oben genannt, liegt solch eine Eigenschaft beim kurzen Beweisprodukt aus Forschersicht vor, da es, im Gegensatz zum langen Beweisprodukt, eine nicht hinreichend vollständige Argumentationskette aufweist. Entsprechend wurde in (4.4.5.) angenommen, dass die Studierenden der Gruppe A das kurze Beweisprodukt seltener als Beweis akzeptieren als die Studierenden der Gruppe B. Da beim kurzen Beweisprodukt keine signifikanten Unterschiede zwischen den beiden Gruppen A und B auftreten, kann die getätigte Hypothese nicht bestätigt werden. Für das lange Beweisprodukt wurde hingegen angenommen, dass sich die Studierenden beider Gruppen nicht voneinander unterscheiden, weil dieses Beweisprodukt aus Forschersicht als Beweis zu akzeptieren ist. Da beim langen Beweisprodukt ebenfalls keine signifikanten Unterschiede zwischen den beiden Gruppen A und B auftreten, kann diese Hypothese bestätigt werden.

Insgesamt kann also geschlossen werden, dass eine Wirkung der Argumentationstiefe auf die Beweisakzeptanz existiert. Darüber hinaus kann geschlossen werden, dass kein Zusammenhang zwischen der Performanz bei der Konstruktion von Beweisen (siehe hierzu (6.3.)) und der Beweisakzeptanz bei der Beurteilung von vorgelegten Beweisprodukten existiert.

Noch offen sind an dieser Stelle allerdings die Gründe für die Beweisakzeptanz, also die Akzeptanzkriterien. Eine Analyse dieser Akzeptanzkriterien erfolgt in den folgenden Teilkapiteln (6.5.) bis (6.8.). Die Untersuchung dieser Akzeptanzkriterien ist vor dem Hintergrund interessant, dass sich die Studierenden beider Gruppen A und B weder beim kurzen noch beim langen Beweisprodukt hinsichtlich der Beweisakzeptanz voneinander unterscheiden. Bei dieser Untersuchung kann angenommen werden, dass die Akzeptanzkriterien sich im unterschiedlichen Maße bei den beiden Gruppen A und B unterscheiden (siehe hierzu (4.4.4.) und (4.4.5.)). Im Speziellen wird hier z. B. angenommen, dass die Studierenden der Gruppe B Beweisprodukte eher oberflächlich beurteilen, während die Studierenden der Gruppe A Beweisprodukte eher inhaltsbezogen beurteilen. Unter dieser Annahme ist es besonders interessant, zu ermitteln, inwiefern sich die Akzeptanzkriterien beim kurzen Beweisprodukt unterscheiden, da die Hypothese zur Beweisakzeptanz, dass das kurze Beweisprodukt seltener von Gruppe A als Beweis akzeptiert wird, nicht bestätigt wurde.

6.5 Ergebnisse und Diskussion Akzeptanzkriterien (gesamte Stichprobe, beide Beweisprodukte)

In diesem Teilkapitel werden die folgenden Forschungsfragen aus (4.3.3.) beantwortet:

1. FF-2b: Welche Akzeptanzkriterien werden von Studierenden des Lehramts unterschiedlicher Lehramtsstudiengänge und Fachsemester bei der Beurteilung eines vorgelegten Beweisprodukts genannt?
2. FF-2c: Wie viele Akzeptanzkriterien nennen sie?
3. FF-2d: Wie konkret äußern sich die Studierenden?
4. FF-2e: Lassen sich bei den jeweiligen Forschungsfragen FF-2b bis FF-2d auch Unterschiede zwischen den Studierenden ausmachen, die gemäß FF-2a vorab das ihnen zur Beurteilung vorgelegte Beweisprodukt als Beweis akzeptiert oder nicht akzeptiert haben?

Wie in (5.6.2.) erläutert wurde, erfolgt zur Beantwortung der Forschungsfragen 2b bis 2d eine deskriptive Analyse der Daten (5.6.2.2.). Für die Beantwortung der Forschungsfrage 2e erfolgt zudem eine inferenzstatistische Analyse (5.6.2.3.) unter Berücksichtigung der Ergebnisse zur Beweisakzeptanz (6.4.). Da sich die Forschungsfrage 2e jeweils auf die Forschungsfragen 2b bis 2d bezieht, erfolgt eine Zusammenführung der deskriptiven und inferenzstatistischen Analyse dahingehend, dass z. B. die Forschungsfragen 2b und 2e (bezogen auf 2b) direkt hintereinander betrachtet werden. Die Ergebnisse dieser Analysen werden im direkten Anschluss, auch anhand der in (4.4.2.) formulierten Hypothesen, diskutiert. Daraus ergibt sich die folgende Vorgehensweise in diesem Teilkapitel:

1. Analyse und Diskussion der Art der Akzeptanzkriterien (FF-2b und FF-2e) in Abschnitt (6.5.1.)
2. Analyse und Diskussion der Anzahl der Akzeptanzkriterien (FF-2c und FF-2e) in Abschnitt (6.5.2.)
3. Analyse und Diskussion der Konkretheit der Äußerungen (FF-2d und FF-2e) in Abschnitt (6.5.3.)

Stichprobe
Die Gesamtstichprobe besteht aus 291 Studierenden (6.1.), von denen gemäß (6.4.) 180 ihr vorgelegtes Beweisprodukt als Beweis akzeptiert haben (Akzeptanz), 102 ihr vorgelegtes Beweisprodukt nicht als Beweis akzeptiert haben (Nicht-Akzeptanz) und 9 keine klare Entscheidung getroffen haben.[6]

6.5.1   Analyse und Diskussion der Art der Akzeptanzkriterien

6.5.1.1   Deskriptive und inferenzstatistische Analyse
Die genannten Akzeptanzkriterien aller Studierenden der Gesamtstichprobe bzw. der Studierenden, die vorab das Beweisprodukt als Beweis oder nicht als Beweis akzeptiert haben, werden in der folgenden Tabelle dargestellt. Die prozentualen Häufigkeiten beziehen sich jeweils auf die (Teil-)Stichprobengröße.[7] Für die inferenzstatistische Analyse wurden gemäß (5.6.2.3.) χ^2-Tests durchgeführt und

---

[6] Die Ergebnisse der Studierenden, die keine klare Entscheidung getroffen haben (leeres Feld, mehrere Kreuze vergeben oder ein Kreuz uneindeutig vergeben), werden allerdings dennoch bei der Betrachtung berücksichtigt, die unabhängig von der Beweisakzeptanz ist.

[7] Beispielsweise haben 37 von 291 Studierenden eine Äußerung getätigt, die mit ALG_z codiert wurde. Dies entspricht 12,7 %. 80 von 180 Studierenden, die das Beweisprodukt als

anhand der Angaben in (5.7.1.) interpretiert. In der folgenden Abbildung wird ein Überblick über die Ergebnisse der deskriptiven Analyse (Angabe der prozentualen Häufigkeiten pro Kategorie und Fall) und inferenzstatistischen Analyse (Kennzeichnung von (hoch- bzw. sehr) signifikanten Unterschieden beim Vergleich von Akzeptanz und Nicht-Akzeptanz pro Kategorie (siehe hierzu auch (5.6.1.)) gegeben (Abbildung 6.1).

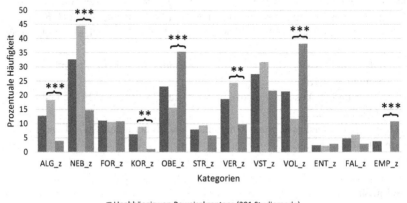

Abbildung 6.1 Überblick über die Ergebnisse der deskriptiven und inferenzstatistischen Analysen

Die Abbildung zeigt, dass in den Kategorien KOR_z und VER_z sehr signifikante Unterschiede und in den Kategorien ALG_z, NEB_z, OBE_z, VOL_z und EMP_z hochsignifikante Unterschiede zwischen der Akzeptanz und Nicht-Akzeptanz existieren. Eine ausführliche Analyse erfolgt im Folgenden anhand einer Tabelle (Tabelle 6.54).

Beweis akzeptiert haben, haben wiederum eine Äußerung getätigt, die mit NEB_z codiert wurde. Dies entspricht 44,4 %.

Tabelle 6.54 Akzeptanzkriterien (beide Beweisprodukte)

Beide Beweisprodukte	Kategorie	ALG_z	NEB_z	FOR_z	KOR_z	OBE_z	STR_z	VER_z	VST_z	VOL_z	ENT_z	FAL_z	EMP_z	SON_z
Unabhängig von Beweisakzeptanz ($N_{ges} = 291$)	Absolute Häufigkeit	37	95	32	18	67	23	54	80	62	7	14	11	98
	In Prozent	12,7	32,6	11	6,2	23	7,9	18,6	27,5	21,3	2,4	4,8	3,8	33,7
Akzeptanz als Beweis ($N_{akz} = 180$)	Absolute Häufigkeit	33	80	19	16	28	17	44	57	21	4	11	0	68
	In Prozent	18,3	44,4	10,6	8,9	15,6	9,4	24,4	31,7	11,7	2,2	6,1	0	37,8
Keine Akzeptanz als Beweis ($N_{nakz} = 102$)	Absolute Häufigkeit	4	15	11	1	36	6	10	22	39	3	3	11	28
	In Prozent	3,9	14,7	10,8	1	35,3	5,9	9,8	21,6	38,2	2,9	2,9	10,8	27,5
Signifikante Unterschiede Akzeptanz und Nicht-Akzeptanz (χ^2-Test)	Signifikanz	0,001	<0,001	n.s.[8]	0,007	<0,001	n.s.	0,003	n.s.	<0,001	n.s.	n.s.	<0,001	
	Freiheitsgrade	1	1		1	1		1		1			1	
	Teststatistik	11,863	25,775		7,188	14,458		9,014		27,438			20,200	
	Effektstärke (φ)	0,205	0,302		0,160	−0,226		0,179		−0,312			−0,268	

[8] N.s. = nicht signifikant.

Deskriptive Analyse der Art der Akzeptanzkriterien (FF-2b, unabhängig von Beweisakzeptanz)

Wenn man von der Kategorie SON_z absieht, sind die häufigsten Kategorien, die unabhängig von der Beweisakzeptanz genannt werden, NEB_z (Nutzung, Existenz oder Begründung von Objekten, 32,6 %), VST_z (Verständnis, 27,5 %) und OBE_z (Oberflächenmerkmale, 23 %). Am seltensten vergeben werden die Kategorien ENT_z (Entfernen, 2,4 %), FAL_z (Äußerungen, die als objektiv falsch bezeichnet werden können, 4,8 %) und EMP_z (empirische Beweisvorstellung, 3,8 %). Die weiteren Kategorien sind: ALG_z (Allgemeingültigkeit, 12,7 %), FOR_z (Formalia, 11 %), KOR_z (Korrektheit, 6,2 %), STR_z (Struktur, 7,9 %), VER_z (Verifikation, 18,6 %), VOL_z (Vollständigkeit, 21,3 %).

Deskriptive Analyse der Art der Akzeptanzkriterien (FF-2b, abhängig von Beweisakzeptanz)

Im Falle der vorherigen Akzeptanz als Beweis werden die Kategorien NEB_z (44,4 %), VST_z (31,7 %) und VER_z (24,4 %) am häufigsten vergeben. Am seltensten vergeben werden die Kategorien ENT_z (2,2 %), FAL_z (6,1 %) und EMP_z (0 %). Die weiteren Kategorien sind: ALG_z (18,3 %), FOR_z (11 %), KOR_z (8,9 %), OBE_z (15,6 %), STR_z (9,4 %), VOL_z (11,7 %) und FAL_z (6,1 %).

Im Falle der vorherigen Nicht-Akzeptanz als Beweis hingegen werden die Kategorien VOL_z (38,2 %), OBE_z (35,3 %) und VST_z (21,6 %) am häufigsten vergeben. Die Kategorien KOR_z (1 %), ENT_z (2,9 %) und FAL_z (2,9 %) werden am seltensten vergeben. Die weiteren Kategorien sind: ALG_z (3,9 %), NEB_z (14,7 %), FOR_z (10,8 %), STR_z (5,9 %), VER_z (9,8 %) und EMP_z (10,8 %).

Inferenzstatistische Analyse der Art der Akzeptanzkriterien (FF-2e)

Beim Vergleich von Akzeptanz und Nicht-Akzeptanz (5.6.2.3.) sind in den folgenden Kategorien sehr signifikante / hochsignifikante Unterschiede mit kleiner bzw. mittlerer Effektstärke zu finden:

- ALG_z$(18,3\%(\text{Akz.})^{9}, 3,9\%(\text{Nicht-Akz.}), \chi^2(1)=11,863, p=0,001, \varphi=0,205)$,
- NEB_z$(44,4\%(\text{Akz.}), 14,7\%(\text{Nicht-Akz.}), \chi^2(1)=25,775, p<0,001, \varphi=0,302)$,
- KOR_z$(8,9\%(\text{Akz.}), 1\%(\text{Nicht-Akz.}), \chi^2(1)=7,188, p=0,007, \varphi=0,160)$,
- OBE_z$(15,6\%(\text{Akz.}), 35,3\%(\text{Nicht-Akz.}), \chi^2(1)=14,458, p<0,001, \varphi=-0,226)$,
- VER_z$(24,4\%(\text{Akz.}), 9,8\%(\text{Nicht-Akz.}), \chi^2(1)=9,014, p=0,003, \varphi=0,179)$,

---

[9] Akz. = Akzeptanz, Nicht-Akz. = Nicht-Akzeptanz.

- VOL_z(11,7%(Akz.),38,2%(Nicht-Akz.),$\chi^2(1)=27{,}438$,p<0,001,$\varphi=-0{,}312$) und

- EMP_z(0%(Akz.),10,8%(Nicht-Akz.),$\chi^2(1)=20{,}200$,p<0,001,$\varphi=-0{,}268$).

Keine signifikanten Unterschiede existieren hingegen in den Kategorien FOR_z, STR_z, VST_z, ENT_z, und FAL_z.

6.5.1.2 Diskussion der Ergebnisse

Es werden nun die Ergebnisse pro Kategorie anhand der o.g. Forschungsfragen 2b und 2e und der in (4.4.2.) formulierten Hypothesen diskutiert. Die Reihenfolge der Kategorien entspricht, mit Ausnahme bei der Kategorie VOL_z, der Reihenfolge in der Tabelle. Da eine Diskussion der Ergebnisse zu den Kategorien bei unterschiedlichen Teilstichproben auch in (6.6.) bis (6.8.) erfolgt, liegt der Fokus in der folgenden Diskussion eher auf der ausführlicheren Diskussion der einzelnen Kategorien, während in (6.6.) die Wirkung der Argumentationstiefe, in (6.7.) die Unterschiede zwischen den in (5.5.2.) gebildeten Gruppen und in (6.8.) die Verbindung von (6.6.) und (6.7.) gemäß der in (4.3.4.) bis (4.3.6.) genannten Forschungsfragen ausführlicher diskutiert werden.

Allgemeingültigkeit (ALG_z)

Bei der Kategorie ALG_z handelt es sich um eine Kategorie, die immer dann vergeben wird, wenn etwas als (nicht) allgemein(gültig) bezeichnet wird. Aus theoretischer Perspektive handelt es sich um eine notwendige Eigenschaft eines Beweises dahingehend, dass ein Satz, der für einen bestimmten Gültigkeitsbereich gelten soll, auch für diesen Gültigkeitsbereich bewiesen werden muss. Im zur Beweiskompetenz gehörenden Methodenwissen (Heinze & Reiss, 2003, siehe auch (2.4.2.)) ist die Allgemeingültigkeit Teil des Beweisschemas. Wie in (5.2.4.) genannt, handelt es sich bei der Allgemeingültigkeit um eine bei beiden Beweisprodukten vorliegende Eigenschaft.

Die Kategorie ALG_z (12,7 %, 18,3 % (Akz.), 3,9 % (Nicht-Akz.)) gehört im Falle der Akzeptanz weder zu den häufigsten noch zu den seltensten Akzeptanzkriterien, im Falle der Nicht-Akzeptanz hingegen zu den seltensten Akzeptanzkriterien. Sie wird im Falle der Akzeptanz signifikant häufiger mit kleiner Effektstärke vergeben. Die Allgemeingültigkeit ist daher ein Akzeptanzkriterium, das typisch für die Akzeptanz ist. Dies liegt wahrscheinlich darin begründet, dass beide vorgelegten Beweisprodukte allgemeingültig sind (5.2.4.). Entsprechend kann das Ergebnis so interpretiert werden, dass hochsignifikant mehr Studierende diese zutreffende Eigenschaft korrekterweise auch erkennen und als Akzeptanzkriterium nennen.

Es ist allerdings überraschend, dass die Kategorie im Falle der Akzeptanz bei lediglich 18,3 % der Studierenden vergeben wird. Vor dem Hintergrund, dass die Allgemeingültigkeit Teil des Beweisschemas des Methodenwissens (Heinze & Reiss, 2003) ist, kann an dieser Stelle vermutet werden, dass viele Studierende dieses Akzeptanzkriterium nicht kennen. Dies wäre durchaus konsistent mit den in Reid und Knipping (2010, siehe auch (3.1.)) genannten Defiziten zur Beweiskompetenz. Allerdings sind auch weitere Interpretationen möglich. So könnte die Eigenschaft der Allgemeingültig z. B. als „selbstverständlich" gelten und aufgrund dessen nicht als Akzeptanzkriterium genannt werden. Zukünftige Studien könnten diesen Aspekt adressieren, indem Beweisprodukte, die nicht allgemeingültig sind, vorgelegt werden und so überprüft wird, ob die fehlende Allgemeingültigkeit dann zum Akzeptanzkriterium im Falle der Nicht-Akzeptanz wird. Im Falle einer empirischen Argumentation liegen etwa bei Sommerhoff und Ufer (2019) entsprechende Ergebnisse, allerdings bei einer unterschiedlichen Stichprobe, vor. Erste Hinweise zur Hypothese, dass eine Form von „Selbstverständlichkeit" bei dieser Eigenschaft besteht, könnte zudem die Untersuchung der auf der Performanz bei der Konstruktion von Beweisen basierenden Gruppen in (6.7.) geben.

Nutzung, Existenz und Begründung von Objekten (NEB_z) und Vollständigkeit (VOL_z)

Bei der Kategorie NEB_z handelt es sich um eine Kategorie, die immer dann vergeben wird, wenn hervorgehoben wird, dass bestimmte Objekte im Beweis existieren, verwendet oder begründet werden (5.4.4.2.). Das bedeutet, dass Äußerungen, die sich auf den Inhalt des Beweisprodukts beziehen, oftmals eine Vergabe der Kategorie NEB_z zur Folge haben. Beispiele sind etwa Äußerungen wie „Es gibt logische Schlüsse" (hier wird die alleinige Existenz von logischen Schlüssen als Akzeptanzkriterium genannt) oder „Die Schritte sind begründet" (hier wird die Begründung von Objekten als Akzeptanzkriterium genannt).

Gemäß der in (2.3.3.) formulierten Definition eines Beweises ist eine Eigenschaft eines Beweises, dass er aus einer hinreichend vollständigen Argumentationskette besteht. Dass bedeutet, dass bestimmte Aussagen in einer Argumentationskette vorhanden sein müssen bzw. bestimmte Aussagen hinreichend begründet werden müssen, damit ein Beweisprodukt als Beweis akzeptiert werden kann. Das Wissen darüber kann mit dem Wissen über die Bereiche Beweisschema und Beweiskette des Methodenwissens (Heinze & Reiss, 2003, siehe auch (5.4.4.2.)) verglichen werden.

Die Vergabe der Kategorie NEB_z erfasst allerdings keine Äußerungen darüber, ob die Argumentationskette oder bestimmte Objekte in der Argumentationskette vollständig sind. Diese Äußerungen werden mit der Kategorie VOL_z erfasst. VOL_z bezieht sich auf Äußerungen der Art „alle notwendigen Beweisschritte vorhanden" oder „es fehlen Schlüsse".

Die Kategorie NEB_z (32,6 %, 44,4 % (Akz.), 14,7 % (Nicht-Akz.)) ist im Falle der Akzeptanz die am häufigsten vergebene Kategorie und gehört im Falle der Nicht-Akzeptanz weder zu den häufigsten noch zu den seltensten Kategorien. Die Unterschiede zwischen der Akzeptanz und Nicht-Akzeptanz sind zudem hochsignifikant mit mittlerer Effektstärke. Die Nutzung, Existenz und Begründung von Objekten ist im Falle der Akzeptanz also das häufigste Akzeptanzkriterium und typisch für die Akzeptanz.

Die Kategorie VOL_z (21,3 %, 11,7 % (Akz.), 38,2 % (Nicht-Akz.)) ist hingegen im Falle der Nicht-Akzeptanz die am häufigsten vergebene Kategorie und gehört im Falle der Akzeptanz weder zu den häufigsten noch zu den seltensten Kategorien. Die Unterschiede zwischen der Akzeptanz und Nicht-Akzeptanz sind hier ebenfalls hochsignifikant mit mittlerer Effektstärke. Die Vollständigkeit ist im Falle der Nicht-Akzeptanz das häufigste Akzeptanzkriterium und typisch für die Nicht-Akzeptanz. Da allerdings zwei Beweisprodukte mit sehr unterschiedlicher Argumentationstiefe beurteilt wurden (5.2.4.), sollte diese Kategorie bei der vergleichenden Analyse der Beweisprodukte in (6.6.) genauer diskutiert werden.

Das Ergebnis, dass NEB_z typisch für die Akzeptanz und VOL_z typisch für die Nicht-Akzeptanz ist, ist wahrscheinlich auf methodische Gründe zurückzuführen: Wie bereits oben diskutiert, wird die Kategorie NEB_z vergeben, wenn geschrieben wird, dass „Schlüsse existieren" oder „keine Schlüsse existieren". Die Kategorie VOL_z wird hingegen vergeben, wenn geschrieben wird, dass „Schlüsse fehlen". Aufgrund dieser Entscheidung führt eine Nicht-Existenz automatisch zu einer Unvollständigkeit und somit zur Vergabe der Kategorie VOL_z. In dieser methodischen Entscheidung scheint auch der Grund dafür zu liegen, warum im Falle der Akzeptanz die Kategorie NEB_z und im Falle der Nicht-Akzeptanz die Kategorie VOL_z signifikant häufiger vergeben werden.

Vor dem Hintergrund des von Harel und Sowder (1998) definierten „external conviction proof schemes" (5.4.3.1.) können die Ergebnisse zur Kategorie NEB_z zudem wie folgt relativiert werden: Bei Äußerungen der Art „Es gibt logische Schlüsse", die mit NEB_z codiert werden würden, kann nicht zwingend geschlossen werden, dass nicht lediglich eine oberflächliche Betrachtung im Sinne des proof schemes vorliegt. Daher sollte die Interpretation, dass eine Inhaltsbezogenheit aufgrund der Vergabe der Kategorie NEB_z vorliegt, unter Berücksichtigung weiterer Kategorien (VOL_z, KON_z) abgesichert werden. Bei der Kategorie VOL_z wird hingegen aus Forschersicht ein größerer inhaltlicher Fokus angenommen, da mit dieser Kategorie keine Wiederholungen von Inhalten erfasst werden, sondern explizit Äußerungen über die Vollständigkeit von Objekten.

Formalia (FOR_z)

Die Kategorie FOR_z umfasst Äußerungen, die das Einhalten von Formalia betreffen (5.4.4.2.). Die Äußerung „Es wurde der Definitionsbereich angegeben" würde beispielsweise mit FOR_z codiert werden. Kempen (2018, S. 195) vermutet, dass der Operator „Beweisen Sie" eine formal-algebraische Darstellungsform impliziert und stützt diese Vermutung auch mit einer Studie (Kempen, Krieger & Tebaartz, 2016). Da dieser Operator auch in der eigenen Studie genutzt wurde (5.2.3.), kann vermutet werden, dass eben auch formale Aspekte in den Vordergrund gerückt und durch die Studierenden als Akzeptanzkriterium genannt werden. Es kann aber auch vermutet werden, dass die Formalia eher den Charakter eines Oberflächenmerkmals haben, wie im „external conviction proof scheme" (Harel & Sowder, 1998) formuliert. In diesem Fall würde die bloße Angabe eines Definitionsbereichs zum Akzeptanzkriterium werden. Für die genaue Herausarbeitung der Gründe, warum Studierende verschiedene Formalia als Akzeptanzkriterium nennen, müssten allerdings vertiefende Studien durchgeführt werden.

Die Analysen ergeben, dass die (Nicht-)Erfüllung von Formalia (11 %, 10,6 % (Akz.), 10,8 % (Nicht-Akz.)) im Falle der Akzeptanz und Nicht-Akzeptanz weder eines der häufigsten noch eines der seltensten Akzeptanzkriterien und ist weder typisch für die Akzeptanz noch für die Nicht-Akzeptanz ist.

Die fehlenden signifikanten Unterschiede zwischen der Akzeptanz und Nicht-Akzeptanz in der Kategorie FOR_z zeigen, dass die (Nicht-)Erfüllung von bestimmten Formalia sowohl im Falle der Akzeptanz als auch im Falle der Nicht-Akzeptanz als Akzeptanzkriterium genannt wird. Dieses Ergebnis ist dahingehend überraschend, dass erwartet wurde, dass diese Kategorie signifikant häufiger im Falle der Akzeptanz vergeben wird, weil aus Forschersicht beide Beweisprodukte notwendige Formalia wie die Angabe eines Definitionsbereichs erfüllen (5.2.4.). Die Gründe, warum einige Studierende diese Formalia als nicht erfüllt ansehen, sind auf Basis der vorliegenden Daten nicht ermittelbar. Da im Rahmen dieser Arbeit lediglich überprüft wird, inwiefern bestimmte Akzeptanzkriterien mit der vorherigen Akzeptanz bzw. Nicht-Akzeptanz korrelieren, wäre auch die Interpretation des Ergebnisses möglich, dass die Erfüllung bzw. Nicht-Erfüllung von bestimmten Formalia keine Bedeutung bei der Akzeptanz eines Beweises hat. Auch dies sollte in einer weiteren Studie gezielter untersucht werden.

Korrektheit (KOR_z)

Die Kategorie KOR_z wird vergeben, wenn sich Studierende zur Korrektheit einzelner Objekte oder des Beweisprodukt als Ganzes äußern. Es kann angenommen werden, dass eine Äußerung zur Korrektheit in Verbindung mit einer Überprüfung des Beweisprodukts steht, also die Beweisaktivität des Validierens (A. Selden & J. Selden, 2015, siehe auch (2.4.1.)) stattfindet.

KOR_z (6,2 %, 8,9 % (Akz.), 1 % (Nicht-Akz.)) gehört im Falle der Akzeptanz weder zu den häufigsten noch zu den seltensten Kategorien. Im Falle der Nicht-Akzeptanz gehört sie hingegen zu den seltensten Kategorien. Zusammen mit der sehr signifikant häufigeren Vergabe mit kleiner Effektstärke im Falle der Akzeptanz ist daher die folgende Interpretation möglich: Die Korrektheit ist ein typisches Akzeptanzkriterium für den Fall der Akzeptanz, wird hier aber weder häufig noch selten genannt.

Da die Korrektheit ein typisches Akzeptanzkriterium für die Akzeptanz ist, kann geschlossen werden, dass die Studierenden, bei denen KOR_z vergeben wurde, passenderweise erkannt haben, dass das vorgelegte Beweisprodukt auch wirklich korrekt ist (5.2.4.). Dass dieses Akzeptanzkriterium allerdings nicht häufig genannt wird, könnte methodische Gründe haben: In Item (i) des Fragebogens (5.2.5.) wird lediglich gefragt, ob es sich um einen mathematischen Beweis handelt und nicht, ob es sich um einen korrekten mathematischen Beweis handelt. Ferner ist es eine Frage der Definition, ob es auch inkorrekte Beweise gibt oder ob ein Beweisprodukt nur dann auch Beweis genannt wird, wenn es unter anderem korrekt ist. Es kann daher vermutet werden, dass aufgrund dieser Formulierung die Aktivität des Validierens und somit die Nennung der Korrektheit als Akzeptanzkriterium verringert wird.

Diskussionswürdig ist an dieser Stelle, ob die Korrektheit immer dann ein bedeutsames Akzeptanzkriterium (im Falle der Nicht-Akzeptanz) wird, wenn diese Eigenschaft bei einem vorgelegten Beweisprodukt nicht gegeben ist. Hierzu sei z. B. auf Sommerhoff und Ufer (2019) verwiesen, wo bewusst auch fehlerhafte Beweisprodukte beurteilt wurden. Die Autoren analysieren die Akzeptanzkriterien der Studierenden hier auch unter der Fragestellung, ob die Studierenden die vorhandenen Fehler in Beweisprodukten auch erkannt haben.

Oberflächenmerkmale (OBE_z)

Die Kategorie OBE_z wird bei Äußerungen vergeben, die keine inhaltliche Bedeutung haben, sondern sich lediglich auf Oberflächenmerkmale wie das Fehlen eines q.e.d. am Ende eines Beweisprodukts beziehen (5.4.4.2). Damit ist dieses Akzeptanzkriterium vergleichbar mit einem „external conviction proof scheme" (Harel & Sowder, 1998, siehe auch (5.4.3.1.)). Im Abgleich mit der eigenen Definition eines Beweises (2.3.3.), den Funktionen von Beweisen (2.2.3.) und dem erläuterten Methodenwissen (Heinze & Reiss, 2003, siehe (2.4.2.)), das als Teil einer Beweiskompetenz (2.4.) definiert ist, können Oberflächenmerkmale als ungültiges Akzeptanzkriterium bezeichnet werden.

OBE_z (23 %, 15,6 % (Akz.), 35,3 % (Nicht-Akz.)) gehört im Falle der Nicht-Akzeptanz zu den am häufigsten vergebenen Kategorien, im Falle der Akzeptanz hingegen weder zu den häufigsten noch zu den seltensten Kategorien. Sie wird hochsignifikant häufiger mit kleiner Effektstärke im Falle der Nicht-Akzeptanz vergeben. Oberflächenmerkmale sind daher im Falle der Nicht-Akzeptanz ein häufiges und für die Nicht-Akzeptanz typisches Akzeptanzkriterium.

Die hochsignifikant häufigere Vergabe der Kategorie OBE_z mit kleiner Effektstärke im Falle der Nicht-Akzeptanz ist darauf zurückzuführen, dass einige typische Oberflächenmerkmale, wie sie von manchen Studierenden genannt bzw. gefordert werden (z. B. ein „q.e.d." am Ende eines Beweisprodukts), in beiden Beweisprodukten nicht vorhanden sind (5.2.4.). Daher ist zu erwarten gewesen, dass die Kategorie OBE_z im Falle der Nicht-Akzeptanz hochsignifikant häufiger vergeben wird.

Die Häufigkeit der Vergabe der Kategorie OBE_z ist ein als negativ zu interpretierendes Resultat. Vor dem Hintergrund der von Reid und Knipping (2010) genannten Problembereiche im Zusammenhang mit Beweisen (3.1.) ist die häufige Vergabe der Kategorie OBE_z allerdings nicht überraschend.

Struktur (STR_z)

Die Kategorie STR_z (Struktur) umfasst Äußerungen, die die Struktur des Beweisprodukts betreffen, also beispielsweise Äußerungen der Art „Der Beweis startet mit den Voraussetzungen und endet mit der Behauptung". Inhaltlich korrelieren Äußerungen dieser Art mit der im Methodenwissen (Heinze & Reiss, 2003) formulierten Beweisstruktur und entsprechen einer Eigenschaft der eigenen Definition eines Beweises dahingehend, dass ein Beweis als eine hinreichend vollständige Argumentationskette definiert wird, die mit wahren (und bereits bewiesenen, falls nötig) Prämissen startet sowie mit einer wahren Konklusion endet (2.3.3.).

Die Kategorie STR_z (7,9 %, 9,4 % (Akz.), 5,9 % (Nicht-Akz.)) wird im Falle der Akzeptanz weder besonders häufig oder selten vergeben, im Falle der Nicht-Akzeptanz gehört sie allerdings zu den seltensten Kategorien. Zwischen der Akzeptanz und Nicht-Akzeptanz bestehen allerdings keine signifikanten Unterschiede. Eine Struktur ist daher im Falle der Nicht-Akzeptanz ein seltenes Akzeptanzkriterium, das weder typisch für die Akzeptanz noch für die Nicht-Akzeptanz ist.

Die fehlenden signifikanten Unterschiede in der Kategorie STR_z sind zunächst überraschend, weil aus Forschersicht bei beiden Beweisprodukten eine hinreichende Beweisstruktur (Heinze & Reiss, 2003) vorliegt (5.2.4.). Die genauen Gründe für dieses Ergebnis sind aufgrund der vorliegenden Daten nicht final überprüfbar und könnten daher eine tiefergehende Analyse dieses Aspekts nahelegen.

Verifikation (VER_z)

Die Kategorie VER_z umfasst Äußerungen der Art „Die Behauptung wird bewiesen", entspricht also der Verifikationsfunktion von Beweisen (De Villiers, 1990, siehe auch (2.2.3.1.)).

VER_z (18,6 %, 24,4 % (Akz.), 9,8 % (Nicht-Akz.)) gehört im Falle der Akzeptanz zu den häufigsten Kategorien und im Falle der Nicht-Akzeptanz weder zu den häufigsten noch zu den seltensten Kategorien. Zudem sind die Unterschiede zwischen der Akzeptanz und Nicht-Akzeptanz sehr signifikant mit kleiner Effektstärke. Es kann also geschlossen werden, dass die Verifikation im Falle der Akzeptanz als häufiges Akzeptanzkriterium bezeichnet werden kann und dass dieses Akzeptanzkriterium typisch für die Akzeptanz ist.

Es muss relativierend allerdings darauf hingewiesen werden, dass aufgrund der Codierung der o.g. Aussage „Die Behauptung wird bewiesen", nicht geschlossen werden kann, dass eine vorherige Überprüfung des Beweises und seiner Eigenschaften (z. B. das Vorhandensein einer hinreichend vollständigen Argumentationskette) erfolgt ist. Daher kann aufgrund der vorliegenden Daten auch nicht sicher geschlossen werden, dass der Nennung dieses Akzeptanzkriteriums die Aktivität des Validierens (2.4.1.) vorangegangen ist.

Verständnis (VST_z)

Die Kategorie VST_z wird vergeben, wenn geschrieben wird, dass etwas (nicht) verständlich ist oder (nicht) erklärt wird. Diese Äußerungen beziehen sich also auf das individuelle Verständnis und / oder auf die Erfüllung einer Erklärungsfunktion (De Villiers, 1990, siehe auch (2.2.3.2.) und (5.4.4.2)).

VST_z (27,5 %, 31,7 % (Akz.), 21,6 % (Nicht-Akz.)) gehört in allen Fällen zu den häufigsten Kategorien. Zwischen der Akzeptanz und Nicht-Akzeptanz existieren hierbei keine signifikanten Unterschiede. Das Verständnis bzw. die Erfüllung einer Erklärungsfunktion (2.2.3.2.) stellt daher ein häufiges Akzeptanzkriterium dar, das nicht typisch für die Akzeptanz oder Nicht-Akzeptanz ist.

Die Häufigkeit der Kategorie VST_z zeigt, dass das Verständnis des Beweisprodukts bzw. seine Fähigkeit, zu erklären, warum ein Satz gilt, insgesamt als bedeutsam von den Studierenden empfunden wird. Während in der eigenen Definition eines Beweises eher strukturorientierte Kriterien (Sommerhoff & Ufer, 2019) als Eigenschaften eines Beweises genannt sind, die als Voraussetzung primär für die Verifikationsfunktion zu sehen sind, nehmen die Studierenden, neben ihrem individuellen Verständnis, auch die Erklärungsfunktion (De Villiers, 1990, siehe auch (2.2.3.2.)) in den Fokus. Dies war vor dem Hintergrund der theoretischen Betrachtungen in (2.2.3.2.) zu erwarten, da die Erfüllung einer Erklärungsfunktion von manchen Autoren als Kriterium für einen „guten" Beweis gesehen wird (Bell, 1976; Manin, 1981; De Villiers, 1990) und von anderen Autoren wiederum als sehr bedeutsam für den Lehrkontext bezeichnet wird (Hersh, 1993; Hanna & Jahnke, 1996). An dieser Stelle kann zumindest vermutet, aber nicht bestätigt werden, dass die Studierenden aufgrund ihres Hintergrundes (Datenerhebung im Lehrkontext, sicherlich keine fachmathematische Forschungserfahrung, durchweg Studierende des Lehramts) Beweise auch vor dem Hintergrund des Lehrkontextes betrachten.

Die fehlenden signifikanten Unterschiede zwischen Akzeptanz und Nicht-Akzeptanz sind nicht überraschend, weil angenommen wurde, dass das Verständnis eines Beweisprodukts bzw. die Einschätzung darüber, inwiefern eine Erklärungsfunktion zutreffend ist, sehr individuell ist. Daher kann z. B. ein Verständnis des Beweisprodukts zu einer Akzeptanz führen oder ein fehlendes Verständnis zu einer Nicht-Akzeptanz.

Aufgrund der gewählten Methode kann allerdings nicht immer final geklärt werden, ob die Studierenden sich über ihr individuelles Verständnis oder eben die Erfüllung einer Erklärungsfunktion äußern. Beispielsweise kann die Äußerung „Der Beweis erklärt mir, warum es so ist" so interpretiert werden, dass der Beweis sowohl eine bestimmte Erklärungsfunktion erfüllt als auch für ein individuelles Verständnis sorgt. Aus diesem Grund wurden Äußerungen zur Erklärungsfunktion und zum individuellen Verständnis in einer Kategorie zusammengefasst.

Entfernen (Kategorie ENT_z)
Die Kategorie ENT_z wird bei Äußerungen der Art „es kann / muss etwas entfernt werden" vergeben. Äußerungen, die mit ENT_z codiert werden, können möglicherweise mit der Vorstellung, dass Beweise möglichst „kurz" und „präzise" formuliert sein müssen, korrelieren. Wie in (2.2.1.) unter Bezug auf De Villiers (1990) und Davis und Hersh (1986) diskutiert wurde, können „zu lange" Beweise eben z. B. auch einem evaluierten Überblick entgegenstehen, was als Argument für kürzere Formulierung von Beweisen herangezogen werden kann. Inwiefern die Äußerungen der Studierenden aber aus diesem Grund getätigt werden, kann nicht final aufgrund der Daten geschlossen werden.

Bei der Kategorie ENT_z (2,4 %, 2,2 % (Akz.), 2,9 % (Nicht-Akz.)) handelt es sich in allen Fällen um eine seltene Kategorie, bei der es keine signifikanten Unterschiede zwischen der Akzeptanz und Nicht-Akzeptanz gibt. Die Notwendigkeit des Entfernens von Objekten ist daher ein seltenes Akzeptanzkriterium, das nicht typisch für die Akzeptanz oder Nicht-Akzeptanz ist. Dass keine signifikanten Unterschiede zwischen der Akzeptanz und Nicht-Akzeptanz existieren, ist überraschend. Aufgrund der Vorüberlegungen in (2.2.1.) wurde unter Bezug auf De Villiers (1990) und Davis und Hersh (1986) angenommen, dass das Entfernen von Objekten als Grund für eine Nicht-Akzeptanz herangezogen wird. Dass wiederum die Kategorie ENT_z auch im Falle der Akzeptanz vergeben wurde und keine signifikanten Unterschiede existieren, lässt den Schluss zu, dass das Entfernen von Objekten keine Bedeutung bei der Akzeptanz der vorgelegten Beweisprodukte hat. Eine gezieltere Untersuchung könnte allerdings den Unterschied zwischen „zwingend nötig" und „möglich" herauszuarbeiten. Relativierend muss aber darauf verwiesen werden, dass zwei Beweisprodukte eingesetzt wurden, von denen das lange Beweisprodukt aus Forschersicht Aussagen aufweist, die entfernt werden könnten, ohne dass dies Auswirkungen auf die Akzeptanz als Beweis hat, während beim kurzen Beweisprodukt jede existierende Aussage (und noch zusätzliche Aussagen) für die Akzeptanz als Beweis aus Forschersicht notwendig sind (5.2.4.). Eine genauere Analyse dieser Kategorie in (6.6.), wo die Wirkung der Argumentationstiefe untersucht wird, ist daher notwendig.

Objektiv falsche Äußerungen (FAL_z)
Die Kategorie FAL_z wird vergeben, wenn objektiv falsche Äußerungen getätigt werden (5.4.4.2.). FAL_z (4,8 %, 6,1 % (Akz.), 2,9 % (Nicht-Akz.)) gehört im Falle der Nicht-Akzeptanz zu den seltensten Kategorien und im Falle der Akzeptanz weder zu den seltensten noch zu den häufigsten Kategorien. Zwischen der Akzeptanz und Nicht-Akzeptanz existieren allerdings keine signifikanten Unterschiede. Dieses Resultat ist so zu interpretieren, dass objektiv falsche Äußerungen der Studierenden unabhängig von der Beweisakzeptanz sind. Außerdem kann geschlossen werden, dass insgesamt nur bei einem geringen Anteil an Studierenden sicher geschlossen werden kann, dass sie mindestens Teile des vorgelegten Beweisprodukts nicht verstanden haben. Allerdings ist es mit Blick auf die Analysen der Akzeptanzkriterien der Gruppen in (6.7.) und (6.8.) lohnenswert, mögliche Unterschiede zwischen den Gruppen zu analysieren.

Empirische Beweisvorstellung (EMP_z)

Die Kategorie EMP_z wird vergeben, wenn Äußerungen getätigt werden, die auf auf eine empirische Beweisvorstellung hindeuten. Da sich diese Kategorie lediglich aus dem Code ET_7_1_0 zusammensetzt (5.4.4.2.), werden mit dieser Kategorie Äußerungen der Art „Es fehlt ein Beispiel" erfasst, bei denen deutlich ist, dass sie nicht positiv gemeint sind. Das bedeutet, dass hiermit keine Äußerungen der Art „Es ist gut, dass das Beweisprodukt nicht beispielgebunden ist" codiert werden (hier würde der Code ET_7_2_1 vergeben werden, der der Kategorie ALG_z zugeordnet ist), sondern lediglich Äußerungen, bei denen das Fehlen von Beispielen als Akzeptanzkriterium zu sehen ist. Die Kategorie EMP_z ist also vergleichbar mit einem empirical proof scheme (Harel und Sowder, 1998, siehe auch (5.4.3.1.)), das die Überzeugung aufgrund der Überprüfung von Beispielen beschreibt. Wie Reid und Knipping (2010, siehe (3.1.)) dargelegt haben, handelt es sich hierbei um einen Problembereich im Zusammenhang mit Beweisvorstellungen.

Die Kategorie EMP_z (3,8 %, 0 % (Akz.), 10,8 % (Nicht-Akz.)) wird im Falle der Akzeptanz nicht vergeben und gehört im Falle der Nicht-Akzeptanz weder zu den seltensten noch zu den häufigsten Kategorien. Der Unterschied zwischen der Akzeptanz und Nicht-Akzeptanz ist hochsignifikant mit kleiner Effektstärke. Äußerungen, die auf eine empirische Beweisvorstellung schließen lassen, werden also typischerweise nur im Falle der Nicht-Akzeptanz getätigt.

Es zeigt sich somit auch in der eigenen Studie, dass der von Reid und Knipping (2010) geschilderte Problembereich existiert. Dass die Kategorie EMP_z im Falle der Akzeptanz hochsignifikant häufiger mit kleiner Effektstärke vergeben wird hängt damit zusammen, dass in den vorgelegten Beweisprodukten keine Beispiele zu finden sind (5.2.4.). Daher ist zu erwarten gewesen, dass im Falle der Akzeptanz nicht die Existenz von Beispielen als Akzeptanzkriterium genannt wird. Im Gegensatz dazu wird im Falle der Nicht-Akzeptanz allerdings in 10,8 % der Fälle das Fehlen eines Beispiels genannt. Dies impliziert, wie oben diskutiert, ein „empirical proof scheme" (Harel & Sowder, 1998). Mit 10,8 % ist die Anzahl insgesamt zwar nicht hoch, aber die Fehlvorstellung dafür sehr schwerwiegend. Der Anteil von 10,8 % deutet also auf schwerwiegende Defizite in der Beweiskompetenz hin, da die Existenz von Beispielen in Beweisen keine Notwendigkeit darstellt (2.3.3.). Relativierend muss aus methodischer Sicht allerdings an dieser Stelle auf eine Regelung im Codiermanual hingewiesen werden, nach der bei Äußerungen der Art „Kein Beispiel", in denen nicht klar ist, dass das Fehlen eines Beispiels positiv oder negativ gemeint ist, zusätzlich noch die Entscheidung zur Beweisakzeptanz im vorherigen Item (i) berücksichtigt werden darf. Das heißt: Wenn lediglich „Kein Beispiel" geschrieben wird und zusätzlich entschieden wird, dass es sich um keinen Beweis handle, dann wird der Code ET_7_1_0 („Beispiel fehlt" (negativ), also Kategorie EMP_z) und nicht der Code ET_7_2_1 („Beispiel fehlt" (positiv), also Kategorie ALG_z) vergeben. Nicht final kann aufgrund der Daten ermittelt werden, aus welchen genauen Gründen (z. B. Erhöhung des Verständnisses oder der relativen Überzeugung (Weber & Mejia-Ramos, 2015, siehe auch (2.2.3.1.))) Beispiele gefordert werden. Hierzu wären weiterführende Datenerhebungen notwendig.

6.5.2 Analyse und Diskussion der Anzahl der Akzeptanzkriterien

6.5.2.1 Deskriptive und inferenzstatistische Analyse

Zur Analyse der Anzahl der Akzeptanzkriterien wird im Folgenden gemäß (5.6.2.2.) deskriptiv dargestellt, wie viele Studierende (absolut und relativ zur (Teil-)Stichprobengröße in Prozent) welche Anzahl an Akzeptanzkriterien und an gültigen Akzeptanzkriterien genannt haben. Zusätzlich werden jeweils Angaben zum Mittelwert, Median und zur Standardabweichung gemacht. Zur Ermittlung von Unterschieden zwischen der Akzeptanz und Nicht-Akzeptanz erfolgt gemäß den Überlegungen in (5.6.2.3.) ein Mann-Whitney-U Test (siehe auch (5.7.2.)). Die Ermittlung der Anzahl der Akzeptanzkriterien erfolgt durch die in (5.4.4.2.) dargestellten Kategorien Summe 1 (alle Akzeptanzkriterien) und Summe 2 (gültige Akzeptanzkriterien). Die Anzahl der Akzeptanzkriterien wird, für beide Kategorien (links: alle Akzeptanzkriterien; rechts: gültige Akzeptanzkriterien), in der folgenden Abbildung dargestellt (Abbildung 6.2):

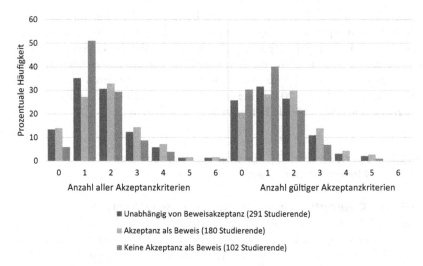

Abbildung 6.2 Überblick über die Ergebnisse der deskriptiven Analyse

Durch eine inferenzstatistische Analyse wurde zudem ermittelt, dass lediglich bei den gültigen Akzeptanzkriterien ein hochsignifikanter Unterschied mit kleiner Effektstärke zwischen der Akzeptanz und Nicht-Akzeptanz existiert. Die ausführlichen deskriptiven und inferenzstatistischen Analysen erfolgen im Folgenden anhand von Tabellen.

Deskriptive Analyse der Anzahl aller Akzeptanzkriterien (FF-2c) (Tabelle 6.55 und Tabelle 6.56)

Insgesamt wurden zwischen 0 und 6 (Akzeptanz als Beweis) bzw. zwischen 0 und 6 (keine Akzeptanz als Beweis) Akzeptanzkriterien pro Studierenden genannt. Bildet man Gruppen, die jeweils die Anzahl der genannten Akzeptanzkriterien umfassen, so ergibt sich das folgende Bild:

Tabelle 6.55 Anzahl aller Akzeptanzkriterien (beide Beweisprodukte)

Beide Beweisprodukte	Anzahl aller Akzeptanzkriterien	0	1	2	3	4	5	6
Unabhängig von Beweisakzeptanz ($N_{ges} = 291$)	Absolute Häufigkeit	39	102	89	36	17	4	4
	In Prozent	13,4	35,1	30,6	12,4	5,8	1,4	1,4
	Kumulierte Prozente	13,4	48,5	79	91,4	97,3	98,6	100
Akzeptanz als Beweis ($N_{akz} = 180$)	Absolute Häufigkeit	27	49	59	26	13	3	3
	In Prozent	15	27,2	32,8	14,4	7,2	1,7	1,7
	Kumulierte Prozente	15	42,2	75	89,4	96,7	98,3	100
Keine Akzeptanz als Beweis ($N_{nakz} = 102$)	Absolute Häufigkeit	6	52	30	9	4	0	1
	In Prozent	5,9	51	29,4	8,8	3,9	0	1
	Kumulierte Prozente	5,9	56,9	86,3	95,1	99	99	100

In der Summe nennen also 91,4 % der Studierenden 0 bis 3 Akzeptanzkriterien. 48,5 % der Studierenden nennen sogar maximal lediglich ein Akzeptanzkriterium. Im Falle der Akzeptanz als Beweis sind es 89,4 % der Studierenden, die 0 bis 3 Akzeptanzkriterien nennen (0 bis 1: 42,2 %), im Falle der Nicht-Akzeptanz 95,1 % (0 bis 1: 56,9 %).

Tabelle 6.56 Anzahl aller Akzeptanzkriterien: Mittelwert, Median, Standardabweichung (beide Beweisprodukte)

Beide Beweisprodukte (alle Akzeptanzkriterien)	n	m	med	sd	Signifikante Unterschiede Akzeptanz und Nicht-Akzeptanz (U-Test)
Unabhängig von Beweisakzeptanz ($N_{ges} = 291$)	500	1,7182	2	1,23021	
Akzeptanz als Beweis ($N_{akz} = 180$)	330	1,8333	2	1,30534	n.s.
Keine Akzeptanz als Beweis ($N_{nakz} = 102$)	161	1,5784	1	0,98941	

Im Mittel nennen die Studierenden 1,7182 Akzeptanzkriterien (sd = 1,23021). Im Falle der Akzeptanz sind es 1,8333 Akzeptanzkriterien (sd = 1,30534), im Falle der Nicht-Akzeptanz 1,5784 Akzeptanzkriterien (sd = 0,98941).

Inferenzstatistische Analyse der Anzahl aller Akzeptanzkriterien (FF-2e) (Tabelle 6.56)
Zwischen der Akzeptanz und Nicht-Akzeptanz bestehen keine signifikanten Unterschiede.

Deskriptive Analyse der Anzahl gültiger Akzeptanzkriterien (FF-2c) (Tabelle 6.57 und Tabelle 6.58)
Wenn man bei der Summe der Akzeptanzkriterien die Kategorien OBE_z, FAL_z und EMP_z nicht berücksichtigt, weil es sich bei ihnen, wie oben diskutiert, um ungültige Akzeptanzkriterien handelt, so ergibt sich das folgende Bild (Tabelle 6.57):

Tabelle 6.57 Anzahl der gültigen Akzeptanzkriterien (beide Beweisprodukte)

Beide Beweisprodukte	Anzahl gültiger Akzeptanzkriterien	0	1	2	3	4	5	6
Unabhängig von Beweisakzeptanz ($N_{ges} = 291$)	Absolute Häufigkeit	75	92	77	32	9	6	0
	In Prozent	25,8	31,6	26,5	11	3,1	2,1	0
	Kumulierte Prozente	25,8	57,4	83,8	94,8	97,9	100	100
Akzeptanz als Beweis ($N_{akz} = 180$)	Absolute Häufigkeit	37	51	54	25	8	5	0
	In Prozent	20,6	28,3	30	13,9	4,4	2,8	0
	Kumulierte Prozente	20,6	48,9	78,9	92,8	97,2	100	100
Keine Akzeptanz als Beweis ($N_{nakz} = 102$)	Absolute Häufigkeit	31	41	22	7	0	1	0
	In Prozent	30,4	40,2	21,6	6,9	0	1	0
	Kumulierte Prozente	30,4	70,6	92,2	99	99	100	100

Es nennen nun 94,8 % der Studierenden 0 bis 3 Akzeptanzkriterien und 57,4 % lediglich maximal ein Akzeptanzkriterium. Im Falle der Akzeptanz sind es 92,8 % der Studierenden, die 0 bis 3 Akzeptanzkriterien nennen (0 bis 1: 48,9 %) und im Falle der Nicht-Akzeptanz sind es 99 % (0 bis 1: 70,6 %).

Tabelle 6.58 Anzahl der gültigen Akzeptanzkriterien: Mittelwert, Median, Standardabweichung (beide Beweisprodukte)

Beide Beweisprodukte (nur gültige Akzeptanzkriterien)	n	m	med	sd	Signifikante Unterschiede Akzeptanz und Nicht-Akzeptanz (U-Test)	
Unabhängig von Beweisakzeptanz ($N_{ges} = 291$)	408	1,4021	1	1,18897		
Akzeptanz als Beweis ($N_{akz} = 180$)	291	1,6167	2	1,23847	Signifikanz	<0,001
					U-Statistik	6925,000
Keine Akzeptanz als Beweis ($N_{nakz} = 102$)	111	1,0882	1	0,97598	Z-Statistik	−3,553
					Effektstärke (r)	−0,21

Im Mittel nennen die Studierenden 1,4021 Akzeptanzkriterien (sd = 1,18897). Im Falle der Akzeptanz sind es 1,6167 Akzeptanzkriterien (sd = 1,23847), im Falle der Nicht-Akzeptanz 1,0882 Akzeptanzkriterien (sd = 0,97598).

Inferenzstatistische Analyse der Anzahl gültiger Akzeptanzkriterien (FF-2e) (Tabelle 6.58)

Zwischen der Akzeptanz und Nicht-Akzeptanz bestehen hochsignifikante Unterschiede mit kleiner Effektstärke (U = 6925,000, Z = −3,553, p < 0,001, r = −0,21).

6.5.2.2 Diskussion der Ergebnisse

Aufgrund der Ergebnisse kann geschlossen werden, dass insgesamt sehr wenige Akzeptanzkriterien genannt werden. Das bedeutet, dass die Beweisakzeptanz aufgrund weniger Gründe gefällt wird. So nennen 91,4 % der Studierenden unabhängig von der Beweisakzeptanz 0 bis 3 Akzeptanzkriterien und 48,5 % der Studierenden sogar maximal lediglich ein Akzeptanzkriterium. Im Mittel sind lediglich 1,7182 (sd = 1,23021) Akzeptanzkriterien.

Wenn man lediglich gültige Akzeptanzkriterien betrachtet, also Oberflächenmerkmale (OBE_z), objektiv falsche Äußerungen (FAL_z) und empirische Beweisvorstellungen (EMP_z) nicht mitzählt, so ergibt sich ein noch stärker ausgeprägtes Bild: Es werden insgesamt sehr wenige gültige Akzeptanzkriterien genannt (94,8 %: 0–3, 57,4 %: 0–1, m = 1,4021, sd = 0,97598).

Eine Einschätzung darüber, dass es sich um sehr wenige (gültige) Akzeptanzkriterien handelt, kann aufgrund der Anzahl der Kategorien zur Beschreibung von

Akzeptanzkriterien getroffen werden. Aufgrund der in dieser Arbeit vorgenommenen Kategorienbildung (5.4.4.) konnten 12 verschiedene Akzeptanzkriterien
ermittelt werden, von denen 9 als gültige Akzeptanzkriterien bezeichnet werden
können. Am Beispiel der gültigen Akzeptanzkriterien bedeutet dies, dass circa.
16 % der möglichen Akzeptanzkriterien im Mittel genannt werden.

Die Ergebnisse der inferenzstatistischen Analysen lassen sich mit genauem
Blick auf die tatsächlich vorliegenden Eigenschaften der Beweisprodukte in
(5.2.4.) und den Diskussionen zu den einzelnen Kategorien (siehe oben in
(6.5.1.2.)) erklären. Da beide Beweisprodukte nicht die in (5.4.4.2.) beschriebenen
Oberflächenmerkmale sowie Beispiele aufweisen, wurde in (6.5.1.2.) geschlossen,
dass die Nennung von Oberflächenmerkmalen (OBE_z) sowie Äußerungen, die
auf eine empirische Beweisvorstellung schließen lassen (EMP_z) typisch für die
Nicht-Akzeptanz sind. Aus diesem Grund scheint sich die Anzahl aller Akzeptanzkriterien im Vergleich von Akzeptanz und Nicht-Akzeptanz auszugleichen.
Da bei der Analyse der gültigen Akzeptanzkriterien gemäß den Ergebnissen
hochsignifikant mehr Akzeptanzkriterien mit geringer Effektstärke im Falle der
Akzeptanz genannt werden, kann geschlossen werden, dass dieses Ergebnis
immerhin zu den tatsächlich vorliegenden Eigenschaften der beiden Beweisprodukte passt. Dies ist darauf zurückzuführen, dass, gemäß den Ausführungen in
(5.2.4.), mehr Gründe für die Akzeptanz sprechen als gegen die Akzeptanz.
Dennoch ist zu bemerken, dass selbst im Falle der Akzeptanz im Mittel sehr
wenige Akzeptanzkriterien (alle Akzeptanzkriterien: m=1,8333, gültige Akzeptanzkriterien: m = 1,6167) genannt werden. Hier hätten insgesamt wesentlich
mehr Akzeptanzkriterien erwartet werden können. Aufgrund dieser Überlegungen
hätte zudem auch erwartet werden können, dass selbst bei der Betrachtung aller
Akzeptanzkriterien signifikant mehr Akzeptanzkriterien im Falle der Akzeptanz
genannt werden.

6.5.3 Analyse und Diskussion der Konkretheit der Äußerungen

Die Analyse der Konkretheit der Äußerungen erfolgt aufgrund der Kategorie Konkretheit, die in (5.4.2.2.) und (5.4.4.2.) erläutert wurde. Die inferenzstatistische
Analyse erfolgt aufgrund der Überlegungen in (5.6.2.3.) sowie (5.7.).

6.5.3.1 Deskriptive und inferenzstatistische Analyse

Deskriptive Analyse der Konkretheit der Äußerungen (FF-2d)

Tabelle 6.59 Konkretheit der Äußerungen (beide Beweisprodukte)

Beide Beweisprodukte	Absolute Häufigkeit	In Prozent	Signifikante Unterschiede
Unabhängig von Beweisakzeptanz ($N_{ges} = 291$)	69	23,7	Akzeptanz und Nicht-Akzeptanz (χ^2-Test)
Akzeptanz als Beweis ($N_{akz} = 180$)	37	20,6	n.s.
Keine Akzeptanz als Beweis ($N_{nakz} = 102$)	31	30,4	

Von 291 Studierenden haben 69 Studierende (23,7 %) mindestens eine konkrete Äußerung getätigt. Im Falle der Akzeptanz als Beweis haben von 180 Studierenden 37 Studierende (20,6 %) mindestens eine konkrete Äußerung getätigt. Im Falle der Nicht-Akzeptanz waren es von 102 Studierenden 31 (30,4 %).

Inferenzstatistische Analyse der Konkretheit der Äußerungen (FF-2e) (Tabelle 6.59)
Vergleicht man die Akzeptanz und Nicht-Akzeptanz hinsichtlich der Kategorie Konkretheit mittels Chi^2-Test miteinander, so ergeben sich keine signifikanten Unterschiede.

6.5.3.2 Diskussion der Ergebnisse

Mit insgesamt 23,7 % (20,6 % (Akz.), 30,4 % (Nicht-Akz.)) äußern sich etwa ein Viertel aller Studierenden mindestens einmal konkret. Gemäß den Erläuterungen in (5.4.2.2.) gelten Äußerungen als konkret, wenn sie sich auf konkrete Inhalte des vorgelegten Beweisprodukts beziehen, auf konkrete Stellen im Beweisprodukt verweisen oder konkrete, inhaltliche Verbesserungsvorschläge sind. Ausgeschlossen sind hingegen Verbesserungsvorschläge zu Oberflächenmerkmalen (z. B. „es muss ein q.e.d. hinzugefügt werden"), die Forderungen von Beispielen, obgleich kein gültiges Akzeptanzkriterium, gelten hingegen als konkret (z. B. „es muss ein Beispiel mit natürlichen Zahlen hinzugefügt werden").

Betrachtet man die verschiedenen Kategorien zu den Akzeptanzkriterien, so ist es allerdings eher nicht überraschend, dass sich insgesamt lediglich ein Viertel der Studierenden konkret äußert: Äußerungen beispielsweise darüber, dass das Beweisprodukt allgemeingültig oder korrekt sei, müssen sich aus Forschersicht nicht zwingend auf konkrete Inhalte beziehen, sondern können sich auch auf das Gesamtbild des Beweisprodukts beziehen (z. B. „der Beweis ist allgemeingültig" oder „der Beweis ist fehlerfrei"). Konkretisierungen dieser Eigenschaften (z. B. „der letzte Schluss auf $c|(a + b)$ ist korrekt") erscheinen hingegen eher unüblich.

Überraschend ist hingegen, dass keine signifikanten Unterschiede zwischen Akzeptanz und Nicht-Akzeptanz existieren. Hier hätte erwartet werden können, dass konkrete Äußerungen signifikant häufiger im Falle der Nicht-Akzeptanz existieren, da angenommen wurde, dass die Studierenden häufiger konkret äußern, welcher Inhalt fehlt.

Es muss an dieser Stelle aber limitierend darauf hingewiesen werden, dass in dieser Analyse beide Beweisprodukte analysiert werden und angenommen werden kann, dass konkrete Äußerungen in Form von inhaltlichen Verbesserungsvorschlägen sicherlich vom vorgelegten Beweisprodukt und dessen Argumentationstiefe abhängig sind. Daher sei auf die Analyse der Konkretheit der Äußerungen in (6.6.3.) verwiesen.

6.6 Ergebnisse und Diskussion Akzeptanzkriterien (gesamte Stichprobe, Vergleich des kurzen und langen Beweisprodukts)

In diesem Teilkapitel ist die Analyse der Wirkung von verschiedenen Argumentationstiefen bei den Beweisprodukten auf die genannten Akzeptanzkriterien zentral (4.3.1.). Hierzu werden die folgenden Forschungsfragen aus (4.3.4.) beantwortet:

1. FF-3b: Welche Akzeptanzkriterien werden von Studierenden des Lehramts unterschiedlicher Lehramtsstudiengänge und Fachsemester jeweils bei der Beurteilung der Beweisprodukte mit unterschiedlicher Argumentationstiefe genannt?
2. FF-3c: Wie viele Akzeptanzkriterien nennen sie jeweils?
3. FF-3d: Wie konkret äußern sich die Studierenden jeweils?
4. FF-3e: Lassen sich bei den jeweiligen Forschungsfragen FF-3b bis FF-3d auch Unterschiede zwischen den Studierenden ausmachen, die gemäß FF-3a vorab

das ihnen zur Beurteilung vorgelegte Beweisprodukt als Beweis akzeptiert oder nicht akzeptiert haben?[10]

5. FF-3f: Wie unterscheiden sich die jeweiligen von den Studierenden getätigten Beurteilungen zu den Beweisprodukten mit unterschiedlicher Argumentationstiefe hinsichtlich der oben genannten Forschungsfragen FF-3b bis FF-3e?

Wie auch in (6.5.) erfolgt zur Beantwortung der Forschungsfragen 3b bis 3d eine deskriptive Analyse der Daten (5.6.2.2.) und zur Beantwortung der Forschungsfrage 3e eine inferenzstatistische der Daten (5.6.2.3.). Beide Analysen erfolgen allerdings pro Beweisprodukt, d. h. das kurze und das lange Beweisprodukt werden zunächst getrennt voneinander analysiert (zu den Beweisprodukten siehe (5.2.4.)). Ebenfalls analog zu (6.5.) erfolgt die inferenzstatistische Analyse zur Beantwortung von Forschungsfrage 3e unter Berücksichtigung der Ergebnisse zur Beweisakzeptanz (6.4.).

Ein wesentliches Anliegen dieses Teilkapitels ist die Beantwortung der Forschungsfrage 3f, um die Wirkung der Argumentationstiefe auf Akzeptanzkriterien zu ermitteln. Hierbei werden die Studierenden, die entweder ein kurzes oder langes Beweisprodukt beurteilen, als unterschiedliche Gruppen aufgefasst und die Unterschiede zwischen diesen Gruppen durch eine inferenzstatistische Analyse ermittelt (5.6.2.3.). Vereinfachend werden diese Gruppen aber als kurzes und langes Beweisprodukt bezeichnet. Ergänzend werden punktuell die Ergebnisse der jeweiligen deskriptiven Analysen gegenübergestellt und verglichen. Alle Vergleiche erfolgen unabhängig von der Beweisakzeptanz sowie im Falle der Akzeptanz und Nicht-Akzeptanz. Die Vergleiche beziehen sich auf die Forschungsfragen 3b bis 3d. Es wird hierbei also jeweils analysiert, inwiefern sich die Beweisprodukte hinsichtlich der Art, Anzahl und Konkretheit der Akzeptanzkriterien unterscheiden.

Insgesamt ergibt sich die folgende Vorgehensweise in diesem Teilkapitel:

1. Analyse und Diskussion der Art der Akzeptanzkriterien bei den jeweiligen Beweisprodukten (FF-3b und FF-3e) und der Unterschiede zwischen den Beweisprodukten (FF-3e) in Abschnitt (6.6.1.)
2. Analyse und Diskussion der Anzahl der Akzeptanzkriterien bei den jeweiligen Beweisprodukten (FF-3c und FF-3e) und der Unterschiede zwischen den Beweisprodukten (FF-3e) in Abschnitt (6.6.2.)

---

[10] Letzteres wird weiterhin lediglich „Akzeptanz" oder „Nicht-Akzeptanz" genannt.

3. Analyse und Diskussion der Konkretheit der Äußerungen bei den jeweiligen Beweisprodukten (FF-2d und FF-2e) und der Unterschiede zwischen den Beweisprodukten (FF-3e) in Abschnitt (6.6.3.)

In der Gesamtdiskussion dieser Arbeit (7.) werden die wesentlichen Ergebnisse dieses Teilkapitels zusammen mit den Ergebnissen der weiteren Teilkapitel (6.3.) bis (6.8.) diskutiert.

Stichprobe

Gemäß den Ergebnissen in (6.4.) und der Berücksichtigung der Beweisprodukte (5.2.4.) ist die Gesamtstichprobe aus 291 Studierenden (6.1.) wie folgt zusammengesetzt:

- **Kurzes Beweisprodukt**: 149 Studierende (77 Akzeptanz, 68 Nicht-Akzeptanz 4 ohne klare Entscheidung).
- **Langes Beweisprodukt**: 142 Studierende (103 Akzeptanz, 34 Nicht-Akzeptanz, 5 ohne klare Entscheidung).[11]

Die folgenden Analysen beziehen sich auf die genannten Teilstichprobengrößen. Insbesondere die Angaben zu den prozentualen Häufigkeiten sind relativ zu den jeweiligen Teilstichprobengrößen.

6.6.1 Analyse und Diskussion der Art der Akzeptanzkriterien

6.6.1.1 Deskriptive und inferenzstatistische Analyse (kurzes Beweisprodukt)

Die von den Studierenden mit kurzem Beweisprodukt genannten Akzeptanzkriterien sind der untenstehenden Tabelle zu entnehmen. Die inferenzstatistischen Analysen erfolgen, analog zu (6.5.1.1.), gemäß den methodischen Überlegungen in (5.6.2.3.) und (5.7.1.1.). Ebenfalls analog zu (6.5.1.1.) wird in der folgenden Abbildung für das kurze Beweisprodukt ein Überblick über die Ergebnisse der deskriptiven und inferenzstatistischen Analysen gegeben (Abbildung 6.3).

---

[11] Die Ergebnisse der Studierenden, die keine klare Entscheidung getroffen haben (leeres Feld, mehrere Kreuze vergeben oder ein Kreuz uneindeutig vergeben), werden allerdings dennoch bei der Betrachtung berücksichtigt, die unabhängig von der Beweisakzeptanz ist.

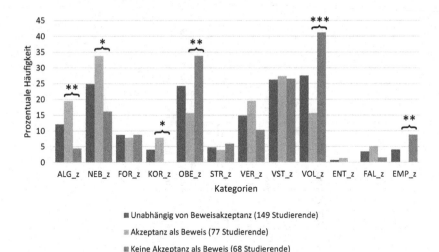

Abbildung 6.3 Überblick über die Ergebnisse der deskriptiven und inferenzstatistischen Analysen (kurzes Beweisprodukt)

Die Abbildung zeigt, dass in den Kategorien NEB_z und KOR_z signifikante Unterschiede, in den Kategorien ALG_z, OBE_z und EMP_z sehr signifikante Unterschiede und in der Kategorie VOL_z hochsignifikante Unterschiede zwischen der Akzeptanz und Nicht-Akzeptanz existieren. Eine ausführliche Analyse erfolgt im Folgenden anhand einer Tabelle (Tabelle 6.60).

Tabelle 6.60 Akzeptanzkriterien (kurzes Beweisprodukt)

Kurzes Beweisprodukt	Kategorie	ALG_z	NEB_z	FOR_z	KOR_z	OBE_z	STR_z	VER_z	VST_z	VOL_z	ENT_z	FAL_z	EMP_z	SON_z
Unabhängig von Beweisakzeptanz ($N_{ges} = 149$)	Absolute Häufigkeit	18	37	13	6	36	7	22	39	41	1	5	6	47
	In Prozent	12,1	24,8	8,7	4	24,2	4,7	14,8	26,2	27,5	0,7	3,4	4	31,5
Akzeptanz als Beweis ($N_{akz} = 77$)	Absolute Häufigkeit	15	26	6	6	12	3	15	21	12	1	4	0	27
	In Prozent	19,5	33,8	7,8	7,8	15,6	3,9	19,5	27,3	15,6	1,3	5,2	0	35,1
Keine Akzeptanz als Beweis ($N_{nakz} = 68$)	Absolute Häufigkeit	3	11	6	0	23	4	7	18	28	0	1	6	19
	In Prozent	4,4	16,2	8,8	0	33,8	5,9	10,3	26,5	41,2	0	1,5	8,8	27,9
Signifikante Unterschiede Akzeptanz und Nicht-Akzeptanz (χ^2-Test)	Signifikanz	0,006	0,015	n.s.	0,019	0,010	n.s.	n.s.	n.s.	0,001	n.s.	n.s.	0,008	
	Freiheitsgrade	1	1		1	1				1			1	
	Teststatistik	7,541	5,878		5,527	6,560				11,839			7,087	
	Effektstärke (φ)	0,228	0,201		0,195	−0,213				−0,286			−0,221	

Deskriptive Analyse der Art der Akzeptanzkriterien (FF-3b, unabhängig von Beweisakzeptanz)

Beim kurzen Beweisprodukt sind die häufigsten Kategorien, die unabhängig von der Beweisakzeptanz vergeben werden, NEB_z (24,8 %), VST_z (26,2 %) und VOL_z (27,5 %). Die seltensten vergebenen Kategorien sind ENT_z (0,7 %), FAL_z (3,4 %) und KOR_z (4 %) sowie EMP_z (4 %). Die weiteren Kategorien sind ALG_z (12,1 %), FOR_z (8,7 %), STR_z (4,7 %) und VER_z (14,8 %).

Deskriptive Analyse der Art der Akzeptanzkriterien (FF-3b, abhängig von Beweisakzeptanz)

Im Falle der Akzeptanz werden die Kategorien NEB_z (33,8 %), VST_z (27,3 %) und ALG_z (19,5 %) sowie VER_z (19,5 %) am häufigsten vergeben. Am seltensten vergeben werden die Kategorien EMP_z (0 %), ENT_z (1,3 %) und STR_z (3,9 %). Die weiteren Kategorien sind FOR_z (7,8 %), KOR_z (7,8 %), OBE_z (15,6 %), VOL_z (15,6 %) und FAL_z (5,2 %).

Im Falle der Nicht-Akzeptanz werden die Kategorien VOL_z (41,2 %), OBE_z (33,8 %) und VST_z (26,5 %) am häufigsten vergeben. Am seltensten vergeben werden die Kategorien KOR_z (0 %), ENT_z (0 %) und FAL_z (1,5 %). Die weiteren Kategorien sind ALG_z (4.4 %), NEB_z (16,2 %), FOR_z (8,8 %), STR_z (5,9 %), VER_z (10,3 %) und EMP_z (8,8 %).

Inferenzstatistische Analyse der Art der Akzeptanzkriterien (FF-3e)

Beim Vergleich von Akzeptanz und Nicht-Akzeptanz (5.6.2.3.) sind in den folgenden Kategorien (sehr) signifikante bzw. hochsignifikante Unterschiede mit kleiner Effektstärke zu finden:

- ALG_z $(19,5\%\,(\text{Akz.}), 4,4\%\,(\text{Nicht-Akz.}); \chi^2(1) = 7{,}541, p = 0{,}006, \varphi = 0{,}228)$,
- NEB_z $(33,8\%\,(\text{Akz.}), 16,2\%\,(\text{Nicht-Akz.}), \chi^2(1) = 5{,}878, p = 0{,}015, \varphi = 0{,}201)$,
- KOR_z $(7,8\%\,(\text{Akz.}), 0\%\,(\text{Nicht-Akz.}), \chi^2(1) = 5{,}527, p = 0{,}019, \varphi = 0{,}195)$,
- OBE_z $(15,6\%\,(\text{Akz.}), 33,8\%\,(\text{Nicht-Akz.}), \chi^2(1) = 6{,}560, p = 0{,}010, \varphi = -0{,}213)$,
- VOL_z $(15,6\%\,(\text{Akz.}), 41,2\%\,(\text{Nicht-Akz.}), \chi^2(1) = 11{,}839, p = 0{,}001, \varphi = -0{,}286)$,
- EMP_z $(0\%\,(\text{Akz.}), 8,8\%\,(\text{Nicht-Akz.}), \chi^2(1) = 7{,}087, p = 0{,}008, \varphi = -0{,}221)$.

In den Kategorien FOR_z, STR_z, VER_z, VST_z, ENT_z und FAL_z gibt es hingegen keine signifikanten Unterschiede.

6.6.1.2 Deskriptive und inferenzstatistische Analyse (langes Beweisprodukt)

Analog zum kurzen Beweisprodukt ergeben sich die folgenden Ergebnisse beim langen Beweisprodukt. Sie werden vorab in einer Abbildung überblicksweise dargestellt (Abbildung 6.4).

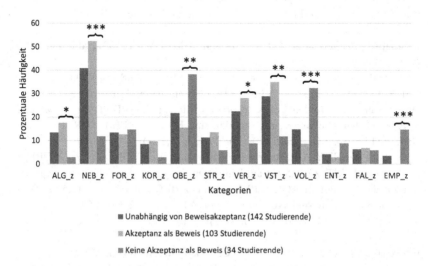

Abbildung 6.4 Überblick über die Ergebnisse der deskriptiven und inferenzstatistischen Analysen (langes Beweisprodukt)

Die Abbildung zeigt, dass in den Kategorien ALG_z und VER_z signifikante Unterschiede, in den Kategorien OBE_z und VST_z sehr signifikante Unterschiede und in den Kategorien NEB_z, VOL_z und EMP_z hochsignifikante Unterschiede zwischen der Akzeptanz und Nicht-Akzeptanz existieren. Eine ausführliche Analyse erfolgt im Folgenden anhand einer Tabelle (Tabelle 6.61).

Tabelle 6.61 Akzeptanzkriterien (langes Beweisprodukt)

Langes Beweisprodukt	Kategorie	ALG_z	NEB_z	FOR_z	KOR_z	OBE_z	STR_z	VER_z	VST_z	VOL_z	ENT_z	FAL_z	EMP_z	SON_z
Unabhängig von Beweisakzeptanz (N_{ges} = 142)	Absolute Häufigkeit	19	58	19	12	31	16	32	41	21	6	9	5	51
	In Prozent	13,4	40,8	13,4	8,5	21,8	11,3	22,5	28,9	14,8	4,2	6,3	3,5	35,9
Akzeptanz als Beweis (N_{akz} = 103)	Absolute Häufigkeit	18	54	13	10	16	14	29	36	9	3	7	0	41
	In Prozent	17,5	52,4	12,6	9,7	15,5	13,6	28,2	35	8,7	2,9	6,8	0	39,8
Keine Akzeptanz als Beweis (N_{nakz} = 34)	Absolute Häufigkeit	1	4	5	1	13	2	3	4	11	3	2	5	9
	In Prozent	2,9	11,8	14,7	2,9	38,2	5,9	8,8	11,8	32,4	8,8	5,9	14,7	26,5
Signifikante Unterschiede Akzeptanz und Nicht-Akzeptanz (χ^2-Test)	Signifikanz	0,033	<0,001	n.s.	n.s.	0,005	n.s.	0,021	0,010	0,001	n.s.	n.s.	<0,001	
	Freiheitsgrade	1	1			1		1	1	1			1	
	Teststatistik	4,521	17,313			7,894		5,336	6,648	11,434			15,721	
	Effektstärke (φ)	0,182	0,355			−0,240		0,197	0,220	−0,289			−0,339	

Deskriptive Analyse der Art der Akzeptanzkriterien (FF-3b, unabhängig von Beweisakzeptanz)

Beim langen Beweisprodukt sind die drei häufigsten Kategorien, die unabhängig von der Beweisakzeptanz genannt werden, NEB_z (40,8 %), VST_z (28,9 %) und VER_z (22,5 %). Die drei seltensten vergebenen Kategorien sind EMP_z (3,5 %), ENT_z (4,2 %) und FAL_z (6,3 %). Die weiteren Kategorien sind ALG_z (13,4 %), FOR_z (13,4 %), KOR_z (8,5 %), OBE_z (21,8 %), STR_z (11,3 %) und VOL_z (14,8 %).

Deskriptive Analyse der Art der Akzeptanzkriterien (FF-3b, abhängig von Beweisakzeptanz)

Im Falle der Akzeptanz werden die Kategorien NEB_z (52,4 %), VST_z (35 %) und VER_z (28,2 %) am häufigsten vergeben. Am seltensten vergeben werden die Kategorien EMP_z (0 %), ENT_z (2,9 %) und FAL_z (6,8 %). Die weiteren Kategorien sind ALG_z (17,5 %), FOR_z (12,6 %), KOR_z (9,7 %), OBE_z (15,5 %), STR_z (13,6 %) und VOL_z (8,7 %).

Im Falle der Nicht-Akzeptanz werden die Kategorien OBE_z (38,2 %), VOL_z (32,4 %), FOR_z (14,7 %) und EMP_z (14,7 %) am häufigsten vergeben. Am seltensten vergeben werden die Kategorien ALG_z (2,9 %), KOR_z (2,9 %), STR_z (5,9 %) und FAL_z (5,9 %). Die weiteren Kategorien sind NEB_z (11,8 %), VER_z (8,8 %), VST_z (11,8 %) und ENT_z (8,8 %).

Inferenzstatistische Analyse der Art der Akzeptanzkriterien (FF-3e)

Beim Vergleich von Akzeptanz und Nicht-Akzeptanz sind in den folgenden Kategorien (sehr) signifikante bzw. hochsignifikante Unterschiede mit kleiner bzw. mittlerer Effektstärke zu finden:

- ALG_z $(17,5\,\% \,(\text{Akz.}), 2,9\,\% \,(\text{Nicht-Akz.}), \chi^2(1)=4,521, p=0,033, \varphi=0,182)$,
- NEB_z $(52,4\,\% \,(\text{Akz.}), 11,8\,\% \,(\text{Nicht-Akz.}), \chi^2(1)=17,313, p<0,001, \varphi=0,355)$,
- OBE_z $(15,5\,\% \,(\text{Akz.}), 38,2\,\% \,(\text{Nicht-Akz.}), \chi^2(1)=7,894, p=0,005, \varphi=-0,240)$,
- VER_z $(28,2\,\% \,(\text{Akz.}), 8,8\,\% \,(\text{Nicht-Akz.}), \chi^2(1)=5,336, p=0,021, \varphi=0,197)$,
- VST_z $(35\,\% \,(\text{Akz.}), 11,8\,\% \,(\text{Nicht-Akz.}), \chi^2(1)=6,648, p=0,010, \varphi=0,220)$,
- VOL_z $(8,7\,\% \,(\text{Akz.}), 32,4\,\% \,(\text{Nicht-Akz.}), \chi^2(1)=11,434, p=0,001, \varphi=-0,289)$,
- EMP_z $(0\,\% \,(\text{Akz.}), 14,7\,\% \,(\text{Nicht-Akz.}), \chi^2(1)=15,721, p<0,001, \varphi=-0,339)$.

Keine signifikanten Unterschiede hingegen gibt es bei den Kategorien FOR_z, KOR_z, STR_z, ENT_z und FAL_z.

6.6.1.3 Vergleich der Beweisprodukte (FF-3f)

Im Folgenden werden die beiden Beweisprodukte zur Beantwortung von Forschungsfrage 3f miteinander verglichen. Hierzu wird zunächst ein Überblick über
ausgewählte Ergebnisse der deskriptiven Analyse (Angabe der prozentualen Häufigkeiten pro Kategorie und Fall) beim kurzen und langen Beweisprodukt im Falle
der Akzeptanz und Nicht-Akzeptanz gegeben. Zusätzlich wird die Abbildung um
die Ergebnisse einer inferenzstatistischen Analyse (Kennzeichnung von signifikanten Unterschieden beim Vergleich der beiden Beweisprodukte pro Kategorie
(siehe hierzu auch (5.6.1.)) ergänzt (Abbildung 6.5).

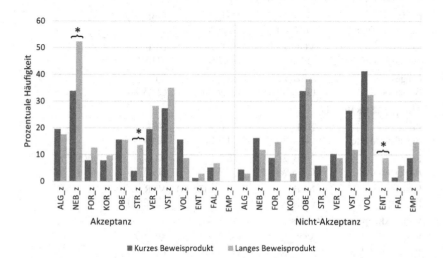

Abbildung 6.5 Überblick über ausgewählte Ergebnisse der deskriptiven und inferenzstatistischen Analysen

Die Abbildung zeigt, dass im Falle der Akzeptanz in den Kategorien NEB_z
und STR_z und im Falle der Nicht-Akzeptanz in der Kategorie ENT_z signifikante Unterschiede zwischen dem kurzen und langen Beweisprodukt existieren.
Ausführliche Analysen zum Vergleich der beiden Beweisprodukte erfolgen im
Folgenden anhand von Tabellen.

Deskriptive Analyse

In der folgenden deskriptiven Analyse der häufigsten und seltensten Kategorien unabhängig und abhängig von der Beweisakzeptanz werden zu Zwecken
der Orientierung auch noch die Ergebnisse der Gesamtstichprobe aus (6.5.1.1.)
angegeben.

Die häufigsten vergebenen Kategorien (Tabelle 6.62)

Tabelle 6.62   Die häufigsten vergebenen Kategorien

Unabhängig von Beweisakzeptanz

Beide Beweisprodukte	NEB_z (32,6 %)	VST_z (27,5 %)	OBE_z (23 %)	
Kurzes Beweisprodukt	VOL_z (27,5 %)	VST_z (26,2 %)	NEB_z (24,8 %)	
Langes Beweisprodukt	NEB_z (40,8 %)	VST_z (28,9 %)	VER_z (22,5 %)	
Akzeptanz als Beweis				
Beide Beweisprodukte	NEB_z (44,4 %)	VST_z (31,7 %)	VER_z (24,4 %)	
Kurzes Beweisprodukt	NEB_z (33,8 %)	VST_z (27,3 %)	ALG_z (19,5 %)	VER_z (19,5 %)
Langes Beweisprodukt	NEB_z (52,4 %)	VST_z (35 %)	VER_z (28,2 %)	
Keine Akzeptanz als Beweis				
Beide Beweisprodukte	VOL_z (38,2 %)	OBE_z (35,3 %)	VST_z (21,6 %)	
Kurzes Beweisprodukt	VOL_z (41,2 %)	OBE_z (33,8 %)	VST_z (26,5 %)	
Langes Beweisprodukt	OBE_z (38,2 %)	VOL_z (32,4 %)	FOR_z (14,7 %)	

Die seltensten vergebenen Kategorien (Tabelle 6.63)

Tabelle 6.63 Die seltensten vergebenen Kategorien

Unabhängig von Beweisakzeptanz			
Beide Beweisprodukte	FAL_z (4,8 %)	EMP_z (3,8 %)	ENT_z (2,4 %)
Kurzes Beweisprodukt	KOR_z (4 %)	EMP_z (4 %)	FAL_z (3,4 %)	ENT_z (0,7 %)
Langes Beweisprodukt	FAL_z (6,3 %)	ENT_z (4,2 %)	EMP_z (3,5 %)

Akzeptanz als Beweis			
Beide Beweisprodukte	FAL_z (6,1 %)	ENT_z (2,2 %)	EMP_z (0 %)
Kurzes Beweisprodukt	STR_z (3,9 %)	ENT_z (1,3 %)	EMP_z (0 %)
Langes Beweisprodukt	FAL_z (6,8 %)	ENT_z (2,9 %)	EMP_z (0 %)

Keine Akzeptanz als Beweis			
Beide Beweisprodukte	ENT_z (2,9 %)	FAL_z (2,9 %)	KOR_z (1 %)
Kurzes Beweisprodukt	FAL_z (1,5 %)	KOR_z (0 %)	ENT_z (0 %)
Langes Beweisprodukt	STR_z (5,9 %)	FAL_z (5,9 %)	ALG_z (2,9 %)	KOR_z (2,9 %)

Vergleicht man bei den Beweisprodukten jeweils die am häufigsten und am seltensten vergebenen Kategorien, so ergibt sich bei beiden Beweisprodukten ein sehr ähnliches Bild:

Am häufigsten vergebene Kategorien: Unabhängig von der Beweisakzeptanz gehören bei beiden Beweisprodukten die Kategorien NEB_z, und VST_z zu den am häufigsten vergebenen Kategorien. Eine Abweichung gibt es in der Kategorie VOL_z (kurz: 21,3 %, lang: 14,8 %[12]) und VER_z (kurz: 14,8 %, lang: 22,5 %). Im Falle der Akzeptanz als Beweis ergeben sich im Wesentlichen keine Unterschiede und im Falle der Nicht-Akzeptanz gehört beim kurzen Beweisprodukt die Kategorie VST_z (kurz: 26,5 %, lang: 11,8 %) zu den häufigsten Kategorien,

---

[12] Kurz = kurzes Beweisprodukt, lang = langes Beweisprodukt

während beim langen Beweisprodukt die Kategorie FOR_z (kurz: 8,8 %, lang: 14,7 %) zu den drei häufigsten Kategorien gehört.

Am seltensten vergebene Kategorien: Unabhängig von der Beweisakzeptanz gehören die Kategorien FAL_z, EMP_z und ENT_z bei beiden Beweisprodukten zu den seltensten Kategorien. Beim kurzen Beweisprodukt kommt lediglich die Kategorie KOR_z (kurz: 4 %, lang: 8,5 %) hinzu. Im Falle der Akzeptanz als Beweis gehören bei beiden Beweisprodukten die Kategorien ENT_z und EMP_z zu den seltensten Kategorien. Beim kurzen Beweisprodukt werden weiterhin die Kategorie STR_z (kurz: 3,9 %, lang: 13,6 %) und beim langen Beweisprodukt die Kategorie FAL_z (kurz: 6,8 %, lang: 6,1 %) am seltensten vergeben. Im Falle der Nicht-Akzeptanz werden bei beiden Beweisprodukten die Kategorien FAL_z und KOR_z am seltensten vergeben werden. Beim kurzen Beweisprodukt wird die Kategorie ENT_z (kurz: 0 %, lang: 8,8 %) selten vergeben und beim langen Beweisprodukt werden die Kategorien STR_z (kurz: 5,9 %, lang: 5,9 %) und ALG_z (kurz: 2,9 %, lang: 4,4 %) selten vergeben.

Inferenzstatistische Analyse

Es ergeben sich aufgrund der inferenzstatistischen Analyse die folgenden Ergebnisse (Tabelle 6.64).

Tabelle 6.64 Ergebnisse der inferenzstatistischen Analyse (Vergleich der Beweisprodukte)

	Kategorie	Unabhängig von Beweisakzeptanz.				Akzeptanz		Nicht-Akz.
		NEB_z	STR_z	VOL_z	ENT_z	NEB_z	STR_z	ENT_z
Kurzes Beweisprodukt	Absolute Häufigkeit	37	7	62	7	26	3	3
	In Prozent	24,8	4,7	21,3	2,4	33,8	3,9	2,9
Langes Beweisprodukt	Absolute Häufigkeit	58	16	21	6	54	14	3
	In Prozent	40,8	11,3	14,8	4,2	52,4	13,6	8,8
Signifikante Unterschiede zwischen den Beweisprodukten (χ^2-Test)	Signifikanz	0,004	0,038	0,008	0,048	0,013	0,028	0,013
	Freiheitsgrade	1	1	1	1	1	1	1
	Teststatistik	8,479	4,311	7,025	3,912	6,214	4,844	6,182
	Effektstärke (φ)	−0,171	−0,122	0,155	−0,116	−0,186	−0,164	−0,246

Unabhängig von der Beweisakzeptanz ergeben sich somit (sehr) signifikante Unterschiede mit kleiner Effektstärke in den folgenden Kategorien:

- NEB_z (kurz: 24,8 %, lang: 40,8 %, $\chi^2(1) = 8,479$, p $= 0,004$, $\varphi = -0,171$),
- STR_z (kurz: 4,7 %, lang: 11,3 %, $\chi^2(1) = 4,311$, p $= 0,038$, $\varphi = -0,122$),
- VOL_z (kurz: 27,5 %, lang: 14,8 %, $\chi^2(1) = 7,025$, p $= 0,008$, $\varphi = 0,155$),
- ENT_z (kurz: 0,7 %, lang: 4,2 %, $\chi^2(1) = 3,912$, p $= 0,048$, $\varphi = -0,116$).

In den Kategorien ALG_z, FOR_z, KOR_z, OBE_z, VER_z, VST_z, FAL_z und EMP_z gibt es hingegen keine signifikanten Unterschiede.

Im Falle der Akzeptanz ergeben sich signifikante Unterschiede mit kleiner Effektstärke in den folgenden Kategorien:

- NEB_z (kurz: 33,8 %, lang: 52,4 %, $\chi^2(1) = 6,214$, p $= 0,013$, $\varphi = -0,186$),
- STR_z (kurz: 3,9 %, lang: 13,6 %, $\chi^2(1) = 4,844$, p $= 0,028$, $\varphi = -0,164$).

In den Kategorien ALG_z, FOR_z, KOR_z, OBE_z, VER_z, VST_z, VOL_z, ENT_z, FAL_z und EMP_z gibt es hingegen keine signifikanten Unterschiede.

Im Falle der Nicht-Akzeptanz ergeben sich signifikante Unterschiede mit kleiner Effektstärke in der Kategorie ENT_z (kurz: 0 %, lang: 8,8 %, $\chi^2(1) = 6,182$, p $= 0,013$, $\varphi = -0,246$), während sich in den anderen Kategorien ALG_z, NEB_z, FOR_z, KOR_z, OBE_z, STR_z, VER_z, VST_z, VOL_z, ENT_z, FAL_z und EMP_z keine signifikanten Unterschiede ergeben.

Unterschiede zwischen Akzeptanz und Nicht-Akzeptanz
In der folgenden Tabelle ist für das kurze und lange Beweisprodukt dargestellt, in welchen Kategorien signifikante Unterschiede zwischen der Akzeptanz und Nicht-Akzeptanz festgestellt wurden. Zur Orientierung sind zusätzlich auch noch die Resultate aus (6.5.1.1.) dargestellt, also die Ergebnisse aus Teilkapitel (6.5.), die sich auf beide Beweisprodukte zusammen beziehen (Tabelle 6.65).

Tabelle 6.65 Ergebnisse der inferenzstatistischen Analyse (Vergleich von Akzeptanz und Nicht-Akzeptanz)

Beide Beweisprodukte	ALG_z	NEB_z	KOR_z	OBE_z	VER_z		VOL_z	EMP_z
Signifikanz	0,001	<0,001	0,007	<0,001	0,003		<0,001	<0,001
Freiheitsgrade	1	1	1	1	1		1	1
Teststatistik	11,863	25,775	7,188	14,458	9,014		27,438	20,200
Effektstärke (φ)	0,205	0,302	0,160	−0,226	0,179		−0,312	−0,268
Kurzes Beweisprodukt	**ALG_z**	**NEB_z**	**KOR_z**	**OBE_z**			**VOL_z**	**EMP_z**
Signifikanz	0,006	0,015	0,019	0,010			0,001	0,008
Freiheitsgrade	1	1	1	1			1	1
Teststatistik	7,541	5,878	5,527	6,560			11,839	7,087
Effektstärke (φ)	0,228	0,201	0,195	−0,213			−0,286	−0,221
Langes Beweisprodukt	**ALG_z**	**NEB_z**		**OBE_z**	**VER_z**	**VST_z**	**VOL_z**	**EMP_z**
Signifikanz	0,033	<0,001		0,005	0,021	0,010	0,001	<0,001
Freiheitsgrade	1	1		1	1	1	1	1
Teststatistik	4,521	17,313		7,894	5,336	6,648	11,434	15,721
Effektstärke (φ)	0,182	0,355		−0,240	0,197	0,220	−0,289	−0,339

In den Kategorien ALG_z, NEB_z, OBE_z, VOL_z und EMP_z existieren bei beiden Beweisprodukten mindestens signifikante Unterschiede zwischen der Akzeptanz und Nicht-Akzeptanz. Unterschiede zwischen den Beweisprodukten ergeben sich allerdings in Bezug auf die Signifikanz und Effektstärke. Während das kurze Beweisprodukt in der Kategorie ALG_z (kurz: $\chi^2(1) = 7{,}541$, p $= 0{,}006$, $\varphi = 0{,}228$, lang: $\chi^2(1) = 4{,}521$, p $= 0{,}033$, $\varphi = 0{,}182$) eine höhere Signifikanz und Effektstärke aufweist, weist das lange Beweisprodukt in den folgenden Kategorien eine höhere Signifikanz und Effektstärke auf:

- NEB_z, (kurz: $\chi^2(1) = 5{,}878$, p $= 0{,}015$, $\varphi = 0{,}201$, lang: $\chi^2(1) = 17{,}313$, p $< 0{,}001$, $\varphi = 0{,}355$),
- OBE_z (kurz: $\chi^2(1) = 6{,}560$, p $= 0{,}010$, $\varphi = −0{,}213$, lang: $\chi^2(1) = 7{,}894$, p $= 0{,}005$, $\varphi = −0{,}240$),
- EMP_z (kurz: $\chi^2(1) = 7{,}087$, p $= 0{,}008$, $\varphi = −0{,}221$, lang: $\chi^2(1) = 15{,}721$, p $< 0{,}001$, $\varphi = −0{,}339$).

Größere Unterschiede zeigen sich hingegen in den Kategorien KOR_z, VER_z und VST_z. Während beim kurze Beweisprodukt in der Kategorie KOR_z signifikante Unterschiede mit kleiner Effektstärke zwischen Akzeptanz und Nicht-Akzeptanz existieren (kurz: $\chi^2(1) = 5{,}527$, $p = 0{,}019$, $\varphi = 0{,}195$, lang: n.s.), existieren beim langen Beweisprodukt in den folgenden Kategorien signifikante Unterschiede mit kleiner Effektstärke:

- VER_z (kurz: n.s., lang: $\chi^2(1) = 5{,}336$, $p = 0{,}021$, $\varphi = 0{,}197$),
- VST_z (kurz: n.s., lang: $\chi^2(1) = 6{,}648$, $p = 0{,}010$, $\varphi = 0{,}220$).

6.6.1.4 Diskussion der Ergebnisse

Wie eingangs in (6.6.) geschrieben wurde, ist die Frage nach der Wirkung der Argumentationstiefe auf die (Art der) Akzeptanzkriterien in diesem Teilkapitel zentral. Aufgrund der methodischen Vorgehensweise kann diese Frage interpretiert werden als: inwiefern unterscheiden sich die Studierenden, die ein kurzes Beweisprodukt beurteilt haben von den Studierenden, die ein langes Beweisprodukt beurteilt haben hinsichtlich der (Art der) Akzeptanzkriterien. Vereinfachend kann diese Frage als Unterschiede zwischen den Beweisprodukten bei der Vergabe der in (5.4.4.) genannten Kategorien zur Beschreibung von Akzeptanzkriterien umformuliert werden.

In den Hypothesen (4.4.3.) zu den in (4.3.4.) und am Anfang des Teilkapitels genannten Forschungsfragen wurde angenommen, dass eine Wirkung der Argumentationstiefe der vorgelegten Beweisprodukte auf die Art der Akzeptanzkriterien besteht. Dies kann aufgrund der Ergebnisse bestätigt werden. Darüber hinaus ist es aber von besonderem Interesse, zu diskutieren, wie die Argumentationstiefe auf die Art der Akzeptanzkriterien wirkt. Da sich die Beweisprodukte im Wesentlichen hinsichtlich ihrer Argumentationstiefe unterscheiden (5.2.4.), aber auch verschiedene Gemeinsamkeiten in ihren Eigenschaften aufweisen (z. B. Allgemeingültigkeit), stellt sich die Frage, ob sich die Wirkung der Argumentationstiefe auf die Akzeptanzkriterien beschränkt, die mit einer unterschiedlichen Argumentationstiefe assoziiert werden können (z. B. Vollständigkeit), oder ob auch eine Wirkung auf andere Akzeptanzkriterien besteht. Überraschenderweise beschränkt sich die Wirkung nicht auf die Akzeptanzkriterien, die mit der Argumentationstiefe assoziiert werden können, sondern hat darüber hinaus auch eine Wirkung auf weitere Akzeptanzkriterien. Im Einzelnen äußert sich die Wirkung wie folgt:

Nutzung, Existenz und Begründung von Objekten (NEB_z) und Vollständigkeit (VOL_z)

Die Kategorien NEB_z und VOL_z können auf eine Inhaltsbezogenheit hindeuten (6.5.1.2.). Entsprechend können sie auch mit der Argumentationstiefe assoziiert werden. Zu diesen beiden Kategorien ergaben sich die folgenden Ergebnisse:

Im Falle der Akzeptanz wird die Kategorie NEB_z signifikant häufiger mit kleiner Effektstärke beim langen Beweisprodukt vergeben. In der Kategorie VOL_z existieren hier keine signifikanten Unterschiede zwischen den Beweisprodukten. Im Falle der Nicht-Akzeptanz existieren in den Kategorien NEB_z und VOL_z keine signifikanten Unterschiede.

Vergleicht man bei beiden Beweisprodukten die jeweiligen Unterschiede zwischen der Akzeptanz und Nicht-Akzeptanz in den beiden Kategorien, so existiert beim langen Beweisprodukt in der Kategorie NEB_z eine höhere Signifikanz und Effektstärke (kurz: $p = 0{,}015$, $\varphi = 0{,}201$, lang: $p < 0{,}001$, $\varphi = 0{,}355$). In der Kategorie VOL_z sind die Signifikanz und Effektstärke hingegen (nahezu) gleich (kurz: $p = 0{,}001$, $\varphi = -0{,}286$, lang: $p = 0{,}001$, $\varphi = -0{,}289$).

Aufgrund dieser Ergebnisse können die folgenden Schlüsse gezogen werden:

Da sich die beiden Beweisprodukte in der Kategorie VOL_z weder im Falle der Akzeptanz noch im Falle der Nicht-Akzeptanz unterscheiden und sich auch nicht beim Vergleich zwischen der Akzeptanz und Nicht-Akzeptanz unterscheiden, kann geschlossen werden, dass sie sich nicht hinsichtlich der Vollständigkeit als Akzeptanzkriterium unterscheiden. Vor dem Hintergrund, dass lediglich das lange Beweisprodukt aus Forschersicht als vollständig gilt (5.2.4.), ist dieses Ergebnis überraschend.

Da, wie in (6.5.1.2.) diskutiert wurde, die Kategorien NEB_z und VOL_z allerdings zusammen betrachtet werden sollten, kann das Ergebnis leicht abgeschwächt werden:

Aufgrund des Ergebnisses, dass die Kategorie NEB_z im Falle der Akzeptanz signifikant häufiger mit kleiner Effektstärke beim langen Beweisprodukt vergeben wird und dieses Beweisprodukt auch beim Vergleich von Akzeptanz und Nicht-Akzeptanz eine höhere Signifikanz und Effektstärke aufweist, kann geschlossen werden, dass die Nutzung, Existenz und Begründung ein Akzeptanzkriterium ist, das im Falle der Akzeptanz häufiger beim langen Beweisprodukt genannt wird und das lange Beweisprodukt in dieser Kategorie größere Unterschiede zwischen der Akzeptanz und Nicht-Akzeptanz aufweist.

Dennoch gilt für beide Beweisprodukte, dass die Kategorie NEB_z typisch für den Fall der Akzeptanz ist. Dies wurde bereits in (6.5.1.2.) diskutiert und auf methodische Gründe zurückgeführt. Dass in dieser Kategorie im Falle der Nicht-Akzeptanz keine signifikanten Unterschiede zwischen den Beweisprodukten bestehen, kann hierauf zurückgeführt werden.

Insgesamt kann also nur sehr eingeschränkt die Hypothese bestätigt werden, dass das lange Beweisprodukt eher aus inhaltlichen Gründen akzeptiert wird.

Zwar wird im Falle der Akzeptanz beim langen Beweisprodukt häufiger die Nutzung, Existenz und Begründung von Objekten hervorgehoben, aber es wird sich bei diesem Beweisprodukt überraschender nicht häufiger zur Vollständigkeit geäußert.

Umgekehrt kann aufgrund der Ergebnisse nicht geschlossen werden, dass das kurze Beweisprodukt häufiger aus inhaltlichen Gründen nicht als Beweis akzeptiert wird. Möglich ist aber der Schluss, dass es seltener aus inhaltlichen Gründen als Beweis akzeptiert wird.

Aufgrund der bereits in (6.5.1.2.) diskutierten Kategorie NEB_z ist eine tiefergehende Interpretation der Ergebnisse schwierig. Es ist durchaus möglich, dass die Kategorie NEB_z beim langen Beweisprodukt häufiger vergeben wurde, weil mehr Aussagen und Argumente existieren und dadurch, im einfachsten Fall, lediglich mehr Inhalte wiederholt werden konnten oder die Existenz von z. B. Schlüssen als eine Form von Oberflächenmerkmal fungiert (siehe hierzu die Ausführungen zu proof schemes (Harel & Sowder, 1998) in (5.4.3.1.) und die Diskussion in (6.5.1.2.)). Für diese Interpretation spricht auch, dass in der Kategorie VOL_z, bei der ein größerer inhaltlicher Fokus angenommen wird (6.5.1.2.), keine signifikanten Unterschiede existierten. Es ist daher nicht final zu erschließen, bis zu welchem Maße die in (2.2.2.) geschilderte Theorie Aberdeins (2013) zur parallelen Struktur in mathematischen Beweisen nutzbar ist, da nicht völlig geklärt werden kann, inwiefern die Studierenden den Inhalt des Beweisprodukts in den Blick nehmen. Demnach kann lediglich geschlossen werden, dass das Sichtbarmachen einer Inferenzstruktur aufgrund einer größeren Argumentationstiefe (siehe hierzu (5.2.4.)) punktuell auf Akzeptanzkriterien wirkt, die sich auf den Inhalt des Beweisprodukts beziehen. Aufgrund der spezifischen Stichprobe (6.1.) und der schwachen Performanz bei der Konstruktion von Beweisen (6.3.) kann aber angenommen werden, dass diese Ergebnisse bei der Untersuchung der unterschiedlichen Gruppen A und B in (6.7.) und vor allem (6.8.) differenzierter betrachtet werden können. Hier wurde bereits vorab in den entsprechenden Hypothesen (4.4.5.) angenommen, dass sich leistungsstarke Studierende (Gruppe A) eher inhaltsbezogen und passend zur gegebenen Argumentationstiefe äußern als leistungsschwache Studierende (Gruppe B).

Vor dem Hintergrund dieser Problematik ist insbesondere auch die Überraschung über manche Ergebnisse zu diskutieren: Da die Ergebnisse zu den Akzeptanzkriterien NEB_z und VOL_z nicht völlig die auf Basis der vorliegenden Eigenschaften der Beweisprodukte (5.2.4.) getätigten Hypothesen passen und angenommen werden kann, dass nicht zwingend eine Inhaltsbezogenheit bei der Beurteilung der Beweisprodukte besteht (6.5.1.2.), sollte zwingend die bereits angeregte genauere Untersuchung in (6.7.) und (6.8.) erfolgen. Eine genauere

Untersuchung kann zudem der Überprüfung dienen, ob die vorliegenden Ergebnisse vielleicht aber auch auf die Vorstellung zurückzuführen sind, dass selbst das kurze Beweisprodukt hinreichend vollständig sei.

Weitere Akzeptanzkriterien
Wie initial genannt, wirkt die Argumentationstiefe im eingeschränkten Maße auch auf weitere Akzeptanzkriterien. Im Einzelnen äußern sich diese Wirkungen wie folgt:

Allgemeingültigkeit (ALG_z)
In der Kategorie ALG_z existieren beim Vergleich von Akzeptanz und Nicht-Akzeptanz beim kurzen Beweisprodukt sowohl eine höhere Signifikanz als auch eine höhere Effektstärke als beim langen Beweisprodukt. Es kann daher geschlossen werden, dass die Argumentationstiefe dahingehend auf das Akzeptanzkriterium der Allgemeingültigkeit wirkt, dass eine geringere Argumentationstiefe im Zusammenhang mit größeren Unterschieden zwischen der Akzeptanz und Nicht-Akzeptanz steht. Dieses Ergebnis ist überraschend, da beide Beweisprodukte allgemein sind (5.2.4.). Eine Erklärung dieses Ergebnisses ist aufgrund der Daten nicht möglich. Es kann aber die Hypothese aufgestellt werden, dass eine geringere Argumentationstiefe den Fokus der Studierenden unter anderem auf die Eigenschaft der Allgemeingültigkeit lenkt und das entsprechende Akzeptanzkriterium dadurch häufiger genannt wird. Insgesamt erscheint die Wirkung aber eher gering zu sein, da im direkten Vergleich der Beweisprodukte keine signifikanten Unterschiede existieren.

Formalia (FOR_z)
Da sich die Beweisprodukte hinsichtlich der Vergabe der Kategorie FOR_z nicht unterscheiden, kann geschlossen werden, dass sehr wahrscheinlich keine Wirkung der Argumentationstiefe auf die Nennung von Formalia als Akzeptanzkriterium existiert. Dieses Ergebnis konnte dahingehend erwartet werden, da aus Forschersicht bei beiden Beweisprodukten alle notwendigen Formalia (zur Kategorie siehe auch (5.4.4.2.) erfüllt werden (5.2.4.). Erwartet werden könnte eine Wirkung dann, wenn z. B. die Angabe eines Definitionsbereichs entfallen würde.

Korrektheit (KOR_z)
Dass in der Kategorie KOR_z lediglich beim kurzen Beweisprodukt signifikante Unterschiede mit kleiner Effektstärke zwischen der Akzeptanz und Nicht-Akzeptanz existieren, ist ähnlich wie in der Kategorie ALG_z überraschend, da beide Beweisprodukte korrekt sind (5.2.4.). Die Unterschiede zwischen der

Akzeptanz und Nicht-Akzeptanz werden also durch die geringere Argumentationstiefe vergrößert. Entsprechend rückt die Korrektheit des Beweisprodukts beim kurzen Beweisprodukt als Akzeptanzkriterium weiter in den Vordergrund. Wie auch bei der Kategorie ALG_z ist die Erklärung des Ergebnisses nicht final möglich. Allerdings kann vermutet werden, dass auch bei diesem Akzeptanzkriterium der Fokus der Studierenden stärker auf die Korrektheit fällt, wenn ein Beweisprodukt mit geringerer Argumentationstiefe betrachtet wird. Damit verbunden kann sogar vermutet werden, dass die Aktivität des Validierens (2.4.1.) bei kürzeren Beweisprodukten bedeutsamer wird. Die Wirkung ist aufgrund der Tatsache, dass im direkten Vergleich der beiden Beweisprodukte keine signifikanten Unterschiede existieren, allerdings auch hier eingeschränkt.

Oberflächenmerkmale (OBE_z)

In der Kategorie OBE_z existieren keine signifikanten Unterschiede zwischen den Beweisprodukten. Allerdings existieren bei beiden Beweisprodukten (mindestens) signifikante Unterschiede mit kleiner Effektstärke beim Vergleich von Akzeptanz und Nicht-Akzeptanz. Vergleicht man die Signifikanz und Effektstärke miteinander, so weist das lange Beweisprodukt eine höhere Signifikanz als das kurze Beweisprodukt auf (kurz: $p = 0,010$, lang: $p < 0,001$). Die Effektstärke ist in etwa vergleichbar (kurz: $\varphi = -0,213$, lang: $\varphi = -0,226$). Eine größere Argumentationstiefe wirkt also dahingehend, dass der Unterschied zwischen der Akzeptanz und Nicht-Akzeptanz bei der Nennung von Oberflächenmerkmalen als Akzeptanzkriterium größer wird. Da beide Beweisprodukte keine Oberflächenmerkmale aufweisen (5.2.4.), wie sie in (5.4.4.2.) dargelegt wurden, ist das Ergebnis überraschend. Obgleich eine Erklärung nicht final möglich ist, kann die folgende Hypothese aufgestellt werden: Da das lange Beweisprodukt aus Forschersicht vollständig ist und auch allen Kriterien eines Beweises genügt (5.2.4.), wäre es möglich, dass jene Oberflächenmerkmale dann häufiger genannt werden, wenn das Beweisprodukt alle Eigenschaften eines Beweises erfüllt. In diesem würde der Fokus entsprechend auf (fehlende) Eigenschaften gelegt werden, die aus Forschersicht nicht notwendig sind (siehe auch Harel und Sowder (1998) in (3.2.2.)).

Struktur (STR_z)

Im Falle der Akzeptanz wird die Kategorie STR_z beim langen Beweisprodukt signifikant häufiger mit kleiner Effektstärke vergeben. Im Falle der Nicht-Akzeptanz weisen die Beweisprodukte hingegen keine signifikanten Unterschiede auf. Im Vergleich von Akzeptanz und Nicht-Akzeptanz unterscheiden sich die Beweisprodukte ebenfalls nicht. Da beide Beweisprodukte bei den Voraussetzungen beginnen und bei de Behauptung enden (5.2.4.), ist eine Interpretation der

Ergebnisse schwierig. Aufgrund der vorliegenden Daten kann lediglich geschlossen werden, dass eine größere Argumentationstiefe damit in Zusammenhang steht, dass die Struktur eines Beweisprodukts häufiger als Akzeptanzkriterium genannt wird.

Verifikation (VER_z)

In der Kategorie VER_z existieren lediglich beim langen Beweisprodukt signifikante Unterschiede mit kleiner Effektstärke zwischen der Akzeptanz und Nicht-Akzeptanz. Unterschiede im Vergleich der beiden Beweisprodukte existieren nicht. Die Argumentationstiefe wirkt also dahingehend, dass die Erfüllung einer Verifikationsfunktion (De Villiers, 1990, siehe auch (2.2.3.) und (5.4.4.2.)) beim langen Beweisprodukt signifikant häufiger im Falle der Akzeptanz als Akzeptanzkriterien genannt werden.

Das Ergebnis zur Verifikation ist überraschend: Da es sich jeweils um einen Vergleich von Akzeptanz und Nicht-Akzeptanz handelt und davon auszugehen ist, dass im Falle einer Akzeptanz eine Behauptung verifiziert wird, ist nicht klar, warum lediglich signifikante Unterschiede beim langen Beweisprodukt, aber nicht beim kurzen Beweisprodukt bestehen. Eine Erklärung des Ergebnisses ist aufgrund der vorliegenden Daten nicht möglich, allerdings kann vermutet werden, dass der Fokus auf die Verifikationsfunktion bei einem langen Beweisprodukt vergrößert wird. Da im Vergleich der beiden Beweisprodukte allerdings keine signifikanten Unterschiede existieren, ist die Wirkung insgesamt eher als schwach zu interpretieren.

Verständnis (VST_z)

In der Kategorie VST_z existieren beim Vergleich beider Beweisprodukte keine signifikanten Unterschiede und im Vergleich von Akzeptanz und Nicht-Akzeptanz existieren lediglich beim langen Beweisprodukt signifikante Unterschiede mit kleiner Effektstärke. Die Argumentationstiefe wirkt also dahingehend, dass die Erfüllung einer Erklärungsfunktion bzw. das Verständnis des Beweisprodukts (De Villiers, 1990, siehe auch (2.2.3.) und (5.4.4.2.)) signifikant häufiger im Falle der Akzeptanz als Akzeptanzkriterien genannt werden.

Das Ergebnis konnte erwartet werden. Es kann angenommen werden, dass ein größeres Verständnis und eine größere Erfüllung einer Erklärungsfunktion aufgrund einer höheren Argumentationstiefe erzeugt wird, da in der Folge auch einzelne Aussagen genauer begründet bzw. erklärt werden. Hierzu passen auch die in (2.2.3.2.) von Manin (1981) und Bell (1976) getätigten Aussagen, dass die Erfüllung einer Erklärungsfunktion ein Kriterium für einen „guten" Beweis ist. Es kann daher auch vorsichtig geschlossen werden, dass eine größere Erklärungskraft

auch auf die Beweisakzeptanz wirkt. Die Vorsicht liegt allerdings darin begründet, dass in der Kategorie VST_z keine signifikanten Unterschiede zwischen den
Beweisprodukten existieren. Die Wirkung ist insgesamt daher eher als schwach
zu interpretieren.

Entfernen (ENT_z)

Das Ergebnis, dass im Falle der Nicht-Akzeptanz signifikante Unterschiede in
der Kategorie ENT_z existieren, ermöglicht die Interpretation, dass eine größere
Argumentationstiefe auf das Akzeptanzkriterium, dass Objekte entfernt werden
können oder müssen, wirkt. Wie in (5.2.4.) erläutert wurde, weist das lange
Beweisprodukt Aussagen auf, die aus Forschersicht für die Akzeptanz als Beweis
nicht zwingend notwendig sind. Sie müssen aus Forschersicht aber auch nicht
entfernt werden. Das Ergebnis lässt sich daher so interpretieren, dass Beweisprodukte mitunter nicht als Beweis akzeptiert werden, weil Objekte entfernt
werden müssen. Die genauen Gründe für die Nennung dieses Akzeptanzkriteriums können allerdings aufgrund der Daten nicht ermittelt werden. Zukünftige
Studien könnten diese Gründe weiter untersuchen, indem z. B. ermittelt wird, ob
„zu viele" Aussagen etwa einem evaluierten Überblick über das Beweisprodukt
entgegenstehen (siehe auch De Villiers (1990) und Davis und Hersh (1986) in
(2.2.1.)).

Objektiv falsche Äußerungen (FAL_z)
Da sich die Beweisprodukte hinsichtlich der Nennung von objektiv falschen
Äußerungen nicht unterscheiden, kann geschlossen werden, dass keine Wirkung
der Argumentationstiefe auf die Nennung objektiv falscher Äußerungen existiert.

Empirische Beweisvorstellungen (EMP_z)
In der Kategorie EMP_z existieren im Vergleich der beiden Beweisprodukte zwar
keine signifikanten Unterschiede. Vergleicht man allerdings die Akzeptanz und
Nicht-Akzeptanz miteinander, so weisen beide Beweisprodukte mindestens sehr
signifikante Unterschiede mit mindestens kleiner Effektstärke auf. Beim langen
Beweisprodukt sind hierbei allerdings sowohl die Signifikanz (kurz: $p = 0{,}008$, lang:
$p < 0{,}001$) als auch die Effektstärke (kurz: $\varphi = -0{,}221$, lang: $\varphi = -0{,}339$) größer.
Eine größere Argumentationstiefe wirkt also dahingehend, dass der Unterschied zwischen der Akzeptanz und Nicht-Akzeptanz bei der Nennung von Äußerungen, die auf
empirische Beweisvorstellungen schließen lassen (5.4.4.2.), größer wird. Da beide
Beweisprodukte keine Beispiele aufweisen (5.2.4.), ist das Ergebnis überraschend.
Analog zur Kategorie OBE_z (siehe oben) kann die folgende Hypothese aufgestellt
werden: Da das lange Beweisprodukt aus Forschersicht vollständig ist und auch allen

Kriterien eines Beweises genügt (5.2.4.), wäre es möglich, dass Äußerungen, aufgrund derer man auf empirische Beweisvorstellungen schließen kann, dann häufiger genannt werden, wenn das Beweisprodukt alle Eigenschaften eines Beweises erfüllt. In diesem würde der Fokus entsprechend auf (fehlende) Eigenschaften gelegt werden, die aus Forschersicht auf Fehlvorstellungen basieren (siehe auch Harel und Sowder (1998) in (3.2.2.)).

Gesamtbetrachtung
Insgesamt kann also geschlossen werden, dass die Argumentationstiefe nicht auf alle Kategorien in dem Maße wirkt, wie es angenommen wurde, da die Argumentationstiefe lediglich eine eingeschränkte Wirkung auf Akzeptanzkriterien hat, die sich auf den Inhalt des Beweisprodukts beziehen. So wurde z. B. wider Erwarten das kurze Beweisprodukt nicht häufiger aus Gründen einer fehlenden Vollständigkeit als Beweis abgelehnt. Darüber hinaus zeigte die Argumentationstiefe eine, wenn auch als gering zu bezeichnende, Wirkung auf Akzeptanzkriterien, bei denen es nicht erwartet wurde. Beispielsweise wurde die Korrektheit als Akzeptanzkriterium beim kurzen Beweisprodukt bedeutsamer, obgleich beide Beweisprodukte korrekt sind (5.2.4.). Aufgrund der schwachen Ergebnisse der gesamten Stichprobe bei der Konstruktion von Beweisen (6.3.) sollte allerdings berücksichtigt werden, dass die Ergebnisse spezifisch für die vorliegende Stichprobe (6.1.) sind. Die Untersuchung der Akzeptanzkriterien von Gruppen, die auf der Performanz bei der Konstruktion von Beweisen bestehen (6.7.) und insbesondere die Untersuchung der Wirkung der Argumentationstiefe auf diese Gruppen (6.8.) kann ein differenzierteres Bild ermöglichen.

6.6.2 Analyse und Diskussion der Anzahl der Akzeptanzkriterien

Zur Analyse der Anzahl der Akzeptanzkriterien wird im Folgenden pro Beweisprodukt gemäß (5.6.2.2.) deskriptiv dargestellt, wie viele Studierende (absolut und relativ zur (Teil-)Stichprobengröße in Prozent) welche Anzahl an Akzeptanzkriterien und an gültigen Akzeptanzkriterien genannt haben. Zusätzlich werden jeweils Angaben zum Mittelwert, Median und zur Standardabweichung gemacht. Zur Ermittlung von Unterschieden zwischen der Akzeptanz und Nicht-Akzeptanz sowie zwischen den beiden Beweisprodukten erfolgen gemäß den Überlegungen in (5.6.2.3.) Mann-Whitney-U Tests (siehe auch (5.7.2.)). Die Ermittlung der Anzahl der Akzeptanzkriterien erfolgt durch die in (5.4.4.2.) dargestellten Kategorien Summe 1 (alle Akzeptanzkriterien) und Summe 2 (gültige Akzeptanzkriterien).

6.6.2.1 Deskriptive und inferenzstatistische Analyse (kurzes Beweisprodukt)

Die folgenden Analysen beziehen sich auf das kurze Beweisprodukt. Die Anzahl der Akzeptanzkriterien wird, für beide Kategorien (links: alle Akzeptanzkriterien; rechts: gültige Akzeptanzkriterien), in der folgenden Abbildung dargestellt (Abbildung 6.6).

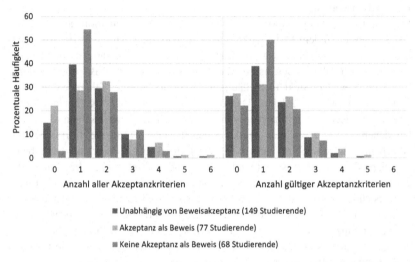

Abbildung 6.6 Überblick über die Ergebnisse der deskriptiven Analyse (kurzes Beweisprodukt)

Zusätzlich wurde durch eine inferenzstatistische Analyse ermittelt, dass keine signifikanten Unterschiede zwischen der Akzeptanz und Nicht-Akzeptanz existieren. Eine ausführliche deskriptive und inferenzstatistische Analyse erfolgt im Folgenden anhand von Tabellen.

Deskriptive Analyse der Anzahl aller Akzeptanzkriterien (FF-3c) (Tabelle 6.66 und Tabelle 6.67)

Tabelle 6.66   Anzahl aller Akzeptanzkriterien (kurzes Beweisprodukt)

Kurzes Beweisprodukt	Anzahl aller Akzeptanzkriterien	0	1	2	3	4	5	6
Unabhängig von Beweisakzeptanz ($N_{ges} = 149$)	Absolute Häufigkeit	22	59	44	15	7	1	1
	In Prozent	14,8	39,6	29,5	10,1	4,7	0,7	0,7
	Kumulierte Prozente	14,8	54,4	83,9	94	98,7	99,3	100
Akzeptanz als Beweis ($N_{akz} = 77$)	Absolute Häufigkeit	17	22	25	6	5	1	1
	In Prozent	22,1	28,6	32,5	7,8	6,5	1,3	1,3
	Kumulierte Prozente	22,1	50,6	83,1	90,9	97,4	98,7	100
Keine Akzeptanz als Beweis ($N_{nakz} = 68$)	Absolute Häufigkeit	2	37	19	8	2	0	0
	In Prozent	2,9	54,4	27,9	11,8	2,9	0	0
	Kumulierte Prozente	2,9	57,4	85,3	97,1	100	100	100

In der Summe nennen beim kurzen Beweisprodukt also 94 % der Studierenden 0 bis 3 Akzeptanzkriterien. 54,4 % der Studierenden nennen sogar maximal lediglich ein Akzeptanzkriterium. Im Falle der Akzeptanz als Beweis sind es 90,9 % der Studierenden, die 0 bis 3 Akzeptanzkriterien nennen (0 bis 1: 50,6 %), im Falle der Nicht-Akzeptanz 97,1 % (0 bis 1: 57,4 %).

Tabelle 6.67   Anzahl aller Akzeptanzkriterien: Mittelwert, Median, Standardabweichung (kurzes Beweisprodukt)

Kurzes Beweisprodukt (alle Akzeptanzkriterien)	n	m	med	sd	Signifikante Unterschiede Akzeptanz und Nicht-Akzeptanz (U-Test)
Unabhängig von Beweisakzeptanz ($N_{ges} = 149$)	231	1,5503	1	1,11765	
Akzeptanz als Beweis ($N_{akz} = 77$)	121	1,5714	1	1,29196	n.s.
Keine Akzeptanz als Beweis ($N_{nakz} = 68$)	107	1,5735	1	0,85197	

Im Mittel nennen die Studierenden beim kurzen Beweisprodukt 1,5503 Akzeptanzkriterien (sd = 1,11765). Im Falle der Akzeptanz sind es 1,5714 Akzeptanzkriterien (sd = 1,29196), im Falle der Nicht-Akzeptanz 1,5735 Akzeptanzkriterien (sd = 0,85197).

Inferenzstatistische Analyse der Anzahl aller Akzeptanzkriterien (FF-3e) (Tabelle 6.67)
Zwischen der Akzeptanz und Nicht-Akzeptanz bestehen beim kurzen Beweisprodukt keine signifikanten Unterschiede.

Deskriptive Analyse der Anzahl gültiger Akzeptanzkriterien (FF-3c) (Tabelle 6.68 und Tabelle 6.69)

Tabelle 6.68 Anzahl der gültigen Akzeptanzkriterien (kurzes Beweisprodukt)

Kurzes Beweisprodukt	Anzahl gültiger Akzeptanzkriterien	0	1	2	3	4	5	6
Unabhängig von Beweisakzeptanz ($N_{ges} = 149$)	Absolute Häufigkeit	39	58	35	13	3	1	0
	In Prozent	26,2	38,9	23,5	8,7	2	0,7	0
	Kumulierte Prozente	26,2	65,1	88,6	97,3	99,3	100	100
Akzeptanz als Beweis ($N_{akz} = 77$)	Absolute Häufigkeit	21	24	20	8	3	1	0
	In Prozent	27,3	31,2	26	10,4	3,9	1,3	0
	Kumulierte Prozente	27,3	58,4	84,4	94,8	98,7	100	100
Keine Akzeptanz als Beweis ($N_{nakz} = 68$)	Absolute Häufigkeit	15	34	14	5	0	0	0
	In Prozent	22,1	50	20,6	7,4	0	0	0
	Kumulierte Prozente	22,1	72,1	92,6	100	100	100	100

Es nennen nun beim kurzen Beweisprodukt 97,3 % der Studierenden 0 bis 3 Akzeptanzkriterien und 65,1 % lediglich maximal ein Akzeptanzkriterium. Im Falle der Akzeptanz sind es 94,8 % der Studierenden, die 0 bis 3 Akzeptanzkriterien nennen (0 bis 1: 58,4 %) und im Falle der Nicht-Akzeptanz sind es 100 % (0 bis 1: 72,1 %).

Tabelle 6.69 Anzahl der gültigen Akzeptanzkriterien: Mittelwert, Median, Standardabweichung (kurzes Beweisprodukt)

Kurzes Beweisprodukt (alle Akzeptanzkriterien)	n	m	med	sd	Signifikante Unterschiede Akzeptanz und Nicht-Akzeptanz (U-Test)
Unabhängig von Beweisakzeptanz ($N_{ges} = 149$)	184	1,2349	1	1,04228	
Akzeptanz als Beweis ($N_{akz} = 77$)	105	1,3636	1	1,17998	n.s.
Keine Akzeptanz als Beweis ($N_{nakz} = 68$)	77	1,1324	1	0,84473	

Im Mittel nennen die Studierenden beim kurzen Beweisprodukt 1,2349 Akzeptanzkriterien (sd = 1,04228). Im Falle der Akzeptanz sind es 1,3636 Akzeptanzkriterien (sd = 1,17998), im Falle der Nicht-Akzeptanz 1,1324 Akzeptanzkriterien (sd = 0,84473).

Inferenzstatistische Analyse der Anzahl gültiger Akzeptanzkriterien (FF-3e) (Tabelle 6.69)
Zwischen der Akzeptanz und Nicht-Akzeptanz bestehen beim kurzen Beweisprodukt keine signifikanten Unterschiede.

6.6.2.2   Deskriptive und inferenzstatistische Analyse (langes Beweisprodukt)

Die folgenden Analysen beziehen sich auf das lange Beweisprodukt. Die Anzahl der Akzeptanzkriterien wird, analog zu (6.6.2.1.), in der folgenden Abbildung dargestellt (Abbildung 6.7).

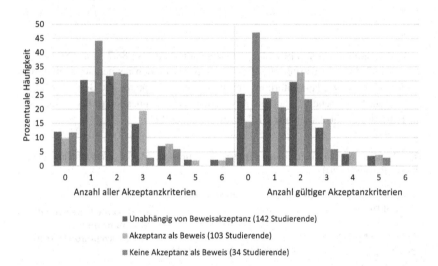

Abbildung 6.7 Überblick über die Ergebnisse der deskriptiven Analyse (langes Beweisprodukt)

Durch eine inferenzstatistische Analyse wurden zudem signifikante (Anzahl aller Akzeptanzkriterien) bzw. hochsignifikante Unterschiede (gültige Akzeptanzkriterien) zwischen der Akzeptanz und Nicht-Akzeptanz ermittelt. Eine ausführliche deskriptive und inferenzstatistische Analyse erfolgt im Folgenden anhand von Tabellen.

Deskriptive Analyse der Anzahl aller Akzeptanzkriterien (FF-3c) (Tabelle 6.70 und Tabelle 6.71)

Tabelle 6.70 Anzahl aller Akzeptanzkriterien (langes Beweisprodukt)

Langes Beweisprodukt	Anzahl aller Akzeptanzkriterien	0	1	2	3	4	5	6
Unabhängig von Beweisakzeptanz ($N_{ges} = 142$)	Absolute Häufigkeit	17	43	45	21	10	3	3
	In Prozent	12	30,3	31,7	14,8	7	2,1	2,1
	Kumulierte Prozente	12	42,3	73,9	88,7	95,8	97,9	100
Akzeptanz als Beweis ($N_{akz} = 103$)	Absolute Häufigkeit	10	27	34	20	8	2	2
	In Prozent	9,7	26,2	33	19,4	7,8	1,9	1,9
	Kumulierte Prozente	9,7	35,9	68,9	88,3	96,1	98,1	100
Keine Akzeptanz als Beweis ($N_{nakz} = 34$)	Absolute Häufigkeit	4	15	11	1	2	0	1
	In Prozent	11,8	44,1	32,4	2,9	5,9	0	2,9
	Kumulierte Prozente	11,8	55,9	88,2	91,2	97,1	97,1	100

In der Summe nennen beim langen Beweisprodukt also 88,7 % der Studierenden 0 bis 3 Akzeptanzkriterien. 42,3 % der Studierenden nennen sogar maximal lediglich ein Akzeptanzkriterium. Im Falle der Akzeptanz als Beweis sind es 88,3 % der Studierenden, die 0 bis 3 Akzeptanzkriterien nennen (0 bis 1: 35,9 %), im Falle der Nicht-Akzeptanz 91,2 % (0 bis 1: 55,9 %).

Tabelle 6.71 Anzahl aller Akzeptanzkriterien: Mittelwert, Median, Standardabweichung (langes Beweisprodukt)

Langes Beweisprodukt (alle Akzeptanzkriterien)	n	m	med	sd	Signifikante Unterschiede Akzeptanz und Nicht-Akzeptanz (U-Test)	
Unabhängig von Beweisakzeptanz ($N_{ges} = 142$)	269	1,8944	2	1,31929		
Akzeptanz als Beweis ($N_{akz} = 103$)	209	2,0291	2	1,28686	Signifikanz	0,034
					U-Statistik	1339,500
Keine Akzeptanz als Beweis ($N_{nakz} = 34$)	54	1,5882	1	1,23381	Z-Statistik	−2,125
					Effektstärke (r)	−0,18

Im Mittel nennen die Studierenden beim langen Beweisprodukt 1,8944 Akzeptanzkriterien (sd = 1,31929). Im Falle der Akzeptanz sind es 2,0291 Akzeptanzkriterien (sd = 1,28686), im Falle der Nicht-Akzeptanz 1,5882 Akzeptanzkriterien (sd = 1,23381).

Inferenzstatistische Analyse der Anzahl aller Akzeptanzkriterien (FF-3e) (Tabelle 6.71)

Zwischen der Akzeptanz und Nicht-Akzeptanz bestehen signifikante Unterschiede mit kleiner Effektstärke (U = 1339,500, Z = −2,125, p = 0,034, r = −0,18).

Deskriptive Analyse der Anzahl gültiger Akzeptanzkriterien (FF-3c) (Tabelle 6.72 und Tabelle 6.73)

Tabelle 6.72 Anzahl der gültigen Akzeptanzkriterien (langes Beweisprodukt)

Langes Beweisprodukt	Anzahl gültiger Akzeptanzkriterien	0	1	2	3	4	5	6
Unabhängig von Beweisakzeptanz (N_{ges} = 142)	Absolute Häufigkeit	36	34	42	19	6	5	0
	In Prozent	25,4	23,9	29,6	13,4	4,2	3,5	0
	Kumulierte Prozente	25,4	49,3	78,9	92,3	96,5	100	100
Akzeptanz als Beweis (N_{akz} = 103)	Absolute Häufigkeit	16	27	34	17	5	4	0
	In Prozent	15,5	26,2	33	16,5	4,9	3,9	0
	Kumulierte Prozente	15,5	41,7	74,8	91,3	96,1	100	100
Keine Akzeptanz als Beweis (N_{nakz} = 34)	Absolute Häufigkeit	16	7	8	2	0	1	0
	In Prozent	47,1	20,6	23,5	5,9	0	2,9	0
	Kumulierte Prozente	47,1	67,6	91,2	97,1	97,1	100	100

Es nennen nun beim langen Beweisprodukt 92,3 % der Studierenden 0 bis 3 Akzeptanzkriterien und 49,3 % lediglich maximal ein Akzeptanzkriterium. Im Falle der Akzeptanz sind es 91,3 % der Studierenden, die 0 bis 3 Akzeptanzkriterien nennen (0 bis 1: 41,7 %) und im Falle der Nicht-Akzeptanz sind es 97,1 % (0 bis 1: 67,6 %).

Tabelle 6.73   Anzahl der gültigen Akzeptanzkriterien: Mittelwert, Median, Standardabweichung (langes Beweisprodukt)

Langes Beweisprodukt (nur gültige Akzeptanzkriterien)	n	m	med	sd	Signifikante Unterschiede Akzeptanz und Nicht-Akzeptanz (U-Test)	
Unabhängig von Beweisakzeptanz ($N_{ges} = 142$)	224	1,5775	2	1,30642		
Akzeptanz als Beweis ($N_{akz} = 103$)	186	1,8058	2	1,25290	Signifikanz	0,001
					U-Statistik	1086,500
Keine Akzeptanz als Beweis ($N_{nakz} = 34$)	34	1,0000	1	1,20605	Z-Statistik	−3,414
					Effektstärke (r)	−0,29

Im Mittel nennen die Studierenden beim Beweisprodukt mit großer Argumentationstiefe nun 1,5775 Akzeptanzkriterien (sd = 1,30642). Im Falle der Akzeptanz sind es 1,8058 Akzeptanzkriterien (sd = 1,25290), im Falle der Nicht-Akzeptanz ein Akzeptanzkriterium (sd = 1,20605).

Inferenzstatistische Analyse der Anzahl gültiger Akzeptanzkriterien (FF-3e) (Tabelle 6.73)
Zwischen der Akzeptanz und Nicht-Akzeptanz bestehen hochsignifikante Unterschiede mit kleiner Effektstärke ($U = 1086{,}500, Z = −3{,}414, p = 0{,}001, r = −0{,}29$).

6.6.2.3   Vergleich der Beweisprodukte (FF-3f)
Im Folgenden werden die beiden Beweisprodukte zur Beantwortung von Forschungsfrage 3f inferenzstatistisch miteinander verglichen.

Bei der Betrachtung <u>aller</u> Akzeptanzkriterien ergeben sich die folgenden Ergebnisse:

- Unabhängig von der Beweisakzeptanz existieren zwischen beiden Beweisprodukten signifikante Unterschiede mit kleiner Effektstärke ($U = 9016{,}000$, $Z = −2{,}266$, p = 0,023, r = −0,13)
- Im Falle der Akzeptanz bestehen ebenfalls signifikante Unterschiede mit kleiner Effektstärke zwischen den beiden Beweisprodukten ($U = 3115{,}000, Z = −2{,}539$, $p = 0{,}011, r = −0{,}19$)
- Im Falle einer Nicht-Akzeptanz gibt es hingegen keine signifikanten Unterschiede zwischen den beiden Beweisprodukten

Bei der Betrachtung gültiger Akzeptanzkriterien ergeben sich die folgenden Ergebnisse:

- Unabhängig von der Beweisakzeptanz existieren zwischen beiden Beweisprodukten signifikante Unterschiede mit kleiner Effektstärke (U = 9082,000, Z = −2,162, p = 0,031, r = −0,13)
- Im Falle der Akzeptanz bestehen ebenfalls signifikante Unterschiede mit kleiner Effektstärke zwischen den beiden Beweisprodukten (U = 3150,500, Z = −2,432, p = 0,015, r = −0,18)
- Im Falle einer Nicht-Akzeptanz gibt es hingegen keine signifikanten Unterschiede zwischen den beiden Beweisprodukten

Beim Vergleich der Akzeptanz und Nicht-Akzeptanz hat sich aufgrund der obigen Ergebnisse ergeben, dass beim kurzen Beweisprodukt keine signifikanten Unterschiede existieren, während beim langen Beweisprodukt signifikante (alle Akzeptanzkriterien) bzw. hochsignifikante (gültige Akzeptanzkriterien) Unterschiede mit jeweils kleiner Effektstärke existieren.

6.6.2.4 Diskussion der Ergebnisse

Aufgrund der ermittelten Anzahlen der Akzeptanzkriterien bei den jeweiligen Beweisprodukten kann der Befund aus (6.5.2.2.), dass insgesamt sehr wenige Akzeptanzkriterien genannt werden, grundsätzlich bestätigt werden. Interessant ist aber weiterführend, inwiefern sich die Anzahl der Akzeptanzkriterien in den Beurteilungen der jeweiligen Beweisprodukte unterscheiden.

Sowohl aus der Analyse aller als auch aus der Analyse gültiger Akzeptanzkriterien kann geschlossen werden, dass die Argumentationstiefe auf die Anzahl der Akzeptanzkriterien wirkt, wenn das vorgelegte Beweisprodukt vorab als Beweis akzeptiert wurde. Demnach werden bei der Beurteilung des langen Beweisprodukts signifikant mehr Akzeptanzkriterien genannt als bei der Beurteilung des kurzen Beweisprodukts.

Im Falle der Nicht-Akzeptanz kann dieser Schluss überraschenderweise nicht geschlossen werden. Hier hätte erwartet werden können, dass beim kurzen Beweisprodukt signifikant mehr Akzeptanzkriterien genannt werden, weil dies aufgrund seiner nicht hinreichend vollständigen Argumentationskette aus Forschersicht nicht als Beweis zu akzeptieren ist (5.2.4.). Daher existieren aus Forschersicht beim kurzen Beweisprodukt mehr Gründe als beim langen Beweisprodukt, dieses als Beweis abzulehnen.

Limitierend ist allerdings zu berücksichtigen, dass ein zur Hypothese passendes Resultat nicht zwingend bedeutet, dass durchweg auch die aus Forschersicht passenden Akzeptanzkriterien genannt werden. Beispielsweise würde eine Beurteilung der Art „Die Behauptung wird allgemeingültig durch Nutzung logischer Schlüsse bewiesen", die man mit den Kategorien VER_z (Verifikation), ALG_z (Allgemeingültigkeit) und NEB_z (Nutzung, Existenz und Begründung von Objekten) codieren würde, nicht auf den spezifischen Unterschied zwischen beiden Beweisprodukten, der (nicht) hinreichend vollständigen Argumentationskette, eingehen. Für die durch das Beispiel angeregte genauere Analyse ist die bereits getätigte Analyse der genannten Akzeptanzkriterien notwendig.

Weiterhin zeigen die Ergebnisse zum Vergleich von Akzeptanz und Nicht-Akzeptanz, dass eine größere Argumentationstiefe die Unterschiede hinsichtlich der Anzahl der genannten Akzeptanzkriterien vergrößert. Dies gilt sowohl für alle Akzeptanzkriterien als auch für die gültigen Akzeptanzkriterien.

Mit Blick auf die Ergebnisse und Diskussion zu den genannten Akzeptanzkriterien können die dort getätigten Interpretationen wie folgt erweitert werden: Zwar wurde festgestellt, dass beim langen Beweisprodukt signifikant mehr Akzeptanzkriterien im Falle der Akzeptanz genannt werden und auch die Unterschiede zwischen Akzeptanz und Nicht-Akzeptanz vergrößert werden, allerdings entstehen Unterschiede in der Nennung der Akzeptanzkriterien nicht in allen Kategorien, die aus Forschersicht zu erwarten waren. So wird z. B. die Kategorie Vollständigkeit (VOL_z) im Falle der Akzeptanz nicht signifikant häufiger beim langen Beweisprodukt genannt. Darüber hinaus vergrößern sich sogar Unterschiede in Kategorien, in denen dies nicht zu erwarten waren (z. B. Oberflächenmerkmale (OBE_z)). Dies lässt den Schluss zu, dass ein Mehr an genannten Akzeptanzkriterien im Falle der Akzeptanz und das Vergrößern von Unterschieden zwischen Akzeptanz und Nicht-Akzeptanz als Folge einer größeren Argumentationstiefe nicht zwingend die aus Forschersicht zu erwartenden Akzeptanzkriterien mit sich zieht.

6.6.3   Analyse und Diskussion der Konkretheit der Äußerungen

Die Analyse der Konkretheit der Äußerungen erfolgt aufgrund der Kategorie Konkretheit, die in (5.4.2.2.) und (5.4.4.2.) erläutert wurde. Die inferenzstatistische Analyse erfolgt aufgrund der Überlegungen in (5.6.2.3.) sowie (5.7.).

6.6.3.1   Deskriptive und inferenzstatistische Analyse (kurzes Beweisprodukt)

Die folgenden Analysen beziehen sich auf das kurze Beweisprodukt.

Deskriptive Analyse der Konkretheit der Äußerungen (FF-3d)

Tabelle 6.74   Konkretheit der Äußerungen (kurzes Beweisprodukt)

Kurzes Beweisprodukt	Absolute Häufigkeit	In Prozent	Signifikante Unterschiede Akzeptanz und Nicht-Akzeptanz (χ^2-Test)	
Unabhängig von Beweisakzeptanz ($N_{ges} = 149$)	43	28,9		
Akzeptanz als Beweis ($N_{akz} = 77$)	17	22,1	Signifikanz	0,034
			Freiheitsgrade	1
Keine Akzeptanz als Beweis ($N_{nakz} = 68$)	26	38,2	Teststatistik	4,519
			Effektstärke (φ)	−0,177

Beim kurzen Beweisprodukt haben von 149 Studierenden 43 Studierende (28,9 %) mindestens eine konkrete Äußerung getätigt. Im Falle der Akzeptanz als Beweis haben von 77 Studierenden 17 Studierende (22,1 %) mindestens eine konkrete Äußerung getätigt. Im Falle der Nicht-Akzeptanz waren es von 68 Studierenden 26 (38,2 %).

Inferenzstatistische Analyse der Konkretheit der Äußerungen (FF-3e) (Tabelle 6.74)

Vergleicht man die Akzeptanz und Nicht-Akzeptanz hinsichtlich der Kategorie Konkretheit mittels χ^2-Test miteinander, so ergeben sich signifikante Unterschiede mit kleiner Effektstärke zwischen der Akzeptanz und Nicht-Akzeptanz in der Kategorie Konkretheit ($\chi^2(1) = 4,519$, p = 0,034, $\varphi = 0,177$).

6.6.3.2 Deskriptive und inferenzstatistische Analyse (langes Beweisprodukt)

Die folgenden Analysen beziehen sich auf das lange Beweisprodukt.

Deskriptive Analyse der Konkretheit der Äußerungen (FF-3d)

Tabelle 6.75 Konkretheit der Äußerungen (langes Beweisprodukt)

Langes Beweisprodukt	Absolute Häufigkeit	In Prozent	Signifikante Unterschiede
Unabhängig von Beweisakzeptanz (N_{ges} = 142)	26	18,3	Akzeptanz und Nicht-Akzeptanz (χ^2-Test)
Akzeptanz als Beweis (N_{akz} = 103)	20	19,4	n.s.
Keine Akzeptanz als Beweis (N_{nakz} = 34)	5	14,7	

Beim langen Beweisprodukt haben von 142 Studierenden 26 Studierende (18,3 %) mindestens eine konkrete Äußerung getätigt. Im Falle der Akzeptanz als Beweis haben von 103 Studierenden 20 Studierende (19,4 %) mindestens eine konkrete Äußerung getätigt. Im Falle der Nicht-Akzeptanz waren es von 34 Studierenden 5 (14,7 %).

Inferenzstatistische Analyse der Konkretheit der Äußerungen (FF-3e) (Tabelle 6.75)

Vergleicht man die Akzeptanz und Nicht-Akzeptanz hinsichtlich der Kategorie Konkretheit mittels χ^2-Test miteinander, so ergeben sich hier allerdings keine signifikanten Unterschiede.

6.6.3.3 Vergleich der Beweisprodukte (FF-3f)

Vergleicht man die beiden Beweisprodukte zur Beantwortung von Forschungsfrage 3f inferenzstatistisch miteinander, so ergeben sich die folgenden Unterschiede:

- Unabhängig von der Beweisakzeptanz existieren signifikante Unterschiede mit kleiner Effektstärke zwischen den beiden Beweisprodukten (kurz: 28,9 %, lang: 18,3 %, $\chi^2(1)$ = 4,473, p = 0,034, φ = 0,124).

- Im Falle der Akzeptanz existieren keine signifikanten Unterschiede zwischen den beiden Beweisprodukten
- Im Falle der Nicht-Akzeptanz existieren signifikante Unterschiede mit kleiner Effektstärke zwischen den beiden Beweisprodukten (kurz: 38,2 %, lang: 14,7 %, $\chi^2(1) = 5{,}932$, p = 0,015, $\varphi = 0{,}241$).

Beim Vergleich von Akzeptanz und Nicht-Akzeptanz haben die oben genannten Ergebnisse ergeben, dass beim kurzen Beweisprodukt signifikant häufiger mit kleiner Effektstärke konkrete Äußerungen im Falle der Nicht-Akzeptanz genannt werden.

6.6.3.4 Diskussion der Ergebnisse

Während in (6.5.3.2.) noch diskutiert wurde, dass sich die Studierenden überraschenderwiese nicht häufiger konkret äußern, wenn sie das Beweisprodukt nicht akzeptieren, ergibt sich aufgrund der differenzierten Betrachtung ein anderes Bild.

Sowohl die signifikant häufigere Nennung von konkreten Äußerungen beim kurzen Beweisprodukt als auch die dort existierenden signifikanten Unterschiede zwischen der Akzeptanz und Nicht-Akzeptanz zeigen, dass eine Konkretheit der Äußerungen beim kurzen Beweisprodukt bedeutsamer ist, wenn es nicht als Beweis akzeptiert wird.

Vor dem Hintergrund, dass das kurze Beweisprodukt aus Forschersicht keine hinreichend vollständige Argumentationskette aufweist (5.2.4.) kann hier angenommen werden, dass möglicherweise mehr Verbesserungsvorschläge beim kurzen Beweisprodukt getätigt werden. Dieser Aspekt sollte durch tiefergehende Studien allerdings bestätigt werden, da die Kategorie Konkretheit nicht nur inhaltliche Verbesserungsvorschläge, sondern z. B. auch allgemeiner den Bezug auf konkrete Inhalte im vorgelegten Beweisprodukt umfasst (5.4.2.2.). Daher kann aus den vorliegenden Ergebnissen lediglich geschlossen werden kann, dass mehr konkrete Äußerungen getätigt werden, aber nicht, welcher Art diese sind.

6.7 Ergebnisse und Diskussion Akzeptanzkriterien (Vergleich der Gruppen A und B, beide Beweisprodukte)

In diesem Teilkapitel werden die Ergebnisse zu den Zusammenhängen zwischen der Performanz bei der Konstruktion von Beweisen und den genannten Akzeptanzkriterien bei der Beurteilung von vorgelegten Beweisprodukten vorgestellt und diskutiert. Wie in (5.6.2.) erläutert wurde, werden also die auf Grundlage der

Ergebnisse zur Performanz bei der Konstruktion eines Beweises (6.3.) gebildeten Gruppen A und B (siehe hierzu (5.5.2.)) hinsichtlich der Art und Anzahl der
Akzeptanzkriterien und Konkretheit der Äußerungen miteinander verglichen. Zu
diesem Zwecke werden die folgenden Forschungsfragen aus (4.3.5.) beantwortet:

1. FF-4b: Welche Akzeptanzkriterien werden von Studierenden des Lehramts
   unterschiedlicher Gruppen bei der Beurteilung eines vorgelegten Beweisprodukts genannt?
2. FF-4c: Wie viele Akzeptanzkriterien nennen die Studierenden der jeweiligen
   Gruppen?
3. FF-4d: Wie konkret äußern sich die Studierenden der jeweiligen Gruppen?
4. FF-4e: Lassen sich bei den jeweiligen Forschungsfragen FF-4b bis FF-4d auch
   Unterschiede zwischen den Studierenden der jeweiligen Gruppen ausmachen,
   die gemäß FF-4a vorab das ihnen zur Beurteilung vorgelegte Beweisprodukt
   als Beweis akzeptiert oder nicht akzeptiert haben?
5. FF-4f: Wie unterscheiden sich die von den Studierenden der jeweiligen Gruppen getätigten Beurteilungen zu den Beweisprodukten hinsichtlich der oben
   genannten Forschungsfragen FF-4b bis FF-4e?

Die beim Vergleich untersuchten Gruppen A und B lassen sich gemäß (5.5.2.)
wie folgt beschreiben:

• **Gruppe A (leistungsstarke Studierende)**: Studierende, die einen Beweis oder
  eine Begründung hergestellt haben
• **Gruppe B (leistungsschwache Studierende)**: Studierende, die eine empirische
  Argumentation, oder eine ungültige / unvollständige / keine Argumentationen
  hergestellt haben

In Analogie zu (6.5.) und (6.6.) erfolgt zur Beantwortung der Forschungsfragen
4b bis 4d eine deskriptive Analyse der Daten (5.6.2.2.) und zur Beantwortung
der Forschungsfrage 4e eine inferenzstatistische der Daten (5.6.2.3.) pro Gruppe,
bei der in Teilen auch die Ergebnisse zur Beweisakzeptanz (6.4.) berücksichtigt werden. Im Zentrum dieses Teilkapitels steht allerdings die Forschungsfrage
4f, bei der die Gruppen A und B miteinander unter Bezug auf die Forschungsfragen 4a bis 4d verglichen werden. Es wird hierbei also jeweils analysiert,
inwiefern sich die Beweisprodukte hinsichtlich der Art, Anzahl und Konkretheit der Akzeptanzkriterien unterscheiden. Alle Vergleiche erfolgen unabhängig
von der Beweisakzeptanz sowie im Falle der Akzeptanz und Nicht-Akzeptanz. Zu
berücksichtigen ist für dieses Teilkapitel, dass beim Vergleich der Gruppen A und

B noch keine Differenzierung nach Beweisprodukt erfolgt, d. h. es werden die Ergebnisse zu beiden Beweisprodukten gemeinsam vorgestellt. Eine differenzierte Betrachtung erfolgt in (6.8.).

Insgesamt ergibt sich die folgende Vorgehensweise in diesem Teilkapitel:

1. Analyse und Diskussion der Art der Akzeptanzkriterien bei den jeweiligen Gruppen (FF-4b und FF-4e) und der Unterschiede zwischen den Gruppen (FF-4e) in Abschnitt (6.7.1.).
2. Analyse und Diskussion der Anzahl der Akzeptanzkriterien bei den jeweiligen Gruppen (FF-4c und FF-4e) und der Unterschiede zwischen den Gruppen (FF-4e) in Abschnitt (6.7.2.).
3. Analyse und Diskussion der Konkretheit der Äußerungen bei den jeweiligen Gruppen (FF-4d und FF-4e) und der Unterschiede zwischen den Gruppen (FF-4e) in Abschnitt (6.6.3.).

In der Gesamtdiskussion dieser Arbeit (7.) werden die wesentlichen Ergebnisse dieses Teilkapitels zusammen mit den Ergebnissen der weiteren Teilkapitel (6.3.) bis (6.8.) diskutiert.

Stichprobe

Gemäß den Ergebnissen in (6.3.) und (6.4.) ist die Gesamtstichprobe aus 291 Studierenden (6.1.) wie folgt zusammengesetzt:

- **Gruppe A**: 70 Studierende (48 Akzeptanz, 22 Nicht-Akzeptanz).
- **Gruppe B**: 221 Studierende (132 Akzeptanz, 80 Nicht-Akzeptanz, 9 ohne klare Entscheidung).[13]

Die folgenden Analysen beziehen sich auf die genannten Teilstichprobengrößen. Insbesondere die Angaben zu den prozentualen Häufigkeiten sind relativ zu den jeweiligen Teilstichprobengrößen.

---

[13] Die Ergebnisse der Studierenden, die keine klare Entscheidung getroffen haben (leeres Feld, mehrere Kreuze vergeben oder ein Kreuz uneindeutig vergeben), werden allerdings dennoch bei der Betrachtung berücksichtigt, die unabhängig von der Beweisakzeptanz ist.

6.7.1   Analyse und Diskussion der Art der Akzeptanzkriterien

6.7.1.1   Deskriptive und inferenzstatistische Analyse (Gruppe A)

Die von den Studierenden der Gruppe A genannten Akzeptanzkriterien sind die Folgenden. Die inferenzstatistischen Analysen erfolgen, analog zu (6.5.1.1.) und (6.6.1.1.), gemäß den methodischen Überlegungen in (5.6.2.3.) und (5.7.1.). Wie auch in (6.5.1.1.) und (6.6.1.1.) erfolgt durch die folgende Abbildung für Gruppe A ein Überblick über die Ergebnisse der deskriptiven und inferenzstatistischen Analysen (Abbildung 6.8).

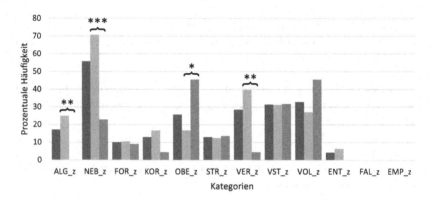

Abbildung 6.8 Überblick über die Ergebnisse der deskriptiven und inferenzstatistischen Analysen (Gruppe A)

Die Abbildung zeigt, dass in der Kategorie OBE_z signifikante Unterschiede, in den Kategorien ALG_z und VER_z sehr signifikante Unterschiede und in der Kategorie NEB_z hochsignifikante Unterschiede zwischen der Akzeptanz und Nicht-Akzeptanz existieren. Eine ausführliche Analyse erfolgt im Folgenden anhand einer Tabelle (Tabelle 6.76).

Tabelle 6.76 Akzeptanzkriterien (Gruppe A, beide Beweisprodukte)

Gruppe A: Beide Beweisprodukte	Kategorie	ALG_z	NEB_z	FOR_z	KOR_z	OBE_z	STR_z	VER_z	VST_z	VOL_z	ENT_z	FAL_z	EMP_z	SON_z
Unabhängig von Beweisakzeptanz ($N_{ges} = 70$)	Absolute Häufigkeit	12	39	7	9	18	9	20	22	23	3	0	0	22
	In Prozent	17,1	55,7	10	12,9	25,7	12,9	28,6	31,4	32,9	4,3	0	0	31,7
Akzeptanz als Beweis ($N_{akz} = 48$)	Absolute Häufigkeit	12	34	5	8	8	6	19	15	13	3	0	0	20
	In Prozent	25	70,8	10,4	16,7	16,7	12,5	39,6	31,3	27,1	6,3	0	0	41,7
Keine Akzeptanz als Beweis ($N_{nakz} = 22$)	Absolute Häufigkeit	0	5	2	1	10	3	1	7	10	0	0	0	2
	In Prozent	0	22,7	9,1	4,5	45,5	13,6	4,5	31,8	45,5	0	n.s.	n.s.	9,1
Signifikante Unterschiede Akzeptanz und Nicht-Akzeptanz (χ^2-Test)	Signifikanz	0,010	<0,001	n.s.	n.s.	0,011	n.s.	0,003	n.s.	n.s.	n.s.			
	Freiheitsgrade	1	1			1		1						
	Teststatistik	6,638	14,149			6,545		9,075						
	Effektstärke (φ)	0,308	0,450			-0,306		0,360						

Deskriptive Analyse der Art der Akzeptanzkriterien (FF-4b, unabhängig von Beweisakzeptanz)

In Gruppe A sind die häufigsten Kategorien, die unabhängig von der Beweisakzeptanz vergeben werden, NEB_z (57,7 %), VOL_z (32,9 %) und VST_z (31,4 %), gefolgt von VER_z (28,6 %). Am seltensten werden die Kategorien FAL_z (0 %), EMP_z (0 %) und ENT_z (4,3 %) vergeben. Die weiteren Kategorien sind ALG_z (17,1 %), FOR_z (10 %), KOR_z (12,9 %), OBE_z (25,7 %) und STR_z (12,9 %).

Deskriptive Analyse der Art der Akzeptanzkriterien (FF-4b, abhängig von Beweisakzeptanz)

Im Falle der Akzeptanz werden die Kategorien NEB_z (70,8 %), VER_z (39,6 %) und VST_z (31,3 %), gefolgt von VOL_z (27,1 %), am häufigsten vergeben. Am seltensten vergeben werden die Kategorien FAL_z (0 %), EMP_z (0 %) und ENT_z (6,3 %). Die weiteren Kategorien sind ALG_z (25 %), FOR_z (10,4 %), KOR_z (16,7 %), OBE_z (16,7 %) und STR_z (12,5 %).

Im Falle der Nicht-Akzeptanz werden die Kategorien VOL_z (45,5 %), OBE_z (45,5 %) und VST_z (31,3 %) am häufigsten vergeben. Am seltensten vergeben werden die Kategorien ALG_z (0 %), ENT_z (0 %), FAL_z (0 %) und EMP_z (0 %). Die weiteren Kategorien sind NEB_z (22,7 %), FOR_z (9,1 %), KOR_z (4,5 %), STR_z (13,6 %) und VER_z (4,5 %)

Inferenzstatistische Analyse der Art der Akzeptanzkriterien (FF-4e)

Beim Vergleich von Akzeptanz und Nicht-Akzeptanz (5.6.2.3.) sind in den folgenden Kategorien (sehr) signifikante / hochsignifikante Unterschiede mit mittlerer Effektstärke zu finden:

- ALG_z (25 % (Akz.), 0 % (Nicht-Akz.), $\chi^2(1) = 6{,}638, p = 0{,}010, \varphi = 0{,}308$),
- NEB_z (70,8 % (Akz.), 22,7 % (Nicht-Akz.), $\chi^2(1) = 14{,}149, p < 0{,}001, \varphi = 0{,}450$),
- OBE_z (16,7 % (Akz.), 45,5 % (Nicht-Akz.), $\chi^2(1) = 6{,}545, p = 0{,}011, \varphi = -0{,}306$),
- VER_z (39,6 % (Akz.), 4,5 % (Nicht-Akz.), $\chi^2(1) = 9{,}075, p = 0{,}003, \varphi = 0{,}360$).

In den weiteren Kategorien FOR_z, KOR_z, STR_z, VST_z, VOL_z und ENT_z sind hingegen keine signifikanten Unterschiede zu finden.

6.7.1.2 Deskriptive und inferenzstatistische Analyse (Gruppe B)

Analog zu Gruppe A ergeben sich die folgenden Ergebnisse für Gruppe B, vorab dargestellt in einer Abbildung mit Überblickscharakter (Abbildung 6.9).

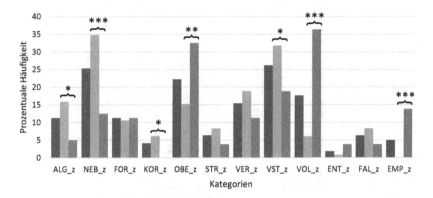

■ Unabhängig von Beweisakzeptanz (221 Studierende)

▩ Akzeptanz als Beweis (132 Studierende)

■ Keine Akzeptanz als Beweis (80 Studierende)

Abbildung 6.9 Überblick über die Ergebnisse der deskriptiven und inferenzstatistischen Analysen (Gruppe B)

Die Abbildung zeigt, dass in den Kategorien ALG_z, KOR_z und VST_z signifikante Unterschiede, in der Kategorie OBE_z sehr signifikante Unterschiede und in den Kategorien NEB_z, VOL_z und EMP_z hochsignifikante Unterschiede zwischen der Akzeptanz und Nicht-Akzeptanz existieren. Eine ausführliche Analyse erfolgt im Folgenden anhand einer Tabelle (Tabelle 6.77).

Tabelle 6.77 Akzeptanzkriterien (Gruppe B, beide Beweisprodukte)

Gruppe B: Beide Beweisprodukte	Kategorie	ALG_z	NEB_z	FOR_z	KOR_z	OBE_z	STR_z	VER_z	VST_z	VOL_z	ENT_z	FAL_z	EMP_z	SON_z
Unabhängig von Beweisakzeptanz ($N_{ges} = 221$)	Absolute Häufigkeit	25	56	25	9	49	14	34	58	39	4	14	11	76
	In Prozent	11,3	25,3	11,3	4,1	22,2	6,3	15,4	26,2	17,6	1,8	6,3	5	34,4
Akzeptanz als Beweis ($N_{akz} = 132$)	Absolute Häufigkeit	21	46	14	8	20	11	25	42	8	1	11	0	48
	In Prozent	15,9	34,8	10,6	6,1	15,2	8,3	18,9	31,8	6,1	0,8	8,3	0	36,4
Keine Akzeptanz als Beweis ($N_{nakz} = 80$)	Absolute Häufigkeit	4	10	9	0	26	3	9	15	29	3	3	11	26
	In Prozent	5	12,5	11,3	0	32,5	3,8	11,3	18,8	36,3	3,8	3,8	13,8	32,5
Signifikante Unterschiede Akzeptanz und Nicht-Akzeptanz (χ^2-Test)	Signifikanz	0,017	<0,001	n.s.	0,025	0,003	n.s.	n.s.	0,038	<0,001	n.s.	n.s.	<0,001	
	Freiheitsgrade	1	1		1	1			1	1			1	
	Teststatistik	5,699	12,799		5,039	8,824			4,327	31,511			19,143	
	Effektstärke (φ)	0,164	0,246		0,154	-0,204			0,143	-0,386			-0,300	

Deskriptive Analyse der Art der Akzeptanzkriterien (FF-4b, unabhängig von Beweisakzeptanz)

In Gruppe B sind die häufigsten Kategorien, die unabhängig von der Beweisakzeptanz vergeben werden, VST_z (26,2 %), NEB_z (25,3 %) und OBE_z (22,2 %). Am seltensten werden die Kategorien ENT_z (1,8 %), KOR_z (4,1 %) und EMP_z (5 %) vergeben. Die weiteren Kategorien sind ALG_z (11,3 %), FOR_z (11,3 %), STR_z (6,3 %), VER_z (15,4 %), VOL_z (17,6 %) und FAL_z (6,3 %).

Deskriptive Analyse der Art der Akzeptanzkriterien (FF-4b, abhängig von Beweisakzeptanz)

Im Falle der Akzeptanz werden die Kategorien NEB_z (34,8 %), VST_z (31,8 %) und VER_z (18,9 %) am häufigsten vergeben. Am seltensten vergeben werden die Kategorien EMP_z (0 %), ENT_z (0,8 %) KOR_z (6,1 %) und VOL_z (6,1 %). Die weiteren Kategorien sind ALG_z (15,9 %), FOR_z (10,6 %), OBE_z (15,2 %), STR_z (8,3 %) und FAL_z (8,3 %).

Im Falle der Nicht-Akzeptanz werden die Kategorien VOL_z (36,3 %), OBE_z (32,5 %) und VST_z (18,8 %) am häufigsten vergeben. Am seltensten vergeben werden die Kategorien KOR_z (0 %), STR_z (3,8 %), ENT_z (3,8 %) und FAL_z (3,8 %). Die weiteren Kategorien sind ALG_z (5 %), NEB_z (12,5 %), FOR_z (11,3 %), VER_z (11,3 %) und EMP_z (13,8 %).

Inferenzstatistische Analyse der Art der Akzeptanzkriterien (FF-4e)

Beim Vergleich von Akzeptanz und Nicht-Akzeptanz sind in den folgenden Kategorien (sehr) signifikante bzw. hochsignifikante Unterschiede mit kleiner bzw. mittlerer Effektstärke zu finden:

- ALG_z $(15,9\,\%\,(\text{Akz.}), 5\,\%\,(\text{Nicht-Akz.}), \chi^2(1) = 5,699, p = 0,017, \varphi = 0,164)$,
- NEB_z $(34,8\,\%\,(\text{Akz.}), 12,5\,\%\,(\text{Nicht-Akz.}), \chi^2(1) = 12,799, p < 0,001, \varphi = 0,246)$,
- KOR_z $(6,1\,\%\,(\text{Akz.}), 0\,\%\,(\text{Nicht-Akz.}), \chi^2(1) = 5,039, p = 0,025, \varphi = 0,154)$,
- OBE_z $(15,2\,\%\,(\text{Akz.}), 32,5\,\%\,\text{Nicht-Akz.}), \chi^2(1) = 8,824, p = 0,003, \varphi = -0,204)$,
- VST_z $(31,8\,\%\,(\text{Akz.}), 18,8\,\%\,(\text{Nicht-Akz.}), \chi^2(1) = 4,327, p = 0,038, \varphi = 0,143)$,
- VOL_z $(6,1\,\%\,(\text{Akz.}), 36,3\,\%\,(\text{Nicht-Akz.}), \chi^2(1) = 31,511, p < 0,001, \varphi = -0,386)$,
- EMP_z $(0\,\%\,(\text{Akz.}), 13,8\,\%\,(\text{Nicht-Akz.}), \chi^2(1) = 19,143, p < 0,001, \varphi = -0,300)$.

Keine signifikanten Unterschiede gibt es hingegen in den Kategorien FOR_z, STR_z, VER_z, ENT_z und FAL_z.

6.7.1.3 Vergleich der Gruppen A und B (FF-4f)

Im Folgenden werden die beiden Gruppen zur Beantwortung von Forschungsfrage 4f miteinander verglichen. Analog zu (6.6.1.3.) wird vorab ein Überblick über ausgewählte Ergebnisse der deskriptiven Analyse (Angabe der prozentualen Häufigkeiten pro Kategorie und Fall) bei Gruppe A und B im Falle der Akzeptanz und Nicht-Akzeptanz gegeben. Zusätzlich werden die Ergebnisse einer inferenzstatistischen Analyse (Kennzeichnung von signifikanten Unterschieden beim Vergleich der beiden Gruppen pro Kategorie (siehe hierzu auch (5.6.1.)) in der Abbildung dargestellt (Abbildung 6.10).

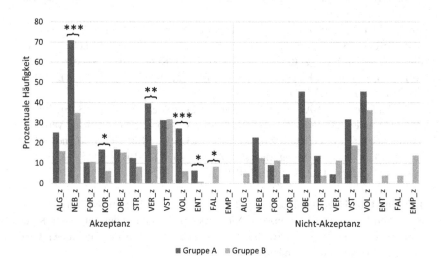

Abbildung 6.10 Überblick über ausgewählte Ergebnisse der deskriptiven und inferenzstatistischen Analysen

Die Abbildung zeigt, dass im Falle der Akzeptanz in den Kategorien KOR_z, ENT_z und FAL_z signifikante Unterschiede, in der Kategorie VER_z sehr signifikante Unterschiede und in den Kategorien NEB_z und VOL_z hochsignifikante Unterschiede zwischen Gruppe A und B existieren. Im Falle der Nicht-Akzeptanz existieren hingegen in keiner Kategorie signifikante Unterschiede zwischen den beiden Gruppen. Ausführliche Analysen zum Vergleich der beiden Beweisprodukte erfolgen im Folgenden anhand von Tabellen.

Deskriptive Analyse

Im Folgenden wird eine deskriptive Analyse der häufigsten und seltensten Kategorien unabhängig und abhängig von der Beweisakzeptanz durchgeführt.

Die häufigsten vergebenen Kategorien (Tabelle 6.78)

Tabelle 6.78 Die häufigsten vergebenen Kategorien

Unabhängig von Beweisakzeptanz			
Gruppe A	NEB_z (57,7 %)	VOL_z (32,9 %)	VST_z (31,4 %)
Gruppe B	VST_z (26,2 %)	NEB_z (25,3 %)	OBE_z (22,2 %)
Akzeptanz als Beweis			
Gruppe A	NEB_z (70,8 %)	VER_z (39,6 %)	VST_z (31,3 %)
Gruppe B	NEB_z (34,8 %)	VST_z (31,8 %)	VER_z (19,9 %)
Keine Akzeptanz als Beweis			
Gruppe A	VOL_z (45,5 %)	OBE_z (45,5 %)	VST_z (31,3 %)
Gruppe B	VOL_z (36,3 %)	OBE_z (32,5 %)	VST_z (18,8 %)

Die seltensten vergebenen Kategorien (Tabelle 6.79)

Tabelle 6.79 Die seltensten vergebenen Kategorien

Unabhängig von Beweisakzeptanz			
Gruppe A	ENT_z (4,3 %)	FAL_z (0 %)	EMP_z (0 %)	
Gruppe B	EMP_z (5 %)	KOR_z (4,1 %)	ENT_z (1,8 %)	
Akzeptanz als Beweis			
Gruppe A	ENT_z (6,3 %)	FAL_z (0 %)	EMP_z (0 %)	
Gruppe B	KOR_z (6,1 %)	VOL_z (6,1 %)	ENT_z (0,8 %)	EMP_z (0 %)
Keine Akzeptanz als Beweis			
Gruppe A	ALG_z (0 %)	ENT_z (0 %)	FAL_z (0 %)	EMP_z (0 %)
Gruppe B	STR_z (3,8 %)	ENT_z (3,8 %)	FAL_z (3,8 %)	KOR_z (0 %)

Vergleicht man bei den Gruppen jeweils die am häufigsten und am seltensten vergebenen Kategorien, so ergibt sich beim Beweisprodukt mit geringer Argumentationstiefe und beim Beweisprodukt mit großer Argumentationstiefe ein sehr ähnliches Bild:

Am häufigsten vergebene Kategorien: Unabhängig von der Beweisakzeptanz gehören die beiden Kategorien NEB_z und VST_z zu den häufigsten vergebenen Kategorien. Die Kategorie VOL_z (32,9 % (Gruppe A), 17,6 % (Gruppe B)) gehört bei Gruppe A zu den häufigsten Kategorien, während die Kategorie OBE_z (25,7 % (Gruppe A), 22,2 % (Gruppe B)) bei Gruppe B zu den häufigsten Kategorien gehört. Im Falle der Akzeptanz sind in beiden Gruppen die Kategorien NEB_z, VER_z und VST_z die häufigsten Kategorien und im Falle der Nicht-Akzeptanz sind es die Kategorien VOL_z, OBE_z und VST_z. Bereits an dieser Stelle ist aber auffällig, dass die prozentualen Häufigkeiten in Gruppe A in allen Kategorien, die am häufigsten vorkommen, größer sind als in Gruppe B. Eine noch folgende inferenzstatistische Analyse wird diesen Aspekt genauer beleuchten.

Am seltensten vergebene Kategorien: Zwar weisen die beiden Gruppen A und B unabhängig von der Beweisakzeptanz Gemeinsamkeiten dahingehend auf, dass die Kategorien ENT_z und EMP_z bei beiden Gruppen zu den seltensten Kategorien gehören, allerdings ist hierbei zusätzlich noch anzugeben, dass die Kategorie EMP_z bei Gruppe A nie vergeben wurde. Unterschiede bestehen auch darin, dass in Gruppe A die Kategorie FAL_z (0 % (Gruppe A), 6,3 % (Gruppe B)) nie vergeben wurde und dass die Kategorie KOR_z (12,9 % (Gruppe A), 4,1 % (Gruppe B)) in Gruppe B zu den seltensten Kategorien gehört. Im Falle der Akzeptanz werden die Kategorien ENT_z und EMP_z in beiden Gruppen am seltensten vergeben, wobei EMP_z in Gruppe A entsprechend auch nie vergeben wurde. Unterschiede bestehen auch darin, dass die Kategorie FAL_z (0 % (Gruppe A), 8,3 % (Gruppe B)) in Gruppe A nie vergeben wird und dass die Kategorien KOR_z (16,7 % (Gruppe A), 6,1 % (Gruppe B)) und VOL_z (27,1 % (Gruppe A), 6,1 % (Gruppe B)) in Gruppe B am seltensten vergeben werden. Im Falle der Nicht-Akzeptanz haben die beiden Gruppen gemein, dass ENT_z und FAL_z zu den seltensten Kategorien gehören, wobei auch hier anzumerken ist, dass beide Kategorien in Gruppe A nie vergeben werden. Ansonsten bestehen Unterschiede darin, dass in Gruppe A die Kategorien ALG_z (0 % (Gruppe A), 5 % (Gruppe B)) sowie EMP_z (0 % (Gruppe A), 13,8 % (Gruppe B)) nie vergeben werden. In Gruppe B wird wiederum die Kategorie KOR_z (4,5 % (Gruppe A), 0 % (Gruppe B)) nie vergeben. Die weitere Kategorie, die nur in Gruppe B zu den seltensten gehört, ist STR_z (13,6 % (Gruppe A), 3,8 % (Gruppe B)). Insgesamt ist auffällig, dass einige Kategorien (FAL_z, EMP_z) in Gruppe A nie vergeben werden, andere Kategorien (ALG_z und ENT_z in Gruppe A und KOR_z in Gruppe B) hingegen lediglich im Falle der Nicht-Akzeptanz. Ebenfalls sind bereits auch hier bei der Betrachtung der prozentualen Häufigkeiten starke Unterschiede zwischen den Gruppen erkennbar, die in der inferenzstatistischen Analyse vertiefend analysiert werden.

Inferenzstatistische Analyse
Es ergeben sich aufgrund der inferenzstatistischen Analyse die folgenden Ergebnisse:

Unabhängig von der Beweisakzeptanz ergeben sich (sehr) signifikante bzw. hochsignifikante Unterschiede mit kleiner Effektstärke in den Kategorien

- NEB_z(55,7%(GruppeA),25,3%(GruppeB),$\chi^2(1)$=22,307,p<0,001,φ=0,277),
- KOR_z(12,9%(GruppeA),4,1%(GruppeB),$\chi^2(1)$=7,070,p=0,008,φ=0,156),
- VER_z(28,6%(GruppeA),15,4%(GruppeB),$\chi^2(1)$=6,117,p=0,013,φ=0,145),
- VOL_z(32,9%(GruppeA),17,6%(GruppeB),$\chi^2(1)$=7,335,p=0,007,φ=0,159),
- FAL_z(0%(Gruppe A),6,3%(GruppeB),$\chi^2(1)$=4,659,p=0,031,φ=−0,127).

In den Kategorien ALG_z, FOR_z, OBE_z, STR_z, VST_z, ENT_z und EMP_z (hier p = 0,057) liegen hingegen keine signifikanten Unterschiede vor.

Im Falle der Akzeptanz des Beweisprodukts als Beweis ergeben sich (sehr) signifikante bzw. hochsignifikante Unterschiede mit kleiner bzw. mittlerer Effektstärke in den Kategorien

- NEB_z(70,8%(GruppeA),34,8%(GruppeB),$\chi^2(1)$=18,460,p<0,001,φ=0,320),
- KOR_z(16,7%(GruppeA),6,1%(GruppeB),$\chi^2(1)$=4,889,p=0,027,φ=0,165),
- VER_z(39,6%(GruppeA),18,9%(GruppeB),$\chi^2(1)$=8,122,p=0,004,φ=0,212),
- VOL_z(27,1%(GruppeA),6,1%(GruppeB),$\chi^2(1)$=15,096,p<0,001,φ=0,290),
- ENT_z(6,3%(Gruppe A),0,8%(GruppeB),$\chi^2(1)$=4,887,p=0,027,φ=0,165),
- FAL_z(0%(Gruppe A),8,3%(GruppeB),$\chi^2(1)$=4,260,p=0,039,φ=−0,154).

Keine signifikanten Unterschiede gibt es hingegen in den Kategorien ALG_z, FOR_z, OBE_z, STR_z, VST_z und EMP_z (hier p = 0,066).

Im Falle der Nicht-Akzeptanz des Beweisprodukts als Beweis ergeben sich in allen Kategorien keine signifikanten Unterschiede zwischen Gruppe A und B.

Unterschiede zwischen Akzeptanz und Nicht-Akzeptanz

In der folgenden Tabelle ist für Gruppe A und B dargestellt, in welchen Kategorien signifikante Unterschiede zwischen der Akzeptanz und Nicht-Akzeptanz festgestellt wurden (Tabelle 6.80).

Tabelle 6.80 Ergebnisse der inferenzstatistischen Analyse (Vergleich von Akzeptanz und Nicht-Akzeptanz)

Gruppe A	ALG_z	NEB_z		OBE_z	VER_z			
Signifikanz	0,010	<0,001		0,011	0,003			
Freiheitsgrade	1	1		1	1			
Teststatistik	6,638	14,149		6,545	9,075			
Effektstärke (φ)	0,308	0,450		−0,306	0,360			
Gruppe B	**ALG_z**	**NEB_z**	**KOR_z**	**OBE_z**		**VST_z**	**VOL_z**	**EMP_z**
Signifikanz	0,017	<0,001	0,025	0,003		0,038	<0,001	<0,001
Freiheitsgrade	1	1	1	1		1	1	1
Teststatistik	5,699	12,799	5,039	8,824		4,327	31,511	19,143
Effektstärke (φ)	0,164	0,246	0,154	−0,204		0,143	−0,386	−0,300

Ein Vergleich der beiden Gruppen zeigt, dass in den Kategorien, in denen beide Gruppen (mindestens) signifikante Unterschiede zwischen Akzeptanz und Nicht-Akzeptanz aufweisen, die Signifikanzen in etwa vergleichbar sind. Allerdings sind die Effektstärken in den Kategorien in Gruppe A durchweg höher. Insgesamt ergeben sich in Gruppe B allerdings mehr Kategorien, in denen (mindestens) signifikante Unterschiede zwischen Akzeptanz und Nicht-Akzeptanz existieren. Während in der Kategorie VER_z (Gruppe A: ($\chi^2(1)$ = 9,075, p = 0,003, φ = 0,360, Gruppe B: n.s.) lediglich in Gruppe A sehr signifikante Unterschiede mit mittlerer Effektstärke zwischen Akzeptanz und Nicht-Akzeptanz existieren, existieren ausschließlich in Gruppe B (mindestens) signifikante Unterschiede mit kleiner und mittlerer Effektstärke zwischen der Akzeptanz und Nicht-Akzeptanz in den folgenden Kategorien:

- KOR_z (Gruppe A: n.s., Gruppe B: $\chi^2(1)$ = 5,039, p = 0,025, φ = 0,154)
- VST_z (Gruppe A: n.s., Gruppe B: $\chi^2(1)$ = 4,327, p = 0,038, φ = 0,143)
- VOL_z (Gruppe A: n.s., Gruppe B: $\chi^2(1)$ = 31,511, p < 0,001, φ = −0,386)
- EMP_z (Gruppe A: n.s., Gruppe B: $\chi^2(1)$ = 19,143, p < 0,001, φ = −0,300)

6.7.1.4 Diskussion der Ergebnisse

Anhand der vorliegenden Ergebnisse können die Ergebnisse aus (6.5.1.) differenziert betrachtet werden. In (4.4.4.) wurden verschiedene Hypothesen zu den Unterschieden zwischen Gruppe A und B formuliert. Diese umfassen, bezogen auf die Art der Akzeptanzkriterien, die Annahmen, dass die Studierenden der Gruppe A häufiger Akzeptanzkriterien nennen, die zu den Eigenschaften des vorgelegten Beweisprodukts passen, die inhaltsbezogener sind, den Bereichen des Methodenwissens (Heinze & Reiss, 2003, siehe auch (2.4.2.)) entsprechen, und die die Korrektheit des Beweisprodukts betreffen. Umgekehrt wurde angenommen, dass die Studierenden der Gruppe B Beweisprodukte häufiger oberflächlich beurteilen, häufiger Akzeptanzkriterien nennen, die auf Fehlvorstellungen beruhen oder auf ein Fehlverständnis schließen lassen. Diese Hypothesen können durch die dargestellten Ergebnisse zum großen Teil, aber mit verschiedenen Einschränkungen sowie verschiedenen Hinweisen, bestätigt werden. Im Einzelnen ergeben sich die folgenden Ergebnisse:

Allgemeingültigkeit (ALG_z)
Der Erhalt des Gültigkeitsbereichs, beim Beweis einer Allaussage interpretiert als Allgemeingültigkeit, ist eine wesentliche Eigenschaft eines Beweises (2.2.3.), die bei beiden vorgelegten Beweisprodukten erfüllt ist (5.2.4.). Das Wissen über diese Eigenschaft ist Teil des Beweisschemas des Methodenwissens (Heinze & Reiss, 2003, siehe auch (2.4.2.)). Die deskriptive Analyse der Daten hat ergeben, dass 25 % der Studierenden der Gruppe A diese Eigenschaft im Falle der Akzeptanz nennen und 0 % im Falle der Nicht-Akzeptanz. Die Unterschiede zwischen der Akzeptanz und Nicht-Akzeptanz sind hierbei signifikant mit mittlerer Effektstärke. Daraus folgt, dass die Studierenden dieser Gruppe das Akzeptanzkriterium passend zur tatsächlich vorliegenden Eigenschaft nennen. In Gruppe B kann dieser Schluss aufgrund der Ergebnisse (15,9 % (Akz.), 5 % (Nicht-Akz.), signifikante Unterschiede zwischen Akz. und Nicht-Akz. mit kleiner Effektstärke) ebenfalls gezogen werden. Allerdings attestiert ein geringer Teil der Studierenden der Gruppe B ihrem vorgelegten Beweisprodukt auch fälschlicherweise eine fehlende Allgemeingültigkeit.

Da keine signifikanten Unterschiede zwischen Gruppe A und B in allen Fällen (unabhängig von Beweisakzeptanz, im Falle der Akzeptanz / Nicht-Akzeptanz) existieren, folgt, dass die Studierenden beider Gruppen diese Allgemeingültigkeit auch gleichermaßen erkennen. Dieses Resultat ist überraschend: Vor dem Hintergrund des von Harel und Sowder (1998) beschriebenen „empirical proof schemes" und dem von Reid und Knipping (2010) aus verschiedenen Studien

zusammengefassten Resultat, dass deduktive Beweise oftmals nicht zur Verifikation akzeptiert werden, wurde erwartet, dass die Allgemeingültigkeit der Beweisprodukte signifikant häufiger von Gruppe A als Akzeptanzkriterium genannt wird.
Aufgrund der Ergebnisse kann folglich geschlossen werden, dass das Wissen über
diese notwendige Eigenschaft und dieses Teils des Methodenwissens bei beiden
Gruppen weitestgehend gleichermaßen vorhanden ist.

Allerdings existieren auch Limitationen, die eine genauere Überprüfung des
Ergebnisses anregen. Da auch Äußerungen der Art „Es werden Variablen benutzt,
also ist das Beweisprodukt allgemeingültig" mit ALG_z codiert werden, kann für
zukünftige Studien vermutet werden, dass es sich bei der Bewertung um eine
eher oberflächliche Sichtweise, wie auch im „external conviction proof scheme" (Harel & Sowder, 1998, siehe auch (5.4.3.1.)) formuliert, handelt. Demnach
könnte das Urteil über die Allgemeingültigkeit lediglich auf der Existenz von
Variablen ohne genaue Überprüfung des Gültigkeitsbereichs beruhen. Um also
tiefere Einblicke in die genauen Gründe, warum die Studierenden eine Allgemeingültigkeit attestieren, zu erlangen, wäre es eine Möglichkeit, in zukünftigen
Studien ein Beweisprodukt vorzulegen, das zwar oberflächlich betrachtet allgemeingültig aufgrund von Variablen zu sein scheint, es aber durch seinen
eingeschränkten Gültigkeitsbereich tatsächlich aber nicht ist. So könnten möglicherweise dennoch Unterschiede zwischen den beiden Gruppen A und B ermittelt
werden. Für ein Beweisprodukt, bei dem ein induktiver Schluss vorliegt, existieren bei Sommerhoff und Ufer (2019) bereits Resultate. Diese Studie vergleicht
allerdings nicht die in der eigenen Arbeit gebildeten Gruppen, sondern bildet
Gruppen auf der Basis der mathematikbezogenen Tätigkeit der Probanden (z. B.
Studierende der Mathematik, forschende Mathematiker), die sich de facto in ihrer
Erfahrung unterscheiden. Aufgrund der Annahme, dass ein wesentlicher Unterschied darin bestehen könnte, dass Gruppe A, im Gegensatz zu Gruppe B, nicht
nur oberflächlich die Allgemeingültigkeit überprüft, wird allerdings von einem
induktiven Schluss abgeraten, da dieser vermutlich leichter zu erkennen ist. Stattdessen könnte eine Einschränkung des Gültigkeitsbereichs, die nicht unmittelbar
erkennbar ist, differenzierte Ergebnisse ermöglichen.

Überraschend ist weiterhin, dass das Akzeptanzkriterium der Allgemeingültigkeit von Gruppe A von lediglich 25 % der Studierenden genannt wird. Es
ist allerdings unwahrscheinlich, dass der Anteil der Studierenden, die die Allgemeingültigkeit nicht als Akzeptanzkriterium im Falle der Akzeptanz nennen
(75 %), diese notwendige Eigenschaft nicht kennen, zumal die eigenen hergestellten Beweisprodukte diese Eigenschaft durchweg aufweisen. Vielmehr scheint der
Fokus eher nicht auf dieser Eigenschaft zu liegen – sie stellt mitunter möglicherweise eine Form von „Selbstverständlichkeit" dar. Mit Blick auf die angeregten

weiterführenden Studien, bei denen ein Beweisprodukt mit eingeschränktem Gültigkeitsbereich eingesetzt werden könnte, wäre es interessant, zu sehen, wie oft im Falle der Nicht-Akzeptanz auf die fehlende Allgemeingültigkeit in beiden Gruppen verwiesen wird.

Nutzung, Existenz und Begründung von Objekten (NEB_z)

Die Kategorie NEB_z erfasst Äußerungen über die Nutzung, Existenz und Begründung von Objekten. Wie in (6.5.1.2.) diskutiert wurde, handelt es sich bei der Kategorie NEB_z um eine Kategorie mit eingeschränkt inhaltlichem Bezug. Diese Einschränkung basiert darauf, dass mit NEB_z auch Äußerungen codiert werden, die möglicherweise auf einer oberflächlichen Sicht auf ein Beweisprodukt basieren (siehe auch external conviction proof scheme (Harel & Sowder, 1998) in (5.4.3.1.)). Hierzu zählen beispielsweise Äußerungen wie „es gibt logische Schlüsse", die mit NEB_z codiert werden würden und nicht zwingend eine inhaltliche Tiefe implizieren. Daher sollte, wie in (6.5.1.2.) diskutiert wurde, bei der Überprüfung eines inhaltlichen Bezugs auch die Kategorie Vollständigkeit (VOL_z, siehe unten) berücksichtigt werden.

Dass in Gruppe A unabhängig von der Beweisakzeptanz 55,7 % der Äußerungen und sogar 70,8 % im Falle der Beweisakzeptanz (22,7 % (Nicht-Akz.)) mit NEB_z codiert werden, zeigt, dass die Nutzung, Existenz und Begründung von Objekten in Gruppe A ein sehr häufiges und, wie ein Vergleich mit anderen Akzeptanzkriterien zeigt, sogar das häufigste Akzeptanzkriterium darstellt. Die ermittelte hochsignifikant häufigere Vergabe der Kategorie NEB_z mit mittlerer Effektstärke im Falle der Akzeptanz im Vergleich mit der Nicht-Akzeptanz lässt auch hier den Schluss zu, dass die Nutzung, Existenz und Begründung von Objekten ein Akzeptanzkriterium für den Fall der Akzeptanz darstellt. Dieses Resultat gilt auch im vergleichbaren Maße für Gruppe B dahingehend, dass die Nutzung, Existenz und Begründung von Objekten auch in Gruppe B von großer Bedeutung ist, da die Kategorie NEB_z unabhängig von der Beweisakzeptanz (25,3 %) und im Falle der Akzeptanz (34,8 %) zu den am häufigsten vergebenen Kategorien gehört. Ebenfalls bestehen auch hier hochsignifikante Unterschiede zwischen Akzeptanz und Nicht-Akzeptanz, allerdings mit kleiner Effektstärke.

Die inferenzstatistische Analyse der beiden Gruppen ermöglicht allerdings noch weiterführende, ausdifferenzierende Schlüsse: Aufgrund des existierenden hochsignifikanten Unterschiedes mit kleiner (unabhängig von Beweisakzeptanz) und mittlerer (Akzeptanz) Effektstärke kann klar geschlossen werden, dass die Nutzung, Existenz und Begründung von Objekten ein wesentlich bedeutsameres Akzeptanzkriterium für Gruppe A ist. Dass hingegen keine signifikanten Unterschiede im Falle der Nicht-Akzeptanz existieren, kann wahrscheinlich auf die in

(6.5.1.2.) diskutierte Tatsache zurückgeführt werden, dass die Kategorie NEB_z aus methodischen Gründen eher eine Kategorie ist, die im Falle der Akzeptanz vergeben wird. Wie bereits in (6.5.1.2.) diskutiert und oben genannt wurde, kann bei beiden Gruppen aber nicht aufgrund der Vergabe der Kategorie NEB_z auf die inhaltliche Tiefe der Äußerungen geschlossen werden. Zusätzliche Erkenntnisse liefern hier aber die Resultate zur Kategorie VOL_z, wie sie im Folgenden erläutert werden.

Vollständigkeit (VOL_z)
Wie in (6.5.1.2.) diskutiert wurde, kann aufgrund der Vergabe der Kategorie VOL_z von einem eher inhaltlichen Fokus gesprochen werden. Gleichermaßen wurde diskutiert, dass die Kategorie VOL_z (auch aus methodischen Gründen) eher eine Kategorie ist, die im Falle der Nicht-Akzeptanz vergeben wird.

Das Ergebnis, dass VOL_z eine Kategorie für den Fall der Nicht-Akzeptanz ist, kann aufgrund der nun vorliegenden Ergebnisse allerdings weiter ausdifferenziert werden: Da in Gruppe A keine Unterschiede zwischen der Akzeptanz und Nicht-Akzeptanz in der Kategorie existieren, ist die Vollständigkeit in dieser Gruppe nicht typisch für einen der Fälle. Das bedeutet, dass die Kategorie nicht nur vergeben wird, wenn geäußert wurde, dass ein Objekt fehlt (z. B. „Es fehlen notwendige Schritte", interpretiert als „Schritte unvollständig"), sondern eben auch, wenn explizit geäußert wurde, dass Objekte vollständig sind (z.B: „Alle notwendigen Schritte vorhanden" oder „Beweis ist vollständig"). Insbesondere äußern sich die Studierenden der Gruppe A folglich auch zur Vollständigkeit im Falle der Akzeptanz. Wie in (2.3.3.) erläutert wurde, handelt es sich bei der Vollständigkeit der Argumentationskette um eine wesentliche Eigenschaft eines Beweises, die, als Teil bzw. Resultat des Beweisschemas und der Beweiskette des Methodenwissens (Heinze & Reiss, 2003) gesehen werden kann. Äußerungen zur Vollständigkeit der Argumentationskette tangieren also wesentliche Teile des Methodenwissens. Mit Blick auf die prozentuale Häufigkeit (32,9 % (unabhängig von Beweisakz.) bzw. 27,1 % (Akz.) und 45,5 % (Nicht-Akz.)) kann, auch unter starker Berücksichtigung der Resultate zur Kategorie NEB_z, gefolgert werden, dass die Studierenden der Gruppe A die Nutzung, Existenz und Begründung von Objekten sowie deren Vollständigkeit bzw. die Vollständigkeit der Argumentationskette häufig als Akzeptanzkriterium nennen, also häufig einen inhaltlichen Fokus einnehmen und Akzeptanzkriterien nennen, die auf ein Methodenwissen hindeuten.

Im Gegensatz zu Gruppe A gehört in Gruppe B die Kategorie VOL_z nicht zu den insgesamt am häufigsten genannten Kategorien und die Kategorie VOL_z wird im Falle der Nicht-Akzeptanz hochsignifikant häufiger mit mittlerer Effekt-stärke als im Falle der Akzeptanz vergeben. Es kann also geschlossen werden, dass, anders als bei Gruppe A, in Gruppe B eher nicht geschrieben wird, dass Objekte oder das Beweisprodukt insgesamt vollständig seien und sich die Studie-renden der Gruppe B folglich eher nicht zur Vollständigkeit des Beweisprodukts äußern. Mit Blick auf die bereits für Gruppe A getätigte Interpretation unter Berücksichtigung des Methodenwissens und des dazugehörigen Wissens über ein Beweisschema und eine Beweiskette kann für Gruppe B geschlossen werden, dass dieses Wissen weniger vorhanden ist und die Studierenden sich auch weni-ger inhaltsbezogen äußern. Da sich Gruppe A und B auch sehr (unabhängig von Beweisakzeptanz) bzw. hochsignifikant (Akzeptanz als Beweis) mit jeweils gerin-ger Effektstärke in der Kategorie VOL_z unterscheiden, wird diese Interpretation inferenzstatistisch belegt. Zur Unterstützung dieses Resultats könnte in zukünfti-gen Forschungsansätzen allerdings genauer untersucht werden, wie und inwiefern die Studierenden dieser Gruppe A ein vorgelegtes Beweisprodukt auch wirklich inhaltlich durchdringen, da selbst Äußerungen der Art „der Beweis ist vollstän-dig" nicht hinreichend Rückschlüsse auf die Gründe, die zu diesem Urteil führen, ermöglichen. Es könnte z. B. gefragt werden, welche Aussagen bzw. Schlüsse des vorgelegten Beweisprodukts weggelassen werden könnten (ohne dass sich das eigene Urteil zur Beweisakzeptanz verändert) oder welche Aussagen bzw. Schlüsse hinzugefügt werden müssten, damit ein Beweisprodukt im Falle der Nicht-Akzeptanz zu einem Beweis wird.

Überraschend ist weiterhin, dass im Falle der Nicht-Akzeptanz keine signi-fikanten Unterschiede existieren. Dies bedeutet, dass Unterschiede in dieser Kategorie eben nur in der Akzeptanz existieren und Studierende der Gruppe A eher dazu in der Lage sind, inhaltlich zu beschreiben, dass (oder warum) ein Beweisprodukt vollständig ist. Im Falle der Nicht-Akzeptanz können wiederum beide Gruppen gleichermaßen nennen, welches Objekt nicht vollständig ist oder eine fehlende Vollständigkeit erkennen. Letzteres ist überraschend, weil ange-nommen wurde, dass die Studierenden der Gruppe A eher dazu in der Lage sind, die Vollständigkeit auch im Falle der Nicht-Akzeptanz beurteilen zu können. Wei-terführende Studien könnten diesen Aspekt genauer analysieren und auch die in (6.5.1.2.) genannten methodischen Gründe dabei berücksichtigen. Analysen die-ser Arten könnten beispielsweise genauer ermitteln, ob Aussagen aus Sicht der Studierenden fehlen und wenn ja, welche es konkret sind. Hier wird erwartet, dass die Studierenden der Gruppe A wesentlich genauer beschreiben können, welche Aussagen fehlen.

Formalia (FOR_z)

Die Kategorie FOR_z umfasst Äußerungen, die das Einhalten von Formalia betreffen. Sie wurde in (6.5.1.2.) mit dem Ergebnis diskutiert, dass diese Kategorie weder besonders häufig oder selten, noch typisch für den Fall der Akzeptanz oder Nicht-Akzeptanz ist.

Sowohl mit Blick auf vergleichbare prozentuale Häufigkeiten als auch mit Blick auf fehlende Unterschiede zwischen Akzeptanz und Nicht-Akzeptanz in Gruppe A und B kann geschlossen werden, dass die in (6.5.1.2.) geschilderten Resultate auch für Gruppe A und B gelten. Weiterhin unterscheiden sich Gruppe A und B weder unabhängig noch abhängig von der Beweisakzeptanz signifikant voneinander. Daraus folgt, dass die Formalia gleichermaßen ein Akzeptanzkriterium für Gruppe A und B sind. In (6.5.1.2.) wurde die Hypothese aufgestellt, dass es sich bei den genannten Formalia eher um Oberflächenmerkmale handelt. Da angenommen wurde, dass diese Oberflächenmerkmale eher kein Akzeptanzkriterium für die Studierenden dieser Gruppe A darstellen, für die Studierenden der Gruppe B hingegen schon, ist das Ergebnis für Gruppe A überraschend und für Gruppe B nicht. Dieses Resultat ermöglicht folglich den Schluss, dass die Formalia unabhängig von der zuvor gezeigten Performanz sind und einfach in einem bestimmten Maße aus Sicht der Studierenden erfüllt sein müssen. Das Maß ist, wie in (6.5.1.2.) erläutert wurde, zwar kontrovers, aber steht scheinbar nicht im Zusammenhang mit der Performanz. In zukünftigen Studien könnte allerdings genauer herausgearbeitet werden, ob diese Formalia tatsächlich einen Grund für eine Akzeptanz oder Nicht-Akzeptanz darstellen oder ob diese lediglich „zusätzlich" genannt werden. Da aus Forschersicht beide Beweisprodukte alle notwendigen Formalia enthalten und zwischen Akzeptanz und Nicht-Akzeptanz keine signifikanten Unterschiede existieren, kann die „zusätzliche" Nennung als Hypothese formuliert werden. Diese kann auch aufgrund der vorliegenden Daten vorsichtig bestätigt werden, weil von allen 7 Studierenden der Gruppe B, bei denen die Kategorie FOR_z vergeben wurde, noch mindestens zwei weitere, auch gültige, Akzeptanzkriterien genannt wurden.

Korrektheit (KOR_z)

Wie in (2.3.3.) erläutert wurde, handelt es sich bei der Korrektheit (passender: Gültigkeit) eines Beweises um eine Eigenschaft, die bei beiden vorgelegten Beweisprodukten gegeben ist (5.2.4.). Wie die Ergebnisse in (6.5.1.) zeigen, wurde die Kategorie KOR_z insgesamt eher selten vergeben (6,2 % unabhängig von Beweisakz., 8,9 % (Akz.), 1 % (Nicht-Akz.)).

In Gruppe A hingegen wird die Kategorie häufiger vergeben (12,9 %). Insgesamt sind es, absolut gesehen, aber dennoch eher wenige Nennungen (9

Studierende) in dieser Gruppe, was vor dem Hintergrund der Wichtigkeit dieser Eigenschaft überraschend ist. Wie auch in (6.5.1.2.) diskutiert wurde, kann dies einerseits auf das im Fragebogen genutzte Item (5.2.5.) zurückgeführt werden, da nicht explizit nach der Korrektheit des Beweisprodukts gefragt wurde. Andererseits könnte es sein, dass die Korrektheit aufgrund der tatsächlich vorliegenden Eigenschaft, analog zur Kategorie ALG_z, als Selbstverständlichkeit aufgefasst wird. Überraschenderweise gibt keine signifikanten Unterschiede zwischen Akzeptanz und Nicht-Akzeptanz. Hier wurde angenommen, dass die Kategorie im Falle der Akzeptanz aufgrund der Korrektheit der Beweisprodukte signifikant häufiger vergeben wird. Der Grund für den entsprechend zu hohen p-Wert (p = 0,160) könnten die geringen absoluten Häufigkeiten im Falle der Akzeptanz (8 Studierende) und Nicht-Akzeptanz (1 Studierender) sein. Es sollte daher in zukünftigen Studien mit größerer Stichprobe überprüft werden, ob nicht doch signifikante Unterschiede zwischen Akzeptanz und Nicht-Akzeptanz, wie angenommen, existieren. In Gruppe B wird die Kategorie KOR_z selten vergeben (4,1 %). Im Gegensatz zur Gruppe A gibt es in Gruppe B allerdings signifikante Unterschiede zwischen der Akzeptanz und Nicht-Akzeptanz in der Kategorie KOR_z. Dies ist ein positives Resultat, da die Beweisprodukte aus Forschersicht korrekt sind und das Ergebnis zeigt, dass dies auch von den Studierenden der Gruppe B nicht falsch erkannt wird (absolut gesehen keine Nennung im Falle der Nicht-Akzeptanz).

Die inferenzstatistische Analyse ergibt, dass die Kategorie KOR_z unabhängig von der Beweisakzeptanz sehr signifikant häufiger und im Falle der Akzeptanz signifikant häufiger (jeweils mit kleiner Effektstärke) in Gruppe A vergeben wird. Dieses Ergebnis lässt die Interpretation zu, dass die Korrektheit für Gruppe A insgesamt ein bedeutsameres Akzeptanzkriterium ist als für Gruppe B. Dies kann möglicherweise damit zusammenhängen, dass die Aktivität des Validierens (A. Selden & J. Selden, 2015, siehe auch (2.4.1.)) stärker in den Vordergrund rückt. Darüber hinaus existieren im Falle der Nicht-Akzeptanz keine signifikanten Unterschiede zwischen den beiden Gruppen. Dieses Resultat lässt zwei Interpretationen zu: Zunächst können die fehlenden signifikanten Unterschiede im Falle der Nicht-Akzeptanz darauf zurückgeführt werden, dass in beiden Gruppen, absolut gesehen, (fast, Gruppe A) keine (Gruppe B) Studierenden existieren, bei denen die Kategorie KOR_z vergeben wurde. Dieses Ergebnis ist so zu interpretieren, dass beide Gruppen richtigerweise nicht die (fehlende) Korrektheit als Grund für eine Nicht-Akzeptanz anführen. Allerdings sollte diese Interpretation genauer überprüft werden: es besteht aufgrund der Resultate noch kein Einblick in die Gründe, warum die Studierenden zu diesem Urteil gekommen sind. Es könnte daran liegen, dass die Studierenden bewusst nicht zu diesem Urteil kommen, weil sie das Beweisprodukt als korrekt einschätzen, aber möglicherweise auch weil sie überhaupt nicht überprüfen, ob das Beweisprodukt korrekt ist. Ersteres kann für zukünftige Analysen für Gruppe A als Hypothese angenommen werden, Letzteres hingegen kann für Gruppe B als Hypothese angenommen werden. Für Möglichkeiten einer vertieften Analyse kann auch auf die Studie von Sommerhoff und Ufer (2019) hingewiesen werden. Sommerhoff und Ufer fokussieren die Aktivität des Validierens stärker, indem sie auch fehlerhafte Beweisprodukte (z. B. mit Zirkelschluss) vorlegen und überprüfen, ob die genannten Akzeptanzkriterien auch zu den existierenden Fehlern in den vorlegten Beweisprodukten passen. Ähnliche weiterführende Studien könnten sich auch für den Vergleich der Gruppen A und B eignen.

Oberflächenmerkmale (OBE_z)
Wie in (5.4.4.) erläutert und in (6.5.1.2.) diskutiert wurde, handelt es sich bei Oberflächenmerkmalen um keine gültigen Akzeptanzkriterien. Vielmehr deuten sie auf ein „external conviction proof scheme" (Harel & Sowder, 1998) hin.

Vor dem Hintergrund der Beschreibung der Kategorie ist es allerdings überraschend, dass die Kategorie OBE_z sogar bei Studierenden der Gruppe A häufig vergeben wird (25,7 % (unabhängig von Beweisakzeptanz), 16,7 % (Akzeptanz), 45,5 % (Nicht-Akzeptanz)), da angenommen wurde, dass die Studierenden dieser Gruppe keine ungültigen Akzeptanzkriterien nennen. Tatsächlich wird die Kategorie OBE_z sogar signifikant häufiger mit mittlerer Effektstärke im Falle der Nicht-Akzeptanz vergeben, sodass Oberflächenmerkmale, wie auch bereits in (6.5.1.2.) diskutiert wurde, als typisches Akzeptanzkriterium im Falle der Nicht-Akzeptanz bezeichnet werden können. Der Grund hierfür ist, dass die vorgelegten Beweisprodukte nicht die in (5.4.4.) genannten Oberflächenmerkmale aufweisen (5.2.4.). So wie auch in Gruppe A wird die Kategorie OBE_z in Gruppe B signifikant häufiger im Falle der Nicht-Akzeptanz genannt wird. Sie ist also auch in Gruppe B typisch für die Nicht-Akzeptanz ist. Im Gegensatz zur Gruppe A wurde bei Gruppe B allerdings erwartet, dass sie auch Oberflächenmerkmale als Akzeptanzkriterium nennen. Diese Hypothese entstammt der Vorstellung, dass gerade die Studierenden mit einer schwachen Performanz eher dazu neigen, Beweisprodukte oberflächlich zu beurteilen (siehe „external conviction proof scheme" (Harel & Sowder, 1998) in (5.4.3.1.)), weil ihnen eine tiefere Einsicht in das Beweisprodukt aufgrund eines fehlenden Verständnisses des Beweisprodukts verwehrt bleibt.

Es bestehen in der Kategorie OBE_z überraschenderweise keine signifikanten Unterschiede zwischen den beiden Gruppen A und B. Diese waren aufgrund der Annahme, dass die Kategorie OBE_z eher nicht in Gruppe A vergeben wird, erwartet worden. Das Ergebnis kann also so interpretiert werden, dass die beiden Gruppen vergleichbar oft Oberflächenmerkmale nennen und kann auf die überraschend häufige Vergabe der Kategorie OBE_z in Gruppe A zurückgeführt werden. Aufgrund der vorliegenden Daten können die Ursachen für die häufige Vergabe der Kategorie nicht ermittelt werden, also insbesondere auch nicht für das überraschende Ergebnis in Gruppe A. Es ist allerdings, wie z. B. auch in der Diskussion zur Kategorie FOR_z genannt, eine Frage, ob Oberflächenmerkmale lediglich „zusätzlich" genannt werden oder ob sie den Grund für die Nicht-Akzeptanz darstellen.

Struktur (STR_z)
Die Kategorie STR_z wird bei Äußerungen über eine (nicht) vorhandene Struktur des Beweisprodukts vergeben. Sie umfasst also auch Äußerungen, die mit der Beweisstruktur und der Beweiskette des Methodenwissens (Heinze & Reiss, 2003) korrelieren.

Während in (6.5.1.2.) festgestellt wurde, dass die Kategorie STR_z generell selten vergeben wird (7,9 %), wird sie in Gruppe A etwas häufiger (12,9 %), aber immer noch überraschend selten vergeben. Die Studierenden der Gruppe A äußern sich also nicht häufig zur Struktur des Beweisprodukts und nennen somit nicht häufig ein Akzeptanzkriterium, das mit der Beweisstruktur und Beweiskette korreliert, obgleich die damit verbundene Eigenschaft für einen Beweis notwendig ist (2.3.3.). Da zwischen der Akzeptanz und Nicht-Akzeptanz keine signifikanten Unterschiede existieren, ist die Kategorie in Gruppe A weder typisch für die Akzeptanz noch für die Nicht-Akzeptanz. Dieses Ergebnis kann so interpretiert werden, dass es unter den Studierenden scheinbar kontrovers ist, ob eine hinreichende Struktur vorhanden ist oder nicht. Da sich in (6.6.1.) gezeigt hat, dass sich die beiden Beweisprodukte signifikant in der Kategorie STR_z unterscheiden, ist eine differenzierte Betrachtung der beiden Beweisprodukte für eine bessere Interpretation ratsam. Hier sei auf Teilkapitel (6.8.) verwiesen.

Die Studierenden der Gruppe B äußern sich ebenfalls selten zur Struktur (6,3 % (unabhängig von Beweisakz.), 8,3 % (Akz.), 3,8 % (Nicht-Akz.)) und signifikante Unterschiede zwischen Akzeptanz und Nicht-Akzeptanz existieren ebenfalls nicht. Überraschend ist zudem, dass zwischen den beiden Gruppen keine signifikanten Unterschiede existieren. Da die Kategorie STR_z im Zusammenhang mit der Beweisstruktur und der Beweiskette des Methodenwissens (Heinze & Reiss, 2003) steht, war erwartet worden, dass bei Studierenden der Gruppe A die Kategorie signifikant häufiger, besonders im Falle der Akzeptanz, vergeben wird. Daher kann aufgrund der Resultate zunächst geschlossen werden, dass sich die Studierenden der Gruppe A und B gleichermaßen zur Struktur des

Beweisprodukts äußern, also kein Zusammenhang zwischen der Performanz und diesem Akzeptanzkriterium besteht.

Dass keine signifikanten Unterschiede existieren, kann allerdings methodische Gründe haben: Da auch Äußerungen der Art „das Beweisprodukt endet mit der Behauptung" mit der Kategorie STR_z codiert werden und es aus Forschersicht ohne größere inhaltliche Einsicht möglich ist, Äußerungen dieser Art zu tätigen, stellt sich die Frage, ob die Kategorie STR_z per se bereits mit einem größeren Methodenwissen in Verbindung gebracht werden kann. Zukünftige Studien könnten diesen Aspekt genauer adressieren und zum Beispiel Beweisprodukte nutzen, bei denen die Voraussetzungen nicht genutzt werden oder die Behauptung am Ende nicht geschlossen wird. Bereits von Sommerhoff und Ufer (2019) eingesetzt wurde wiederum ein Beweisprodukt mit einer zirkulären Argumentation, also einem Beweisprodukt, bei dem die Beweiskette inkorrekt ist, verwendet. Weitere Studien könnten also vor allem Beweisprodukte mit einer unvollständigen Beweisstruktur nutzen. Möglich wäre es aber auch, einen wie in Sommerhoff und Ufer (2019) verwendeten Zirkelschluss zu nutzen und die Gruppen A und B hinsichtlich ihrer Beurteilungen zu vergleichen. Die Frage, die dann wesentlich wäre, ist, ob die Studierenden der Gruppe A und B diesen Fehler bemerken und nennen, also ob die Akzeptanzkriterien zu den spezifischen Eigenschaften bzw. Fehlern des Beweisprodukts passen. Resultate zu dieser Fragestellung liefern Sommerhoff und Ufer (2019), allerdings ohne den Vergleich der aufgrund der Performanz gebildeten Gruppen, sondern mit dem Vergleich von Gruppen auf der Basis der mathematikbezogenen Tätigkeit der Probanden (z. B. Studierende der Mathematik, forschende Mathematiker).

Verifikation (VER_z)

Die Kategorie VER_z entspricht, der Verifikationsfunktion von Beweisen (De Villiers, 1990 und (5.4.4.)). Zwar ist die Verifikationsfunktion nur indirekt Teil des strukturorientiert formulierten Methodenwissens, da die Eigenschaften Beweisschema, Beweisstruktur und Beweiskette, da diese de facto eine Voraussetzung für die Verifikation einer Behauptung darstellen, aber es kann argumentiert werden, dass das Wissen über diese wesentliche Funktion auch Teil der Beweiskompetenz darstellt.

Die Kategorie VER_z wird generell häufig vergeben (18,6 %, siehe (6.5.1.)) und von den Studierenden der Gruppe A umso häufiger (28,6 % (unabhängig von Beweisakz.), 39,6 % (Akz.), 4,5 % (Nicht-Akz.)). Die Unterschiede zwischen Akzeptanz und Nicht-Akzeptanz sind in dieser Gruppe sehr signifikant mit mittlerer Effektstärke. Die Erfüllung einer Verifikationsfunktion ist für Gruppe A daher ein häufiges Akzeptanzkriterium in Gruppe A und typisch für die Akzeptanz als Beweis. In Gruppe B wird die Kategorie VER_z bei insgesamt 15,4 % (18,9 % (Akz.), 11,3 % (Nicht-Akz.)) der Studierenden vergeben. Im Gegensatz zu Gruppe A existieren in dieser Gruppe keine signifikanten Unterschiede zwischen Akzeptanz und Nicht-Akzeptanz in der Kategorie VER_z. Das bedeutet, dass die Erfüllung einer Verifikationsfunktion in dieser Gruppe weder typisch für die Akzeptanz noch für die Nicht-Akzeptanz ist.

Unabhängig von der Beweisakzeptanz und im Falle der Akzeptanz wird die Kategorie VER_z sehr signifikant häufiger in Gruppe A vergeben. Das bedeutet, dass die Erfüllung der Verifikationsfunktion bei den Studierenden der Gruppe A ein häufigeres Akzeptanzkriterium ist. Aufgrund der oben getätigten Einordnung dieser Funktion eines Beweises in die Beweiskompetenz kann daher geschlossen werden, dass dieser potentielle Teil einer Beweiskompetenz in Gruppe A eher gegeben ist und folglich ein Zusammenhang zwischen der Performanz und des Wissens über diese wesentliche Funktion eines Beweises besteht.

Verständnis (VST_z)
Die Kategorie VST_z wurde in (5.4.4.) als eine Kategorie beschrieben, die Äußerungen zum Verständnis und darüber, ob und inwiefern ein Beweisprodukt eine Erklärungsfunktion (De Villiers, 1990) erfüllt, erfasst.

In Gruppe A gehört die Kategorie in allen Fällen zu den häufigsten Kategorien und es besteht kein signifikanter Unterschied zwischen Akzeptanz und Nicht-Akzeptanz. Das bedeutet, dass das Verständnis oder die Erfüllung einer Erklärungsfunktion ein sehr wichtiges Akzeptanzkriterium für Gruppe A darstellt und dieses sowohl für die Akzeptanz als auch für die Nicht-Akzeptanz gleichermaßen bedeutsam ist. In Gruppe B gehört, wie auch in Gruppe A, die Kategorie VST_z unabhängig von der Beweisakzeptanz und im Falle der Akzeptanz und Nicht-Akzeptanz zu den am häufigsten vergebenen Kategorien. Im Gegensatz zur Gruppe A gibt es allerdings signifikante Unterschiede zwischen der Akzeptanz und Nicht-Akzeptanz in dieser Kategorie. Das bedeutet, dass das Verständnis der Studierenden eher ein Akzeptanzkriterium für die Akzeptanz als Beweis und weniger für die Nicht-Akzeptanz ist. Vergleicht man die beiden Gruppen allerdings direkt miteinander, so unterscheiden sich diese nicht signifikant voneinander, insbesondere auch nicht im Falle der Nicht-Akzeptanz. Das bedeutet, dass es keinen Zusammenhang zwischen Performanz und dem Verständnis des Beweisprodukts gibt.

Mit Blick auf die Beschreibung des Methodenwissens (Heinze & Reiss, 2003, siehe auch (2.4.2.)) wurde eher angenommen, dass strukturorientierte Kriterien bedeutsamer für Gruppe A sind. Allerdings kann aufgrund der Resultate geschlossen werden, dass zusätzlich auch bedeutungsorientierte Kriterien (Sommerhoff & Ufer, 2019) sowie eine Erklärungsfunktion wichtig sind und dass sich die Gruppen A und B darin nicht unterscheiden. Diese Interpretation hat allerdings verschiedene Limitationen, die tiefergehende Analysen zu den Gruppen A und B mit Blick auf diese Kategorie implizieren. So muss eine Äußerung der Art „Das Beweisprodukt ist unverständlich" nicht zwingend bedeuten, dass Studierende ein Beweisprodukt nicht verstehen. Vielmehr kann sie auch bedeuten, dass das Beweisprodukt als unverständlich bezeichnet, aber dennoch verstanden wird. In diesem Zusammenhang können auch weiterhin Unterschiede zwischen den beiden Gruppen A und B wie folgt als Hypothese angenommen werden: Da angenommen werden kann, dass es unwahrscheinlich ist, dass die Studierenden der Gruppe A aufgrund ihrer gezeigten Performanz das vorgelegte Beweisprodukt nicht verstehen, sollten tiefergehende Analysen ermitteln, aus welchen Gründen ein Beweisprodukt als nicht verständlich bezeichnet wird. Hier wären Analysen denkbar, die explizit das Verständnis der Studierenden zum Beweisprodukt genauer ermitteln und Unterschiede zwischen den Studierenden der beiden Gruppen ermitteln. Weiterhin ist aufgrund der vorliegenden Daten nicht klar ermittelbar, ob die Studierenden sich eher zum (individuellen) Verständnis äußern oder ob bei ihnen nicht die Erfüllung einer Erklärungsfunktion (De Villiers, 1990) im Vordergrund steht. Hier wäre es interessant, zu ermitteln, ob bzw. inwiefern sich die beiden Gruppen aufgrund dieser Ausdifferenzierung unterscheiden.

Entfernen (ENT_z)
Die Kategorie ENT_z wird vergeben, wenn aus Sicht von Studierenden ein Objekt entfernt werden kann oder muss (5.4.4.).

In Gruppe A wird die Kategorie ENT_z sehr selten und im Falle der Nicht-Akzeptanz sogar nie vergeben. Es existieren keine signifikanten Unterschiede zwischen der Akzeptanz und Nicht-Akzeptanz. In Gruppe B wird die Kategorie ENT_z ebenfalls sehr selten vergeben und es existieren ebenfalls keine signifikanten Unterschiede zwischen Akzeptanz und Nicht-Akzeptanz. Im Gegensatz zur Gruppe A wurde in Gruppe B allerdings die Kategorie ENT_z in beiden Fällen vergeben. Insgesamt stellt das Entfernen von Objekten also kein bedeutsames Akzeptanzkriterium für beide Gruppen dar.

Aufgrund der inferenzstatistischen Analyse erkennt man im Falle der Akzeptanz, aber nicht im Falle der Nicht-Akzeptanz signifikante Unterschiede zwischen Gruppe A und B. Da also folglich in Gruppe A eher die Kategorie ENT_z vergeben wird, obwohl das Beweisprodukt zuvor als Beweis akzeptiert wurde, kann die Interpretation getätigt werden, dass das Entfernen von Objekten in Gruppe A nicht häufiger Grund für eine Nicht-Akzeptanz ist, aber dennoch zusätzlich genannt wird, wenn das Beweisprodukt ohnehin als Beweis akzeptiert wird. Die Kategorie ENT_z sollte allerdings differenziert unter Berücksichtigung der jeweiligen Beweisprodukte untersucht werden. Dies erfolgt in (6.8.).

Objektiv falsche Äußerungen (FAL_z)

Wie in (5.4.4.) erläutert wurde, umfasst die Kategorie FAL_z Äußerungen, die als objektiv falsch bezeichnet werden können. Äußerungen dieser Art deuten unmittelbar auf ein Fehlverständnis des Satzes oder des vorgelegten Beweisprodukts hin.

In Gruppe A wird die Kategorie FAL_z nie vergeben. Daraus folgt, dass die Studierenden der Gruppe A keine Äußerungen, die als objektiv falsch bezeichnet werden können, nennen. Dies bedeutet, dass keine offensichtlichen Anhaltspunkte existieren, dass die Studierenden den zu beweisenden Satz oder das vorgelegte Beweisprodukt nicht verstanden haben. Dieses Resultat ist aufgrund der gezeigten Performanz erwartet worden, weil angenommen werden kann, dass die Fähigkeit, einen Beweis oder eine Begründung zum entsprechenden Satz zu konstruieren ein Verständnis des Satzes voraussetzt und die erstellten Beweise und Begründungen den vorgelegten Beweisprodukten oftmals sehr ähneln und diese daher höchstwahrscheinlich entsprechend auch verstanden werden.

Im Gegensatz zur Gruppe A wird in Gruppe B die Kategorie FAL_z sowohl im Falle der Akzeptanz als auch im Falle der Nicht-Akzeptanz vergeben, wobei es zwischen Akzeptanz und Nicht-Akzeptanz keine signifikanten Unterschiede gibt. Während Letzteres bedeutet, dass sowohl bei der Akzeptanz als auch bei der Nicht-Akzeptanz gleichermaßen Äußerungen getätigt werden, die als objektiv falsch bezeichnet werden können, zeigt das Gesamtergebnis, dass die Beweisakzeptanz von Studierenden der Gruppe B mitunter auch auf einem Fehlverständnis des Satzes oder des Beweisprodukts basiert, wie auch in (6.5.1.2.) diskutiert wurde. Zwar können die prozentualen Häufigkeiten eher als gering bezeichnet werden (6,3 % (unabhängig von Beweisakz.), 8,3 % (Akz.), 3,8 % (Nicht-Akz.)), allerdings handelt es sich umgekehrt auch um ein schwerwiegendes Problem, sodass diese geringen prozentualen Häufigkeiten durchaus hoch gewichtet werden sollten.

Dass unabhängig von der Beweisakzeptanz und im Falle der Akzeptanz die Kategorie FAL_z signifikant häufiger mit kleiner Effektstärke in Gruppe B vergeben wird, unterstützt die bereits getätigte Interpretation, dass in Gruppe A keine objektiv falschen Äußerungen getätigt werden, in Gruppe B hingegen schon und zeigt, dass sich diese beiden Gruppen in dieser Hinsicht unterscheiden. Die fehlenden signifikanten Unterschiede im Falle der Nicht-Akzeptanz hingegen haben vermutlich methodische Gründe dahingehend, dass die Kategorie FAL_z in beiden Gruppen zu selten vergeben wird (Gruppe A: 0 Studierende, Gruppe B: 3 Studierende) und folglich ein zu hoher p-Wert entsteht, um auf signifikante Unterschiede schließen zu können. An dieser Stelle kann für eine weitere Untersuchung mit größerer Stichprobe allerdings die Hypothese aufgestellt werden, dass auch im Falle der Nicht-Akzeptanz die Kategorie FAL_z signifikant häufiger in Gruppe B vergeben wird.

Empirische Beweisvorstellungen (EMP_z)

Mit der Kategorie EMP_z werden Äußerungen von Studierenden codiert, die auf ein „empirical proof scheme" (Harel & Sowder, 1998) hindeuten (5.4.4.).

Analog zu den Resultaten zur Kategorie FAL_z wird die Kategorie EMP_z in Gruppe A nicht vergeben. Die Studierenden der Gruppe A nennen also keine Äußerungen, die auf eine empirische Beweisvorstellung, also ein „empirical proof scheme" (Harel & Sowder, 1998) hindeuten. Daraus kann geschlossen werden, dass ein generelles, von Reid & Knipping (2010) genanntes Problemfeld, nicht bei Studierenden dieser Gruppe auftritt. Dieses Resultat war erwartet worden, weil angenommen wurde, dass die Studierenden der Gruppe A ein hinreichendes Methodenwissen aufweisen und somit auch das Wissen darüber haben, dass induktive Schlüsse gemäß des Beweisschemas des Methodenwissens (Heinze & Reiss, 2003) in Beweisen nicht zulässig sind.

Wie auch in Gruppe A wird die Kategorie EMP_z in Gruppe B im Falle der Akzeptanz nicht vergeben. Dies ist darauf zurückzuführen, dass in beiden vorgelegten Beweisprodukten keine Beispiele existieren (5.2.4.). Im Gegensatz dazu wird die Kategorie EMP_z bei 13,8 % der Studierenden der Gruppe B im Falle der Nicht-Akzeptanz vergeben. Das bedeutet, dass 13,8 % der Studierenden der Gruppe B die Notwendigkeit von Beispielen als Akzeptanzkriterium im Falle der Nicht-Akzeptanz nennen. Diese Sichtweise kann, wie in (5.4.4.) erläutert und (6.5.1.2.) diskutiert, auf ein empirical proof scheme (Harel & Sowder, 1998, siehe auch (5.4.3.1.)) zurückgeführt werden. Dieses Problem ist in doppelter Hinsicht groß: Zum einen gehört die Kategorie EMP_z nicht zu den seltensten Kategorien in Gruppe B. Zum anderen geht mit einem „empirical proof scheme" eine, wie in (3.1.) und (6.5.1.2.) genannt bzw. diskutiert, schwerwiegende, durchaus weit verbreitete Fehlvorstellung zu mathematischen Beweisen einher (Reid & Knipping, 2010). Mit Blick auf das Methodenwissen (Heinze & Reiss, 2003, siehe (2.4.2.)) kann folglich von großen Defiziten in der Beweiskompetenz gesprochen werden, da induktive Schlüsse nicht zulässig sind.

Obgleich die Resultate sehr stark auf eine empirische Beweisvorstellung hindeuten, kann relativierend vor dem Hintergrund der in (2.2.3.2.) erläuterten

„proofs that explain" (Hanna, 1989) darauf verwiesen werden, dass zur Absicherung dieses Resultats durch weitere Studien überprüft werden könnte, ob Beispiele für die Klassifikation als Beweis aus Sicht der Studierenden wirklich notwendig sind, oder ob sie dadurch lediglich als „gute" Beweise (siehe Manin (1981) und Bell (1976) in (2.2.3.2.)) bezeichnet werden können.

Gemäß der inferenzstatistischen Analyse existieren in der Kategorie EMP_z keine signifikanten Unterschiede zwischen den beiden Gruppen (p = 0,057 (unabhängig von Beweisakz.), p = 0,066 (Nicht-Akz.)). Mit Blick auf die jeweiligen p-Werte kann jedoch vor dem Hintergrund der getätigten Diskussion für zukünftige Studien mit größerer Stichprobe die Hypothese aufgestellt werden, dass die Kategorie EMP_z in Gruppe B signifikant häufiger vergeben wird. Dass im Rahmen dieser Studie keine signifikanten Unterschiede unabhängig von der Beweisakzeptanz und im Falle der Nicht-Akzeptanz zwischen den beiden Gruppen A und B ermittelt werden konnten, liegt wahrscheinlich daran, dass die Kategorie, absolut gesehen, zu selten vergeben wurde. Die fehlenden signifikanten Unterschiede im Falle der Akzeptanz sind wiederum konsistent mit der in (6.5.1.2.) und jeweils separat bezogen auf die beiden Gruppen A und B diskutierte Tatsache, dass die Beweisprodukte keine Beispiele enthalten (5.2.4.) und die Kategorie EMP_z deswegen bei beiden Gruppen nicht im Falle der Akzeptanz vergeben wird. Folglich sind hier auch keine signifikanten Unterschiede ermittelbar.

6.7.2 Analyse und Diskussion der Anzahl der Akzeptanzkriterien

Zur Analyse der Anzahl der Akzeptanzkriterien wird im Folgenden pro Gruppe gemäß (5.6.2.2.) deskriptiv dargestellt, wie viele Studierende (absolut und relativ zur (Teil-)Stichprobengröße in Prozent) welche Anzahl an Akzeptanzkriterien und an gültigen Akzeptanzkriterien genannt haben. Zusätzlich werden jeweils Angaben zum Mittelwert, Median und zur Standardabweichung gemacht. Zur Ermittlung von Unterschieden zwischen der Akzeptanz und Nicht-Akzeptanz sowie zwischen den beiden Gruppen erfolgen gemäß den Überlegungen in (5.6.2.3.) Mann-Whitney-U Tests (siehe auch (5.7.2.)). Die Ermittlung der Anzahl der Akzeptanzkriterien erfolgt durch die in (5.4.4.2.) dargestellten Kategorien Summe 1 (alle Akzeptanzkriterien) und Summe 2 (gültige Akzeptanzkriterien).

6.7.2.1 Deskriptive und inferenzstatistische Analyse (Gruppe A)

Die folgenden Analysen beziehen sich auf Gruppe A. Die Anzahl der Akzeptanz-kriterien wird, für beide Kategorien (links: alle Akzeptanzkriterien; rechts: gültige Akzeptanzkriterien), in der folgenden Abbildung dargestellt (Abbildung 6.11):

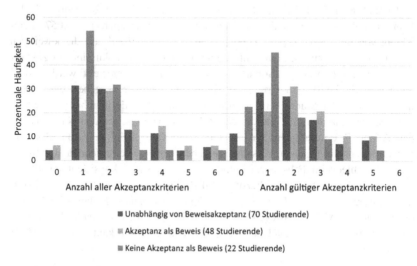

Abbildung 6.11 Überblick über die Ergebnisse der deskriptiven Analyse (Gruppe A)

Eine zusätzliche inferenzstatistische Analyse ergab, dass bei der Betrachtung aller Akzeptanzkriterien signifikante Unterschiede und bei der Betrachtung gül-tiger Akzeptanzkriterien hochsignifikante Unterschiede zwischen der Akzeptanz und Nicht-Akzeptanz existieren. Eine ausführliche deskriptive und inferenzstatis-tische Analyse erfolgt im Folgenden anhand von Tabellen.

Deskriptive Analyse der Anzahl aller Akzeptanzkriterien (FF-4c) (Tabelle 6.81 und Tabelle 6.82)

Tabelle 6.81 Anzahl aller Akzeptanzkriterien (Gruppe A, beide Beweisprodukte)

Gruppe A: Beide Beweisprodukte	Anzahl aller Akzeptanzkriterien	0	1	2	3	4	5	6
Unabhängig von Beweisakzeptanz ($N_{ges} = 70$)	Absolute Häufigkeit	3	22	21	9	8	3	4
	In Prozent	4,3	31,4	30	12,9	11,4	4,3	5,7
	Kumulierte Prozente	4,3	35,7	65,7	78,6	90	94,3	100
Akzeptanz als Beweis ($N_{akz} = 48$)	Absolute Häufigkeit	3	10	14	8	7	3	3
	In Prozent	6,3	20,8	29,2	16,7	14,6	6,3	6,3
	Kumulierte Prozente	6,3	27,1	56,3	72,9	87,5	93,8	100
Keine Akzeptanz als Beweis ($N_{nakz} = 22$)	Absolute Häufigkeit	0	12	7	1	1	0	1
	In Prozent	0	54,5	31,8	4,5	4,5	0	4,5
	Kumulierte Prozente	0	54,5	86,4	90,9	95,5	95,5	100

In der Summe nennen die Studierenden der Gruppe A also 78,6 % der Studierenden 0 bis 3 Akzeptanzkriterien. 35,7 % der Studierenden der Gruppe A nennen maximal lediglich ein Akzeptanzkriterium und 4,3 % nennen kein Akzeptanzkriterium. Im Falle der Akzeptanz als Beweis sind es 72,9 % der Studierenden, die 0 bis 3 Akzeptanzkriterien nennen (0: 6,3 %, 0 bis 1: 27,1 %), im Falle der Nicht-Akzeptanz 90,9 % (0: 0 %, 0 bis 1: 54,5 %).

Tabelle 6.82 Anzahl aller Akzeptanzkriterien: Mittelwert, Median, Standardabweichung (Gruppe A, beide Beweisprodukte)

Gruppe A: Beide Beweisprodukte (alle Akzeptanzkriterien)	n	m	med	sd	Signifikante Unterschiede Akzeptanz und Nicht-Akzeptanz (U-Test)	
Unabhängig von Beweisakzeptanz ($N_{ges} = 70$)	162	2,3143	2	1,51842		
Akzeptanz als Beweis ($N_{akz} = 48$)	123	2,5625	2	1,58324	Signifikanz	0,022
					U-Statistik	352,000
Keine Akzeptanz als Beweis ($N_{nakz} = 22$)	39	1,7727	1	1,23179	Z-Statistik	−2,299
					Effektstärke (r)	−0,28

Im Mittel nennen die Studierenden der Gruppe A 2,3143 Akzeptanzkriterien (sd = 1,51842). Im Falle der Akzeptanz sind es 2,5625 Akzeptanzkriterien (sd = 1,58324), im Falle der Nicht-Akzeptanz 1,7727 Akzeptanzkriterien (sd = 1,23179).

Inferenzstatistische Analyse der Anzahl aller Akzeptanzkriterien (FF-4e) (Tabelle 6.82)

Zwischen der Akzeptanz und Nicht-Akzeptanz bestehen signifikante Unterschiede mit kleiner Effektstärke (U = 352,000, Z = −2,299, p = 0,022, r = −0,28).

Deskriptive Analyse der Anzahl gültiger Akzeptanzkriterien (FF-4c) (Tabelle 6.83 und Tabelle 6.84)

Tabelle 6.83 Anzahl der gültigen Akzeptanzkriterien (Gruppe A, beide Beweisprodukte)

Gruppe A: Beide Beweisprodukte	Anzahl gültiger Akzeptanzkriterien	0	1	2	3	4	5	6
Unabhängig von Beweisakzeptanz ($N_{ges} = 70$)	Absolute Häufigkeit	8	20	19	12	5	6	0
	In Prozent	11,4	28,6	27,1	17,1	7,1	8,6	0
	Kumulierte Prozente	11,4	40	67,1	84,3	91,4	100	100
Akzeptanz als Beweis ($N_{akz} = 48$)	Absolute Häufigkeit	3	10	15	10	5	5	0
	In Prozent	6,3	20,8	31,3	20,8	10,4	10,4	0
	Kumulierte Prozente	6,3	27,1	58,3	79,2	89,6	100	100
Keine Akzeptanz als Beweis ($N_{nakz} = 22$)	Absolute Häufigkeit	5	10	4	2	0	1	0
	In Prozent	22,7	45,5	18,2	9,1	0	4,5	0
	Kumulierte Prozente	22,7	68,2	86,4	95,5	95,5	100	100

Es nennen in Gruppe A nun 84,3 % der Studierenden 0 bis 3 gültige Akzeptanzkriterien, 40 % maximal ein gültiges Akzeptanzkriterium und 11,4 % nennen kein gültiges Akzeptanzkriterium. Im Falle der Akzeptanz sind es 79,2 % der Studierenden, die 0 bis 3 gültige Akzeptanzkriterien nennen (0: 6,3 %, 0 bis 1: 27,1 %) und im Falle der Nicht-Akzeptanz sind es 95,5 % (0: 22,7 %, 0 bis 1: 68,2 %).

Tabelle 6.84 Anzahl der gültigen Akzeptanzkriterien: Mittelwert, Median, Standardabweichung (Gruppe A, beide Beweisprodukte)

Gruppe A: Beide Beweisprodukte (gültige Akzeptanzkriterien)	n	m	med	sd	Signifikante Unterschiede Akzeptanz und Nicht-Akzeptanz (U-Test)	
Unabhängig von Beweisakzeptanz ($N_{ges} = 70$)	144	2,0571	2	1,41304		
Akzeptanz als Beweis ($N_{akz} = 48$)	115	2,3958	2	1,37979	Signifikanz	0,001
					U-Statistik	281,000
Keine Akzeptanz als Beweis ($N_{nakz} = 22$)	29	1,3182	1	1,21052	Z-Statistik	−3,207
					Effektstärke (r)	−0,38

Im Mittel nennen die Studierenden der Gruppe A nun 2,0571 gültige Akzeptanzkriterien (sd = 1,41304). Im Falle der Akzeptanz sind es 2,3958 Akzeptanzkriterien (sd = 1,37979), im Falle der Nicht-Akzeptanz 1,3182 gültige Akzeptanzkriterien (sd = 1,21052).

Inferenzstatistische Analyse der Anzahl gültiger Akzeptanzkriterien (FF-4e) (Tabelle 6.84)
Zwischen der Akzeptanz und Nicht-Akzeptanz bestehen hochsignifikante Unterschiede mit mittlerer Effektstärke (U = 281,000, Z = −3,207, p = 0,001, r = −0,38).

6.7.2.2 Deskriptive und inferenzstatistische Analyse (Gruppe B)
Die folgenden Analysen beziehen sich auf Gruppe B. Die Anzahl der Akzeptanzkriterien wird, analog zu (6.7.2.1.), in der folgenden Abbildung dargestellt (Abbildung 6.12):

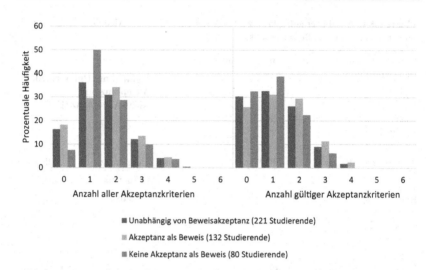

Abbildung 6.12 Überblick über die Ergebnisse der deskriptiven Analyse (Gruppe B)

Durch eine inferenzstatistische Analyse wurden bei der Betrachtung aller Akzeptanzkriterien keine signifikanten Unterschiede zwischen der Akzeptanz und Nicht-Akzeptanz ermittelt. Bei der Betrachtung der gültigen Akzeptanzkriterien wurden hingegen signifikante Unterschiede zwischen der Akzeptanz und Nicht-Akzeptanz ermittelt. Eine ausführliche deskriptive und inferenzstatistische Analyse erfolgt im Folgenden anhand von Tabellen.

Deskriptive Analyse der Anzahl aller Akzeptanzkriterien (FF-4c) (Tabelle 6.85 und Tabelle 6.86)

Tabelle 6.85 Anzahl aller Akzeptanzkriterien (Gruppe B, beide Beweisprodukte)

Gruppe B: Beide Beweisprodukte	Anzahl aller Akzeptanzkriterien	0	1	2	3	4	5	6
Unabhängig von Beweisakzeptanz ($N_{ges} = 221$)	Absolute Häufigkeit	36	80	68	27	9	1	0
	In Prozent	16,3	36,2	30,8	12,2	4,1	0,5	0
	Kumulierte Prozente	16,3	52,5	83,3	95,5	99,5	100	100
Akzeptanz als Beweis ($N_{akz} = 132$)	Absolute Häufigkeit	24	39	45	18	6	0	0
	In Prozent	18,2	29,5	34,1	13,6	4,5	0	0
	Kumulierte Prozente	18,2	47,7	81,8	95,5	100	100	100
Keine Akzeptanz als Beweis ($N_{nakz} = 80$)	Absolute Häufigkeit	6	40	23	8	3	0	0
	In Prozent	7,5	50	28,7	10	3,8	0	0
	Kumulierte Prozente	7,5	57,5	86,3	96,3	100	100	100

In der Summe nennen in Gruppe B also 95,5 % der Studierenden 0 bis 3 Akzeptanzkriterien. 52,5 % der Studierenden der Gruppe B nennen maximal lediglich ein Akzeptanzkriterium und 16,3 % nennen kein Akzeptanzkriterium. Im Falle der Akzeptanz als Beweis sind es 95,5 % der Studierenden, die 0 bis 3 Akzeptanzkriterien nennen (0: 18,2 %, 0 bis 1: 47,7 %), im Falle der Nicht-Akzeptanz 96,3 % (0: 7,5 %, 0 bis 1: 57,5 %).

Tabelle 6.86 Anzahl aller Akzeptanzkriterien: Mittelwert, Median, Standardabweichung (Gruppe B, beide Beweisprodukte)

Gruppe B: Beide Beweisprodukte (alle Akzeptanzkriterien)	n	m	med	sd	Signifikante Unterschiede Akzeptanz und Nicht-Akzeptanz (U-Test)
Unabhängig von Beweisakzeptanz ($N_{ges} = 221$)	338	1,5294	1	1,05971	
Akzeptanz als Beweis ($N_{akz} = 132$)	207	1,5682	2	1,07854	n.s.
Keine Akzeptanz als Beweis ($N_{nakz} = 80$)	122	1,5250	1	0,91368	

Im Mittel nennen die Studierenden der Gruppe B 1,5294 Akzeptanzkriterien (sd = 1,05971). Im Falle der Akzeptanz sind es 1,5682 Akzeptanzkriterien (sd = 1,07854), im Falle der Nicht-Akzeptanz 1,5250 Akzeptanzkriterien (sd = 0,91368).

Inferenzstatistische Analyse der Anzahl aller Akzeptanzkriterien (FF-4e) (Tabelle 6.86)
Zwischen der Akzeptanz und Nicht-Akzeptanz bestehen keine signifikanten Unterschiede.

Deskriptive Analyse der Anzahl gültiger Akzeptanzkriterien (FF-4c) (Tabelle 6.87 und Tabelle 6.88)

Tabelle 6.87 Anzahl der gültigen Akzeptanzkriterien (Gruppe B, beide Beweisprodukte)

Gruppe B: Beide Beweisprodukte	Anzahl gültiger Akzeptanzkriterien	0	1	2	3	4	5	6
Unabhängig von Beweisakzeptanz ($N_{ges} = 221$)	Absolute Häufigkeit	67	72	58	20	4	0	0
	In Prozent	30,3	32,6	26,2	9	1,8	0	0
	Kumulierte Prozente	30,3	62,9	89,1	98,2	100	100	100
Akzeptanz als Beweis ($N_{akz} = 132$)	Absolute Häufigkeit	34	41	39	15	3	0	0
	In Prozent	25,8	31,1	29,5	11,4	2,3	0	0
	Kumulierte Prozente	25,8	56,8	86,4	97,7	100	100	100
Keine Akzeptanz als Beweis ($N_{nakz} = 80$)	Absolute Häufigkeit	26	31	18	5	0	0	0
	In Prozent	32,5	38,8	22,5	6,3	0	0	0
	Kumulierte Prozente	32,5	71,3	93,8	100	100	100	100

Es nennen in Gruppe B nun 98,2 % der Studierenden 0 bis 3 gültige Akzeptanzkriterien, 62,9 % maximal ein gültiges Akzeptanzkriterium und 30,3 % kein gültiges Akzeptanzkriterium. Im Falle der Akzeptanz sind es 97,7 % der Studierenden, die 0 bis 3 gültige Akzeptanzkriterien nennen (0: 25,8 %, 0 bis 1: 56,8 %) und im Falle der Nicht-Akzeptanz sind es 100 % (0: 32,5 %, 0 bis 1: 71,3 %).

Tabelle 6.88 Anzahl der gültigen Akzeptanzkriterien: Mittelwert, Median, Standardabweichung (Gruppe B, beide Beweisprodukte)

Gruppe B: Beide Beweisprodukte (gültige Akzeptanzkriterien)	n	m	med	sd	Signifikante Unterschiede Akzeptanz und Nicht-Akzeptanz (U-Test)	
Unabhängig von Beweisakzeptanz ($N_{ges} = 221$)	264	1,1946	1	1,02831		
Akzeptanz als Beweis ($N_{akz} = 132$)	176	1,3333	1	1,05329	Signifikanz	0,043
					U-Statistik	4440,000
Keine Akzeptanz als Beweis ($N_{nakz} = 80$)	82	1,0250	1	0,89972	Z-Statistik	−2,025
					Effektstärke (r)	−0,14

Im Mittel nennen die Studierenden der Gruppe B nun 1,1946 gültige Akzeptanzkriterien (sd = 1,02831). Im Falle der Akzeptanz sind es 1,3333 Akzeptanzkriterien (sd = 1,05329), im Falle der Nicht-Akzeptanz 1,0250 gültige Akzeptanzkriterien (sd = 0,89972).

Inferenzstatistische Analyse der Anzahl gültiger Akzeptanzkriterien (FF-4e) (Tabelle 6.88)
Zwischen der Akzeptanz und Nicht-Akzeptanz bestehen signifikante Unterschiede mit kleiner Effektstärke (U = 4440,000, Z = −2,025, p = 0,043, r = −0,14).

6.7.2.3 Vergleich der Gruppen A und B (FF-4f)
Im Folgenden werden die Ergebnisse der deskriptiven und inferenzstatistischen Analysen beider Gruppen verglichen und die beiden Gruppen inferenzstatistisch miteinander verglichen. Der Vergleich dient der Beantwortung von Forschungsfrage 4f. Eine Auswahl der Ergebnisse der erfolgten deskriptiven Analysen wird in der folgenden Abbildung dargestellt (Abbildung 6.13).

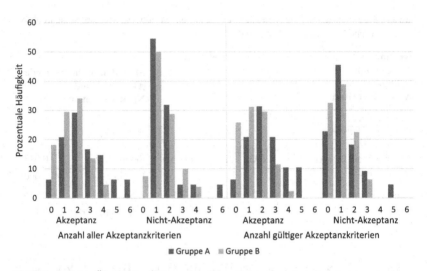

Abbildung 6.13 Überblick über ausgewählte Ergebnisse der deskriptiven Analysen (Gruppe A und B)

Die beiden Gruppen A und B wurden zudem inferenzstatistisch miteinander verglichen. Hierbei wurde festgestellt, dass sowohl bei allen Akzeptanzkriterien als auch bei den gültigen Akzeptanzkriterien unabhängig von der Beweisakzeptanz und im Falle der Akzeptanz hochsignifikante Unterschiede zwischen den beiden Gruppen existieren. Im Falle der Nicht-Akzeptanz existieren hingegen keine signifikanten Unterschiede zwischen den beiden Gruppen. Weitere bzw. ausführlichere Ergebnisse der deskriptiven und inferenzstatistischen Analysen werden im Folgenden vorgestellt.

Vergleich der Ergebnisse der deskriptiven Analysen (Tabelle 6.89)

Tabelle 6.89 Vergleich der Ergebnisse der deskriptiven Analysen

Alle Akzeptanzkriterien	Anzahl	Gruppe A	Gruppe B
Unabhängig von Beweisakzeptanz	0	4,3	16,3
	0–1	35,7	52,5
	0–3	78,6	95,5
Akzeptanz als Beweis	0	6,3	18,2
	0–1	27,1	47,7
	0–3	72,9	95,5
Keine Akzeptanz als Beweis	0	0	7,5
	0–1	54,5	57,5
	0–3	90,9	96,3
Gültige Akzeptanzkriterien	**Anzahl**	**Gruppe A**	**Gruppe B**
Unabhängig von Beweisakzeptanz	0	11,4	30,3
	0–1	40	62,9
	0–3	84,3	98,2
Akzeptanz als Beweis	0	6,3	25,8
	0–1	27,1	56,8
	0–3	79,2	97,7
Keine Akzeptanz als Beweis	0	22,7	32,5
	0–1	68,2	71,3
	0–3	95,5	100

Stellt man die Ergebnisse der deskriptiven Analyse gegenüber, so fällt auf, dass die prozentualen Anteile der Studierenden, die 0, 0–1 oder 0–3 (gültige) Akzeptanzkriterien genannt haben, in Gruppe B stets größer sind.

Vergleich der Ergebnisse der inferenzstatistischen Analysen
Vergleicht man bei der Anzahl aller Akzeptanzkriterien und der Anzahl gültiger Akzeptanzkriterien die Ergebnisse zum Vergleich zwischen der Akzeptanz und Nicht-Akzeptanz miteinander, so ergibt sich das folgende Bild:

Bei der Betrachtung aller Akzeptanzkriterien existieren in Gruppe A signifikante Unterschiede mit kleiner Effektstärke, während in Gruppe B keine signifikanten Unterschiede bestehen.

Bei der Betrachtung <u>gültiger</u> Akzeptanzkriterien existieren in Gruppe A hochsignifikante Unterschiede mit mittlerer Effektstärke, während in Gruppe B signifikante Unterschiede mit kleiner Effektstärke bestehen (Gruppe A: $p = 0,001$, $r = -0,38$; Gruppe B: $p = 0,043$, $r = -0,14$). Es liegen also jeweils in Gruppe A größere Unterschiede zwischen der Akzeptanz und Nicht-Akzeptanz vor.

Inferenzstatistische Analyse
Im Folgenden werden die Ergebnisse des Vergleichs der beiden Gruppen A und B dargestellt.
Bei der Betrachtung <u>aller</u> Akzeptanzkriterien ergeben sich die folgenden Ergebnisse:

- Unabhängig von der Beweisakzeptanz existieren hochsignifikante Unterschiede mit kleiner Effektstärke zwischen den beiden Gruppen A und B ($U = 5547,000$ $Z = -3,710$, $p < 0,001$, $r = -0,22$)
- Im Falle der Akzeptanz existieren ebenfalls hochsignifikante Unterschiede mit kleiner Effektstärke zwischen den beiden Gruppen A und B ($U = 2037,000$, $Z = -3,778$, $p < 0,001$, $r = -0,28$)
- Im Falle einer Nicht-Akzeptanz gibt es keine signifikanten Unterschiede zwischen den beiden Gruppen A und B

Bei der Betrachtung <u>gültiger</u> Akzeptanzkriterien ergeben sich die folgenden Ergebnisse:

- Unabhängig von der Beweisakzeptanz existieren hochsignifikante Unterschiede mit kleiner Effektstärke zwischen den beiden Gruppen A und B ($U = 5045,000$, $Z = -4,543$, $p < 0,001$, $r = -0,27$)
- Im Falle der Akzeptanz existieren hochsignifikante Unterschiede mit mittlerer Effektstärke zwischen den beiden Gruppen A und B ($U = 1795,500$, $Z = -4,584$, $p < 0,001$, $r = -0,34$)
- Im Falle einer Nicht-Akzeptanz gibt es keine signifikanten Unterschiede zwischen den beiden Gruppen A und B

6.7.2.4 Diskussion der Ergebnisse

Wie in (6.5.2.2.) diskutiert wurde, werden von der gesamten Stichprobe im Mittel sehr wenige Akzeptanzkriterien genannt (alle Akzeptanzkriterien: 1,7182, gültige Akzeptanzkriterien: 1,4021). Die Einschätzung, dass es sich dabei um sehr wenige Akzeptanzkriterien handelt, basiert auf dem Vergleich mit der Anzahl der möglichen Akzeptanzkriterien, also jenen Akzeptanzkriterien, die aufgrund der induktiven und deduktiven Kategorienbildung ermittelt wurden. Demnach wären 12 Akzeptanzkriterien möglich, von denen 9 als gültige Akzeptanzkriterien bezeichnet werden.

Gruppe A: Vergleicht man die Anzahl der von Gruppe A genannten (gültigen) Akzeptanzkriterien, so kann geschlossen werden, dass diese weniger Akzeptanzkriterien nennen als aus Forschersicht erwartet werden kann. So nennen sie von allen Akzeptanzkriterien im Mittel lediglich 2,3143 (unabhängig von Beweisakz.), 2,5625 (Akz.) bzw. 1,7727 (Nicht-Akz.) und von allen gültigen Akzeptanzkriterien im Mittel lediglich 2,0571 (unabhängig von Beweisakz.), 2,3958 (Akz.) bzw. 1,3182 (Nicht-Akz.). Die Ergebnisse sind konsistent mit den bisherigen diskutierten Ergebnissen zur Art der Akzeptanzkriterien, bei denen vermutet wurde, dass manche Akzeptanzkriterien, z. B. die Korrektheit, eher dann genannt werden, wenn explizit durch das entsprechende Item dazu aufgefordert wurde oder die Nennung durch Fehler im Zusammenhang mit diesen Eigenschaften eines Beweises de facto angeregt wird.

Beachtenswert ist zudem, dass sowohl bei allen Akzeptanzkriterien als auch bei den gültigen Akzeptanzkriterien (sehr) signifikante Unterschiede mit kleiner bzw. mittlerer Effektstärke dahingehend bestehen, dass im Falle der Akzeptanz mehr Akzeptanzkriterien genannt werden. Dies ist passend zur Forschersicht, dass bei beiden Beweisprodukten mehr Gründe für eine Akzeptanz als für eine Nicht-Akzeptanz bestehen (5.2.4.). Tiefergehend werden an dieser Stelle die Ergebnisse zu den jeweiligen Beweisprodukten interessant, wie sie in (6.8.2.) ermittelt werden.

Gruppe B: Für Gruppe B kann, analog zu Gruppe A, geschlossen werden, dass sie weniger (gültige) Akzeptanzkriterien als möglich nennen So nennen sie von allen Akzeptanzkriterien im Mittel lediglich 1,5294 (unabhängig von Beweisakz.), 1,5682 (Akz.) bzw. 1,5250 (Nicht-Akz.) und von allen gültigen Akzeptanzkriterien im Mittel lediglich 1,1946 (unabhängig von Beweisakz.), 1,3333 (Akz.) bzw. 1,0250 (Nicht-Akz.). Im Gegensatz zur Gruppe A wurde bei Gruppe B allerdings nicht erwartet, dass die Studierenden der Gruppe B gültige Akzeptanzkriterien nennen. Vielmehr wurde erwartet, dass sie sich eher oberflächlich äußern sowie objektiv falsche Äußerungen und Äußerungen tätigen, die auf empirische Beweisvorstellungen hindeuten (4.4.4.).

Vergleicht man die beiden Gruppen A und B miteinander, so können anhand der inferenzstatistischen Analyse unabhängig von der Beweisakzeptanz und im Falle der Akzeptanz jeweils hochsignifikante Unterschiede mit kleiner bzw. mittlerer Effektstärke zwischen den beiden Gruppen ermittelt werden. Gruppe A nennt in diesen Fällen also hochsignifikant mehr Akzeptanzkriterien als Gruppe B. Aufgrund der höheren Effektstärke beim Vergleich der gültigen Akzeptanzkriterien im Falle der Akzeptanz kann geschlossen werden, dass die Unterschiede hier umso stärker ausfallen.

Gemäß den Hypothesen in (4.4.4.) wurde erwartet, dass Gruppe A Akzeptanzkriterien nennt, die zu den tatsächlich vorliegenden Eigenschaften der Beweisprodukte passen. Da gemäß den Erläuterungen in (5.2.4.) bei beiden Beweisprodukten mehr Gründe für eine Akzeptanz als für eine Nicht-Akzeptanz existieren, kann aufgrund des Ergebnisses geschlossen werden, dass die hochsignifikant häufigere Nennung im Falle der Akzeptanz dazu passt. Ebenfalls war zu erwarten, dass die Unterschiede umso größer werden, wenn lediglich gültige Akzeptanzkriterien betrachtet werden. Dies ist auch konsistent mit den Ergebnissen aus (6.7.1.), dass die Kategorien objektiv falsche Äußerungen (FAL_z) und empirische Beweisvorstellungen (EMP_z) nicht in Gruppe A vergeben werden.

Umgekehrt liegen bei beiden Beweisprodukten aus Forschersicht (fast) keine Gründe vor, diese nicht als Beweis zu akzeptieren. Lediglich für das kurze Beweisprodukt gilt hier, dass dieses aufgrund seiner nicht hinreichend vollständigen Argumentationskette aus Forschersicht nicht als Beweis zu akzeptieren ist. Daher ist das Ergebnis, dass sich die Gruppen im Falle der Nicht-Akzeptanz nicht unterscheiden, vor dem Hintergrund der genannten Hypothesen nicht überraschend.

Die beiden Befunde werden zudem aufgrund des Vergleichs der inferenzstatistischen Analysen zum Vergleich der Akzeptanz und Nicht-Akzeptanz unterstützt, da in Gruppe A beim Vergleich von Akzeptanz und Nicht-Akzeptanz jeweils eine höhere Signifikanz und Effektstärke vorliegen.

Die Resultate der jeweiligen deskriptiven Analysen sind wiederum passend zu den inferenzstatistisch nachgewiesenen Unterschieden zwischen den beiden Gruppen A und B: In Gruppe B existieren, prozentual gesehen, mehr Studierende, die wenige Akzeptanzkriterien genannt als in Gruppe A. Besonders mit Blick auf die jeweiligen Anzahlen wird ein Gesamtbild deutlich, dass die Studierenden der Gruppe B eher sehr wenige Akzeptanzkriterien nennen und dies umso deutlicher wird, wenn lediglich gültige Akzeptanzkriterien gezählt werden. So nennen beispielsweise sogar 30,3 % der Studierenden der Gruppe B kein gültiges Akzeptanzkriterium, während es bei den Studierenden der Gruppe A 11,4 % sind. Letzteres ist allerdings auch überraschend, da davon ausgegangen wurde, dass die Studierenden der Gruppe A ausschließlich gültige Akzeptanzkriterien nennen (4.4.4.). Das Ergebnis ist darauf zurückzuführen, dass Gruppe A entweder Oberflächenmerkmale als Akzeptanzkriterium genannt haben, eine Äußerung getätigt haben oder sich gar nicht geäußert haben. Betrachtet man dies mit Blick auf die

Oberflächenmerkmale genauer, so sind es, absolut gesehen, 5 Studierende, die als einziges Akzeptanzkriterium Oberflächenmerkmale genannt haben, also 7,1 % der Studierenden der Gruppe A. Dieses Resultat kann zumindest so interpretiert werden, dass ein geringer, aber immerhin existierender Anteil der Gruppe A Oberflächenmerkmale als einziges Akzeptanzkriterium nennt, also die Erfüllung von Oberflächenmerkmalen scheinbar den Ausschlag gibt zwischen Akzeptanz und Nicht-Akzeptanz. Zukünftige Studien könnten diesen Aspekt genauer untersuchen und überprüfen, ob diese Oberflächenmerkmale tatsächlich maßgeblich für eine Nicht-Akzeptanz sind.

6.7.3 Analyse und Diskussion der Konkretheit der Äußerungen

Die Analyse der Konkretheit der Äußerungen erfolgt aufgrund der Kategorie Konkretheit, die in (5.4.2.2.) und (5.4.4.2.) erläutert wurde. Die inferenzstatistische Analyse erfolgt aufgrund der Überlegungen in (5.6.2.3.) sowie (5.7.).

6.7.3.1 Deskriptive und inferenzstatistische Analyse (Gruppe A)
Die folgenden Analysen beziehen sich auf Gruppe A.

Deskriptive Analyse der Konkretheit der Äußerungen (FF-4d)

Tabelle 6.90 Konkretheit der Äußerungen (Gruppe A, beide Beweisprodukte)

Gruppe A, beide Beweisprodukte	Absolute Häufigkeit	In Prozent	Signifikante Unterschiede
Unabhängig von Beweisakzeptanz ($N_{ges} = 70$)	26	37,1	Akzeptanz und Nicht-Akzeptanz (χ^2-Test)
Akzeptanz als Beweis ($N_{akz} = 48$)	15	31,3	n.s.
Keine Akzeptanz als Beweis ($N_{nakz} = 22$)	11	50	

In Gruppe A haben von 70 Studierenden 26 Studierende (37,1 %) mindestens eine konkrete Äußerung getätigt. Im Falle der Akzeptanz als Beweis haben von

48 Studierenden 15 Studierende (31,3 %) mindestens eine konkrete Äußerung getätigt. Im Falle der Nicht-Akzeptanz waren es von 22 Studierenden 11 (50 %).

Inferenzstatistische Analyse der Konkretheit der Äußerungen (FF-4e) (Tabelle 6.90)

Vergleicht man die Akzeptanz und Nicht-Akzeptanz hinsichtlich der Kategorie Konkretheit miteinander, so ergeben sich keine signifikanten Unterschiede.

6.7.3.2 Deskriptive und inferenzstatistische Analyse (Gruppe B)

Die folgenden Analysen beziehen sich auf Gruppe B.

Deskriptive Analyse der Konkretheit der Äußerungen (FF-4d)

Tabelle 6.91 Konkretheit der Äußerungen (Gruppe B, beide Beweisprodukte)

Gruppe B, beide Beweisprodukte	Absolute Häufigkeit	In Prozent	Signifikante Unterschiede
Unabhängig von Beweisakzeptanz ($N_{ges} = 221$)	43	19,5	Akzeptanz und Nicht-Akzeptanz $p(\chi^2\text{-Test})$
Akzeptanz als Beweis ($N_{akz} = 132$)	22	16,7	n.s.
Keine Akzeptanz als Beweis ($N_{nakz} = 80$)	20	25	

In Gruppe B haben von 221 Studierenden 43 Studierende (19,5 %) mindestens eine konkrete Äußerung getätigt. Im Falle der Akzeptanz als Beweis haben von 132 Studierenden 22 Studierende (16,7 %) mindestens eine konkrete Äußerung getätigt. Im Falle der Nicht-Akzeptanz waren es von 80 Studierenden 20 (25 %).

Inferenzstatistische Analyse der Konkretheit der Äußerungen (FF-4e) (Tabelle 6.91)

Vergleicht man die Akzeptanz und Nicht-Akzeptanz hinsichtlich der Kategorie Konkretheit, so ergeben sich keine signifikanten Unterschiede.

6.7.3.3 Vergleich der beiden Gruppen (FF-4f)

Vergleicht man die beiden Gruppen A und B zur Beantwortung von Forschungsfrage 4f inferenzstatistisch miteinander, so ergeben sich die folgenden Unterschiede:

- Unabhängig von Beweisakzeptanz existieren sehr signifikante Unterschiede mit kleiner Effektstärke ($\chi^2(1) = 9{,}192$, p $= 0{,}002$, $\varphi = 0{,}178$)
- Im Falle der Akzeptanz existieren signifikante Unterschiede mit kleiner Effektstärke ($\chi^2(1) = 4{,}584$, p $= 0{,}032$, $\varphi = 0{,}160$)
- Im Falle der Nicht-Akzeptanz existieren signifikante Unterschiede mit kleiner Effektstärke ($\chi^2(1) = 5{,}098$, p $= 0{,}024$, $\varphi = 0{,}224$)

Beim Vergleich von Akzeptanz und Nicht-Akzeptanz haben die oben genannten Ergebnisse ergeben, dass in keiner der beiden Gruppen A und B signifikante Unterschiede zwischen der Akzeptanz und Nicht-Akzeptanz existieren.

6.7.3.4 Diskussion der Ergebnisse

In (4.4.4.) wurde angenommen, dass sich die Studierenden der Gruppe A inhalts-bezogener und konkreter äußern als die Studierenden der Gruppe B. Aufgrund der vorliegenden Ergebnisse kann diese Hypothese mit Blick auf die Konkretheit bestätigt werden.

Da die Kategorie Konkretheit gemäß den Erläuterungen in (5.4.2.2.) und (5.4.4.2.) vergeben wird, wenn mindestens eine konkrete Äußerung getätigt wird, könnten tiefergehende Studien untersuchen, ob der Unterschied zwischen den beiden Gruppen A und B umso größer wird, wenn etwa die Anzahl der konkreten Äußerungen ermittelt wird. Aufgrund der vorliegenden Ergebnisse könnte dies als Hypothese angenommen werden. Ebenfalls wäre es für zukünftige Studien interessant, bei den jeweiligen konkreten Äußerungen genauer zu überprüfen, inwiefern ein inhaltliches Verständnis bei den jeweiligen Studierenden vorliegt. Auch hier kann aufgrund der Ergebnisse vermutet werden, dass eine genauere Überprüfung weitere Unterschiede zwischen den Gruppen A und B offenbart.

6.8 Ergebnisse und Diskussion Akzeptanzkriterien (Vergleich der Gruppen A und B beim kurzen und langen Beweisprodukt)

In diesem Teilkapitel wird untersucht, wie die Argumentationstiefe der vorge-legten Beweisprodukte auf die Zusammenhänge zwischen der Performanz bei der Konstruktion von Beweisen und den Akzeptanzkriterien bei der Beurteilung von vorgelegten Beweisprodukten wirkt. Es werden also die auch in (6.7.) ana-lysierten Gruppen A und B untersucht. Allerdings erfolgt die Analyse nun, in Analogie zu (6.6.), pro Beweisprodukt, d. h. es werden die Anzahl und Art der

Akzeptanzkriterien und Konkretheit der Äußerungen beider Gruppen beim kurzen und langen Beweisprodukt untersucht und miteinander verglichen. Zu diesem Zwecke werden die folgenden Forschungsfragen aus (4.3.6.) beantwortet:

1. FF-5b: Welche Akzeptanzkriterien werden von Studierenden des Lehramts unterschiedlicher Gruppen jeweils bei der Beurteilung der Beweisprodukte mit unterschiedlicher Argumentationstiefe genannt?
2. FF-5c: Wie viele Akzeptanzkriterien nennen die Studierenden der jeweiligen Gruppen jeweils bei den Beweisprodukten mit unterschiedlicher Argumentationstiefe?
3. FF-5d: Wie konkret äußern sich die Studierenden der jeweiligen Gruppen jeweils bei den Beweisprodukten mit unterschiedlicher Argumentationstiefe?
4. FF-5e: Lassen sich bei den jeweiligen Forschungsfragen FF-5b bis FF-5d auch Unterschiede zwischen den Studierenden der jeweiligen Gruppen ausmachen, die gemäß FF-5a vorab das ihnen zur Beurteilung vorgelegte Beweisprodukt als Beweis akzeptiert oder nicht akzeptiert haben?
5. FF-5f: Wie unterscheiden sich die von den Studierenden der jeweiligen Gruppen getätigten Beurteilungen zu den Beweisprodukten hinsichtlich der oben genannten Forschungsfragen FF-5b bis FF-5e?

Die Beantwortung der Forschungsfragen erfolgt in starker Analogie zu (6.7.). Der Unterschied besteht lediglich darin, dass die Vorgehensweise aus (6.7.) pro Beweisprodukt (kurz / lang) erfolgt, d. h. die Analyse aus (6.7.) wird de facto doppelt durchgeführt. Entsprechend erfolgen pro Beweisprodukt eine deskriptive Analyse der Daten (5.6.2.2.) zur Beantwortung der Forschungsfragen 5b bis 5d pro Gruppe, gefolgt von einer inferenzstatistischen Analyse der Daten (5.6.2.3.) pro Gruppe zur Beantwortung von Forschungsfrage 5e. Der Fokus dieses Teilkapitels liegt, analog zu (6.7.), allerdings auf der Beantwortung von Forschungsfrage 5f. Diese Beantwortung erfolgt pro Beweisprodukt durch eine inferenzstatistische Analyse, bei der die beiden Gruppen A und B verglichen werden (5.6.2.3.).

Insgesamt ergibt sich die folgende Vorgehensweise in diesem Teilkapitel:

1. Analyse und Diskussion der Art der Akzeptanzkriterien bei den jeweiligen Gruppen (FF-5b und FF-5e) und der Unterschiede zwischen den Gruppen (FF-4e) in Abschnitt (6.8.1.), jeweils pro Beweisprodukt.
2. Analyse und Diskussion der Anzahl der Akzeptanzkriterien bei den jeweiligen Gruppen (FF-5c und FF-5e) und der Unterschiede zwischen den Gruppen (FF-4e) in Abschnitt (6.8.2.), jeweils pro Beweisprodukt.

3. Analyse und Diskussion der Konkretheit der Äußerungen bei den jeweiligen Gruppen (FF-5d und FF-5e) und der Unterschiede zwischen den Gruppen (FF-5e) in Abschnitt (6.8.3.), jeweils pro Beweisprodukt.

In der Gesamtdiskussion dieser Arbeit (7.) werden die wesentlichen Ergebnisse dieses Teilkapitels zusammen mit den Ergebnissen der weiteren Teilkapitel (6.3.) bis (6.7.) diskutiert.

Stichprobe
Gemäß den Ergebnissen in (6.3.) und (6.4.) und der Berücksichtigung der Beweisprodukte (5.2.4.) ist die Gesamtstichprobe aus 291 Studierenden (6.1.) wie folgt zusammengesetzt:

- **Kurzes Beweisprodukt**: 38 Studierende der Gruppe A (22 Akzeptanz, 16 Nicht-Akzeptanz) und 111 Studierende der Gruppe B (55 Akzeptanz, 52 Nicht-Akzeptanz, 4 ohne klare Entscheidung).
- **Langes Beweisprodukt**: 32 Studierende der Gruppe A (26 Akzeptanz, 6 Nicht-Akzeptanz) sowie 110 Studierende der Gruppe B (77 Akzeptanz, 28 Nicht-Akzeptanz, 5 ohne klare Entscheidung).[14]

Die folgenden Analysen beziehen sich auf die genannten Teilstichprobengrößen. Insbesondere die Angaben zu den prozentualen Häufigkeiten sind relativ zu den jeweiligen Teilstichprobengrößen.

6.8.1 Analyse und Diskussion der Art der Akzeptanzkriterien

6.8.1.1 Deskriptive und inferenzstatistische Analyse (kurzes Beweisprodukt, Gruppe A)

Die Studierenden der Gruppe A nennen die folgenden Akzeptanzkriterien beim kurzen Beweisprodukt. Die inferenzstatistischen Analysen erfolgen, analog zu (6.5.1.1.), (6.6.1.1.) und (6.7.1.1.), gemäß den methodischen Überlegungen in (5.6.2.3.) und (5.7.1.). In Analogie zu (6.5.1.1.), (6.6.1.1.) und (6.7.1.1.) werden in der folgenden Abbildung für Gruppe A beim kurzen Beweisprodukt die

---

[14] Die Ergebnisse der Studierenden, die keine klare Entscheidung getroffen haben (leeres Feld, mehrere Kreuze vergeben oder ein Kreuz uneindeutig vergeben), werden allerdings dennoch bei der Betrachtung berücksichtigt, die unabhängig von der Beweisakzeptanz ist.

Ergebnisse der deskriptiven und inferenzstatistischen Analysen überblicksweise dargestellt (Abbildung 6.14).

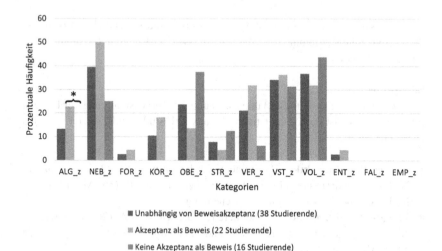

Abbildung 6.14 Überblick über die Ergebnisse der deskriptiven und inferenzstatistischen Analysen (Gruppe A, kurzes Beweisprodukt)

Die Abbildung zeigt, dass lediglich in der Kategorie ALG_z signifikante Unterschiede zwischen der Akzeptanz und Nicht-Akzeptanz existieren. Eine ausführliche Analyse erfolgt im Folgenden anhand einer Tabelle (Tabelle 6.92).

Tabelle 6.92 Akzeptanzkriterien (Gruppe A, kurzes Beweisprodukt)

A: kurzes Beweisprodukt	Kategorie	ALG_z	NEB_z	FOR_z	KOR_z	OBE_z	STR_z	VER_z	VST_z	VOL_z	ENT_z	FAL_z	EMP_z	SON_z
Unabhängig von Beweisakzeptanz ($N_{ges} = 38$)	Absolute Häufigkeit	5	15	1	4	9	3	8	13	14	1	0	0	13
	In Prozent	13,2	39,5	2,6	10,5	23,7	7,9	21,1	34,2	36,8	2,6	0	0	34,2
Akzeptanz als Beweis ($N_{akz} = 22$)	Absolute Häufigkeit	5	11	1	4	3	1	7	8	7	1	0	0	11
	In Prozent	22,7	50	4,5	18,2	13,6	4,5	31,8	36,4	31,8	4,5	0	0	50
Keine Akzeptanz als Beweis ($N_{nakz} = 16$)	Absolute Häufigkeit	0	4	0	0	6	2	1	5	7	0	0	0	2
	In Prozent	0	25	0	0	37,5	12,5	6,3	31,3	43,8	0	0	0	12,5
Signifikante Unterschiede Akzeptanz und Nicht-Akzeptanz (χ^2-Test)	Signifikanz	0,041	n.s.	n.s.	n.s.	n.s.	n.s.	n.s.	n.s.	n.s.	n.s.	n.s.	n.s.	n.s.
	Freiheitsgrade	1												
	Teststatistik	4,187												
	Effektstärke (φ)	0,332												

Deskriptive Analyse der Art der Akzeptanzkriterien (FF-5b, unabhängig von Beweisakzeptanz)

In Gruppe A sind die häufigsten Kategorien, die unabhängig von der Beweisakzeptanz vergeben werden, NEB_z (39,5 %), VOL_z (36,8 %) und VST_z (34,2 %). Am seltensten werden die Kategorien FAL_z (0 %), EMP_z (0 %) und FOR_z (2,6 %) und ENT_z (2,6 %) vergeben. Die weiteren Kategorien sind ALG_z (13,2 %), KOR_z (10,5 %), OBE_z (23,7 %), STR_z (7,9 %) und VER_z (21,1 %).

Deskriptive Analyse der Art der Akzeptanzkriterien (FF-4b, abhängig von Beweisakzeptanz)

Im Falle der Akzeptanz werden die Kategorien NEB_z (50 %), VST_z (36,4 %), VER_z (31,8 %) und VOL_z (31,8 %) am häufigsten vergeben. Am seltensten vergeben werden die Kategorien FAL_z (0 %), EMP_z (0 %), FOR_z (4,5 %), STR_z (4,5 %) und ENT_z (4,5 %). Die weiteren Kategorien sind ALG_z (22,7 %), KOR_z (18,2 %) und OBE_z (13,6 %).

Im Falle der Nicht-Akzeptanz werden die Kategorien VOL_z (43,8 %), OBE_z (37,5 %) und VST_z (31,3 %) am häufigsten vergeben. Am seltensten vergeben werden die Kategorien ALG_z (0 %), FOR_z (0 %), KOR_z (0 %), ENT_z (0 %), FAL_z (0 %) und EMP_z (0 %). Die weiteren Kategorien sind NEB_z (25 %), STR_z (12,5 %) und VER_z (6,3 %).

Inferenzstatistische Analyse der Art der Akzeptanzkriterien (FF-5e)

Beim Vergleich von Akzeptanz und Nicht-Akzeptanz (5.6.2.3.) sind in der Kategorie ALG_z (22,7 % (Akz.), 0 % (Nicht-Akz.), $\chi^2(1) = 4,187$, $p = 0,041$, $\varphi = 0,332$) signifikante Unterschiede mit kleiner Effektstärke zu finden. In den weiteren Kategorien NEB_z, FOR_z, KOR_z, OBE_z, STR_z, VER_z, VST_z, VOL_z, ENT_z, FAL_z und EMP_z existieren keine signifikanten Unterschiede.

6.8.1.2 Deskriptive und inferenzstatistische Analyse (kurzes Beweisprodukt, Gruppe B)

Analog zu Gruppe A ergeben sich die folgenden Ergebnisse für Gruppe B beim kurzen Beweisprodukt. Diese werden zunächst überblicksweise in einer Abbildung dargestellt (Abbildung 6.15).

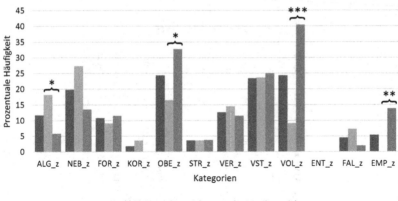

Abbildung 6.15 Überblick über die Ergebnisse der deskriptiven und inferenzstatistischen Analysen (Gruppe B, kurzes Beweisprodukt)

Die Abbildung zeigt, dass in den Kategorien ALG_z und OBE_z signifikante Unterschiede, in der Kategorie EMP_z sehr signifikante Unterschiede und in der Kategorie VOL_z hochsignifikante Unterschiede zwischen der Akzeptanz und Nicht-Akzeptanz existieren. Eine ausführliche Analyse erfolgt im Folgenden anhand einer Tabelle (Tabelle 6.93).

Tabelle 6.93 Akzeptanzkriterien (Gruppe B, kurzes Beweisprodukt)

B: kurzes Beweisprodukt	Kategorie	ALG_z	NEB_z	FOR_z	KOR_z	OBE_z	STR_z	VER_z	VST_z	VOL_z	ENT_z	FAL_z	EMP_z	SON_z
Unabhängig von Beweisakzeptanz (N_{ges} = 111)	Absolute Häufigkeit	13	22	12	2	27	4	14	26	27	0	5	6	34
	In Prozent	11,7	19,8	10,8	1,8	24,3	3,6	12,6	23,4	24,3	0	4,5	5,4	30,6
Akzeptanz als Beweis (N_{akz} = 55)	Absolute Häufigkeit	10	15	5	2	9	2	8	13	5	0	4	0	17
	In Prozent	18,2	27,3	9,1	3,6	16,4	3,6	14,5	23,6	9,1	0	7,3	0	30,9
Keine Akzeptanz als Beweis (N_{nakz} = 52)	Absolute Häufigkeit	3	7	6	0	17	2	6	13	21	0	1	6	17
	In Prozent	5,8	13,5	11,5	0	32,7	3,8	11,5	25	40,4	0	1,9	11,5	32,7
Signifikante Unterschiede Akzeptanz und Nicht-Akzeptanz (χ^2-Test)	Signifikanz	0,049	n.s.	n.s.	n.s.	0,049	n.s.	n.s.	n.s.	<0,001	n.s.	n.s.	0,010	
	Freiheitsgrade	1				1				1			1	
	Teststatistik	3,858				3,874				14,230			6,723	
	Effektstärke (φ)	0,190				−0,190				−0,365			−0,251	

Deskriptive Analyse der Art der Akzeptanzkriterien (FF-5b, unabhängig von Beweisakzeptanz)

In der Gruppe A sind die häufigsten Kategorien, die im Falle der Akzeptanz und Nicht-Akzeptanz genannt werden, OBE_z (24,3 %), VOL_z (24,3 %) und VST_z (23,4 %). Am seltensten werden die Kategorien ENT_z (0 %), KOR_z (1,8 %) und STR_z (3,6 %). Die weiteren Kategorien sind ALG_z (11,7 %), NEB_z (19,8 %), FOR_z (10,8 %), VER_z (12,6 %), FAL_z (4,5 %) und EMP_z (5,4 %).

Deskriptive Analyse der Art der Akzeptanzkriterien (FF-5b, abhängig von Beweisakzeptanz)

Im Falle der Akzeptanz werden die Kategorien NEB_z (27,3 %), VST_z (23,6 %) und ALG_z (18,2 %) am häufigsten vergeben. Am seltensten vergeben werden die Kategorien ENT_z (0 %), EMP_z (0 %), KOR_z (3,6 %) und STR_z (3,6 %). Die weiteren Kategorien sind FOR_z (9,1 %), OBE_z (16,4 %), VER_z (14,5 %), VOL_z (9,1 %) und FAL_z (7,3 %).

Im Falle der Nicht-Akzeptanz werden die Kategorien VOL_z (40,4 %), OBE_z (32,7 %) und VST_z (25 %) am häufigsten vergeben. Am seltensten vergeben werden die Kategorien KOR_z (0 %), ENT_z (0 %) und FAL_z (1,9 %). Die weiteren Kategorien sind ALG_z (5,8 %), NEB_z (13,5 %), FOR_z (11,5 %), STR_z (3,8 %), VER_z (11,5 %) und EMP_z (11,5 %).

Inferenzstatistische Analyse der Art der Akzeptanzkriterien (FF-5e)

Beim Vergleich von Akzeptanz und Nicht-Akzeptanz sind in den folgenden Kategorien signifikante bzw. hochsignifikante Unterschiede mit kleiner bzw. mittlerer Effektstärke zu finden:

- ALG_z $(18,2\% \,(\text{Akz.}), 5,8\% \,(\text{Nicht-Akz.}), \chi^2(1) = 3,858, p = 0,049, \varphi = 0,190)$,
- OBE_z $(16,4\% \,(\text{Akz.}), 32,7\% \,(\text{Nicht-Akz.}), \chi^2(1) = 3,874, p = 0,049, \varphi = 0,190)$,
- VOL_z $(9,1\% \,(\text{Akz.}), 40,4\% \,(\text{Nicht-Akz.}), \chi^2(1) = 14,230, p < 0,001, \varphi = 0,365)$,
- EMP_z $(0\% \,(\text{Akz.}), 11,5\% \,(\text{Nicht-Akz.}), \chi^2(1) = 6,723, p = 0,010, \varphi = 0,251)$.

In den Kategorien NEB_z, FOR_z, KOR_z, STR_z, VER_z, VST_z, ENT_z und FAL_z gibt es hingegen keine signifikanten Unterschiede zwischen der Akzeptanz und Nicht-Akzeptanz.

6.8.1.3 Vergleich der Gruppen A und B (FF-5f, kurzes Beweisprodukt)

Im Folgenden werden die Gruppen A und B zur Beantwortung von Forschungsfrage 5f miteinander verglichen. Wie auch in (6.6.1.3.) und (6.7.1.3.) werden in einer Abbildung für das kurze Beweisprodukt zunächst ausgewählte Ergebnisse

der deskriptiven Analyse (Angabe der prozentualen Häufigkeiten pro Kategorie und Fall) bei Gruppe A und B im Falle der Akzeptanz und Nicht-Akzeptanz
dargestellt und um die Ergebnisse einer inferenzstatistischen Analyse (Kennzeichnung von signifikanten Unterschieden beim Vergleich der beiden Gruppen pro
Kategorie (siehe hierzu auch (5.6.1.)) ergänzt (Abbildung 6.16).

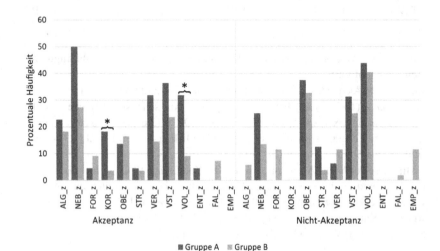

Abbildung 6.16 Überblick über ausgewählte Ergebnisse der deskriptiven und inferenzstatistischen Analysen (Gruppe A und B, kurzes Beweisprodukt)

Die inferenzstatistische Analyse zum Vergleich der beiden Gruppen A und
B ergibt im Detail und in Ergänzung des Falls der Unabhängigkeit von der
Beweisakzeptanz die folgenden Ergebnisse:

Unabhängig von der Beweisakzeptanz unterscheiden sich Gruppe A und B
signifikant mit kleiner Effektstärke in den folgenden Kategorien:

- NEB_z(39,5%(GruppeA),19,8%(GruppeB),$\chi^2(1){=}5{,}858{,}p{=}0{,}016{,}\varphi{=}0{,}198$),
- KOR_z(10,5%(GruppeA),1,8%(GruppeB),$\chi^2(1){=}5{,}576{,}p{=}0{,}018{,}\varphi{=}0{,}193$).

In den Kategorien ALG_z, FOR_z, OBE_z, STR_z, VER_z, VST_z, VOL_z,
ENT_z, FAL_z und EMP_z gibt es keine signifikanten Unterschiede.

Im Falle der Akzeptanz unterscheiden sich Gruppe A und B signifikant mit
kleiner Effektstärke in den folgenden Kategorien:

- $KOR\_z(18,2\%(\text{Gruppe A}), 3,6\%(\text{Gruppe B}), \chi^2(1)=4{,}627, p=0{,}031, \varphi=0{,}245)$,
- $VOL\_z(31,8\%(\text{Gruppe A}), 9,1\%(\text{Gruppe B}), \chi^2(1)=6{,}170, p=0{,}013, \varphi=0{,}283)$.

In den Kategorien ALG_z, NEB_z, FOR_z, OBE_z, STR_z, VER_z, VST_z, ENT_z, FAL_z und EMP_z gibt es keine signifikanten Unterschiede. Im Falle der Nicht-Akzeptanz unterscheiden sich Gruppe A und B hingegen in keiner Kategorie.

6.8.1.4 Deskriptive und inferenzstatistische Analyse (langes Beweisprodukt, Gruppe A)

Analog zu (6.8.1.1.) ergeben sich für Gruppe A die folgenden Akzeptanzkriterien beim langen Beweisprodukt, die zunächst wieder in einer Abbildung dargestellt werden (Abbildung 6.17).

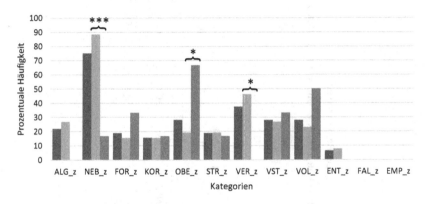

Abbildung 6.17 Überblick über die Ergebnisse der deskriptiven und inferenzstatistischen Analysen (Gruppe A, langes Beweisprodukt)

Die Abbildung zeigt, dass in den Kategorien OBE_z und VER_z signifikante Unterschiede und in der Kategorie NEB_z hochsignifikante Unterschiede zwischen der Akzeptanz und Nicht-Akzeptanz existieren. Eine ausführliche Analyse erfolgt im Folgenden anhand einer Tabelle (Tabelle 6.94).

Tabelle 6.94 Akzeptanzkriterien (Gruppe A, langes Beweisprodukt)

A: langes Beweisprodukt	Kategorie	ALG_z	NEB_z	FOR_z	KOR_z	OBE_z	STR_z	VER_z	VST_z	VOL_z	ENT_z	FAL_z	EMP_z	SON_z
Unabhängig von Beweisakzeptanz ($N_{ges} = 32$)	Absolute Häufigkeit	7	24	6	5	9	6	12	9	9	2	0	0	9
	In Prozent	21,9	75	18,8	15,6	28,1	18,8	37,5	28,1	28,1	6,3	0	0	28,1
Akzeptanz als Beweis ($N_{akz} = 26$)	Absolute Häufigkeit	7	23	4	4	5	5	12	7	6	2	0	0	9
	In Prozent	26,9	88,5	15,4	15,4	19,2	19,2	46,2	26,9	23,1	7,7	0	0	34,6
Keine Akzeptanz als Beweis ($N_{nakz} = 6$)	Absolute Häufigkeit	0	1	2	1	4	1	0	2	3	0	0	0	0
	In Prozent	0	16,7	33,3	16,7	66,7	16,7	0	33,3	50	0	0	0	0
Signifikante Unterschiede Akzeptanz und Nicht-Akzeptanz (χ^2-Test)	Signifikanz	n.s.	<0,001	n.s.	n.s.	0,020	n.s.	0,035	n.s.	n.s.	n.s.	n.s.	n.s.	
	Freiheitsgrade		1			1		1						
	Teststatistik		13,402			5,426		4,431						
	Effektstärke (φ)		0,647			−0,412		0,372						

Deskriptive Analyse der Art der Akzeptanzkriterien (FF-5b, unabhängig von Beweisakzeptanz)
In der Gruppe A sind die unabhängig von der Beweisakzeptanz am häufigsten genannten Kategorien NEB_z (75 %), VER_z (37,5 %), OBE_z (28,1 %), VST_z (28,1 %) und VOL_z (28,1 %). Am seltensten werden die Kategorien FAL_z (0 %), EMP_z (0 %) und ENT_z (6,3 %) vergeben. Die weiteren Kategorien sind ALG_z (13,2 %), FOR_z (18,8 %), KOR_z (15,6 %) und STR_z (18,8 %).

Deskriptive Analyse der Art der Akzeptanzkriterien (FF-5b, abhängig von Beweisakzeptanz)
Im Falle der Akzeptanz werden die Kategorien NEB_z (88,5 %), VER_z (46,2 %), ALG_z (26,9 %) und VST_z (26,9 %) am häufigsten vergeben. Am seltensten vergeben werden die Kategorien FAL_z (0 %), EMP_z (0 %) und ENT_z (7,7 %). Die weiteren Kategorien sind FOR_z (15,4 %), KOR_z (15,4 %), OBE_z (19,2 %) und STR_z (19,2 %).

Im Falle der Nicht-Akzeptanz werden die Kategorien OBE_z (4 Studierende, 66,7 %), VOL_z (3 Studierende, 50 %), FOR_z (2 Studierende, 33,3 %) und VST_z (2 Studierende, 33,3 %) am häufigsten genannt. Am seltensten vergeben werden die Kategorien ALG_z (0 %), ENT_z (0 %), FAL_z (0 %) und EMP_z (0 %). Die weiteren Kategorien sind NEB_z (1 Studierender, 16,7 %) und KOR_z (1 Studierender, 16,7 %). Aufgrund der geringen Anzahl an vergebenen Kategorien werden hier auch die absoluten Häufigkeiten angegeben.

Inferenzstatistische Analyse der Art der Akzeptanzkriterien (FF-5e)
Beim Vergleich von Akzeptanz und Nicht-Akzeptanz sind in den folgenden Kategorien signifikante bzw. hochsignifikante Unterschiede mit kleiner, mittlerer und großer Effektstärke zu finden:

- NEB_z $(88,5\,\%\,(\text{Akz.}), 16,7\,\%\,(\text{Nicht-Akz.}), \chi^2(1)=13{,}402, p<0{,}001, \varphi=0{,}647)$,
- OBE_z $(19,2\,\%\,(\text{Akz.}), 66,7\,\%\,(\text{Nicht-Akz.}), \chi^2(1)=5{,}426, p=0{,}020, \varphi=0{,}412)$,
- VER_z $(46,2\,\%\,(\text{Akz.}), 0\,\%\,(\text{Nicht-Akz.}), \chi^2(1)=4{,}431, p=0{,}035, \varphi=0{,}372)$.

In den weiteren Kategorien ALG_z, FOR_z, KOR_z, STR_z, VOL_z, ENT_z, FAL_z und EMP_z gibt es keine signifikanten Unterschiede zwischen der Akzeptanz und Nicht-Akzeptanz.

6.8.1.5 Deskriptive und inferenzstatistische Analyse (langes Beweisprodukt, Gruppe B)

Analog zu (6.8.1.2.) ergeben sich für Gruppe B die folgenden Akzeptanzkriterien beim langen Beweisprodukt, die zunächst wieder in einer Abbildung dargestellt werden (Abbildung 6.18).

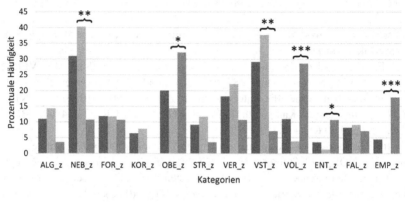

■ Unabhängig von Beweisakzeptanz (110 Studierende)

■ Akzeptanz als Beweis (77 Studierende)

■ Keine Akzeptanz als Beweis (28 Studierende)

Abbildung 6.18 Überblick über die Ergebnisse der deskriptiven und inferenzstatistischen Analysen (Gruppe B, langes Beweisprodukt)

Die Abbildung zeigt, dass in den Kategorien OBE_z und ENT_z signifikante Unterschiede, in den Kategorien NEB_z und VST_z sehr signifikante Unterschiede und in den Kategorien VOL_z und EMP_z hochsignifikante Unterschiede zwischen der Akzeptanz und Nicht-Akzeptanz existieren. Eine ausführliche Analyse erfolgt im Folgenden anhand einer Tabelle (Tabelle 6.95).

Tabelle 6.95 Akzeptanzkriterien (Gruppe B, langes Beweisprodukt)

B: langes Beweisprodukt	Kategorie	ALG_z	NEB_z	FOR_z	KOR_z	OBE_z	STR_z	VER_z	VST_z	VOL_z	ENT_z	FAL_z	EMP_z	SON_z
Unabhängig von Beweisakzeptanz (N_{ges} = 110)	Absolute Häufigkeit	12	34	13	7	22	10	20	32	12	4	9	5	42
	In Prozent	10,9	30,9	11,8	6,4	20	9,1	18,2	29,1	10,9	3,6	8,2	4,5	38,2
Akzeptanz als Beweis (N_{akz} = 77)	Absolute Häufigkeit	11	31	9	6	11	9	17	29	3	1	7	0	32
	In Prozent	14,3	40,3	11,7	7,8	14,3	11,7	22,1	37,7	3,9	1,3	9,1	0	41,6
Keine Akzeptanz als Beweis (N_{nakz} = 28)	Absolute Häufigkeit	1	3	3	0	9	1	3	2	8	3	2	5	9
	In Prozent	3,6	10,7	10,7	0	32,1	3,6	10,7	7,1	28,6	10,7	7,1	17,9	32,1
Signifikante Unterschiede Akzeptanz und Nicht-Akzeptanz (χ^2-Test)	Signifikanz	n.s.	0,004	n.s.	n.s.	0,039	n.s.	n.s.	0,002	<0,001	0,026	n.s.	<0,001	n.s.
	Freiheitsgrade		1			1			1	1	1		1	
	Teststatistik		8,186			4,246			9,192	13,330	4,968		14,438	
	Effektstärke (φ)		0,279			−0,201			0,296	−0,356	−0,218		−0,371	

Deskriptive Analyse der Art der Akzeptanzkriterien (FF-5b, unabhängig von Beweisakzeptanz)
In Gruppe B sind die drei häufigsten Kategorien, die unabhängig von der Beweisakzeptanz vergeben werden, NEB_z (30,9 %), VST_z (29,1 %) und OBE_z (20 %). Am seltensten werden die Kategorien ENT_z (3,6 %), EMP_z (4,5 %) und KOR_z (6,4 %) vergeben. Die weiteren Kategorien sind ALG_z (10,9 %), FOR_z (11,8 %), STR_z (9,1 %), VER_z (18,2 %), VOL_z (10,9 %) und FAL_z (8,2 %).

Deskriptive Analyse der Art der Akzeptanzkriterien (FF-5b, abhängig von Beweisakzeptanz)
Im Falle der Akzeptanz werden die Kategorien NEB_z (40,3 %), VST_z (37,7 %) und VER_z (22,1 %) am häufigsten vergeben. Am seltensten vergeben werden die Kategorien EMP_z (0 %), ENT_z (1,3 %) und VOL_z (3,9 %). Die weiteren Kategorien sind ALG_z (14,3 %), FOR_z (11,7 %), KOR_z (7,8 %), OBE_z (14,3 %), STR_z (11,7 %) und FAL_z (9,1 %).

Im Falle der Nicht-Akzeptanz werden die Kategorien OBE_z (32,1 %), VOL_z (28,6 %) und EMP_z (17,9 %) am häufigsten vergeben. Am seltensten vergeben werden die Kategorien KOR_z (0 %), ALG_z (1 Studierender, 3,6 %) und STR_z (1 Studierender, 3,6 %). Die weiteren Kategorien sind NEB_z (3 Studierende, 10,7 %), FOR_z (3 Studierende, 10,7 %), VER_z (3 Studierende, 10,7 %), VST_z (2 Studierende, 7,1 %) und ENT_z (3 Studierende, 10,7 %). Aufgrund der geringen Anzahl an vergebenen Kategorien werden hier auch die absoluten Häufigkeiten angegeben.

Inferenzstatistische Analyse der Art der Akzeptanzkriterien (FF-5e)
Beim Vergleich von Akzeptanz und Nicht-Akzeptanz sind in den folgenden Kategorien (sehr) signifikante bzw. hochsignifikante Unterschiede mit kleiner bzw. mittlerer Effektstärke zu finden:

- NEB_z (40,3 (Akz.), 10,7 % (Nicht-Akz.), $\chi^2(1) = 8,186, p = 0,004, \varphi = 0,279$),
- OBE_z (14,3 % (Akz.), 32,1 % (Nicht-Akz.), $\chi^2(1) = 4,246, p = 0,039, \varphi = 0,201$),
- VST_z (37,7 % (Akz.), 7,1 % (Nicht-Akz.), $\chi^2(1) = 9,192, p = 0,002, \varphi = 0,296$),
- VOL_z (3,9 % (Akz.), 28,6 % (Nicht-Akz.), $\chi^2(1) = 13,330, p < 0,001, \varphi = 0,356$),
- ENT_z (1,3 % (Akz.), 10,7 % (Nicht-Akz.), $\chi^2(1) = 3,968, p = 0,026, \varphi = 0,218$),
- EMP_z (0 % (Akz.), 17,9 % (Nicht-Akz.), $\chi^2(1) = 14,438, p < 0,001, \varphi = 0,371$).

In den weiteren Kategorien ALG_z, FOR_z, KOR_z, STR_z, VER_z und FAL_z existieren keine signifikanten Unterschiede zwischen der Akzeptanz und Nicht-Akzeptanz.

6.8.1.6 Vergleich der Gruppen A und B (FF-5f, langes Beweisprodukt)

Analog zu (6.8.1.3.) ergeben sich beim Vergleich der beiden Gruppen zur Beantwortung von Forschungsfrage 5f die folgenden Ergebnisse, von denen zunächst wieder ausgewählte Ergebnisse in einer Abbildung dargestellt werden (Abbildung 6.19).

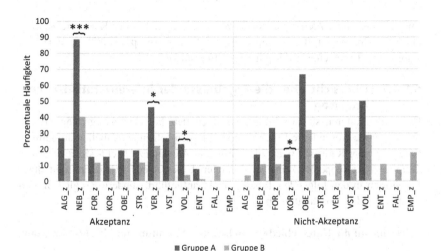

Abbildung 6.19 Überblick über ausgewählte Ergebnisse der deskriptiven und inferenzstatistischen Analysen (Gruppe A und B, langes Beweisprodukt)

Die inferenzstatistische Analyse zum Vergleich der beiden Gruppen A und B ergibt im Detail und in Ergänzung des Falls der Unabhängigkeit von der Beweisakzeptanz die folgenden Ergebnisse:
Unabhängig von der Beweisakzeptanz ergaben sich zwischen den Gruppen A und B in den folgenden Kategorien signifikante bzw. hochsignifikante Unterschiede mit kleiner bzw. mittlerer Effektstärke:

- NEB_z(75%(GruppeA),30,9%(GruppeB),$\chi^2(1)=19{,}944$,p<0,001,$\varphi=0{,}375$),
- VER_z(37,5%(GruppeA),18,2%(GruppeB),$\chi^2(1)=5{,}299$,p=0,021,$\varphi=0{,}193$),
- VOL_z(28,1%(GruppeA),10,9%(GruppeB),$\chi^2(1)=5{,}830$,p=0,016,$\varphi=0{,}203$).

Im Falle der Akzeptanz als Beweis ergeben sich in den folgenden Kategorien (sehr) signifikante bzw. hochsignifikante Unterschiede mit kleiner bzw. mittlerer Effektstärke:

- NEB_z(88,5%(GruppeA),40,3%(GruppeB),$\chi^2(1)=18{,}107$,p<0,001,$\varphi=0{,}419$),
- VER_z(46,2%(GruppeA),22,1%(GruppeB),$\chi^2(1)=5{,}570$,p=0,018,$\varphi=0{,}233$),
- VOL_z(23,1%(GruppeA),3,9%(GruppeB),$\chi^2(1)=8{,}967$,p=0,003,$\varphi=0{,}295$).

Im Falle der Nicht-Akzeptanz als Beweis ergeben sich in der Kategorie KOR_z (16,7 % (Gruppe A), 0 % (Gruppe B), $\chi^2(1) = 4{,}808$, p = 0,028, $\varphi = 0{,}376$) signifikante Unterschiede mit mittlerer Effektstärke.

6.8.1.7 Übersicht über die Ergebnisse der inferenzstatistischen Analysen

Es wurden inferenzstatistische Analysen zu den Forschungsfragen 5e und 5f durchgeführt. Wesentliche Ergebnisse sind in den folgenden Tabellen aufgeführt. Sofern in einer Kategorie bei beiden Gruppen (Akzeptanz / Nicht-Akzeptanz bzw. Gruppe A / Gruppe B) keine signifikanten Unterschiede existieren, sind diese Kategorien in den folgenden Tabellen nicht aufgeführt, sondern lediglich in den entsprechenden Abschnitten oben.

Wirkung auf die Unterschiede zwischen der Akzeptanz und Nicht-Akzeptanz (FF-5e)

Insgesamt haben die beiden Beweisprodukte eine unterschiedliche Wirkung auf die Unterschiede zwischen der Akzeptanz und Nicht-Akzeptanz. Diese Wirkung wird in der folgenden Abbildung und Tabelle kompakt dargestellt und beziehen sich auf die bereits dargelegten Ergebnisse (Abbildung 6.20).

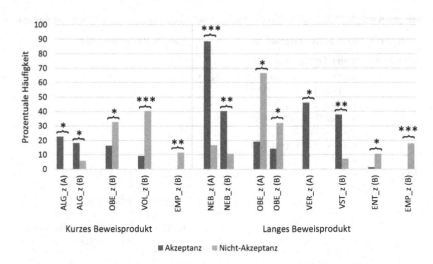

Abbildung 6.20 Ausgewählte Ergebnisse der Wirkung auf die Unterschiede zwischen der Akzeptanz und Nicht-Akzeptanz in den Gruppen A und B mit Markierung der Zugehörigkeit der Kategorien zu Gruppe A oder B durch (A) bzw. (B)

Beim kurzen Beweisprodukt existieren in beiden Gruppen in der Kategorie ALG_z signifikante Unterschiede zwischen der Akzeptanz und Nicht-Akzeptanz. In den Kategorien OBE_z, VOL_z und EMP_z sind lediglich in Gruppe B, je nach Kategorie, signifikante, sehr signifikante bzw. hochsignifikante Unterschiede ermittelbar. Beim langen Beweisprodukt existieren in beiden Gruppen hochsignifikante (Gruppe A) bzw. sehr signifikante (Gruppe B) Unterschiede zwischen der Akzeptanz und Nicht-Akzeptanz in der Kategorie NEB_z und signifikante Unterschiede in der Kategorie OBE_z. In der Kategorie VER_z existieren lediglich in Gruppe A signifikante Unterschiede, während in den Kategorien VST_z, ENT_z und EMP_z, je nach Kategorie, signifikante, sehr signifikante bzw. hochsignifikante in Gruppe B existieren. Die genaueren Ergebnisse dieser inferenzstatistischen Analysen sind in der folgenden Tabelle aufgeführt. Zu beachten ist, dass einige Kategorien, in denen keine signifikanten Unterschiede existieren, nicht in der Tabelle zu finden sind (Tabelle 6.96).

Tabelle 6.96 Wirkung auf die Unterschiede zwischen der Akzeptanz und Nicht-Akzeptanz

Kategorie	Kurzes Beweisprodukt	Langes Beweisprodukt
Wirkung in beiden Gruppen A und B		
ALG_z	A (22,7 % (Akz.), 0 % (Nicht-Akz.) $\chi^2(1) = 4{,}187$, p = 0,041, $\varphi = 0{,}332$) B (18,2 % (Akz.), 5,8 % (Nicht-Akz.) $\chi^2(1) = 3{,}858$, p = 0,049, $\varphi = 0{,}190$)	n.s.
NEB_z	n.s.	A (88,5 % (Akz.), 16,7 % (Nicht-Akz.), $\chi^2(1) = 13{,}402$, p < 0,001, $\varphi = 0{,}647$) B (40,3 (Akz.), 10,7 % (Nicht-Akz.) $\chi^2(1) = 8{,}186$, p = 0,004, $\varphi = 0{,}279$)
OBE_z	Nur B	A (19,2 % (Akz.), 66,7 % (Nicht-Akz.) $\chi^2(1) = 5{,}426$, p = 0,020, $\varphi = 0{,}412$) B (14,3 % (Akz.), 32,1 % (Nicht-Akz.) $\chi^2(1) = 4{,}246$, p = 0,039, $\varphi = 0{,}201$)
Wirkung nur in Gruppe A		
VER_z	n.s.	46,2 % (Akz.), 0 % (Nicht-Akz.) $\chi^2(1) = 4{,}431$, p = 0,035, $\varphi = 0{,}372$
Wirkung nur in Gruppe B		
OBE_z	16,4 % (Akz.), 32,7 % (Nicht-Akz.) $\chi^2(1) = 3{,}874$, p = 0,049, $\varphi = 0{,}190$)	Beide Gruppen
VST_z	n.s.	37,7 % (Akz.), 7,1 % (Nicht-Akz.) $\chi^2(1) = 9{,}192$, p = 0,002, $\varphi = 0{,}296$

(Fortsetzung)

Tabelle 6.96 (Fortsetzung)

Kategorie	Kurzes Beweisprodukt	Langes Beweisprodukt
VOL_z	9,1 % (Akz.), 40,4 % (Nicht-Akz.) $\chi^2(1) = 14{,}230$, p < 0,001, $\varphi = 0{,}365$	n.s.
ENT_z	n.s.	1,3 % (Akz.), 10,7 % (Nicht-Akz.) $\chi^2(1) = 3{,}968$, p = 0,026, $\varphi = 0{,}218$)
EMP_z	0 % (Akz.), 11,5 % (Nicht-Akz.) $\chi^2(1) = 6{,}723$, p = 0,010, $\varphi = 0{,}251$	0 % (Akz.), 17,9 % (Nicht-Akz.) $\chi^2(1) = 14{,}438$, p < 0,001, $\varphi = 0{,}371$)

Vergleich von Gruppe A und B (FF-5f)

Insgesamt unterscheiden sich die beiden Gruppen A und B in verschiedenen Kategorien. Die Ergebnisse, die bereits oben dargestellt wurden, werden im Folgenden erneut kompakt in einer Abbildung dargestellt (Abbildung 6.21).

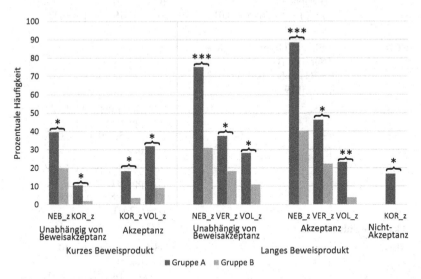

Abbildung 6.21 Ausgewählte Ergebnisse der inferenzstatistischen Analysen (Vergleich von Gruppe A und B)

Wie in der Abbildung dargestellt, unterscheiden sich die Gruppen A und B beim kurzen Beweisprodukt in den Kategorien NEB_z und KOR_z (unabhängig von der Beweisakzeptanz) bzw. in den Kategorien KOR_z und VOL_z (Akzeptanz) signifikant voneinander. Beim langen Beweisprodukt unterscheiden sie sich in den Kategorien NEB_z, VER_z und VOL_z (unabhängig von der Beweisakzeptanz) bzw. in den Kategorien NEB_z, VER_z und VOL_z (Akzeptanz) bzw. KOR_z (Nicht-Akzeptanz), je nach Kategorie, signifikant, sehr signifikant oder hochsignifikant voneinander. Die genaueren Ergebnisse dieser inferenzstatistischen Analysen sind, auf dieselbe Weise wie bei Darstellung der Wirkung auf die Unterschiede zwischen der Akzeptanz und Nicht-Akzeptanz oben, in der folgenden Tabelle aufgeführt (Tabelle 6.97).

Tabelle 6.97 Vergleich von Gruppe A und B

Kategorie	Kurzes Beweisprodukt	Langes Beweisprodukt
Unabhängig von Beweisakzeptanz		
NEB_z	39,5 % (Gruppe A), 19,8 % (Gruppe B) $\chi^2(1) = 5,858$, p $= 0,016$, $\varphi = 0,198$)	75 % (Gruppe A), 30,9 % (Gruppe B) $\chi^2(1) = 19,944$, p $< 0,001$, $\varphi = 0,375$)
KOR_z	10,5 % (Gruppe A), 1,8 % (Gruppe B) $\chi^2(1) = 5,576$, p $= 0,018$, $\varphi = 0,193$)	n.s.
VER_z	n.s.	37,5 % (Gruppe A), 18,2 % (Gruppe B), $\chi^2(1) = 5,299$, p $= 0,021$, $\varphi = 0,193$)
VOL_z	n.s.	28,1 % (Gruppe A), 10,9 % (Gruppe B) $\chi^2(1) = 5,830$, p $= 0,016$, $\varphi = 0,203$)
Akzeptanz als Beweis		
NEB_z	n.s.	88,5 % (Gruppe A), 40,3 % (Gruppe B) $\chi^2(1) = 18,107$, p $< 0,001$, $\varphi = 0,419$)

(Fortsetzung)

Tabelle 6.97 (Fortsetzung)

Kategorie	Kurzes Beweisprodukt	Langes Beweisprodukt
KOR_z	18,2 % (Gruppe A), 3,6 % (Gruppe B) $\chi^2(1) = 4,627$, p $= 0,031$, $\varphi = 0,245$)	n.s.
VER_z	n.s.	46,2 % (Gruppe A), 22,1 % (Gruppe B) $\chi^2(1) = 5,570$, p $= 0,018$, $\varphi = 0,233$)
VOL_z	31,8 % (Gruppe A), 9,1 % (Gruppe B) $\chi^2(1) = 6,170$, p $= 0,013$, $\varphi = 0,283$)	23,1 % (Gruppe A), 3,9 % (Gruppe B) $\chi^2(1) = 8,967$, p $= 0,003$, $\varphi = 0,295$)
Keine Akzeptanz als Beweis		
KOR_z	n.s.	16,7 % (Gruppe A), 0 % (Gruppe B) $\chi^2(1) = 4,808$, p $= 0,028$, $\varphi = 0,376$)

6.8.1.8 Diskussion der Ergebnisse

In (6.7.) wurde festgestellt, dass sich die Gruppen A und B hinsichtlich der Vergabe verschiedener Kategorien signifikant voneinander unterscheiden. Diese Ergebnisse können aufgrund der separaten Betrachtung der beiden Beweisprodukte präzisiert werden.

Nutzung, Existenz und Begründung von Objekten (NEB_z)

Wie in (5.2.4.) dargelegt wurde, unterscheiden sich die Beweisprodukt im Wesentlichen in der Argumentationstiefe und lediglich das lange Beweisprodukt ist aus Forschersicht hinreichend vollständig. In den Hypothesen (4.4.4.) wurde angenommen, dass die Studierenden der Gruppe A eher Akzeptanzkriterien nennen, die zu den vorliegenden Eigenschaften des Beweisprodukts passen. Im Speziellen wurde in (4.4.5.) angenommen, dass die Studierenden der Gruppe A häufiger Akzeptanzkriterien nennen, die zu der vorliegenden Argumentationstiefe passen. Insbesondere wurde angenommen, dass Gruppe A häufiger erkennt (und dies auch in den Akzeptanzkriterien äußert), wenn eine Argumentationskette hinreichend vollständig oder nicht hinreichend vollständig ist. Diese Hypothese kann aufgrund der folgenden Ergebnisse mit Einschränkungen bestätigt werden:

In (6.7.1.3.) wurden in der Kategorie NEB_z unabhängig von der Beweisakzeptanz hochsignifikante Unterschiede mit kleiner Effektstärke ($\varphi = 0,277$)

zwischen den Gruppen ermittelt. Beim kurzen Beweisprodukt existieren allerdings lediglich signifikante Unterschiede mit kleiner Effektstärke ($p = 0{,}016$, $\varphi = 0{,}198$), während beim langen Beweisprodukt hochsignifikante Unterschiede mit mittlerer Effektstärke ($\varphi = 0{,}375$) existieren. Es können daher die folgenden Schlüsse gezogen werden: unabhängig von der Beweisakzeptanz gilt, anknüpfend an (6.7.1.4.), weiterhin, dass die Nutzung, Existenz und Begründung von Objekten für Gruppe A ein bedeutsameres Akzeptanzkriterium als für Gruppe B ist. Darüber hinaus kann nun zusätzlich geschlossen werden, dass sich die Unterschiede zwischen den beiden Gruppen vergrößern, wenn das lange Beweisprodukt betrachtet wird. Dieses Ergebnis kann noch weiter präzisiert werden, wenn lediglich der Fall der Akzeptanz und der Fall der Nicht-Akzeptanz betrachtet werden:

In (6.7.1.3.) wurden im Falle der Akzeptanz hochsignifikante Unterschiede mit mittlerer Effektstärke ($\varphi = 0{,}320$) zwischen den beiden Gruppen ermittelt. Aufgrund der differenzierten Betrachtung kann nun festgehalten werden: Während beim kurzen Beweisprodukt keine signifikanten Unterschiede zwischen den Gruppen existieren, existieren beim langen Beweisprodukt hochsignifikante Unterschiede mit mittlerer Effektstärke ($\varphi = 0{,}419$). Es kann daher geschlossen werden, dass die Nutzung, Existenz und Begründung von Objekten beim kurzen Beweisprodukt im Falle der Akzeptanz für beide Gruppen gleich bedeutsam ist, während dieses Akzeptanzkriterium beim langen Beweisprodukt wesentlich bedeutsamer für Gruppe A ist. Die Unterschiede zwischen den beiden Gruppen werden also vergrößert, wenn das lange Beweisprodukt betrachtet wird. Dies hat sogar zur Folge, dass die Kategorie NEB_z bei 88,5 % der Studierenden der Gruppe A im Falle der Akzeptanz vergeben wird. Dies ist konsistent mit dem Befund aus (6.7.1.3.), dass sich die Studierenden der Gruppe A eher inhaltsbezogen äußern.

Im Falle der Nicht-Akzeptanz existieren hingegen weder beim kurzen noch beim langen Beweisprodukt signifikante Unterschiede zwischen den Gruppen. In diesem Fall zeigt sich also keine Wirkung der Argumentationstiefe.

Die genannten Ergebnisse können aufgrund der Ergebnisse zum Vergleich von Akzeptanz und Nicht-Akzeptanz bei den jeweiligen Beweisprodukten (im Überblick: (6.8.1.7.)) unterstützt werden: Während beim kurzen Beweisprodukt bei beiden Gruppen keine signifikanten Unterschiede zwischen der Akzeptanz und Nicht-Akzeptanz existieren, existieren diese beim langen Beweisprodukt bei beiden Gruppen. Allerdings sind die Unterschiede zwischen der Akzeptanz und Nicht-Akzeptanz bei Gruppe A ($p < 0{,}001$, $\varphi = 0{,}647$) deutlich größer als bei Gruppe B ($p = 0{,}004$, $\varphi = 0{,}279$). Vergleicht man diese Ergebnisse mit den Ergebnissen zu den beiden Beweisprodukten in (6.6.), so kann das Ergebnis präzisiert werden: Während in (6.6.1.3.) sowohl beim kurzen als auch beim langen

Beweisprodukt (mindestens) signifikante Unterschiede zwischen der Akzeptanz und Nicht-Akzeptanz ermittelt wurden, gilt dies bei genauerer Betrachtung der beiden Gruppen nicht mehr beim kurzen Beweisprodukt, sondern nur noch beim langen Beweisprodukt. Die Wirkung der Argumentationstiefe kann also bei beiden Gruppen so beschrieben werden, dass der Unterschied zwischen der Akzeptanz und Nicht-Akzeptanz vergrößert wird, wenn das lange Beweisprodukt betrachtet wird. Dies gilt für Gruppe A allerdings mehr als für Gruppe B.

Die Argumentationstiefe wirkt also unabhängig von der Beweisakzeptanz und im Falle der Akzeptanz auf die Unterschiede zwischen den beiden Gruppen, wobei diese Wirkung im Falle der Akzeptanz noch größer ist. Eine Wirkung der Argumentationstiefe auf die Unterschiede zwischen den beiden Gruppen existiert hingegen nicht im Falle der Nicht-Akzeptanz. Hiermit wird die oben genannte Hypothese bestätigt: Aufgrund der Ergebnisse im Falle der Akzeptanz kann geschlossen werden, dass Gruppe A häufiger als Gruppe B ein Akzeptanz-kriterium nennt, das zur gegebenen Argumentationstiefe passt. Die Bestätigung dieser Hypothese kann durch den Vergleich von Akzeptanz und Nicht-Akzeptanz unterstützt werden, da die Unterschiede in Gruppe A beim langen Beweisprodukt deutlich größer sind als in Gruppe B.

Aufgrund der Ergebnisse im Falle der Nicht-Akzeptanz kann wiederum geschlossen werden, dass die Gruppe A zumindest nicht häufiger als Gruppe B ein Akzeptanzkriterium nennt, das nicht zur gegebenen Argumentationstiefe passt. Die Hypothese, dass Gruppe A seltener ein bestimmtes Akzeptanzkrite-rium nennt, das zur nicht hinreichend vollständigen Argumentationstiefe passt, kann daher aufgrund der Ergebnisse zur Kategorie NEB_z nicht vollends bestätigt werden. Hierzu sollten zusätzlich auch die Ergebnisse zur Kategorie Vollstän-digkeit (VOL_z) betrachtet werden, um diese Hypothese weiter zu untersuchen. Bei isolierter Betrachtung der Kategorie NEB_z könnten beispielsweise auch Äußerungen der Art „Es gibt logische Schlüsse (Kategorie NEB_z), aber der Beweis ist nicht vollständig (Kategorie VOL_z)" den „voreiligen" Schluss zulas-sen, dass die genannte Hypothese verworfen werden muss. Die Notwendigkeit der genaueren Überprüfung der zweiten Hypothese anhand der Kategorie VOL_z wird durch das Ergebnis, dass beim kurzen Beweisprodukt bei beiden Gruppen keine signifikanten Unterschiede zwischen der Akzeptanz und Nicht-Akzeptanz, unterstützt.

Vollständigkeit (VOL_z)
In (6.5.1.2.) wurde diskutiert, dass aufgrund der Vergabe der Kategorie VOL_z, verglichen mit der Kategorie NEB_z, eher auf einen inhaltlichen Fokus geschlos-sen werden kann. Aufgrund der Ergebnisse zur Kategorie VOL_z wurde im

Vergleich der Gruppen (6.7.1.4.) wiederum geschlossen, dass Gruppe A im Falle der Akzeptanz, aber nicht im Falle der Nicht-Akzeptanz, die Vollständigkeit häufiger als Akzeptanzkriterium nennt. Aufgrund der vorliegenden Ergebnisse kann dieses Ergebnis bestätigt und wie folgt präzisiert werden:

Im Falle der Akzeptanz existieren weiterhin (sehr) signifikante Unterschiede zwischen den beiden Gruppen. Diese Unterschiede sind beim kurzen Beweisprodukt signifikant und beim langen Beweisprodukt sehr signifikant (mit in etwa gleicher Effektstärke: $\varphi = 0{,}283$ (kurz), $\varphi = 0{,}295$ (lang)). Es kann daher geschlossen werden, dass die Studierenden der Gruppe A die Vollständigkeit häufiger als Akzeptanzkriterium nennen, wenn sie ein Beweisprodukt als Beweis akzeptieren. Da dies im besonderen Maße für das lange Beweisprodukt gilt, kann ein im Rahmen der Kategorie NEB_z genannte Ergebnis unterstützt werden: Gruppe A nennt im Falle der Akzeptanz häufiger als Gruppe B ein Akzeptanzkriterium, das zur gegebenen Argumentationstiefe passt. Das Ergebnis bestätigt zudem die in (6.7.1.4.) diskutierte größere Inhaltsbezogenheit der Gruppe A.

Weiterhin können die Ergebnisse zum Unterschied zwischen der Akzeptanz und Nicht-Akzeptanz aus (6.7.1.4.) bei den beiden Gruppen präzisiert werden. In (6.7.1.4.) wurde das Ergebnis gefunden, dass in Gruppe A keine signifikanten Unterschiede zwischen der Akzeptanz und Nicht-Akzeptanz existieren, in Gruppe B hingegen hochsignifikante Unterschiede mit mittlerer Effektstärke. Bei einer Differenzierung zwischen den beiden Beweisprodukten kann nun geschlossen werden, dass in Gruppe A bei beiden Beweisprodukten weiterhin keine signifikanten Unterschiede zwischen der Akzeptanz und Nicht-Akzeptanz existieren. Daraus folgt, dass die Studierenden der Gruppe A selbst das kurze Beweisprodukt nicht häufiger aus Gründen einer (fehlenden) Vollständigkeit als Beweis ablehnen. Das bereits im Rahmen der Kategorie NEB_z ermittelte Ergebnis, dass Gruppe A nicht seltener ein bestimmtes Akzeptanzkriterium nennt, das zur nicht hinreichend vollständigen Argumentationstiefe passt, kann nun genauer gefasst werden: Das Ergebnis zeigt, dass es für die Studierenden der Gruppe A unproblematisch ist, dass die Argumentationstiefe des kurzen Beweisprodukts derart fragmentarisch ist, wie es in (5.2.4.) beschrieben wurde. Allerdings kann hierdurch nicht zwingend auf eine defizitäre Beweiskompetenz geschlossen werden, weil die Sicht der Studierenden nicht der Forschersicht entspricht. Vielmehr wurde in (2.2.) und (5.3.1.4.) diskutiert, dass die Frage nach einer notwendigen Argumentationstiefe durchaus kontrovers ist. Es könnte stattdessen sogar, vor dem Hintergrund der Theorie von Aberdein (2013) in (2.2.2.), geschlossen werden, dass die Studierenden der Gruppe A aufgrund ihrer höheren Beweiskompetenz weniger darauf angewiesen sind, dass eine Inferenzstruktur sichtbar gemacht wird, weil sie fehlende Aussagen selbst gedanklich hinzufügen können.

In Gruppe B hingegen kann das ursprüngliche Resultat aus (6.7.1.4.) so präzisiert werden, dass lediglich beim kurzen Beweisprodukt die Kategorie VOL_z hochsignifikant häufiger mit mittlerer Effektstärke im Falle der Nicht-Akzeptanz vergeben wird. Dennoch ist der Schluss schwierig, dass die Studierenden der Gruppe B das kurze Beweisprodukt häufiger aus Gründen einer fehlenden Vollständigkeit ablehnen, da sich die beiden Gruppen A und B nicht im Falle der Nicht-Akzeptanz voneinander unterscheiden. Es liegt aufgrund der vorliegenden Ergebnisse eher der Schluss nahe, dass die Studierenden dieser Gruppe lediglich seltener einen Beweis aufgrund seiner Vollständigkeit akzeptieren. Bisherige Ergebnisse, dass sich Gruppe B seltener inhaltsbezogen äußert (6.7.1.4.), könnten diesen Schluss unterstützen. Weiterführende Untersuchungen könnten diesen Aspekt genauer untersuchen, indem z. B. gezielt nach der Vollständigkeit eines Beweisprodukts gefragt wird. Problematisierend ist bei dieser Fragestellung allerdings das Ergebnis aus (6.7.) zu berücksichtigen, dass Studierende der Gruppe B Beweisprodukte eher oberflächlich beurteilen und möglicherweise teilweise nicht in der Lage sind, ein vorgelegtes Beweisprodukt inhaltlich zu durchdringen.

Allgemeingültigkeit (ALG_z)
In (6.7.1.4.) wurde festgestellt, dass sich die Gruppen A und B im Wesentlichen nicht hinsichtlich der Nennung der Allgemeingültigkeit als Akzeptanzkriterium unterscheiden. Der einzige Unterschied besteht darin, dass in Gruppe B Studierende existieren, die einem vorgelegten Beweisprodukt fälschlicherweise (siehe 5.2.4) eine fehlende Allgemeingültigkeit zuschreiben. In (6.6.1.4.) wurde beim Vergleich der Beweisprodukte festgestellt, dass eine geringere Argumentationstiefe im Zusammenhang mit einem größeren Fokus auf diese Eigenschaft steht. Die genannten Ergebnisse können nun wie folgt in Verbindung gebracht werden: Zwar bestehen zwischen den beiden Gruppen in keinem der Fälle und bei keinem der Beweisprodukte signifikante Unterschiede, allerdings existieren zumindest beim kurzen Beweisprodukt signifikante Unterschiede zwischen der Akzeptanz und Nicht-Akzeptanz in beiden Gruppen. Das bereits beschriebene Ergebnis, dass die Allgemeingültigkeit als Akzeptanzkriterium beim kurzen Beweisprodukt in den Vordergrund rückt (6.6.1.4.), ist also unabhängig von der Performanz.

Formalia (FOR_z), Struktur (STR_z)
Bei beiden Beweisprodukten sind in den Kategorien Formalia und Struktur weder Unterschiede zwischen den Gruppen (unabhängig und abhängig von der Beweisakzeptanz), noch zwischen der Akzeptanz und Nicht-Akzeptanz zu finden. Die Erfüllung von bestimmten Formalia sowie die Existenz einer bestimmten Struktur sind als Akzeptanzkriterien also unabhängig von der Performanz.

Korrektheit (KOR_z)

In (6.7.1.4.) wurde festgestellt, dass die Korrektheit eines Beweisprodukts für Gruppe A ein bedeutsameres Akzeptanzkriterium ist. In (6.6.1.4.) wiederum wurde festgestellt, dass die Korrektheit beim kurzen Beweisprodukt ein bedeutsameres Akzeptanzkriterium als beim langen Beweisprodukt ist. Anhand der vorliegenden Ergebnisse können diese Ergebnisse wie folgt präzisiert werden:

Da im Falle der Akzeptanz beim kurzen Beweisprodukt signifikante Unterschiede mit mittlerer Effektstärke zwischen den beiden Gruppen existieren, gilt lediglich, dass die Korrektheit für Gruppe A lediglich beim kurzen Beweisprodukt bedeutsamer als für Gruppe B ist. In (6.6.1.4.) wurde hier geschlossen, dass der Fokus beim kurzen Beweisprodukt scheinbar auf diese, tatsächlich vorliegende (5.2.4.), Eigenschaft gelegt wird. Dieser Schluss kann aufgrund der Ergebnisse allerdings nur für Gruppe A gezogen werden. Beim langen Beweisprodukt unterscheiden sich die Gruppen im Falle der Akzeptanz hingegen nicht. Weiterführende Studien sollten Letzteres allerdings untersuchen, da angenommen werden könnte, dass die Korrektheit als Akzeptanzkriterium unabhängig von der Argumentationstiefe genannt werden müsste.

Im Falle der Nicht-Akzeptanz wird die Kategorie KOR_z überraschenderweise signifikant häufiger mit mittlerer Effektstärke in Gruppe A vergeben. Da die Kategorie, absolut gesehen, allerdings in Gruppe A lediglich 1-mal und in Gruppe B nie vergeben wurde, ergab eine genauere Analyse der Äußerung des einen Studierenden, dass er das Beweisprodukt als korrekt bezeichnet hat. Zwar ändert dies nichts am inferenzstatistisch ermittelten Ergebnis, allerdings sollte dieses Ergebnis nicht so interpretiert werden, dass Gruppe A das lange Beweisprodukt signifikant häufiger als falsch bezeichnet.

Oberflächenmerkmale (OBE_z)

In (6.7.1.4.) wurde das Ergebnis diskutiert, dass sich die Gruppen A und B nicht hinsichtlich der Nennung von Oberflächenmerkmalen als Akzeptanzkriterien unterscheiden. Da in beiden Beweisprodukten keine Oberflächenmerkmale, wie sie in (5.4.4.2.) erläutert wurden, existieren (5.2.4.), wurde dieses Ergebnis als überraschend bezeichnet. Beim Vergleich der beiden Beweisprodukte wurde keine große Wirkung der Argumentationstiefe auf die Nennung von Oberflächenmerkmalen festgestellt, weil sich die Beweisprodukte in der Kategorie OBE_z nicht unterscheiden. Allerdings sind die Unterschiede zwischen der Akzeptanz und Nicht-Akzeptanz beim langen Beweisprodukt größer. Diese Ergebnisse können nun wie folgt präzisiert werden:

Die Gruppen A und B weisen weiterhin keine signifikanten Unterschiede bei der Vergabe der Kategorie OBE_z auf. Dies gilt sowohl für das kurze, als auch für das lange Beweisprodukt. Allerdings gilt für die Unterschiede zwischen Akzeptanz und Nicht-Akzeptanz nun, dass beim kurzen Beweisprodukt lediglich in Gruppe B signifikante Unterschiede mit kleiner Effektstärke existieren. Beim langen Beweisprodukt existieren hingegen bei beiden Gruppen signifikante Unterschiede mit kleiner (Gruppe B) und mittlerer (Gruppe A) Effektstärke. Gruppe A und B unterscheiden sich also dahingehend, dass das Fehlen von Oberflächenmerkmalen für Gruppe B bei beiden Beweisprodukten ein Akzeptanzkriterium für die Nicht-Akzeptanz ist, während dies in Gruppe A nur für das lange Beweisprodukt gilt.

Diskutiert werden kann dieses Ergebnis vor dem Hintergrund der Eigenschaften beider Beweisprodukte (5.2.4.). Demnach gibt es aus Forschersicht beim langen Beweisprodukt keine gültigen Gründe, warum das Beweisprodukt nicht als Beweis akzeptiert werden sollte. Ein möglicher Grund für das Ergebnis könnte sein, dass in Gruppe A fehlende Oberflächenmerkmale dann als Gründe für eine Nicht-Akzeptanz genannt werden, wenn es sonst keine weiteren, gültigen Gründe gibt. Auf Basis der vorliegenden Daten kann diese Frage allerdings nicht final geklärt werden. Kontrastiert man dieses Resultat mit den Resultaten zu Gruppe B, in der sowohl beim kurzen als auch beim langen Beweisprodukt signifikante Unterschiede mit kleiner Effektstärke zwischen der Akzeptanz und Nicht-Akzeptanz existieren, so kann der Schluss aus Gruppe A nicht für Gruppe B gezogen werden. Vielmehr sind die genannten Oberflächenmerkmale hier bei beiden Beweisprodukten als Akzeptanzkriterium zu sehen. Es kann also insgesamt geschlossen werden, dass Oberflächenmerkmale als Akzeptanzkriterium in Gruppe A situativ bedeutsam werden (langes Beweisprodukt, wenn sonst keine gültigen Gründe existieren), in Gruppe B aber immer bedeutsam sind. Mit Blick auf die Interpretationen zur Kategorie OBE_z in (7.6.1.4.) kann der dort getätigte Schluss, dass generell keine Unterschiede hinsichtlich der Oberflächenmerkmale existiert, also entsprechend ausdifferenziert werden.

Verifikation (VER_z)
In (7.6.1.4.) wurde die Erfüllung einer Verifikationsfunktion (De Villiers, 1990, siehe auch (2.2.3.1.)) als ein Akzeptanzkriterium bezeichnet, das unabhängig von der Beweisakzeptanz und im Falle der Akzeptanz typisch für Gruppe A ist. In (6.6.1.4.) wurde wiederum überraschenderweise festgestellt, dass lediglich beim langen Beweisprodukt signifikante Unterschiede mit kleiner Effektstärke zwischen der Akzeptanz und Nicht-Akzeptanz bestehen. Daraus wurde geschlossen, dass der Fokus auf eine Verifikationsfunktion bei einem langen Beweisprodukt vergrößert ist. Aufgrund der in diesem Teilkapitel ermittelten Ergebnisse ist die folgende Präzisierung möglich:

Unabhängig von der Beweisakzeptanz und im Falle der Akzeptanz wird die Erfüllung einer Verifikationsfunktion beim langen Beweisprodukt signifikant häufiger mit mittlerer Effektstärke in Gruppe A als Akzeptanzkriterium genannt. Zudem existieren beim langen Beweisprodukt in Gruppe A signifikante Unterschiede mit mittlerer Effektstärke zwischen der Akzeptanz und Nicht-Akzeptanz. Beide Resultate gelten allerdings nur für das lange Beweisprodukt und nicht für das kurze Beweisprodukt. Es kann daher geschlossen werden, dass die Erfüllung einer Verifikationsfunktion bei der Beurteilung des langen Beweisprodukts, aber nicht bei der Beurteilung des kurzen Beweisprodukts, häufiger von Studierenden der Gruppe A genannt wird. Eine Erklärung dieses Resultats ist aufgrund der vorliegenden Daten allerdings nicht final möglich.

Verständnis (VST_z)

In (7.6.1.4.) wurde diskutiert, dass das Verständnis bzw. die Erfüllung einer Erklärungsfunktion für beide Gruppen gleichermaßen ein bedeutsames Akzeptanzkriterium ist. Vertiefend wurde diskutiert, dass dieses Akzeptanzkriterium für Gruppe B eher ein Akzeptanzkriterium zu sein scheint, das im Falle der Akzeptanz als Beweis genannt wird. In (6.6.1.4.) wiederum wurde ermittelt, dass lediglich beim langen Beweisprodukt signifikante Unterschiede mit kleiner Effektstärke zwischen der Akzeptanz und Nicht-Akzeptanz existieren. Insgesamt können die Ergebnisse nun wie folgt präzisiert werden:

Zwischen den Gruppen A und B existieren weiterhin keine signifikanten Unterschiede. Der Befund, dass das Akzeptanzkriterium in Gruppe B eher im Falle der Akzeptanz als Beweis genannt wird, kann wiederum dahingehend präzisiert werden, dass dies nur für das lange Beweisprodukt gilt. Gruppe A und B unterscheiden sich also lediglich dahingehend, dass in Gruppe B das Verständnis bzw. die Erfüllung einer Erklärungsfunktion signifikant häufiger im Falle der Akzeptanz als Akzeptanzkriterium genannt wird. In Gruppe A ist dies nicht der Fall.

Ein Erklärungsansatz hierfür könnte sein, dass das lange Beweisprodukt aufgrund seiner größeren aufgrund seiner größeren Argumentationstiefe (5.2.4.) und ggf. daraus resultierenden „Kleinschrittigkeit" für ein größeres Verständnis bei den Studierenden der Gruppe B sorgt und die Studierenden der Gruppe B dies entsprechend auch als Grund für ihre Akzeptanz angeben. Daraus könnte auch eine für den Lehrkontext bedeutsame Interpretation resultieren: Wenn die Argumentationstiefe größer ist, sorgt dies (vermeintlich) für mehr Verständnis bei schwächeren Studierenden und (vermutlich) auch für eine höhere Akzeptanz des Beweisprodukts als Beweis. Dieser Aspekt sollte allerdings genauer untersucht werden, indem überprüft wird, inwiefern das Verständnis des Beweisprodukts wirklich durch eine größere Argumentationstiefe erhöht wird. Wenn das Resultat allerdings durch weitere Studien bestätigt werden kann, kann dies als Plädoyer für ausführlichere Beweise im Lehrkontext fungieren.

Entfernen (ENT_z)

In (6.6.1.4.) wurde im Vergleich der beiden Beweisprodukte diskutiert, dass die Beweisprodukte sich hinsichtlich der Kategorie ENT_z signifikant voneinander unterscheiden. Bei der genaueren Untersuchung der beiden Gruppen A und B in (7.6.1.4.) wurde ermittelt, dass die Kategorie ENT_z im Falle der Akzeptanz signifikant häufiger in Gruppe A vergeben wird. Es wurde allerdings angeregt, die Notwendigkeit des Entfernens von Objekten bei den jeweiligen Gruppen genauer unter Berücksichtigung der einzelnen Beweisprodukte zu untersuchen. Da lediglich das lange Beweisprodukt aus Forschersicht hinreichend vollständig ist und sogar Aussagen aufweist, die aus Forschersicht nicht zwingend notwendig für die Akzeptanz als Beweis sind (5.2.4.), sind besonders die Ergebnisse zu diesem Beweisprodukt von Interesse. Zwar wurde in (7.6.1.4.) diskutiert, dass sich die beiden Gruppen A und B signifikant voneinander unterscheiden, allerdings gilt dies nicht separat für eines der beiden Beweisprodukte. Die beiden Gruppen unterscheiden sich lediglich dahingehend, dass in Gruppe B beim langen Beweisprodukt signifikante Unterschiede mit kleiner Effektstärke zwischen der Akzeptanz und Nicht-Akzeptanz existieren. Aus diesem Ergebnis kann geschlossen werden, dass zumindest für Studierende der Gruppe B im eingeschränkten Maße das Entfernen von Objekten beim langen Beweisprodukt zum Akzeptanzkriterium im Falle der Nicht-Akzeptanz wird. Eine mögliche Interpretation ist, dass unter den Studierenden der Gruppe B die Vorstellung existieren könnte, dass Beweisprodukte zu umfangreich sein können. Diese Vorstellung tangiert zumindest die in (2.2.1.) in Bezug auf De Villiers (1990) erläuterte Sichtweise, dass zu ausführliche Beweisprodukte z. B. einem evaluierten Überblick entgegenstehen. Vor dem Hintergrund des in (6.7.) ermittelten Ergebnisses, dass die Studierenden der Gruppe B sich oftmals eher nicht inhaltsbezogen äußern, kann aber vermutet werden, dass diese Interpretation nicht haltbar ist. Vielmehr kann für zukünftige Studien vermutet werden, dass in Teilen eine „grundsätzliche" Beweisvorstellung existiert, dass Beweise möglichst minimalistisch formuliert sein sollten. Hierbei kann vermutet werden, dass eine sehr oberflächliche Perspektive eingenommen und die Einschätzung nicht aufgrund einer Inhaltsbezogenheit oder eines Verständnisses des Beweisprodukts basiert.

Objektiv falsche Äußerungen (FAL_z)

In (7.6.1.4.) wurde diskutiert, dass die Kategorie FAL_z in Gruppe A nie vergeben wird. Lediglich die Studierenden der Gruppe B nennen daher objektiv falsche Äußerungen, die auf ein Fehlverständnis des Satzes oder des vorgelegten Beweisprodukts hindeuten. Aufgrund der Ergebnisse in diesem Teilkapitel kann das Ergebnis dahingehend ergänzt werden, dass die von Gruppe B teilweise genannten objektiv falschen Äußerungen nicht typisch für eines der beiden Beweisprodukte ist. Es besteht also kein Zusammenhang zwischen der Argumentationstiefe und objektiv falschen Äußerungen in Gruppe B.

Empirische Beweisvorstellungen (EMP_z)

Analog zu objektiv falschen Äußerungen werden Äußerungen, die auf empirische Beweisvorstellungen hindeuten (empirical proof scheme (Harel & Sowder, 1998), siehe (5.4.4.2.) und (6.5.1.2.)), nie von Studierenden der Gruppe A getätigt. Bei den Studierenden der Gruppe B sind sie gemäß der in (7.6.1.4.) diskutierten Ergebnisse hingegen typisch für die Nicht-Akzeptanz. Dies ist darauf zurückzuführen, dass beide Beweisprodukte keine Beispiele aufweisen (5.2.4.). Überraschenderweise zeigt sich aufgrund der Ergebnisse in diesem Teilkapitel, dass in Gruppe B zwar bei beiden Beweisprodukten (mindestens) signifikante Unterschiede mit (mindestens) kleiner Effektstärke existieren. Allerdings sind sowohl die Signifikanz (kurz: p $= 0,010$, lang: p $< 0,001$) als auch die Effektstärke (kurz: $\varphi = 0,251$, lang: $\varphi = 0,371$) beim langen Beweisprodukt höher bzw. größer. Es besteht also in Gruppe B überraschenderweise ein Zusammenhang zwischen der Nennung des Akzeptanzkriteriums und der Argumentationstiefe dahingehend, dass der Unterschied zwischen der Akzeptanz und Nicht-Akzeptanz vergrößert wird. Dieses Resultat ist überraschend, da davon auszugehen war, dass eine empirische Beweisvorstellung unabhängig von der Argumentationstiefe ist. Ein möglicher Erklärungsansatz wäre, dass Akzeptanzkriterien eine Art von „Priorisierung" aufweisen, sodass das Fehlen von Beispielen nicht der „Hauptgrund" für die Nicht-Akzeptanz ist, sondern eher einen „sekundären Grund" darstellt.

6.8.2 Analyse und Diskussion der Anzahl der Akzeptanzkriterien

Zur Analyse der Anzahl der Akzeptanzkriterien wird im Folgenden, unterschieden nach Beweisprodukten, pro Gruppe gemäß (5.6.2.2.) deskriptiv dargestellt, wie viele Studierende (absolut und relativ zur (Teil-)Stichprobengröße in Prozent) welche Anzahl an Akzeptanzkriterien und an gültigen Akzeptanzkriterien genannt haben. Zusätzlich werden jeweils Angaben zum Mittelwert, Median und zur Standardabweichung gemacht. Zur Ermittlung von Unterschieden zwischen der Akzeptanz und Nicht-Akzeptanz sowie zwischen den beiden Gruppen erfolgen gemäß den Überlegungen in (5.6.2.3.) Mann-Whitney-U Tests (siehe auch (5.7.2.)). Die Ermittlung der Anzahl der Akzeptanzkriterien erfolgt durch die in (5.4.4.2.) dargestellten Kategorien Summe 1 (alle Akzeptanzkriterien) und Summe 2 (gültige Akzeptanzkriterien).

6.8.2.1 Deskriptive und inferenzstatistische Analyse (kurzes Beweisprodukt, Gruppe A)

Die folgenden Angaben beziehen sich auf das kurze Beweisprodukt und Gruppe A. Die Anzahl der Akzeptanzkriterien wird, für beide Kategorien (links: alle Akzeptanzkriterien; rechts: gültige Akzeptanzkriterien), in der folgenden Abbildung dargestellt (Abbildung 6.22).

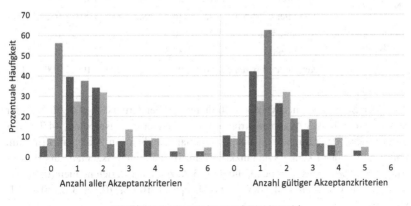

Abbildung 6.22 Überblick über die Ergebnisse der deskriptiven Analyse (Gruppe A, kurzes Beweisprodukt)

Durch eine inferenzstatistische Analyse wurde außerdem festgestellt, dass bei der Betrachtung aller Akzeptanzkriterien keine signifikanten Unterschiede und bei der Betrachtung gültiger Akzeptanzkriterien signifikante Unterschiede zwischen der Akzeptanz und Nicht-Akzeptanz existieren. Eine ausführliche deskriptive und inferenzstatistische Analyse erfolgt im Folgenden anhand von Tabellen.

Deskriptive Analyse der Anzahl aller Akzeptanzkriterien (FF-5c) (Tabelle 6.98 und Tabelle 6.99)

Tabelle 6.98 Anzahl aller Akzeptanzkriterien (Gruppe A, kurzes Beweisprodukt)

A: kurzes Beweisprodukt	Anzahl aller Akzeptanzkriterien	0	1	2	3	4	5	6
Unabhängig von Beweisakzeptanz ($N_{ges} = 38$)	Absolute Häufigkeit	2	15	13	3	3	1	1
	In Prozent	5,3	39,5	34,2	7,8	7,9	2,6	2,6
	Kumulierte Prozente	5,3	44,7	78,9	86,8	94,7	97,4	100
Akzeptanz als Beweis ($N_{akz} = 22$)	Absolute Häufigkeit	2	6	7	3	2	1	1
	In Prozent	9,1	27,3	31,8	13,6	9,1	4,5	4,5
	Kumulierte Prozente	9,1	36,4	68,2	81,8	90,9	95,5	100
Keine Akzeptanz als Beweis ($N_{nakz} = 16$)	Absolute Häufigkeit	2	10	3	1	0	0	0
	In Prozent	56,3	37,5	6,3	0	0	0	0
	Kumulierte Prozente	56,3	93,8	100	100	100	100	100

In der Summe nennen von den Studierenden der Gruppe A also 86,8 % der Studierenden 0 bis 3 Akzeptanzkriterien beim kurzen Beweisprodukt. 44,7 % der Studierenden der Gruppe A nennen maximal lediglich ein Akzeptanzkriterium und 5,3 % nennen kein Akzeptanzkriterium. Im Falle der Akzeptanz als Beweis sind es 81,8 % der Studierenden, die 0 bis 3 Akzeptanzkriterien nennen (0: 9,1 %, 0 bis 1: 36,4 %), im Falle der Nicht-Akzeptanz 100 % (0: 56,3 %, 0 bis 1: 93,8 %).

Tabelle 6.99 Anzahl aller Akzeptanzkriterien: Mittelwert, Median, Standardabweichung (Gruppe A, kurzes Beweisprodukt)

A: kurzes Beweisprodukt (alle Akzeptanzkriterien)	n	m	med	sd	Signifikante Unterschiede Akzeptanz und Nicht-Akzeptanz (U-Test)
Unabhängig von Beweisakzeptanz ($N_{ges} = 38$)	73	1,9211	2	1,30242	
Akzeptanz als Beweis ($N_{akz} = 22$)	48	2,1818	2	1,53177	n.s.
Keine Akzeptanz als Beweis ($N_{nakz} = 16$)	25	1,5625	1	0,81394	

Im Mittel nennen die Studierenden der Gruppe A 1,9211 Akzeptanzkriterien (sd = 1,30242). Im Falle der Akzeptanz sind es 2,1818 Akzeptanzkriterien (sd = 1,53177), im Falle der Nicht-Akzeptanz 1,5625 Akzeptanzkriterien (sd = 0,81394).

Inferenzstatistische Analyse der Anzahl aller Akzeptanzkriterien (FF-5e) (Tabelle 6.99)
Zwischen der Akzeptanz und Nicht-Akzeptanz bestehen keine signifikanten Unterschiede.

Deskriptive Analyse der Anzahl gültiger Akzeptanzkriterien (FF-5c) (Tabelle 6.100 und Tabelle 6.101)

Tabelle 6.100 Anzahl der gültigen Akzeptanzkriterien (Gruppe A, kurzes Beweisprodukt)

A: kurzes Beweisprodukt	Anzahl gültiger Akzeptanzkriterien	0	1	2	3	4	5	6
Unabhängig von Beweisakzeptanz ($N_{ges} = 38$)	Absolute Häufigkeit	4	16	10	5	2	1	0
	In Prozent	10,5	42,1	26,3	13,2	5,3	2,6	0
	Kumulierte Prozente	10,5	52,6	78,9	92,1	97,4	100	100
Akzeptanz als Beweis ($N_{akz} = 22$)	Absolute Häufigkeit	2	6	7	4	2	1	0
	In Prozent	9,1	27,3	31,8	18,2	9,1	4,5	0
	Kumulierte Prozente	9,1	36,4	68,2	86,4	95,5	100	100
Keine Akzeptanz als Beweis ($N_{nakz} = 16$)	Absolute Häufigkeit	2	10	3	1	0	0	0
	In Prozent	12,5	62,5	18,8	6,3	0	0	0
	Kumulierte Prozente	12,5	75	93,8	100	100	100	100

In der Summe nennen von den Studierenden der Gruppe A also 92,1 % der Studierenden 0 bis 3 Akzeptanzkriterien gültige Akzeptanzkriterien beim kurzen Beweisprodukt. 52,6 % der Studierenden der Gruppe A nennen maximal lediglich ein gültiges Akzeptanzkriterium und 10,5 % nennen kein gültiges Akzeptanzkriterium. Im Falle der Akzeptanz als Beweis sind es 86,4 % der Studierenden, die 0 bis 3 Akzeptanzkriterien nennen (0: 9,1 %, 0 bis 1: 36,4 %), im Falle der Nicht-Akzeptanz 100 % (0: 12,5 %, 0 bis 1: 75 %).

Tabelle 6.101 Anzahl der gültigen Akzeptanzkriterien: Mittelwert, Median, Standardabweichung (Gruppe A, kurzes Beweisprodukt)

A: kurzes Beweisprodukt (gültige Akzeptanzkriterien)	n	m	med	sd	Signifikante Unterschiede Akzeptanz und Nicht-Akzeptanz (U-Test)	
Unabhängig von Beweisakzeptanz ($N_{ges} = 38$)	64	1,6842	1	1,16492		
Akzeptanz als Beweis ($N_{akz} = 22$)	45	2,0455	2	1,29016	Signifikanz	0,024
					U-Statistik	103,500
Keine Akzeptanz als Beweis ($N_{nakz} = 16$)	19	1,1875	1	0,75000	Z-Statistik	−2,254
					Effektstärke (r)	−0,37

Im Mittel nennen die Studierenden der Gruppe A nun 1,6842 gültige Akzeptanzkriterien (sd = 1,16492) beim Beweisprodukt mit geringer Argumentationstiefe. Im Falle der Akzeptanz sind es 2,0455 Akzeptanzkriterien (sd = 1,29016), im Falle der Nicht-Akzeptanz 1,1875 gültige Akzeptanzkriterien (sd = 0,75000).

Inferenzstatistische Analyse der Anzahl gültiger Akzeptanzkriterien (FF-5e) (Tabelle 6.101)

Zwischen der Akzeptanz und Nicht-Akzeptanz bestehen signifikante Unterschiede mit mittlerer Effektstärke (U = 103,500, Z = −2,254, p = 0,024, r = −0,37)

6.8.2.2 Deskriptive und inferenzstatistische Analyse (kurzes Beweisprodukt, Gruppe B)

Die folgenden Angaben beziehen sich auf das kurze Beweisprodukt und Gruppe B. Die Anzahl der Akzeptanzkriterien wird, analog zu (6.8.2.1.), in der folgenden Abbildung dargestellt (Abbildung 6.23):

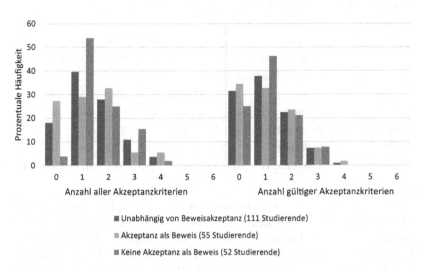

Abbildung 6.23 Überblick über die Ergebnisse der deskriptiven Analyse (Gruppe B, kurzes Beweisprodukt)

Durch eine inferenzstatistische Analyse wurden sowohl bei der Betrachtung aller Akzeptanzkriterien als auch bei der Betrachtung gültiger Akzeptanzkriterien keine signifikanten Unterschiede zwischen der Akzeptanz und Nicht-Akzeptanz ermittelt. Eine ausführliche deskriptive und inferenzstatistische Analyse erfolgt im Folgenden anhand von Tabellen.

Deskriptive Analyse der Anzahl aller Akzeptanzkriterien (FF-5c) (Tabelle 6.102 und Tabelle 6.103)

Tabelle 6.102 Anzahl aller Akzeptanzkriterien (Gruppe B, kurzes Beweisprodukt)

B: kurzes Beweisprodukt	Anzahl aller Akzeptanzkriterien	0	1	2	3	4	5	6
Unabhängig von Beweisakzeptanz ($N_{ges} = 111$)	Absolute Häufigkeit	20	44	31	12	4	p	0
	In Prozent	18	39,6	27,9	10,8	3,6	0	0
	Kumulierte Prozente	18	57,7	85,6	96,4	100	100	100
Akzeptanz als Beweis ($N_{akz} = 55$)	Absolute Häufigkeit	15	16	18	3	3	0	0
	In Prozent	27,3	29,1	32,7	5,5	5,5	0	0
	Kumulierte Prozente	27,3	56,4	89,1	94,5	100	100	100
Keine Akzeptanz als Beweis ($N_{nakz} = 52$)	Absolute Häufigkeit	2	28	13	8	1	0	0
	In Prozent	3,8	53,8	25	15,4	1,9	0	0
	Kumulierte Prozente	3,8	57,7	82,7	98,1	100	100	100

In der Summe nennen von den Studierenden der Gruppe B also 96,4 % der Studierenden 0 bis 3 Akzeptanzkriterien beim kurzen Beweisprodukt. 57,7 % der Studierenden der Gruppe B nennen maximal lediglich ein Akzeptanzkriterium und 18 % nennen kein Akzeptanzkriterium. Im Falle der Akzeptanz als Beweis sind es 94,5 % der Studierenden, die 0 bis 3 Akzeptanzkriterien nennen (0: 27,3 %, 0 bis 1: 56,4 %), im Falle der Nicht-Akzeptanz 98,1 % (0: 3,8 %, 0 bis 1: 57,7 %).

Tabelle 6.103 Anzahl aller Akzeptanzkriterien: Mittelwert, Median, Standardabweichung (Gruppe B, kurzes Beweisprodukt)

B: kurzes Beweisprodukt (alle Akzeptanzkriterien)	n	m	med	sd	Signifikante Unterschiede Akzeptanz und Nicht-Akzeptanz (U-Test)
Unabhängig von Beweisakzeptanz ($N_{ges} = 111$)	158	1,4234	1	1,02292	
Akzeptanz als Beweis ($N_{akz} = 55$)	73	1,3273	1	1,10645	n.s.
Keine Akzeptanz als Beweis ($N_{nakz} = 52$)	82	1,5769	1	0,87102	

Im Mittel nennen die Studierenden der Gruppe B 1,4234 Akzeptanzkriterien (sd = 1,02292). Im Falle der Akzeptanz sind es 1,3273 Akzeptanzkriterien (sd = 1,10645), im Falle der Nicht-Akzeptanz 1,5769 Akzeptanzkriterien (sd = 0,87102).

Inferenzstatistische Analyse der Anzahl aller Akzeptanzkriterien (FF-5e) (Tabelle 6.103)
Zwischen der Akzeptanz und Nicht-Akzeptanz bestehen keine signifikanten Unterschiede.

Deskriptive Analyse der Anzahl gültiger Akzeptanzkriterien (FF-5c) (Tabelle 6.104 und Tabelle 6.105)

Tabelle 6.104 Anzahl der gültigen Akzeptanzkriterien (Gruppe B, kurzes Beweisprodukt)

B: kurzes Beweisprodukt	Anzahl gültiger Akzeptanzkriterien	0	1	2	3	4	5	6
Unabhängig von Beweisakzeptanz ($N_{ges} = 111$)	Absolute Häufigkeit	35	42	25	8	1	0	0
	In Prozent	31,5	37,8	22,5	7,2	0,9	0	0
	Kumulierte Prozente	31,5	69,4	91,9	99,1	100	100	100
Akzeptanz als Beweis ($N_{akz} = 55$)	Absolute Häufigkeit	19	18	13	4	1	0	0
	In Prozent	34,5	32,7	23,6	7,3	1,8	0	0
	Kumulierte Prozente	34,5	67,3	90,9	98,2	100	100	100
Keine Akzeptanz als Beweis ($N_{nakz} = 52$)	Absolute Häufigkeit	13	24	11	4	0	0	0
	In Prozent	25	46,2	21,2	7,7	0	0	0
	Kumulierte Prozente	25	71,2	92,3	100	100	100	100

In der Summe nennen von den Studierenden der Gruppe B also 99,1 % der Studierenden 0 bis 3 Akzeptanzkriterien gültige Akzeptanzkriterien beim kurzen Beweisprodukt. 69,4 % der Studierenden der Gruppe B nennen maximal lediglich ein gültiges Akzeptanzkriterium und 31,5 % nennen kein gültiges Akzeptanzkriterium. Im Falle der Akzeptanz als Beweis sind es 98,2 % der Studierenden, die 0 bis 3 Akzeptanzkriterien nennen (0: 34,5 %, 0 bis 1: 67,3 %), im Falle der Nicht-Akzeptanz 100 % (0: 25 %, 0 bis 1: 71,2 %).

Tabelle 6.105 Anzahl der gültigen Akzeptanzkriterien: Mittelwert, Median, Standardabweichung (Gruppe B, kurzes Beweisprodukt)

B: kurzes Beweisprodukt (gültige Akzeptanzkriterien)	n	m	med	sd	Signifikante Unterschiede Akzeptanz und Nicht-Akzeptanz (U-Test)
Unabhängig von Beweisakzeptanz ($N_{ges} = 111$)	120	1,0811	1	0,95475	
Akzeptanz als Beweis ($N_{akz} = 55$)	60	1,0909	1	1,02330	n.s.
Keine Akzeptanz als Beweis ($N_{nakz} = 52$)	58	1,1154	1	0,87792	

Im Mittel nennen die Studierenden der Gruppe B nun 1,0811 gültige Akzeptanzkriterien (sd = 0,95475) beim Beweisprodukt mit geringer Argumentationstiefe. Im Falle der Akzeptanz sind es 1,0909 Akzeptanzkriterien (sd = 1,02330), im Falle der Nicht-Akzeptanz 1,1154 gültige Akzeptanzkriterien (sd = 0,87792).

Inferenzstatistische Analyse der Anzahl gültiger Akzeptanzkriterien (FF-5e) (Tabelle 6.105)
Zwischen der Akzeptanz und Nicht-Akzeptanz bestehen keine signifikanten Unterschiede.

6.8.2.3 Vergleich der Gruppen A und B (FF-4f, kurzes Beweisprodukt)

Im Folgenden werden die Ergebnisse der deskriptiven und inferenzstatistischen Analysen beider Gruppen beim kurzen Beweisprodukt verglichen und die beiden Gruppen inferenzstatistisch miteinander verglichen. Der Vergleich dient der Beantwortung von Forschungsfrage 5f. Eine Auswahl der Ergebnisse der erfolgten deskriptiven Analysen wird in der folgenden Abbildung dargestellt (Abbildung 6.24).

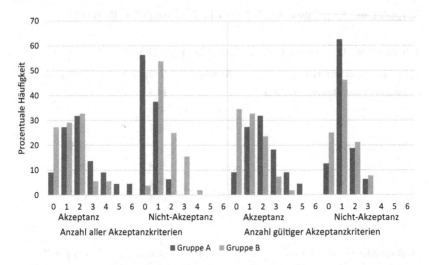

Abbildung 6.24 Überblick über ausgewählte Ergebnisse der deskriptiven Analysen (Gruppe A und B, kurzes Beweisprodukt)

Die beiden Gruppen A und B wurden außerdem inferenzstatistisch miteinander verglichen. Die Ergebnisse sind, dass unabhängig von der Beweisakzeptanz bei der Betrachtung aller Akzeptanzkriterien keine signifikanten Unterschiede zwischen den beiden Gruppen A und B existieren. Bei der Betrachtung gültiger Akzeptanzkriterien sind es hingegen sehr signifikante Unterschiede. Im Falle der Akzeptanz existieren bei der Betrachtung aller Akzeptanzkriterien signifikante und bei der Betrachtung gültiger Akzeptanzkriterien sehr signifikante Unterschiede zwischen den Gruppen. Im Falle der Nicht-Akzeptanz existieren hingegen weder bei allen Akzeptanzkriterien noch bei den gültigen Akzeptanzkriterien signifikante Unterschiede. Weitere bzw. ausführlichere Ergebnisse der deskriptiven und inferenzstatistischen Analysen werden im Folgenden vorgestellt.

Vergleich der Ergebnisse der deskriptiven Analysen (Tabelle 6.106)

Tabelle 6.106 Vergleich der Ergebnisse der deskriptiven Analyse

Alle Akzeptanzkriterien	Anzahl	Gruppe A	Gruppe B
Unabhängig von Beweisakzeptanz	0	10,5	18
	0–1	52,6	57,7
	0–3	92,1	85,6
Akzeptanz als Beweis	0	9,1	27,3
	0–1	36,4	56,4
	0–3	68,2	89,1
Keine Akzeptanz als Beweis	0	12,5	3,8
	0–1	75	57,7
	0–3	93,8	82,7
Gültige Akzeptanzkriterien	**Anzahl**	**Gruppe A**	**Gruppe B**
Unabhängig von Beweisakzeptanz	0	18	31,5
	0–1	57,7	69,4
	0–3	85,6	91,9
Akzeptanz als Beweis	0	27,3	34,5
	0–1	56,4	67,3
	0–3	94,5	90,9
Keine Akzeptanz als Beweis	0	3,8	25
	0–1	57,7	71,2
	0–3	98,1	92,3

Stellt man die Ergebnisse der deskriptiven Analyse gegenüber, so lassen sich die folgenden Ergebnisse erkennen:

- Bei allen Akzeptanzkriterien ergibt sich unabhängig von der Beweisakzeptanz ein eher diffuses Bild ohne klare Tendenz. Im Falle der Akzeptanz hingegen ist der prozentuale Anteil der Studierenden, die 0, 0–1 oder 0–3 Akzeptanzkriterien nennen, in Gruppe B großer. Im Falle der Nicht-Akzeptanz gilt dies wiederum für Gruppe A.
- Betrachtet man die gültigen Akzeptanzkriterien, so ist der prozentuale Anteil der Studierenden, die 0, 0–1 oder 0–3 Akzeptanzkriterien nennen, in Gruppe B immer größer.

Vergleich der Ergebnisse der inferenzstatistischen Analysen
Vergleicht man bei der Anzahl aller Akzeptanzkriterien und der Anzahl gülti-
ger Akzeptanzkriterien die Ergebnisse zum Vergleich zwischen der Akzeptanz
und Nicht-Akzeptanz miteinander, so ergibt sich das folgende Bild für das kurze
Beweisprodukt:
Bei der Betrachtung aller Akzeptanzkriterien existieren weder in Gruppe A
noch in Gruppe B signifikante Unterschiede zwischen der Akzeptanz und
Nicht-Akzeptanz.
Bei der Betrachtung gültiger Akzeptanzkriterien existieren in Gruppe A signifikante
Unterschiede mit mittlerer Effektstärke, während in Gruppe B keine signifikanten
Unterschiede bestehen (Gruppe A: $U = 103{,}500$, $Z = -2{,}254$, $p = 0{,}024$, $r = -0{,}37$,
Gruppe B: n.s.).

Inferenzstatistische Analyse
Im Folgenden werden die Ergebnisse des Vergleichs der beiden Gruppen A und
B beim kurzen Beweisprodukt dargestellt.
Bei der Betrachtung aller Akzeptanzkriterien ergeben sich die folgenden Ergeb-
nisse:

- Unabhängig von der Beweisakzeptanz existieren keine signifikanten Unterschiede zwischen den beiden Gruppen A und B ($p = 0{,}051$)
- Im Falle der Akzeptanz existieren signifikante Unterschiede mit kleiner Effektstärke zwischen den beiden Gruppen A und B ($U = 408{,}500$, $Z = -2{,}296$,
  $p = 0{,}022$, $r = -0{,}26$)
- Im Falle einer Nicht-Akzeptanz gibt es keine signifikanten Unterschiede
  zwischen den beiden Gruppen A und B

Bei der Betrachtung gültiger Akzeptanzkriterien ergeben sich die folgenden
Ergebnisse:

- Unabhängig von der Beweisakzeptanz existieren sehr signifikante Unterschiede
  mit kleiner Effektstärke zwischen den beiden Gruppen A und B ($U = 1495{,}000$,
  $Z = -2{,}804$, $p = 0{,}005$, $r = -0{,}23$)
- Im Falle der Akzeptanz existieren sehr signifikante Unterschiede mit mittlerer
  Effektstärke zwischen den beiden Gruppen A und B ($U = 346{,}500$, $Z = -3{,}021$,
  $p = 0{,}003$, $r = -0{,}34$)
- Im Falle einer Nicht-Akzeptanz gibt es keine signifikanten Unterschiede
  zwischen den beiden Gruppen A und B

6.8.2.4 Deskriptive und inferenzstatistische Analyse (langes Beweisprodukt, Gruppe A)

Die folgenden Angaben beziehen sich auf das lange Beweisprodukt und Gruppe A. Sie werden zunächst in der folgenden Abbildung dargestellt (Abbildung 6.25).

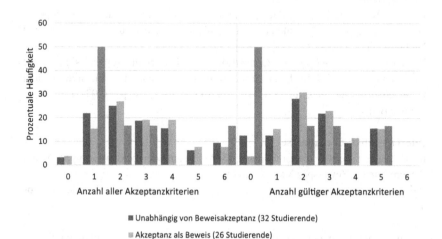

■ Unabhängig von Beweisakzeptanz (32 Studierende)

▨ Akzeptanz als Beweis (26 Studierende)

■ Keine Akzeptanz als Beweis (6 Studierende)

Abbildung 6.25 Überblick über die Ergebnisse der deskriptiven Analyse (Gruppe A, langes Beweisprodukt)

Durch eine inferenzstatistische Analyse wurde zudem ermittelt, dass weder bei der Betrachtung aller Akzeptanzkriterien noch bei der Betrachtung gültiger Akzeptanzkriterien signifikante Unterschiede zwischen der Akzeptanz und Nicht-Akzeptanz existieren. Eine ausführliche deskriptive und inferenzstatistische Analyse erfolgt im Folgenden anhand von Tabellen.

Deskriptive Analyse der Anzahl aller Akzeptanzkriterien (FF-5c) (Tabelle 6.107 und Tabelle 6.108)

Tabelle 6.107 Anzahl aller Akzeptanzkriterien (Gruppe A, langes Beweisprodukt)

A: langes Beweisprodukt	Anzahl aller Akzeptanzkriterien	0	1	2	3	4	5	6
Unabhängig von Beweisakzeptanz ($N_{ges} = 32$)	Absolute Häufigkeit	1	7	8	6	5	2	3
	In Prozent	3,1	21,9	25	18,8	15,6	6,3	9,4
	Kumulierte Prozente	3,1	25	50	68,8	84,4	90,6	100
Akzeptanz als Beweis ($N_{akz} = 26$)	Absolute Häufigkeit	1	4	7	5	5	2	2
	In Prozent	3,8	15,4	26,9	19,2	19,2	7,7	7,7
	Kumulierte Prozente	3,8	19,2	46,2	65,4	84,6	92,3	100
Keine Akzeptanz als Beweis ($N_{nakz} = 6$)	Absolute Häufigkeit	0	3	1	1	0	0	1
	In Prozent	0	50	16,7	16,7	0	0	16,7
	Kumulierte Prozente	0	50	66,7	83,3	83,3	83,3	100

In der Summe nennen von den Studierenden der Gruppe A also 86,8 % der Studierenden 0 bis 3 Akzeptanzkriterien beim langen Beweisprodukt. 44,7 % der Studierenden der Gruppe A nennen maximal lediglich ein Akzeptanzkriterium und 5,3 % nennen kein Akzeptanzkriterium. Im Falle der Akzeptanz als Beweis sind es 81,8 % der Studierenden, die 0 bis 3 Akzeptanzkriterien nennen (0: 9,1 %, 0 bis 1: 36,4 %), im Falle der Nicht-Akzeptanz 100 % (0: 56,3 %, 0 bis 1: 93,8 %).

Tabelle 6.108 Anzahl aller Akzeptanzkriterien: Mittelwert, Median, Standardabweichung (Gruppe A, langes Beweisprodukt)

A: langes Beweisprodukt (alle Akzeptanzkriterien)	n	m	med	sd	Signifikante Unterschiede Akzeptanz und Nicht-Akzeptanz (U-Test)
Unabhängig von Beweisakzeptanz ($N_{ges} = 32$)	89	2,7813	2,5	1,64090	
Akzeptanz als Beweis ($N_{akz} = 26$)	75	2,8846	3	1,58308	n.s.
Keine Akzeptanz als Beweis ($N_{nakz} = 6$)	14	2,3333	1,5	1,96638	

Im Mittel nennen die Studierenden der Gruppe A 1,9211 Akzeptanzkriterien (sd = 1,30242). Im Falle der Akzeptanz sind es 2,1818 Akzeptanzkriterien (sd = 1,53177), im Falle der Nicht-Akzeptanz 1,5625 Akzeptanzkriterien (sd = 0,81394).

Inferenzstatistische Analyse der Anzahl aller Akzeptanzkriterien (FF-5e) (Tabelle 6.108)
Zwischen der Akzeptanz und Nicht-Akzeptanz bestehen keine signifikanten Unterschiede.

Deskriptive Analyse der Anzahl gültiger Akzeptanzkriterien (FF-5c) (Tabelle 6.109 und Tabelle 6.110)

Tabelle 6.109 Anzahl der gültigen Akzeptanzkriterien (Gruppe A, langes Beweisprodukt)

A: langes Beweisprodukt	Anzahl gültiger Akzeptanzkriterien	0	1	2	3	4	5	6
Unabhängig von Beweisakzeptanz ($N_{ges} = 32$)	Absolute Häufigkeit	4	4	9	7	3	5	0
	In Prozent	12,5	12,5	28,1	21,9	9,4	15,6	0
	Kumulierte Prozente	12,5	25	53,1	75	84,4	100	100
Akzeptanz als Beweis ($N_{akz} = 26$)	Absolute Häufigkeit	1	4	8	6	3	4	0
	In Prozent	3,8	15,4	30,8	23,1	11,5	15,4	0
	Kumulierte Prozente	3,8	19,2	50	73,1	84,6	100	100
Keine Akzeptanz als Beweis ($N_{nakz} = 6$)	Absolute Häufigkeit	3	0	1	1	0	1	0
	In Prozent	50	0	16,7	16,7	0	16,7	0
	Kumulierte Prozente	50	50	66,7	83,3	83,3	100	100

In der Summe nennen von den Studierenden der Gruppe A also 92,1 % der Studierenden 0 bis 3 Akzeptanzkriterien gültige Akzeptanzkriterien beim langen Beweisprodukt. 52,6 % der Studierenden der Gruppe A nennen maximal lediglich ein gültiges Akzeptanzkriterium und 10,5 % nennen kein gültiges Akzeptanzkriterium. Im Falle der Akzeptanz als Beweis sind es 86,4 % der Studierenden, die 0 bis 3 Akzeptanzkriterien nennen (0: 9,1 %, 0 bis 1: 36,4 %), im Falle der Nicht-Akzeptanz 100 % (0: 12,5 %, 0 bis 1: 75 %).

Tabelle 6.110 Anzahl der gültigen Akzeptanzkriterien: Mittelwert, Median, Standardabweichung (Gruppe A, langes Beweisprodukt)

A: langes Beweisprodukt (gültige Akzeptanzkriterien)	n	m	med	sd	Signifikante Unterschiede Akzeptanz und Nicht-Akzeptanz (U-Test)
Unabhängig von Beweisakzeptanz ($N_{ges} = 32$)	80	2,5000	2	1,56576	
Akzeptanz als Beweis ($N_{akz} = 26$)	70	2,6923	2,5	1,40767	n.s.
Keine Akzeptanz als Beweis ($N_{nakz} = 6$)	10	1,6667	1	2,06559	

Im Mittel nennen die Studierenden der Gruppe A nun 1,6842 gültige Akzeptanzkriterien (sd = 1,16492) beim Beweisprodukt mit großer Argumentationstiefe. Im Falle der Akzeptanz sind es 2,0455 Akzeptanzkriterien (sd = 1,29016), im Falle der Nicht-Akzeptanz 1,1875 gültige Akzeptanzkriterien (sd = 0,75000).

Inferenzstatistische Analyse der Anzahl gültiger Akzeptanzkriterien (FF-5e) (Tabelle 6.110)
Zwischen der Akzeptanz und Nicht-Akzeptanz bestehen keine signifikanten Unterschiede.

6.8.2.5 Deskriptive und inferenzstatistische Analyse (langes Beweisprodukt, Gruppe B)

Die folgenden Angaben beziehen sich auf das lange Beweisprodukt und Gruppe B. Analog zu (6.8.2.4.) werden zunächst in der folgenden Abbildung dargestellt (Abbildung 6.26).

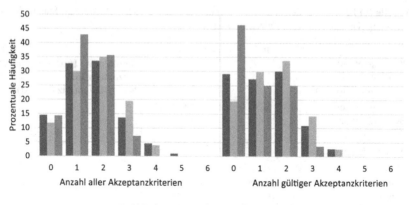

Abbildung 6.26 Überblick über die Ergebnisse der deskriptiven Analyse (Gruppe B, langes Beweisprodukt)

Durch eine inferenzstatistische Analyse wurde zudem ermittelt, dass weder bei der Betrachtung aller Akzeptanzkriterien noch bei der Betrachtung gültiger Akzeptanzkriterien signifikante Unterschiede zwischen der Akzeptanz und Nicht-Akzeptanz existieren. Eine ausführliche deskriptive und inferenzstatistische Analyse erfolgt im Folgenden anhand von Tabellen.

Deskriptive Analyse der Anzahl aller Akzeptanzkriterien (FF-5c) (Tabelle 6.111 und Tabelle 6.112)

Tabelle 6.111 Anzahl aller Akzeptanzkriterien (Gruppe B, langes Beweisprodukt)

B: langes Beweisprodukt	Anzahl aller Akzeptanzkriterien	0	1	2	3	4	5	6
Unabhängig von Beweisakzeptanz ($N_{ges} = 110$)	Absolute Häufigkeit	16	36	37	15	5	1	0
	In Prozent	14,5	32,7	33,6	13,6	4,5	0,9	0
	Kumulierte Prozente	14,5	47,3	80,9	94,5	99,1	100	100
Akzeptanz als Beweis ($N_{akz} = 77$)	Absolute Häufigkeit	9	23	27	15	3	0	0
	In Prozent	11,7	29,9	35,1	19,5	3,9	0	0
	Kumulierte Prozente	11,7	41,6	76,6	96,1	100	100	100
Keine Akzeptanz als Beweis ($N_{nakz} = 28$)	Absolute Häufigkeit	4	12	10	2	0	0	0
	In Prozent	14,3	42,9	35,7	7,1	0	0	0
	Kumulierte Prozente	14,3	57,1	92,9	100	100	100	100

In der Summe nennen von den Studierenden der Gruppe B also 94,5 % der Studierenden 0 bis 3 Akzeptanzkriterien beim langen Beweisprodukt. 47,3 % der Studierenden der Gruppe B nennen maximal lediglich ein Akzeptanzkriterium und 14,5 % nennen kein Akzeptanzkriterium. Im Falle der Akzeptanz als Beweis sind es 96,1 % der Studierenden, die 0 bis 3 Akzeptanzkriterien nennen (0: 11,7 %, 0 bis 1: 41,6 %), im Falle der Nicht-Akzeptanz 100 % (0: 14,3 %, 0 bis 1: 57,1 %).

Tabelle 6.112 Anzahl aller Akzeptanzkriterien: Mittelwert, Median, Standardabweichung (Gruppe B, langes Beweisprodukt)

B: langes Beweisprodukt (alle Akzeptanzkriterien)	n	m	med	sd	Signifikante Unterschiede Akzeptanz und Nicht-Akzeptanz (U-Test)
Unabhängig von Beweisakzeptanz ($N_{ges} = 110$)	180	1,6364	2	1,08980	
Akzeptanz als Beweis ($N_{akz} = 77$)	134	1,7403	2	1,03113	n.s.
Keine Akzeptanz als Beweis ($N_{nakz} = 28$)	40	1,4286	1	0,99735	

Im Mittel nennen die Studierenden der Gruppe B 1,6364 Akzeptanzkriterien (sd = 1,08980). Im Falle der Akzeptanz sind es 1,7403 Akzeptanzkriterien (sd = 1,03113), im Falle der Nicht-Akzeptanz 1,4286 Akzeptanzkriterien (sd = 0,99735).

Inferenzstatistische Analyse der Anzahl aller Akzeptanzkriterien (FF-5e) (Tabelle 6.112)
Zwischen der Akzeptanz und Nicht-Akzeptanz bestehen keine signifikanten Unterschiede.

Deskriptive Analyse der Anzahl gültiger Akzeptanzkriterien (FF-5c) (Tabelle 6.113 und Tabelle 6.114)

Tabelle 6.113 Anzahl der gültigen Akzeptanzkriterien (Gruppe B, langes Beweisprodukt)

B: langes Beweisprodukt	Anzahl gültiger Akzeptanzkriterien	0	1	2	3	4	5	6
Unabhängig von Beweisakzeptanz ($N_{ges} = 110$)	Absolute Häufigkeit	32	30	33	12	3	0	0
	In Prozent	29,1	27,3	30	10,9	2,7	0	0
	Kumulierte Prozente	29,1	56,4	86,4	97,3	100	100	100
Akzeptanz als Beweis ($N_{akz} = 77$)	Absolute Häufigkeit	15	23	26	11	2	0	0
	In Prozent	19,5	29,9	33,8	14,3	2,6	0	0
	Kumulierte Prozente	19,5	49,4	83,1	97,4	100	100	100
Keine Akzeptanz als Beweis ($N_{nakz} = 28$)	Absolute Häufigkeit	13	7	7	1	0	0	0
	In Prozent	46,4	25	25	3,6	0	0	0
	Kumulierte Prozente	46,4	71,4	96,4	100	100	100	100

In der Summe nennen von den Studierenden der Gruppe B also 93,3 % der Studierenden 0 bis 3 Akzeptanzkriterien gültige Akzeptanzkriterien beim langen Beweisprodukt. 56,4 % der Studierenden der Gruppe B nennen maximal lediglich ein gültiges Akzeptanzkriterium und 29,1 % nennen kein gültiges Akzeptanzkriterium. Im Falle der Akzeptanz als Beweis sind es 97,4 % der Studierenden, die 0 bis 3 Akzeptanzkriterien nennen (0: 19,5 %, 0 bis 1: 49,4 %), im Falle der Nicht-Akzeptanz 100 % (0: 46,4 %, 0 bis 1: 71,4 %).

Tabelle 6.114 Anzahl der gültigen Akzeptanzkriterien: Mittelwert, Median, Standardabweichung (Gruppe B, langes Beweisprodukt)

B: langes Beweisprodukt (gültige Akzeptanzkriterien)	n	m	med	sd	Signifikante Unterschiede Akzeptanz und Nicht-Akzeptanz (U-Test)
Unabhängig von Beweisakzeptanz ($N_{ges} = 110$)	144	1,3091	1	1,08995	
Akzeptanz als Beweis ($N_{akz} = 77$)	116	1,5065	2	1,04659	n.s.
Keine Akzeptanz als Beweis ($N_{nakz} = 28$)	24	0,8571	1	0,93152	

Im Mittel nennen die Studierenden der Gruppe B nun 1,3091 gültige Akzeptanz-kriterien (sd = 1,08995) beim Beweisprodukt mit großer Argumentationstiefe. Im Falle der Akzeptanz sind es 1,5065 Akzeptanzkriterien (sd = 1,04659), im Falle der Nicht-Akzeptanz 0,8571 gültige Akzeptanzkriterien (sd = 0,93152).

Inferenzstatistische Analyse der Anzahl gültiger Akzeptanzkriterien (FF-5e) (Tabelle 6.114)
Zwischen der Akzeptanz und Nicht-Akzeptanz bestehen keine signifikanten Unterschiede.

6.8.2.6 Vergleich der Gruppen A und B (FF-4f, langes Beweisprodukt)

Im Folgenden werden die Ergebnisse der deskriptiven und inferenzstatistischen Analysen beider Gruppen beim langen Beweisprodukt verglichen und die beiden Gruppen inferenzstatistisch miteinander verglichen. Der Vergleich dient der Beantwortung von Forschungsfrage 5f.

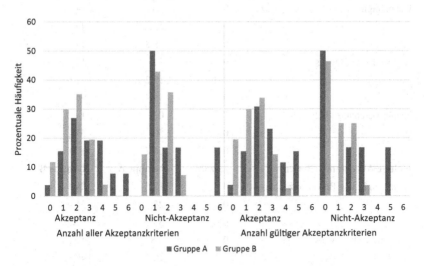

Abbildung 6.27 Überblick über ausgewählte Ergebnisse der deskriptiven Analyse (Gruppe A und B, langes Beweisprodukt)

Eine zum Vergleich der Gruppen A und B durchgeführte inferenzstatistische Analyse ergab die folgenden Ergebnisse: Unabhängig von der Beweisakzeptanz existieren sowohl bei der Betrachtung aller Akzeptanzkriterien als auch bei der Betrachtung gültiger Akzeptanzkriterien hochsignifikante Unterschiede zwischen den beiden Gruppen. Im Falle der Akzeptanz existieren bei der Betrachtung aller bzw. gültiger Akzeptanzkriterien ebenfalls hochsignifikante Unterschiede zwischen den Gruppen. Im Falle der Nicht-Akzeptanz existieren hingegen weder bei der Betrachtung aller Akzeptanzkriterien noch bei der Betrachtung gültiger Akzeptanzkriterien signifikante Unterschiede. Weitere bzw. ausführlichere Ergebnisse der deskriptiven und inferenzstatistischen Analysen werden im Folgenden vorgestellt.

Vergleich der Ergebnisse der deskriptiven Analysen (Tabelle 6.115)

Tabelle 6.115 Vergleich der Ergebnisse der deskriptiven Analyse

Alle Akzeptanzkriterien	Anzahl	Gruppe A	Gruppe B
Unabhängig von Beweisakzeptanz	0	3,1	14,5
	0–1	25	47,3
	0–3	68,8	94,5
Akzeptanz als Beweis	0	3,8	11,7
	0–1	19,2	41,6
	0–3	46,2	96,1
Keine Akzeptanz als Beweis	0	0	14,3
	0–1	50	57,1
	0–3	66,7	100
Gültige Akzeptanzkriterien	**Anzahl**	**Gruppe A**	**Gruppe B**
Unabhängig von Beweisakzeptanz	0	12,5	29,1
	0–1	25	56,4
	0–3	53,1	97,3
Akzeptanz als Beweis	0	3,8	19,5
	0–1	19,2	49,4
	0–3	50	97,4
Keine Akzeptanz als Beweis	0	50	46,4
	0–1	50	71,4
	0–3	66,7	100

Stellt man die Ergebnisse der deskriptiven Analyse gegenüber, so fällt auf, dass die prozentualen Anteile der Studierenden, die 0, 0–1 oder 0–3 (gültige) Akzeptanzkriterien genannt haben, beim Beweisprodukt mit großer Argumentationstiefe in Gruppe B stets größer sind.

Vergleich der Ergebnisse der inferenzstatistischen Analysen
In keiner der beiden Gruppen existieren beim langen Beweisprodukt signifikante Unterschiede zwischen der Akzeptanz und Nicht-Akzeptanz. Dies gilt sowohl für alle Akzeptanzkriterien als auch für die gültigen Akzeptanzkriterien.

Inferenzstatistische Analyse
Im Folgenden werden die Ergebnisse des Vergleichs der beiden Gruppen A und B beim langen Beweisprodukt dargestellt.
Bei der Betrachtung <u>aller</u> Akzeptanzkriterien ergeben sich die folgenden Ergebnisse:

- Unabhängig von der Beweisakzeptanz existieren hochsignifikante Unterschiede mit mittlerer Effektstärke zwischen den beiden Gruppen A und B ($U = 1049{,}500$, $Z = -3{,}587$, $p < 0{,}001$, $r = -0{,}30$)
- Im Falle der Akzeptanz existieren hochsignifikante Unterschiede mit mittlerer Effektstärke zwischen den beiden Gruppen A und B ($U = 579{,}00$, $Z = -3{,}309$, $p = 0{,}001$, $r = -0{,}33$)
- Im Falle einer Nicht-Akzeptanz gibt es keine signifikanten Unterschiede zwischen den beiden Gruppen A und B

Bei der Betrachtung <u>gültiger</u> Akzeptanzkriterien ergeben sich die folgenden Ergebnisse:

- Unabhängig von der Beweisakzeptanz existieren hochsignifikante Unterschiede mit mittlerer Effektstärke zwischen den beiden Gruppen A und B ($U = 979{,}000$, $Z = -3{,}930$, $p < 0{,}001$, $r = -0{,}33$)
- Im Falle der Akzeptanz existieren hochsignifikante Unterschiede mit mittlerer Effektstärke zwischen den beiden Gruppen A und B ($U = 527{,}500$, $Z = -3{,}712$, $p < 0{,}001$, $r = -0{,}37$)
- Im Falle einer Nicht-Akzeptanz gibt es keine signifikanten Unterschiede zwischen den beiden Gruppen A und B

6.8.2.7 Diskussion der Ergebnisse

In (6.5.2.2.) wurde diskutiert, dass von der gesamten Stichprobe im Mittel sehr wenige Akzeptanzkriterien genannt werden. Dieses Ergebnis wurde aufgrund der Ergebnisse in (6.6.2.) dahingehend ausdifferenziert, dass beim langen Beweisprodukt signifikant mehr Akzeptanzkriterien genannt werden, wenn die Beweisprodukte als Beweis akzeptiert werden. Für den Fall der Nicht-Akzeptanz gilt dies hingegen nicht. Die Ergebnisse zum Vergleich der Gruppen in (6.7.2.) zeigen wiederum, dass Gruppe A hochsignifikant mehr Akzeptanzkriterien als Gruppe B nennt, wenn das zu beurteilende Beweisprodukt als Beweis akzeptiert wird. Die Effektstärke ist hierbei umso größer, wenn lediglich gültige Akzeptanzkriterien betrachtet werden. Aufgrund der nun vorliegenden Ergebnisse ist ein differenzierterer Vergleich der beiden Gruppen möglich.

Gruppe A: In (6.7.2.4.) wurde diskutiert, dass von Gruppe A weniger Akzeptanzkriterien genannt wurden als möglich wären. Dieses Resultat kann für Gruppe A zunächst auch bei beiden vorgelegten Beweisprodukten bestätigt werden. Das bedeutet, dass die vorgelegten Beweisprodukte mit ihren spezifischen Unterschieden in der Argumentationstiefe nur eine geringe Wirkung auf die Anzahl der genannten Akzeptanzkriterien von Gruppe A haben.

Vor dem Hintergrund der Eigenschaften der Beweisprodukte (5.2.4.) ist es überraschend, dass in Gruppe A bei keinem der Beweisprodukte signifikanten Unterschiede zwischen der Akzeptanz und Nicht-Akzeptanz existieren. Dies gilt im besonderen Maße für das lange Beweisprodukt, da hier aus Forschersicht keine Gründe für eine Nicht-Akzeptanz existieren. Da lediglich 6 Studierende der Gruppe A das lange Beweisprodukt nicht als Beweis akzeptiert haben, wurde punktuell eine genaue Analyse durchgeführt. Diese ergibt das folgende Ergebnis:

Besonders bei der Anzahl der gültigen Akzeptanzkriterien existieren zwei Studierende die 3 und 5 Akzeptanzkriterien genannt haben und 3 Studierende, die 0 und 2 Akzeptanzkriterien genannt haben. Die Studierenden mit 3 bzw. 5 Akzeptanzkriterien erhöhen die Anzahl insgesamt also entsprechend sehr stark. Betrachtet man die Äußerungen der beiden Studierenden genauer, so ist ersichtlich, dass sie genauer abwägen, aus welchen Gründen das vorgelegte Beweisprodukt mit großer Argumentationstiefe ein Beweis ist und aus welchen Gründen nicht. Beide Studierende nennen eine fehlende Vollständigkeit als Gegenargument, aber ansonsten nur Argumente dafür, dass es sich um einen Beweis handelt:

Studierender Nr. 1: „Der Beweis ist mangels Beweisende nicht vollständig, allerdings ist der Beweis in sich schlüssig und logisch aufeinander aufgebaut. Neu eingeführte Variablen wie p und q werden definiert, Aussagen durch Äquivalenzpfeile bzw. Folgerungen zueinander in Verbindung gesetzt etc. Meiner Meinung nach handelt es sich grundsätzlich um einen mathematischen Beweis, jedoch habe ich NEIN angekreuzt, weil er nicht vollständig ist"

Studierender Nr. 2: „Es fehlt irgendwie ein Zwischenschritt oder eine Begründung, warum nun die Summe zweier Vielfache einer Zahl auch ein Vielfaches sein muss. Die Formel & der Beweis erscheinen mir klar und verständlich, aber ich glaube nicht, dass der gegebene Beweis als vollständiger mathematischer Beweis gezählt wird, da es Lücken im Beweis gibt."

Bei diesen beiden Beispielen wird eine methodische Problematik in dieser Arbeit verdeutlicht: Wenn Studierende abwägen, ob es sich um einen Beweis handelt oder nicht und sich dann für die (Nicht-)Akzeptanz entscheiden, werden alle vergebenen Kategorien entsprechend zur Akzeptanz oder Nicht-Akzeptanz gezählt. Dies kann bei einer geringen Stichprobenzahl problematisch werden, ist aber insgesamt aus Forschersicht akzeptabel: Zum einen gilt dies sowohl für den Fall der Akzeptanz (z. B.: „Zwar fehlt ein q.e.d., aber der Beweis ist dennoch vollständig") als auch Nicht-Akzeptanz (Beispiel siehe oben), zum anderen ist nicht immer ersichtlich, ob es sich nun um ein Argument für die Akzeptanz oder für die Nicht-Akzeptanz handelt (z. B. „Der Beweis ist ziemlich umfangreich" oder „Zwar fehlen Schritte, aber der Beweis erscheint vollständig"). Eine Entscheidung, ob es sich um ein Argument dafür oder dagegen handelt, hätte entsprechend durch beide Codierer im Codierprozess geschehen müssen. Allerdings wäre hier zu erwarten gewesen, dass die Übereinstimmung der Codierer dadurch verringert wird. Aufgrund dieser Entscheidung könnte in zukünftigen Studien bereits bei der Konzeption des Fragebogens zwischen Argumenten für oder gegen die Akzeptanz unterschieden werden. Allerdings könnte es möglicherweise auch weitere, unbeabsichtigte Einflüsse auf die Nennung von Akzeptanzkriterien haben, wenn das entsprechende Item weniger offen formuliert wird. Wenn hingegen weiterhin auf dieselbe Weise wie in (5.2.5.) dargestellt Akzeptanzkriterien erhoben werden, sollte die Stichprobe insgesamt größer sein, um die dargestellte Problematik zu verringern. In jedem Fall kann für zukünftige Studien aufgrund der spezifischen Eigenschaften dieses Beweisprodukts (5.2.4.) angenommen werden, dass im Falle der Akzeptanz mehr Akzeptanzkriterien von Gruppe A genannt werden (bzw. diese mehr Gründe nennen, warum das Beweisprodukt als Beweis akzeptiert werden sollte).

Gruppe B: In (6.7.2.4.) wurde diskutiert, dass Gruppe B, genauso wie Gruppe A, sehr wenige Akzeptanzkriterien nennt. Aufgrund der nun vorliegenden Ergebnisse kann geschlossen werden, dass dies sowohl für das kurze als auch das lange Beweisprodukt gilt. Ebenfalls existieren weder beim kurzen noch beim langen Beweisprodukt signifikante Unterschiede zwischen der Akzeptanz und Nicht-Akzeptanz. Während dies für Gruppe A überraschend ist, da sie sich inhaltsbezogener äußert, konnte dies für Gruppe B eher erwartet werden (siehe hierzu z. B. (6.8.1.8.)).

Vergleicht man die beiden Gruppen miteinander, so lassen sich beim kurzen und langen Beweisprodukt im Falle der Akzeptanz (mindestens) signifikante Unterschiede in der Anzahl aller Akzeptanzkriterien und in der Anzahl gültiger Akzeptanzkriterien nachweisen.

Gemeinsamkeiten zwischen den jeweiligen Beurteilungen zu den Beweisprodukten bestehen hierbei darin, dass die Signifikanz und Effektstärke bei der Betrachtung gültiger Akzeptanzkriterien höher ist als bei der Betrachtung aller Akzeptanzkriterien (kurz: $p = 0,022$, $r = -0,26$ (alle), $p = 0,003$, $r = -0,34$ (gültige); lang: $p = 0,001$, $r = -0,33$ (alle), $p < 0,001$, $r = -0,37$ (gültige)). Es kann daher für beide Beweisprodukte geschlossen werden, dass die Unterschiede zwischen den beiden Gruppen umso größer werden, wenn lediglich gültige Akzeptanzkriterien betrachtet werden. Dies ist sowohl konsistent mit den Ergebnissen zur Art der Akzeptanzkriterien (siehe (6.7.1.) und (6.8.1.)) als auch, mit in (6.7.1.4.) und (6.8.1.8.) diskutierten Einschränkungen in der Kategorie Oberflächenmerkmale (OBE_z), passend zu den aufgestellten Hypothesen, dass Gruppe B Beweisprodukte eher oberflächlich beurteilt.

Unterschiede bestehen hingegen darin, dass Signifikanz und Effektstärke sowohl bei der Betrachtung aller Akzeptanzkriterien als auch bei der Betrachtung gültiger Akzeptanzkriterien beim langen Beweisprodukt höher sind (alle: $p = 0,022$, $r = -0,26$ (kurz), $p = 0,001$, $r = -0,33$ (lang); gültige: $p = 0,003$, $r = -0,34$ (kurz), $p < 0,001$, $r = -0,37$ (lang)). Es kann daher geschlossen werden, dass die Unterschiede zwischen den beiden Gruppen A und B größer werden, wenn das lange Beweisprodukt betrachtet wird.

Die geschilderten Ergebnisse gelten allerdings nur für den Fall der Akzeptanz. Es kann daher geschlossen werden, dass Gruppe A mehr Akzeptanzkriterien nennt, wenn das Beweisprodukt als Beweis akzeptiert wird. Dies gilt bei beiden Beweisprodukten umso mehr, wenn lediglich gültige Akzeptanzkriterien betrachtet werden. Ebenso gilt es beim Vergleich der Beweisprodukte umso mehr, wenn das lange Beweisprodukt beurteilt wird. Vor dem Hintergrund, dass beide Beweisprodukte mehr Gründe für eine Akzeptanz als für eine Nicht-Akzeptanz aufweisen und dies insbesondere für das lange Beweisprodukt gilt (5.2.4.), bestärken die Ergebnisse die bisherigen Befunde, dass Gruppe A eher als Gruppe B Akzeptanzkriterien nennt, die zu den gegebenen Eigenschaften der Beweisprodukte passen.

Dass sich die Gruppen A und B hingegen nicht im Falle der Nicht-Akzeptanz unterscheiden, kann ebenfalls mit Blick auf die Eigenschaften beider Beweisprodukte erklärt werden. Da aus Forschersicht beim kurzen Beweisprodukt wenige und beim langen Beweisprodukt keine Gründe für eine Nicht-Akzeptanz bestehen (5.2.4.), und angenommen sowie aufgrund bisheriger Ergebnisse in (6.7.1.) und (6.8.1.) bestätigt wurde, dass Gruppe A zu den Eigenschaften der Beweisprodukte passende Akzeptanzkriterien nennt, ist das Ergebnis nicht überraschend. Bei Gruppe B wurden diese Annahmen aufgrund der genannten bisherigen Ergebnisse weniger bestätigt. Es kann also geschlossen werden, dass die Studierenden beider Gruppen A und B im Falle der Nicht-Akzeptanz wenige Akzeptanzkriterien nennen, allerdings aus unterschiedlichen Gründen.

6.8.3 Analyse und Diskussion der Konkretheit der Äußerungen

Die Analyse der Konkretheit der Äußerungen erfolgt pro Beweisprodukt und aufgrund der Kategorie Konkretheit, die in (5.4.2.2.) und (5.4.4.2.) erläutert wurde. Die inferenzstatistische Analyse erfolgt aufgrund der Überlegungen in (5.6.2.3.) sowie (5.7.).

6.8.3.1 Deskriptive und inferenzstatistische Analyse (kurzes Beweisprodukt, Gruppe A)

Die folgenden Analysen beziehen sich auf das kurze Beweisprodukt und Gruppe A.

Deskriptive Analyse der Konkretheit der Äußerungen (FF-5d)

Tabelle 6.116 Konkretheit der Äußerungen (Gruppe A, kurzes Beweisprodukt)

Gruppe A, kurzes Beweisprodukt	Absolute Häufigkeit	In Prozent	Signifikante Unterschiede Akzeptanz und Nicht-Akzeptanz (χ^2-Test)	
Unabhängig von Beweisakzeptanz ($N_{ges} = 38$)	15	36,8		
Akzeptanz als Beweis ($N_{akz} = 22$)	5	22,7	Signifikanz	0,034
			Freiheitsgrade	1
Keine Akzeptanz als Beweis ($N_{nakz} = 16$)	9	56,3	Teststatistik	4,474
			Effektstärke (φ)	−0,343

In Gruppe A haben von 38 Studierenden 14 Studierende (36,8 %) mindestens eine konkrete Äußerung getätigt. Im Falle der Akzeptanz als Beweis haben von 22 Studierenden 5 Studierende (22,7 %) mindestens eine konkrete Äußerung getätigt. Im Falle der Nicht-Akzeptanz waren es von 16 Studierenden 9 (56,3 %).

Inferenzstatistische Analyse der Konkretheit der Äußerungen (FF-5e) (Tabelle 6.116)

Vergleicht man die Akzeptanz und Nicht-Akzeptanz hinsichtlich der Kategorie Konkretheit miteinander, so ergeben sich signifikante Unterschiede mit mittlerer Effektstärke zwischen der Akzeptanz und Nicht-Akzeptanz (22,7 % (Akz.), 56,3 % (Nicht-Akz.), $\chi^2(1) = 4{,}474$, $p = 0{,}034$, $\varphi = -0{,}343$).

6.8.3.2 Deskriptive und inferenzstatistische Analyse (kurzes Beweisprodukt, Gruppe B)

Die folgenden Analysen beziehen sich auf das kurze Beweisprodukt und Gruppe B.

Deskriptive Analyse der Konkretheit der Äußerungen (FF-5d)

Tabelle 6.117 Konkretheit der Äußerungen (Gruppe B, kurzes Beweisprodukt)

Gruppe B, kurzes Beweisprodukt	Absolute Häufigkeit	In Prozent	Signifikante Unterschiede
Unabhängig von Beweisakzeptanz ($N_{ges} = 111$)	29	26,1	**Akzeptanz und Nicht-Akzeptanz** (χ^2-**Test**)
Akzeptanz als Beweis ($N_{akz} = 55$)	12	21,8	n.s.
Keine Akzeptanz als Beweis ($N_{nakz} = 52$)	17	32,7	

In Gruppe B haben von 111 Studierenden 29 Studierende (26,1 %) mindestens eine konkrete Äußerung getätigt. Im Falle der Akzeptanz als Beweis haben von 55 Studierenden 12 Studierende (21,8 %) mindestens eine konkrete Äußerung getätigt. Im Falle der Nicht-Akzeptanz waren es von 52 Studierenden 17 (32,7 %).

Inferenzstatistische Analyse der Konkretheit der Äußerungen (FF-5e) (Tabelle 6.117)

Vergleicht man die Akzeptanz und Nicht-Akzeptanz hinsichtlich der Kategorie Konkretheit miteinander, so ergeben sich keine signifikanten Unterschiede.

6.8.3.3 Vergleich der beiden Gruppen (FF-5f, kurzes Beweisprodukt)

Vergleicht man die beiden Gruppen A und B zur Beantwortung von Forschungsfrage 4f inferenzstatistisch miteinander, so ergeben sich unabhängig von der Beweisakzeptanz, im Falle der Akzeptanz und im Falle der Nicht-Akzeptanz beim kurzen Beweisprodukt keine signifikanten Unterschiede zwischen den Gruppen A und B in der Kategorie Konkretheit.

Allerdings existieren in Gruppe A signifikante Unterschiede mit mittlerer Effektstärke zwischen der Akzeptanz und Nicht-Akzeptanz. In Gruppe B existieren hingegen keine signifikanten Unterschiede.

6.8.3.4 Deskriptive und inferenzstatistische Analyse (langes Beweisprodukt, Gruppe A)

Die folgenden Analysen beziehen sich auf das lange Beweisprodukt und Gruppe A.

Deskriptive Analyse der Konkretheit der Äußerungen (FF-5d)

Tabelle 6.118 Konkretheit der Äußerungen (Gruppe A, langes Beweisprodukt)

Gruppe A, langes Beweisprodukt	Absolute Häufigkeit	In Prozent	Signifikante Unterschiede Akzeptanz und Nicht-Akzeptanz (χ^2-Test)
Unabhängig von Beweisakzeptanz ($N_{ges} = 32$)	12	37,5	
Akzeptanz als Beweis ($N_{akz} = 26$)	10	38,5	n.s.
Keine Akzeptanz als Beweis ($N_{nakz} = 6$)	2	33,3	

In Gruppe A haben von 32 Studierenden 12 Studierende (37,5 %) mindestens eine konkrete Äußerung getätigt. Im Falle der Akzeptanz als Beweis haben von 26 Studierenden 10 Studierende (38,5 %) mindestens eine konkrete Äußerung getätigt. Im Falle der Nicht-Akzeptanz waren es von 6 Studierenden 2 (33,3 %).

Inferenzstatistische Analyse der Konkretheit der Äußerungen (FF-5e) (Tabelle 6.118)
Vergleicht man die Akzeptanz und Nicht-Akzeptanz hinsichtlich der Kategorie Konkretheit miteinander, so ergeben sich keine signifikanten Unterschiede zwischen der Akzeptanz und Nicht-Akzeptanz.

6.8.3.5 Deskriptive und inferenzstatistische Analyse (langes Beweisprodukt, Gruppe B)

Die folgenden Analysen beziehen sich auf das lange Beweisprodukt und Gruppe B.

Deskriptive Analyse der Konkretheit der Äußerungen (FF-5d) (Tabelle 6.119)

Tabelle 6.119 Konkretheit der Äußerungen (Gruppe B, langes Beweisprodukt)

Gruppe B, langes Beweisprodukt	Absolute Häufigkeit	In Prozent	Signifikante Unterschiede Akzeptanz und Nicht-Akzeptanz (χ^2-Test)
Unabhängig von Beweisakzeptanz ($N_{ges} = 110$)	14	12,7	
Akzeptanz als Beweis ($N_{akz} = 77$)	10	13	n.s.
Keine Akzeptanz als Beweis ($N_{nakz} = 28$)	3	10,7	

In Gruppe B haben von 110 Studierenden 14 Studierende (12,7 %) mindestens eine konkrete Äußerung getätigt. Im Falle der Akzeptanz als Beweis haben von 77 Studierenden 10 Studierende (13 %) mindestens eine konkrete Äußerung getätigt. Im Falle der Nicht-Akzeptanz waren es von 28 Studierenden 3 (10,7 %).

Inferenzstatistische Analyse der Konkretheit der Äußerungen (FF-5e) (Tabelle 6.119)
Vergleicht man die Akzeptanz und Nicht-Akzeptanz hinsichtlich der Kategorie Konkretheit miteinander, so ergeben sich keine signifikanten Unterschiede.

6.8.3.6 Vergleich der beiden Gruppen (FF-5f, langes Beweisprodukt)

Vergleicht man die beiden Gruppen A und B zur Beantwortung von Forschungsfrage 4f inferenzstatistisch miteinander, so ergeben sich beim langen Beweisprodukt die folgenden Unterschiede:

- Unabhängig von Beweisakzeptanz existieren hochsignifikante Unterschiede mit kleiner Effektstärke ($\chi^2(1) = 10{,}171$, p $= 0{,}001$, $\varphi = 0{,}268$)
- Im Falle der Akzeptanz existieren sehr signifikante Unterschiede mit kleiner Effektstärke ($\chi^2(1) = 8{,}061$, p $= 0{,}005$, $\varphi = 0{,}280$)
- Im Falle der Nicht-Akzeptanz existieren hingegen keine signifikanten Unterschiede zwischen den Gruppen A und B in der Kategorie Konkretheit.

Beim Vergleich von Akzeptanz und Nicht-Akzeptanz haben die oben genannten Ergebnisse ergeben, dass beim langen Beweisprodukt in keiner der beiden Gruppen A und B signifikante Unterschiede zwischen der Akzeptanz und Nicht-Akzeptanz existieren.

6.8.3.7 Diskussion der Ergebnisse

In (6.7.3.) wurde ermittelt, dass sich Gruppe A konkreter äußert als Gruppe B. Dieses Ergebnis kann aufgrund der nun vorliegenden Ergebnisse differenzierter betrachtet werden:

Wenn das kurze Beweisprodukt beurteilt wird, unterscheiden sich die Gruppen A und B in keinem der Fälle signifikant voneinander. Der einzige Unterschied zwischen den beiden Gruppen besteht darin, dass in Gruppe A, im Gegensatz zu Gruppe B, zwischen der Akzeptanz und Nicht-Akzeptanz signifikante Unterschiede mit mittlerer Effektstärke existieren.

Wenn hingegen das lange Beweisprodukt beurteilt wird, unterscheiden sich Gruppe A und B unabhängig von der Beweisakzeptanz hochsignifikant und im Falle der Akzeptanz sehr signifikant mit jeweils kleiner Effektstärke voneinander. Bei der Beurteilung des langen Beweisprodukts liegen allerdings in keiner der Gruppen signifikante Unterschiede zwischen der Akzeptanz und Nicht-Akzeptanz vor.

Dass sich die Gruppen A und B lediglich beim langen Beweisprodukt unabhängig von der Beweisakzeptanz hochsignifikant und im Falle der Akzeptanz sehr signifikant voneinander unterscheiden, ist überraschend und entspricht nicht der in (4.4.4.) getätigten und in (6.7.3.) für beide Beweisprodukte bestätigten Annahme, dass sich Gruppe A häufiger konkret äußert. Dass sich Gruppe A beim kurzen Beweisprodukt nicht häufiger im Falle der Nicht-Akzeptanz konkret äußert, kann vermutlich damit zusammenhängen, dass Gruppe A das kurze Beweisprodukt entgegen der in (5.4.2.) formulierten Annahmen über eine nicht hinreichend vollständige Argumentationstiefe dennoch als Beweis akzeptiert, wie in (6.8.1.8.) diskutiert wurde. Eine vermutete Folge könnte sein, dass Gruppe A entsprechend keine inhaltlichen Verbesserungsvorschläge macht, die aufgrund der Hypothesen zur Inhaltsbezogenheit (4.4.4.) und der Ergebnisse zur Art der Akzeptanzkriterien ((6.7.1.) und (6.8.1.)) eher bei dieser Gruppe erwartet werden können.

In diesem Zusammenhang sei auch auf die Diskussion zur Konkretheit in (6.7.3.4.) verwiesen. Dort wurde diskutiert, dass die Konkretheit vermutlich genauer herausgearbeitet werden kann, wenn gezielter gefragt wird. Im Zusammenhang mit der Diskussion in (6.5.3.2.), dass einige Akzeptanzkriterien im Rahmen dieser Befragung nicht zwingend konkretisiert werden müssen (z. B. die Allgemeingültigkeit), kann eine genauere Befragung möglicherweise zur Folge haben, dass sich Gruppe A auch bei diesen Akzeptanzkriterien konkreter äußern kann, wenn dies notwendig ist. In diesem Fall könnte erwartet werden, dass auch bei differenzierter Betrachtung der Beweisprodukte Unterschiede zwischen den Gruppen in der Konkretheit der Äußerungen bestehen.

Zusammenfassung der Ergebnisse und Gesamtdiskussion

7

Im folgenden Kapitel werden die wesentlichen Ergebnisse dieser Arbeit zusammengefasst und diskutiert. Hierbei erfolgt eine Schwerpunktsetzung, die sich an den zwei wesentlichen Forschungsanliegen dieser Arbeit orientiert. Nachdem diese im Folgenden wiederholt werden (7.1.), erfolgt eine Darstellung der Ergebnisse aus den einzelnen Teilkapiteln (6.3.) bis (6.8.), die der Beantwortung der aus dem Forschungsanliegen dieser Arbeit formulierten übergeordneten Forschungsfragen dienen (7.2.). Im Anschluss an die Darstellung der Ergebnisse werden weiterhin wesentliche Hypothesen zu den Akzeptanzkriterien, die sich aus den Forschungsanliegen ergeben haben, aufgegriffen und anhand der genannten Ergebnisse diskutiert (7.3.). Eine kompakte Zusammenfassung der Ergebnisse folgt in (7.4.). In (7.5.) werden Empfehlungen für die Lehrpraxis genannt, die aufgrund dieser Arbeit gegeben werden können. In (7.6.) erfolgt eine kritische Reflexion verschiedener Aspekte dieser Arbeit, in der unter anderem Limitationen genannt und zugleich verschiedene Anregungen für zukünftige Studien abgeleitet werden. Zuletzt wird in (7.7.) eine Einordnung der Arbeit in den Forschungskontext und ein Ausblick für den Forschungsgegenstand unternommen.

Zu berücksichtigen ist, dass bei der Darstellung der Ergebnisse in diesem Kapitel lediglich Kernergebnisse genannt und diskutiert werden. Diese Entscheidung erfolgt zugunsten einer kompakteren Darstellung. Für tiefergehende Darstellungen der jeweiligen Ergebnisse und kleinere, für diese Ergebnisse spezifische, Limitationen und Desiderate sollten die einzelnen Teilkapitel (6.3.) bis (6.8.) betrachtet werden. Sofern bezogen auf die Kernergebnisse Limitationen existieren, werden diese kurz dargelegt und entsprechende Verweise auf die entsprechenden Teilkapitel gegeben. Zudem erfolgt in der Darstellung der Kernergebnisse eine Schwerpunktsetzung dahingehend, dass besonders die

© Der/die Autor(en), exklusiv lizenziert an Springer Fachmedien Wiesbaden GmbH, ein Teil von Springer Nature 2023
F. Füllgrabe, *Konstruktion und Akzeptanz von Beweisen*, Mathematikdidaktik im Fokus, https://doi.org/10.1007/978-3-658-41303-3_7

Zusammenhänge zwischen der Performanz bei der Konstruktion von Beweisen und der Beurteilung von Beweisprodukten genannt werden.

7.1   Darstellung des Forschungsanliegens

In (1.) und (4.2.) wurde zwei wesentliche Forschungsanliegen dieser Arbeit formuliert:

1. Die Analyse von Zusammenhängen zwischen der Performanz bei der Konstruktion von Beweisen und der Beurteilung von Beweisprodukten hinsichtlich der Beweisakzeptanz und dazugehörigen Akzeptanzkriterien.
2. Die Analyse der Wirkung der Argumentationstiefe von Beweisprodukten auf die Beurteilung hinsichtlich der Beweisakzeptanz und Akzeptanzkriterien. Diese Analyse soll auch im Zusammenhang mit dem ersten Forschungsanliegen erfolgen.

Die Forschungsanliegen basieren auf verschiedenen Desideraten und Theorien.

• Für das erste Forschungsanliegen wurde in (4.1.) ein Desiderat von A. Selden und J. Selden (2015) aufgegriffen, dass Zusammenhänge zwischen verschiedenen Beweisaktivitäten sowie verschiedenen Teilen einer Beweiskompetenz nicht hinreichend erforscht sind. Hierzu gehört auch das Wissen über gültige Akzeptanzkriterien, das als Teil einer Beweiskompetenz gesehen werden kann. Diese Teilkompetenz ist auch Voraussetzung für die Performanz bei der Konstruktion von Beweisen (Heinze & Reiss, 2003; Sommerhoff, 2017; (2.4.)).
• Für das zweite Forschungsanliegen wurden wiederum Überlegungen zu strengen bzw. formalen Beweisen (2.2.1.) und die Theorie von Aberdein (2013) über die parallel zueinander existierende Inferenzstruktur und argumentative Struktur aufgegriffen. Es wird hierbei angenommen, dass Beweisprodukte unterschiedlich hinsichtlich der Beweisakzeptanz und Akzeptanzkriterien beurteilt werden, wenn die Beweisprodukte eine unterschiedliche Argumentationstiefe aufweisen.

Insgesamt ergab sich also das Ziel dieser Arbeit, zu zeigen, dass eine differenzierte Betrachtung der Beweisakzeptanz und Akzeptanzkriterien einen Erkenntnisgewinn über Beweiskompetenzen und Wirkungen spezifischer Eigenschaften von zu beurteilenden Beweisprodukten bietet. Die aus diesem Forschungsanliegen resultierenden übergeordneten Forschungsfragen wurden in (4.3.1.) formuliert und in (4.3.2.) bis (4.3.6.) konkretisiert. Die übergeordneten Forschungsfragen sind:

1. FF-1: Welche Performanz zeigen die teilnehmenden Studierenden bei der Konstruktion von Beweisen und lassen sich daraus Gruppen von Studierenden bilden?
2. FF-2: Welche Beweisakzeptanz und Akzeptanzkriterien haben bzw. nennen die teilnehmenden Studierenden bei der Beurteilung von vorgelegten Beweisprodukten?
3. FF-3: (Wie) Wirkt die Argumentationstiefe der vorgelegten Beweisprodukte auf die Beweisakzeptanz und Akzeptanzkriterien der Studierenden?
4. FF-4: Welche Zusammenhänge bestehen zwischen der Performanz bei der Konstruktion von Beweisen und der Beweisakzeptanz und Akzeptanzkriterien bei der Beurteilung von vorgelegten Beweisprodukten?
5. FF-5: (Wie) Wirkt die Argumentationstiefe der vorgelegten Beweisprodukte auf die Zusammenhänge zwischen der Performanz bei der Konstruktion von Beweisen und der Beweisakzeptanz und Akzeptanzkriterien bei der Beurteilung von vorgelegten Beweisprodukten?

Die Konkretisierungen der übergeordneten Forschungsfragen ergab zahlreiche weitere Forschungsfragen, die in den entsprechenden Ergebniskapiteln (6.3.) bis (6.8.) beantwortet wurden. Bezogen auf die Akzeptanzkriterien wurden hierbei insbesondere die Art der Akzeptanzkriterien, die Anzahl der Akzeptanzkriterien und die Konkretheit der Äußerungen analysiert.

7.2 Darstellung der Kernergebnisse aus den Teilkapiteln (6.3.) bis (6.8.)

Für die Beurteilung der Ergebnisse sind die Zusammensetzung der Stichprobe sowie die Eigenschaften der beurteilten Beweisprodukte wichtig. Daher werden sie kurz genannt.

Angaben zur Stichprobe
Wie in (6.1.) dargestellt wurde, besteht die Stichprobe aus 291 Studierenden des Lehramts verschiedener Lehramtsstudiengänge und Studienjahre. Die Stichprobe

ist so zusammengesetzt, dass weder eine Gleichverteilung bei den Studienjahren noch bei den Studiengängen vorliegt.

Eigenschaften der Beweisprodukte
Die beurteilten Beweisprodukte wurden in (5.2.4.) ausführlich erläutert. Bedeutsam für die Ergebnisse der Studie ist vor allem, dass sie in ihren Eigenschaften zahlreiche Gemeinsamkeiten und einen wesentlichen Unterschied aufweisen. Gemeinsame Eigenschaften sind eine vorliegende Allgemeingültigkeit, Korrektheit, Beweisstruktur (Start mit gesicherten Prämissen, Ende mit Konklusion) sowie die Erfüllung verschiedener Formalia (z. B. Angabe von Definitionsbereichen). Zwar weisen beide Beweisprodukte eine Argumentationskette auf, allerdings unterscheiden sie sich darin, dass die Argumentationskette des einen Beweisprodukts („kurzes Beweisprodukt") aus Forschersicht nicht hinreichend vollständig ist, um als Beweis akzeptiert werden zu können (siehe (2.3.3.) und (5.2.4.)), während dies beim anderen Beweisprodukt („langes Beweisprodukt") zutrifft.

7.2.1 Ergebnisse zur Performanz und Bildung von Gruppen (6.3.)

FF-1: Welche Performanz zeigen die teilnehmenden Studierenden bei der Konstruktion von Beweisen und lassen sich daraus Gruppen von Studierenden bilden?

Gemäß den Ergebnissen in (6.3.1.) haben 24,1 % der Studierenden einen Beweis oder eine Begründung hergestellt, während 75,9 % eine empirische Argumentation oder eine ungültige / unvollständige / keine Argumentation hergestellt haben. Die Ergebnisse lassen insgesamt auf eine sehr geringe Performanz der Stichprobe schließen. Aufgrund dieser Performanz wurden zwei Gruppen (Gruppe A: leistungsstarke Studierende, Herstellung eines Beweises oder einer Begründung; Gruppe B: leistungsschwache Studierende, Herstellung einer empirischen Argumentation oder ungültigen / unvollständigen / keine Argumentation) gebildet.

Eine genauere Unterscheidung der Performanz nach Studienjahr sowie nach Studiengang ergibt zwar Unterschiede zwischen den daraus resultierenden Gruppen (siehe (6.3.3.2.) bis (6.3.3.4.)). Insgesamt kann aber geschlossen werden, dass die Performanz der Stichprobe generell gering ist und lediglich die Studierenden des Lehramts an Gymnasien ab dem zweiten Studienjahr eine Ausnahme bilden.

7.2.2 Ergebnisse zur Beweisakzeptanz (6.4.)

Die Forschungsfragen 2 bis 5 beziehen sich auf die Beweisakzeptanz und Akzeptanzkriterien. Da zwei Beweisprodukte hinsichtlich der Beweisakzeptanz beurteilt wurden, werden die Ergebnisse der jeweiligen Beweisprodukte sowie der Zusammenhänge zwischen Performanz und Beweisakzeptanz bei den jeweiligen Beweisprodukten genannt. Es folgt also eine Darstellung der Ergebnisse des ersten Teils der Forschungsfragen 3 und 5.

Vergleich der Beweisprodukte
Wegen der dargelegten Eigenschaften beider Beweisprodukte wurde angenommen, dass das lange Beweisprodukt signifikant häufiger als Beweis akzeptiert wird als das kurze Beweisprodukt (4.4.3.).
Diese Hypothese konnte aufgrund der Ergebnisse in (6.4.2.) bestätigt werden. Es existiert also eine Wirkung der Argumentationstiefe auf die Beweisakzeptanz. Zu berücksichtigen ist hierbei allerdings die oben genannte Wahl der Beweisprodukte, bei der ein Beweisprodukt aus Forschersicht eine nicht hinreichend vollständige Argumentationskette aufweist.

Zusammenhänge zwischen Performanz und Beweisakzeptanz
Zum Zusammenhang zwischen der Performanz und Beweisakzeptanz wurde angenommen, dass sich leistungsstarke und leistungsschwache Studierende hinsichtlich der Beweisakzeptanz unterscheiden (siehe (4.4.4.) und (4.4.5.)). Diese Annahme basiert auf der Annahme, dass leistungsstarke Studierende tatsächlich vorliegende Eigenschaften bzw. nicht vorliegende Eigenschaften eher erkennen als leistungsschwache Studierende. Bezogen auf die beiden Beweisprodukte wurde also angenommen, dass leistungsstarke Studierende das kurze Beweisprodukt seltener als leistungsschwache Studierende als Beweis akzeptieren, da dieses keine hinreichend vollständige Argumentationskette aufweist.
Die Analyse der Ergebnisse in (6.4.3.) und (6.4.4.) zeigt allerdings, dass sich leistungsstarke und leistungsschwache Studierende nicht hinsichtlich der Beweisakzeptanz unterscheiden. Es existiert also kein eindeutiger Zusammenhang zwischen der Performanz bei der Konstruktion von Beweisen und der Beweisakzeptanz.
Dieses Ergebnis kann vor dem Hintergrund der Hypothesen als überraschend bezeichnet werden. Aufgrund der geschilderten Annahme regt das Ergebnis aber auch an, zusätzlich zur Beweisakzeptanz auch die dazugehörigen Akzeptanzkriterien zu analysieren, um die Gründe für das Ergebnis zur Beweisakzeptanz zu ermitteln.

7.2.3   Ergebnisse zu den Akzeptanzkriterien ((6.5.) bis (6.8.))

Die Darstellung der Ergebnisse erfolgt jeweils pro Teilkapitel (6.5.) bis (6.8.), wobei die Teilkapitel (6.7.) und (6.8.) gemeinsam betrachtet werden und den Schwerpunkt der Darstellung bilden. Angelehnt an die Konkretisierung der übergeordneten Forschungsfragen in (4.3.3.) bis (4.3.6.) erfolgt eine Darstellung der Art der Akzeptanzkriterien, Anzahl der Akzeptanzkriterien und Konkretheit der Äußerungen.

7.2.3.1   Gesamte Stichprobe, beide Beweisprodukte (6.5.)

Die folgenden Ergebnisse beziehen sich zunächst nur auf die gesamte Stichprobe. Der Fokus liegt hierbei auf der Erläuterung der (Anzahl der) Akzeptanzkriterien und Konkretheit der Äußerungen sowie der Einschätzung der Stichprobe.

FF-2 (zweiter Teil): Welche Akzeptanzkriterien nennen die teilnehmenden Studierenden bei der Beurteilung von vorgelegten Beweisprodukten?

Art der Akzeptanzkriterien

Zur Ermittlung der von den Studierenden genannten Akzeptanzkriterien wurden auf der Grundlage einer induktiven und deduktiven Kategorienbildung (Kuckartz, 2014; Mayring, 2015) Kategorien gebildet, die in (5.4.4.2.) genauer erläutert wurden. Die Akzeptanzkriterien beziehen sich auf die Allgemeingültigkeit des Beweisprodukts (Kategorie ALG_z), die Nutzung, Existenz und Begründung von Objekten im Beweisprodukt (NEB_z), die Vollständigkeit von Objekten oder des Beweisprodukts (VOL_z), die Erfüllung verschiedener Formalia (FOR_z), die Korrektheit (KOR_z), das Vorhandensein verschiedener Oberflächenmerkmale (OBE_z), die Struktur des Beweisprodukts (STR_z), die Erfüllung einer Verifikationsfunktion (VER_z), das Verständnis bzw. die Erfüllung einer Erklärungsfunktion (VST_z) und das Entfernen von Objekten (ENT_z). Weiterhin werden auch Akzeptanzkriterien ermittelt, die objektiv falsch sind (FAL_z) oder auf empirische Beweisvorstellungen hindeuten (EMP_z). Eine genauere Diskussion der Akzeptanzkriterien erfolgt in (6.5.1.2.).

Insgesamt bestätigt sich aufgrund der Ergebnisse eine in (4.4.2.) getätigte Hypothese, dass nicht nur Akzeptanzkriterien genannt werden, die das Methodenwissen (Heinze & Reiss, 2003) tangieren.[1] Dieses Methodenwissen wurde in (2.4.2.) als Teil einer Beweiskompetenz definiert und umfasst das Wissen über strukturorientierte Akzeptanzkriterien (Sommerhoff & Ufer, 2019). Während beispielsweise die Allgemeingültigkeit dem Bereich des Beweisschemas im Methodenwissen zuzuordnen

---

[1] Eine Diskussion der Möglichkeit einer Beurteilung des Methodenwissens findet sich unten.

ist, fällt etwa das Verständnis in keine der den Methodenwissen zugehörigen Bereiche, sondern entspricht eher einem bedeutungsorientierten Akzeptanzkriterium (Sommerhoff & Ufer, 2019).

Vergleicht man die Ergebnisse zu den genannten Akzeptanzkriterien mit den bei den Beweisprodukten vorliegenden Eigenschaften, so ergibt sich das überraschende Ergebnis, dass viele mögliche Akzeptanzkriterien nicht genannt werden und insgesamt wenige Akzeptanzkriterien genannt werden. Beispielsweise wird lediglich von 18,3 % der Studierenden, die ihr vorgelegtes Beweisprodukt als Beweis akzeptieren, die Allgemeingültigkeit als Akzeptanzkriterium genannt (6.5.1.1.1.). Von diesen Ergebnissen kann allerdings nicht final auf eine defizitäre Beweiskompetenz der gesamten Stichprobe geschlossen werden, da es z. B. auch möglich ist, dass manche Akzeptanzkriterien erst dann genannt werden, wenn eine notwendige Eigenschaft eines Beweises nicht erfüllt ist. So könnte es sein, dass erst im Falle einer fehlenden Allgemeingültigkeit dieses Akzeptanzkriterium genannt wird, wenn eine Nicht-Akzeptanz des entsprechenden Beweisprodukts begründet wird. Genauere Diskussionen zu den jeweiligen Akzeptanzkriterien finden sich in (6.5.1.2.).

Anzahl der Akzeptanzkriterien

Es wurden gemäß den Ausführungen in (5.4.4.2.) die Anzahl aller Akzeptanzkriterien und die Anzahl der gültigen Akzeptanzkriterien[2] gezählt. Von der gesamten Stichprobe werden insgesamt sehr wenige Akzeptanzkriterien genannt. Das bedeutet, dass die Beweisakzeptanz aufgrund weniger Gründe gefällt wird. Beispielsweise nennen 57,4 % der Studierenden lediglich 0–1 gültige Akzeptanzkriterien. Im Mittel sind es 1,4021 (6.5.2.). Eine Beurteilung der Anzahl der Akzeptanzkriterien und Diskussion, dass diese als sehr wenige bezeichnet werden können, erfolgt aufgrund der Überlegungen in (5.4.4.) und wurde in (6.5.2.2.) diskutiert.

Konkretheit der Äußerungen

Mit insgesamt 23,7 % (20,6 % (Akz.), 30,4 % (Nicht-Akz.)) äußern sich etwa ein Viertel aller Studierenden mindestens einmal konkret (6.5.3.). Eine Erläuterung, wann eine Äußerung als konkret bezeichnet wird, findet sich in (5.4.2.2.).

---

[2] Die Anzahl der gültigen Akzeptanzkriterien entspricht der Anzahl aller Akzeptanzkriterien außer Oberflächenmerkmalen, objektiv falsche Äußerungen und Äußerungen, die auf eine empirische Beweisvorstellung schließen lassen.

7.2.3.2 Wirkung der Argumentationstiefe (6.5.)

Die folgenden Ergebnisse beziehen sich auf den Vergleich der Beurteilungen zu den beiden Beweisprodukten. Zu berücksichtigen ist, dass die Wirkung der Argumentationstiefe differenzierter betrachtet werden kann, wenn die Ergebnisse von leistungsstarken und leistungsschwachen Studierenden miteinander verglichen werden.

FF-3 (zweiter Teil): (Wie) Wirkt die Argumentationstiefe der vorgelegten Beweisprodukte auf die Akzeptanzkriterien der Studierenden?

Art der Akzeptanzkriterien

Da sich die Beweisprodukte im besonderen Maße hinsichtlich ihrer Argumentationstiefe unterscheiden, wurde angenommen, dass das kurze Beweisprodukt häufiger aus Gründen der Vollständigkeit nicht als Beweis akzeptiert wird und das lange Beweisprodukt häufiger aus Gründen der Vollständigkeit akzeptiert wird (4.4.3.).

Aufgrund der Ergebnisse in (6.6.1.) kann die Hypothese nur sehr eingeschränkt bestätigt werden. Demnach existiert keine Wirkung auf die Nennung der Vollständigkeit als Akzeptanzkriterium. Allerdings kann geschlossen werden, dass zumindest das lange Beweisprodukt häufiger aus Gründen der Nutzung, Existenz und Begründung von Objekten als Beweis akzeptiert wird.

Teilweise existiert zudem auch eine Wirkung auf weitere Akzeptanzkriterien im unterschiedlichen Maße, wie in (6.6.1.4.) ausführlich diskutiert wird. Diese Wirkung betrifft die Allgemeingültigkeit, die Korrektheit, Oberflächenmerkmale, die Struktur, die Erfüllung einer Verifikationsfunktion, das Verständnis bzw. die Erfüllung einer Erklärungsfunktion, das Entfernen von Objekten und die Nennung von Äußerungen, die auf eine empirische Beweisvorstellung schließen lassen. Beispielsweise wird die Erfüllung einer Verifikationsfunktion beim langen Beweisprodukt signifikant häufiger als beim kurzen Beweisprodukt genannt, wenn die Beweisprodukte zuvor als Beweis akzeptiert wurden.

Anzahl der Akzeptanzkriterien

Eine Betrachtung der Anzahl der Akzeptanzkriterien pro Beweisprodukt bestätigt den Befund zur Gesamtstichprobe über die geringe Anzahl der genannten Akzeptanzkriterien aus (6.5.2.). Zusätzlich kann auch die folgende Wirkung der Argumentationstiefe auf die Anzahl der Akzeptanzkriterien bestätigt werden:

Beim langen Beweisprodukt werden signifikant mehr Akzeptanzkriterien als beim kurzen Beweisprodukt genannt, wenn die vorgelegten Beweisprodukte vorab als Beweis akzeptiert wurden. Im Falle der Nicht-Akzeptanz existieren hingegen keine Unterschiede zwischen den Beweisprodukten. Dieses Ergebnis ist somit in

Teilen konsistent mit den tatsächlich vorliegenden Eigenschaften beider Beweisprodukte (5.2.4.), da aus Forschersicht beim langen Beweisprodukt mehr Gründe für eine Akzeptanz existieren als beim kurzen Beweisprodukt. Bestätigt wurde hingegen nicht, dass beim kurzen Beweisprodukt mehr Gründe für eine Nicht-Akzeptanz genannt werden.

Konkretheit der Äußerungen

Mit in (6.6.3.4) diskutierten Einschränkungen kann aufgrund der vorliegenden Ergebnisse geschlossen werden, dass beim kurzen Beweisprodukt häufiger konkrete Äußerungen im Falle der Nicht-Akzeptanz existieren.

7.2.3.3 Zusammenhänge zwischen Performanz und Akzeptanzkriterien ((6.7.) und (6.8.))

Die Analyse von Zusammenhängen zwischen der Performanz und den Akzeptanzkriterien bilden einen Schwerpunkt dieser Arbeit. Im Folgenden werden die Kernergebnisse aus (6.7.) und (6.8.) zusammen betrachtet. Es werden also die folgenden beiden Forschungsfragen beantwortet:

FF-4 (zweiter Teil): Welche Zusammenhänge bestehen zwischen der Performanz bei der Konstruktion von Beweisen und den Akzeptanzkriterien bei der Beurteilung von vorgelegten Beweisprodukten?

FF-5 (zweiter Teil): (Wie) Wirkt die Argumentationstiefe der vorgelegten Beweisprodukte auf die Zusammenhänge zwischen der Performanz bei der Konstruktion von Beweisen und den Akzeptanzkriterien bei der Beurteilung von vorgelegten Beweisprodukten?

Art der Akzeptanzkriterien

Die Darstellung der Kernergebnisse zur Art der Akzeptanzkriterien erfolgt aufgrund der Schwerpunktsetzung pro Akzeptanzkriterium.

Allgemeingültigkeit (ALG_z)

Da sich leistungsstarke und leistungsschwache Studierende bei der Nennung der Allgemeingültigkeit als Akzeptanzkriterium nicht unterscheiden, kann geschlossen werden, dass kein Zusammenhang zwischen der Performanz und der Nennung dieses Akzeptanzkriteriums besteht. Das Wissen um diese Eigenschaft kann als Teil eines Methodenwissens gesehen werden (Heinze & Reiss, 2003; (2.4.2.)). Folglich ist dieser Teil des Methodenwissens unabhängig von der Performanz.

Limitationen zu den Ergebnissen werden in (6.7.1.4.) diskutiert und beziehen sich darauf, dass die Unterschiede zwischen leistungsstarken und leistungsschwachen Studierenden vermutlich nur existieren, weil aufgrund der äußeren Erscheinung (z. B. Nutzung von Variablen) eine oberflächliche Beurteilung der Allgemeingültigkeit möglich ist. Es wird angenommen, dass andere Ergebnisse entstehen, wenn der Gültigkeitsbereich eines Beweisprodukts eingeschränkt wäre. Entsprechend könnten weiterhin Zusammenhänge vermutet werden. Dieser Aspekt wird in (7.6.) erneut aufgegriffen.

Formalia (FOR_z)

Es besteht kein Zusammenhang zwischen der Performanz und der Nennung der Erfüllung verschiedener Formalia (z. B. die Angabe eines Definitionsbereichs, siehe (5.4.4.2.)) als Akzeptanzkriterium. Da aus Forschersicht alle notwendigen Formalia, etwa die Angabe eines Definitionsbereichs erfüllt sind (6.6.4.1.), kann geschlossen werden, dass leistungsstarke und leistungsschwache Studierende eine ähnliche Sichtweise bzgl. der Erfüllung aufweisen.

Korrektheit (KOR_z)

Es wurde in (4.4.4.) angenommen, dass sich leistungsstarke Studierende häufiger zur Korrektheit von Beweisprodukten äußern. Aufgrund der Ergebnisse kann diese Hypothese allerdings nur für das kurze Beweisprodukt, nicht aber für das lange Beweisprodukt, bestätigt werden. Wie in (6.6.1.4.) und (6.8.1.8.) diskutiert wurde, scheint beim kurzen Beweisprodukt der Fokus auf diese Eigenschaft zu rücken.

Ebenfalls kann aufgrund der Ergebnisse geschlossen werden, dass leistungsstarke und leistungsschwache Studierende richtigerweise nicht die (fehlende) Korrektheit als Grund für eine Nicht-Akzeptanz anführen.

Struktur (STR_z)

Es besteht kein Zusammenhang zwischen der Performanz und der Nennung des Vorhandenseins einer Struktur als Akzeptanzkriterium. Es kann daher nicht geschlossen werden, dass sich leistungsstarke Studierende häufiger zu diesem Teil der Beweisstruktur oder Beweiskette des Beweisprodukts äußern. Es kann der Schluss gezogen werden, dass das Wissen über diese Teile zweier Bereiche des Methodenwissens (Heinze & Reiss, 2003; (2.4.2.)) unabhängig von der Performanz ist.

In (6.7.1.4.) wurden allerdings auch Limitationen dieses Schlusses sowie Desiderate diskutiert. So kann, in Anlehnung an Sommerhoff und Ufer (2019), beispielsweise die Hypothese aufgestellt werden, dass sich leistungsstarke und leistungsschwache Studierende unterscheiden, wenn Beweisprodukte mit Fehlern in der Beweisstruktur oder Beweiskette vorgelegt werden. Dieser Aspekt wird in (7.6.) erneut aufgegriffen.

Verifikation (VER_z)
Es besteht ein Zusammenhang zwischen der Performanz und der Nennung der Verifikationsfunktion eines Beweises (De Villiers, 1990; (2.2.3.1.)) als Akzeptanzkriterium, der sich im eingeschränkten Maße wie folgt äußert: Wenn das lange Beweisprodukt als Beweis akzeptiert wird, nennen leistungsstarke Studierende signifikant häufiger die Verifikationsfunktion. Für das kurze Beweisprodukt gilt dies nicht.

Nutzung, Existenz und Begründung von Objekten (NEB_z)
Bei der Nutzung, Existenz und Begründung von Objekten besteht ein Zusammenhang dahingehend, dass leistungsstarke Studierende dieses Akzeptanzkriterium hochsignifikant häufiger mit mittlerer Effektstärke nennen, wenn sie das lange Beweisprodukt als Beweis akzeptieren. Für das kurze Beweisprodukt kann dies nicht geschlossen werden.

Aufgrund der spezifischen Unterschiede zwischen den Beweisprodukten (5.2.4.) kann aufgrund des Ergebnisses vor allem geschlossen werden, dass leistungsstarke Studierende häufiger ein Akzeptanzkriterium nennen, das im Zusammenhang mit dem wesentlichen Unterschied zwischen den beiden Beweisprodukten steht. Sie äußern sich also passend zu einer der tatsächlich vorliegenden Eigenschaften bzw. zum wesentlichen Unterschied zwischen den Beweisprodukten. In (7.3.) wird dieser Aspekt erneut aufgegriffen.

Vollständigkeit (VOL_z)
Es besteht ein Zusammenhang zwischen der Performanz und der Nennung der Vollständigkeit als Akzeptanzkriterium dahingehend, dass leistungsstarke Studierende sich häufiger zur Vollständigkeit des Beweisprodukts äußern, wenn dieses als Beweis akzeptiert wird. Dies gilt insbesondere, wenn das lange Beweisprodukt beurteilt wird, da die Unterschiede zwischen leistungsstarken und leistungsschwachen Studierenden hier umso größer sind. Es kann daher unter Berücksichtigung der spezifischen Eigenschaften der Beweisprodukte (5.2.4.) geschlossen werden, dass leistungsstarke Studierende häufiger ein Akzeptanzkriterium nennen, das zu den gegebenen Eigenschaften bzw. zum wesentlichen Unterschied zwischen den Beweisprodukten passt.

Ebenfalls kann aufgrund der Ergebnisse geschlossen werden, dass leistungsstarke Studierende selbst das kurze Beweisprodukt nicht häufiger aus Gründen einer (fehlenden) Vollständigkeit als Beweis ablehnen. Da dies nicht der Annahme über das kurze Beweisprodukt entspricht, kann geschlossen werden, dass sich hier die in (5.2.4.) erläuterte und auf Basis der Ergebnisse in (6.8.1.8.) diskutierte Kontroversität bezüglich der Frage ausdrückt, ab wann ein Beweisprodukt eine für die Akzeptanz als Beweis hinreichend vollständige Argumentationskette aufweist. Zwischen den leistungsstarken Studierenden und der Forschersicht existiert also eine

Diskrepanz hinsichtlich der Frage, wie weit eine Inferenzstruktur sichtbar gemacht werden muss (Aberdein, 2013).

Für leistungsschwache Studierende legen die Ergebnisse insgesamt nahe, dass sie einen Beweis selten aufgrund seiner Vollständigkeit akzeptieren. Es existieren hierzu allerdings Limitationen, die in (6.8.1.8.) diskutiert werden.

Entfernen (ENT_z)

Leistungsstarke Studierende nennen das Entfernen von Objekten häufiger als Verbesserungsvorschlag, aber nicht als Akzeptanzkriterium, das entscheidend für die Akzeptanz als Beweis ist. Unter den leistungsschwachen Studierenden existieren hingegen Studierende, die das Entfernen von Objekten als entscheidend für die Akzeptanz als Beweis gesehen haben.

Verständnis (VST_z)

Es besteht ein Zusammenhang zwischen der Performanz und des Verständnisses bzw. der Erfüllung einer Erklärungsfunktion (De Villiers, 1990; (2.2.3.2.)) als Akzeptanzkriterium im eingeschränkten Maße. Wie in (6.8.1.8.) genauer diskutiert wird, gibt es Hinweise dafür, dass eine größere Argumentationstiefe für mehr Verständnis bei leistungsschwachen Studierenden sorgt bzw. diese dem Beweisprodukte eine größere Erfüllung einer Erklärungsfunktion zuschreiben. Obgleich eine genauere Untersuchung notwendig ist, kann dies als Plädoyer für ausführlichere Beweise im Lehrkontext gesehen werden.

Oberflächenmerkmale (OBE_z)

Oberflächenmerkmale, wie sie in (5.4.4.) beschrieben werden (z. B. ein q.e.d. am Ende des Beweisprodukts), liegen in beiden Beweisprodukten nicht vor (5.2.4.). Aufgrund der vorliegenden Ergebnisse kann geschlossen werden, dass Oberflächenmerkmale bei leistungsstarken Studierenden situativ als Akzeptanzkriterium bedeutsam werden (langes Beweisprodukt, wenn sonst keine gültigen Gründe existieren), bei leistungsschwachen Studierenden hingegen bei beiden Beweisprodukten bedeutsam sind.

Objektiv falsche Äußerungen (FAL_z)

Leistungsstarke Studierende tätigen, im Gegensatz zu leistungsschwachen Studierenden, keine Äußerungen, die objektiv falsch sind. Es kann daher geschlossen werden, dass die Beweisakzeptanz von leistungsschwachen Studierenden mitunter auf Akzeptanzkriterien basieren, die objektiv falsch sind. Dies gilt für beide Beweisprodukte gleichermaßen. Die Ergebnisse deuten an, dass die Beweisakzeptanz bei manchen leistungsschwachen Studierenden möglicherweise auch auf einem Fehlverständnis des Satzes oder des Beweisprodukts basiert.

Zwar wurden in den Analysen nicht durchweg signifikante Unterschiede nachgewiesen, allerdings wurde in (6.7.1.4.) diskutiert, dass diese bei einer größeren Stichprobe zu finden sind. Für zukünftige Studien kann daher die Hypothese aufgestellt werden, dass leistungsschwache Studierende signifikant häufiger objektiv falsche Äußerungen tätigen.

Empirische Beweisvorstellungen (EMP_z)
Leistungsstarke Studierende tätigen keine Äußerungen, die auf eine empirische Beweisvorstellung (Harel & Sowder, 1998, siehe auch (5.4.3.1.)) schließen lassen. Im Gegensatz dazu können diese bei 13,8 % der leistungsschwachen Studierenden identifiziert werden, wenn sie ein Beweisprodukt nicht als Beweis akzeptieren. Die Tatsache, dass Äußerungen dieser Art lediglich im Falle der Nicht-Akzeptanz existieren, ist darauf zurückzuführen, dass die vorgelegten Beweisprodukte keine Beispiele aufweisen (5.2.4.).

Überraschenderweise gilt dieses Ergebnis im größeren Maße für das lange Beweisprodukt. In (6.8.1.8.) wurde hierzu diskutiert, dass das Fehlen von Beispielen scheinbar nicht der „Hauptgrund" für die Nicht-Akzeptanz ist, sondern eher einen „sekundären Grund" darstellt.

Zwar lassen sich keine signifikanten Unterschiede zwischen leistungsstarken und leistungsschwachen Studierenden ermitteln, allerdings wurde in (6.7.1.4.) diskutiert, dass diese vermutlich bei einer größeren Stichprobe zu finden sind. Es kann für zukünftige Studien also zumindest die Hypothese aufgestellt werden, dass leistungsschwache Studierende signifikant häufiger empirische Beweisvorstellungen aufweisen.

Anzahl der Akzeptanzkriterien
Gemäß den Ergebnissen in (6.7.2.) und (6.8.2.) kann geschlossen werden, dass leistungsstarke Studierende hochsignifikant mehr Akzeptanzkriterien als leistungsschwache Studierende nennen, wenn das Beweisprodukt als Beweis akzeptiert wurde. Dies gilt im besonderen Maße für das lange Beweisprodukt. Diese Unterschiede werden umso stärker, wenn lediglich gültige Akzeptanzkriterien gezählt werden. Im Falle der Nicht-Akzeptanz unterscheiden sich die Studierenden nicht. Dieser Aspekt wird im Rahmen der Diskussion einer Hypothese zur Anzahl der Akzeptanzkriterien in (7.3.) unter Berücksichtigung der Eigenschaften beider Beweisprodukte genauer diskutiert.

Auffällig ist, dass selbst leistungsstarke Studierende wenig Akzeptanzkriterien nennen. Dies wurde in (6.7.2.4.) diskutiert und hängst möglicherweise damit zusammen, dass manche Akzeptanzkriterien als „selbstverständlich" wahrgenommen werden. Dieser Aspekt wird auch in (7.6.) erneut aufgegriffen.

Konkretheit der Äußerungen

Leistungsstarke Studierende äußern sich häufiger konkret als leistungsschwache Studierende, wenn sie das lange Beweisprodukt beurteilen. Bei der Beurteilung des kurzen Beweisprodukt unterscheiden sich die leistungsstarken und leistungsschwachen Studierenden in keinem der Fälle signifikant voneinander. Es besteht also nur eingeschränkt ein Zusammenhang zwischen der Performanz und der Konkretheit der Äußerungen.

Es wurde allerdings an verschiedenen Stellen ((6.5.3.2.), (6.7.3.4.), (6.8.3.6.)) diskutiert, dass sich die Unterschiede zwischen den Studierenden in der Konkretheit der Äußerungen vergrößern, wenn die Studierenden genauer befragt werden.

7.3　Diskussion zentraler Hypothesen zum Zusammenhang zwischen der Performanz und Beweisakzeptanz sowie Akzeptanzkriterien

Im Folgenden werden zentrale, in (4.4.4.) und (4.4.5.) aufgestellte, Hypothesen anhand der zuvor dargelegten Ergebnisse zu den Akzeptanzkriterien diskutiert. Hierbei wurden einzelne Hypothesen zugunsten einer Kompaktheit zusammengefasst.

Hypothese: Leistungsstarke und leistungsschwache Studierende unterscheiden sich bei beiden vorgelegten Beweisprodukten hinsichtlich ihrer Beweisakzeptanz

Diese Hypothese kann aufgrund der Ergebnisse in (6.4.3.) und (6.4.4.) nicht bestätigt werden. Allerdings zeigt die Analyse der Akzeptanzkriterien, dass die Beweisakzeptanz aus unterschiedlichen Gründen erfolgt. Hierzu sei auch auf die folgenden Hypothesen verwiesen.

Hypothese: Leistungsstarke Studierende nennen häufiger Akzeptanzkriterien, die zu den Eigenschaften des zu beurteilenden Beweisprodukts passen. Insbesondere nennen sie häufiger Akzeptanzkriterien, die im Zusammenhang mit den spezifischen Unterschieden zwischen dem kurzen und langen Beweisprodukt stehen

Diese Hypothese kann im eingeschränkten Maße bestätigt werden. Eine Einschränkung besteht darin, dass sich leistungsstarke und leistungsschwache Studierende nicht bei der Nennung der Allgemeingültigkeit, Erfüllung von Formalia und Struktur unterscheiden sowie bei der Korrektheit und Erfüllung einer Verifikationsfunktion nur eingeschränkt unterscheiden.

Bezogen auf die spezifischen Unterschiede zwischen den Beweisprodukten sind die Ergebnisse zur Nutzung, Existenz und Begründung von Objekten sowie zur Vollständigkeit von Interesse. Hier kann aufgrund der vorliegenden Ergebnisse geschlossen werden, dass die leistungsstarken Studierenden häufiger Akzeptanzkriterien nennen, die zu den gegebenen Eigenschaften bzw. zum wesentlichen Unterschied zwischen den Beweisprodukten passen.

Bezogen auf die genannte Einschränkung wurde unter anderem in (6.7.1.4.) diskutiert, dass Unterschiede zwischen leistungsstarken und leistungsschwachen Studierenden erwartet werden können, wenn Beweisprodukte bestimmte Eigenschaften nicht hinreichend aufweisen und dies ggf. nicht unmittelbar ersichtlich ist, wie in den Ergebnissen zu den jeweiligen Akzeptanzkriterien diskutiert wurde. Dieser Aspekt wird in (7.6.) erneut aufgegriffen.

Hypothese: Leistungsstarke Studierende beurteilen Beweisprodukte inhaltsbezogener und konkreter
Die Hypothese zur Inhaltsbezogenheit kann aufgrund der Ergebnisse zur Nutzung, Existenz und Begründung von Objekten sowie zur Vollständigkeit und zur Konkretheit der Äußerungen bestätigt werden. Zusätzlich kann aufgrund der differenzierten Analyse zu den beiden Beweisprodukten geschlossen werden, dass diese Interpretation mit Einschränkungen vor allem für das lange Beweisprodukt gilt.

Die Hypothese zur Konkretheit kann lediglich beschränkt auf das lange Beweisprodukt bestätigt werden.

Außerdem kann, wie in (6.7.1.4.), (6.5.3.2.), (6.7.3.4.) und (6.8.3.6.) diskutiert, für zukünftige Studien überprüft bzw. angenommen werden, dass leistungsstarke Studierende häufiger dazu in der Lage sind, sich inhaltsbezogen und konkret zu äußern, wenn z. B. genauer nachgefragt wird, welche Aussagen für die Akzeptanz als Beweis fehlen. Dieser Aspekt wird in (7.6.) erneut aufgegriffen.

Hypothese: Leistungsschwache Studierende beurteilen Beweisprodukte oberflächlicher
Da leistungsstarke Studierende Beweisprodukte inhaltsbezogener und, mit Einschränkungen, konkreter beurteilen, kann die Hypothese aus dieser Perspektive weitestgehend bestätigt werden. Bei zukünftigen tiefergehenden Analysen kann angenommen werden, dass die Hypothese aus dieser Perspektive noch klarer bestätigt werden kann.

Aufgrund der Ergebnisse zu den Oberflächenmerkmalen kann zudem vermutet werden, dass diese bei leistungsschwachen Studierenden mitunter maßgeblich für die Beweisakzeptanz sind, während dies für leistungsstarke Studierende nicht gilt. Diese Annahme sollte in zukünftigen Studien allerdings genauer untersucht werden. Die Bestätigung der Hypothese kann aufgrund der Ergebnisse zu Oberflächenmerkmalen daher allenfalls unterstützt werden.

Hypothese: Leistungsschwache Studierende nennen Akzeptanzkriterien, die auf ein empirical proof scheme (Harel & Sowder, 1998) hindeuten und Akzeptanzkriterien, die objektiv falsch sind. Leistungsstarke Studierende tun dies nicht

Diese Hypothese kann aufgrund der Ergebnisse zu den objektiv falschen Äußerungen sowie empirischen Beweisvorstellungen bestätigt werden. Hervorgehoben werden sollte, wie z. B. in (6.5.1.2.) diskutiert, dass es sich hierbei um schwerwiegende Fehlvorstellungen (empirical proof scheme) und um Äußerungen handelt, die auf ein Fehlverständnis des zu beweisenden Satzes oder des zu beurteilenden Beweisprodukts hindeuten.

Das Ergebnis bestätigt einige in (3.1.) genannten und von Reid und Knipping (2010) dargelegten Problembereiche im Zusammenhang mit Beweisen. Aufgrund der eigenen Arbeit können die Befunde allerdings dahingehend ausdifferenziert werden, dass dies lediglich für leistungsschwache Studierende, nicht aber für leistungsstarke Studierende, gilt.

Limitierend muss, wie bereits oben genannt wurde, erwähnt werden, dass in den entsprechenden Kategorien keine signifikanten Unterschiede zwischen leistungsstarken und leistungsschwachen Studierenden nachgewiesen werden konnten. Es kann allerdings angenommen werden, dass diese in zukünftigen Studien mit einer größeren Stichprobe ermittelt werden können.

Hypothese: Leistungsstarke Studierende nennen häufiger Akzeptanzkriterien, die dem Wissen über die Bereiche des Methodenwissens (Heinze & Reiss, 2003, siehe auch (2.4.2.) und (5.4.3.1.)) entsprechen

Aufgrund der Ergebnisse zur Nutzung, Existenz und Begründung von Objekten sowie zur Vollständigkeit kann geschlossen werden, dass sich leistungsstarke Studierende häufiger zum Beweisschema und zur Beweiskette äußern. Aufgrund der Ergebnisse zur Struktur kann wiederum geschlossen werden, dass sich leistungsstarke und leistungsschwache Studierende nicht in ihrem Wissen über eine Beweisstruktur unterscheiden.

Das Ergebnis, dass leistungsschwache Studierende mitunter empirische Beweisvorstellungen aufweisen, deutet hingegen auf ein defizitäres Methodenwissen hin, da empirische Beweisvorstellungen gemäß den Ausführungen zum Beweisschema nicht zulässig sind.

Bei der Zuordnung der genannten Akzeptanzkriterien zu den Bereichen des Methodenwissens haben sich allerdings Schwierigkeiten ergeben, die eine Möglichkeit der Beurteilung des Methodenwissens der Studierenden einschränkt: Gemäß den Ausführungen in (2.4.2.) handelt es sich beim Methodenwissen um das Wissen über die drei Bereiche Beweisschema, Beweisstruktur und Beweiskette, die im Zusammenhang mit strukturorientierten Akzeptanzkriterien stehen (Sommerhoff & Ufer, 2019). Problematisch ist, dass sich aus den Äußerungen der Studierenden, wie auch punktuell in (5.4.4.2.) erläutert wurde, Akzeptanzkriterien ergeben haben, die nicht genau den Beschreibungen der Bereiche des Methodenwissens entsprechen. Dies gilt selbst für leistungsstarke Studierende, von denen beispielsweise nie der Begriff der Deduktion (siehe Beweisschema) genannt wurde. Eine Zuordnung von Akzeptanzkriterien zu den Bereichen des Methodenwissens bildet daher oftmals nicht den gesamten Bereich ab, sondern tangiert ihn vielmehr. Es ist daher nur mit Einschränkungen möglich, das Methodenwissen aufgrund der vorliegenden Ergebnisse zu beurteilen. Für das wesentliche Ziel dieser Arbeit, Zusammenhänge zwischen der Performanz und den Akzeptanzkriterien herzustellen und die Kompetenz zu beschreiben, ist dies allerdings nicht problematisch. In (7.6.) wird dieser Aspekt erneut aufgegriffen.

Hypothese: Leistungsstarke Studierende äußern sich häufiger zur Korrektheit von Beweisprodukten
Diese Hypothese kann aufgrund der Ergebnisse zur Korrektheit lediglich für die Beurteilung des kurzen Beweisprodukts bestätigt werden. Die Aktivität des Validierens (A. Selden & J. Selden, 2015, siehe auch (2.4.1.)) scheint bei leistungsstarken Studierenden also im eingeschränkten Maße bei der Beurteilung von Beweisprodukten in den Vordergrund zu rücken.

Hypothese: Leistungsstarke Studierende nennen mehr Akzeptanzkriterien und vor allem mehr gültige Akzeptanzkriterien, wenn dies zu den Eigenschaften des vorgelegten Beweisprodukts passt
Diese Hypothese sollte vor dem Hintergrund der Eigenschaften der vorgelegten Beweisprodukte betrachtet werden. Demnach weisen beide Beweisprodukte mehr Gründe für eine Akzeptanz als für eine Nicht-Akzeptanz auf, wobei dies insbesondere für das lange Beweisprodukt gilt (5.2.4.). Im Falle der Akzeptanz nennen leistungsstarke Studierende mehr (gültige) Akzeptanzkriterien, insbesondere beim langen Beweisprodukt. Leistungsstarke Studierende nennen im Falle der Akzeptanz also mehr (gültige) Akzeptanzkriterien, wenn dies zu den vorliegenden Eigenschaften der Beweisprodukte passt.

Im Falle der Nicht-Akzeptanz unterscheiden sich leistungsstarke und leistungsschwache Studierende hingegen nicht. Hier hätte aus Forschersicht angenommen werden können, dass leistungsstarke Studierende beim kurzen Beweisprodukt mehr Akzeptanzkriterien nennen, da dieses aus Forschersicht aufgrund einer nicht hinreichend vollständigen Argumentationskette nicht als Beweis zu akzeptieren ist (5.2.4.). Wie allerdings aufgrund der Ergebnisse zur Nutzung, Existenz und Begründung von Objekten sowie zur Vollständigkeit geschlossen werden konnte, haben die leistungsstarken Studierenden allerdings eine andere Sichtweise dahingehend, dass das kurze Beweisprodukt für sie eher nicht aus Gründen einer nicht hinreichenden Vollständigkeit abzulehnen ist. Aufgrund dieser unterschiedlichen Sichtweise kann erklärt werden, dass die leistungsstarken Studierenden beim kurzen Beweisprodukt nicht mehr (gültige) Akzeptanzkriterien im Falle der Nicht-Akzeptanz nennen. Vor dem Hintergrund dieser Kontroversität kann die formulierte Hypothese dahingehend kritisiert werden, dass die Passung zu den vorgelegten Eigenschaften mit Blick auf die hinreichende Vollständigkeit der Argumentationstiefe auf der Forschersicht zur notwendigen Argumentationstiefe basiert. Diese Problematik wurde auch in (2.2.) und (5.3.1.4.) im Zusammenhang mit den Ausführungen zu strengen Beweisen und der Theorie von Aberdein (2013) diskutiert.

7.4   Zusammenfassung der Kernergebnisse

Insgesamt ergeben sich die folgenden Gesamtbilder über den Zusammenhang zwischen der Performanz und Beweisakzeptanz sowie Akzeptanzkriterien und der Wirkung der Argumentationstiefe auf die Beweisakzeptanz und Akzeptanzkriterien.

Zusammenhang zwischen der Performanz und Beweisakzeptanz sowie Akzeptanzkriterien
Leistungsstarke und leistungsschwache Studierende unterscheiden sich nicht hinsichtlich ihrer Beweisakzeptanz. Allerdings existieren einige Unterschiede bei den dazugehörigen Akzeptanzkriterien.

Zunächst nennen leistungsstarke Studierende im Falle der Akzeptanz mehr Akzeptanzkriterien, wenn dies zu den gegebenen Eigenschaften des zu beurteilenden Beweisprodukts passt. Dies gilt insbesondere für gültige Akzeptanzkriterien. Die genannten Akzeptanzkriterien passen hierbei häufiger zu den tatsächlich vorliegenden Eigenschaften der zu beurteilenden Beweisprodukte. Weiterhin äußern sich die Unterschiede in einer größeren Inhaltsbezogenheit und, in Teilen, Konkretheit. Im eingeschränkten Maße äußern sie sich auch häufiger zur Korrektheit des Beweisprodukts.

Umgekehrt beurteilen leistungsschwache Studierende Beweisprodukte oberflächlicher. Sie nennen zudem, im Gegensatz zu leistungsstarken Studierenden, mitunter Akzeptanzkriterien, die auf ein empirical proof scheme (Harel & Sowder, 1998) hindeuten oder objektiv falsch sind.

Mit Blick auf das Methodenwissen (Heinze & Reiss, 2003), das als Teil einer Beweiskompetenz definiert wurde, kann geschlossen werden, dass sich leistungsstarke Studierende häufiger zum Beweisschema und zur Beweiskette äußern. Leistungsschwache Studierende nennen aufgrund des mitunter existierenden empirical proof schemes in Teilen Akzeptanzkriterien, die gemäß den Ausführungen zum Beweisschema nicht zulässig sind. Sie weisen also teilweise ein defizitäres Methodenwissen auf.

Die Wirkung der Argumentationstiefe auf die Beweisakzeptanz und Akzeptanzkriterien

Eine Wirkung der Argumentationstiefe kann hinsichtlich der Beweisakzeptanz bestätigt werden, da das lange Beweisprodukt signifikant häufiger als Beweis akzeptiert wird. Ebenfalls kann eine Wirkung auf die genannten Akzeptanzkriterien bestätigt werden. Diese äußert sich allerdings nicht vollends passend zu den spezifischen Unterschieden zwischen den beiden Beweisprodukten: Einerseits werden nur eingeschränkt Unterschiede zwischen den Beweisprodukten bei der Vergabe von Akzeptanzkriterien festgestellt, die im Zusammenhang mit der Argumentationstiefe stehen. Andererseits existiert eine Wirkung auch auf Akzeptanzkriterien, die nicht im Zusammenhang mit der Argumentationstiefe stehen.

Die Wirkung unterscheidet sich allerdings, wenn eine Unterscheidung zwischen leistungsstarken und leistungsschwachen Studierenden erfolgt. Leistungsstarke Studierende äußern sich häufiger passend zu den spezifischen Unterschieden zwischen den Beweisprodukten. Allerdings können selbst bei leistungsstarken Studierenden Wirkungen ermittelt werden, die nicht im Zusammenhang mit der Argumentationstiefe stehen. So rückt beispielsweise die Allgemeingültigkeit beim kurzen Beweisprodukt in den Vordergrund, obgleich beide Beweisprodukte allgemeingültig sind.

7.5　Empfehlungen für die Lehrpraxis

Primär auf Basis der Ergebnisse dieser Arbeit, aber auch der theoretischen Auseinandersetzung mit der Thematik und weiterer, angrenzender Forschungsergebnisse können Empfehlungen für die Lehrpraxis formuliert werden. Diese können als Anregung für Lehrende gesehen werden, die eigene Lehrpraxis um verschiedene Aspekte zu erweitern. Die Erweiterung kann in Form kleinerer Ergänzungen oder größerer Trainings geschehen. Die hierbei formulierten Fragen haben nicht den Anspruch einer Vollständigkeit, betreffen im Kern aber wesentliche Erkenntnisse aus dieser Arbeit, z. B. über mögliche Defizite im Wissen über Akzeptanzkriterien bei Studierenden. Aus Forschersicht haben diese Fragen ein großes Potential, verschiedene Lernprozesse im Zusammenhang mit dem Wissen über gültige Akzeptanzkriterien anzuregen.

Beweise im Lehrkontext beurteilen und die Metaebene betreten
Es ist aufgrund verschiedener Studien bekannt, dass Lernende teils erhebliche Defizite im Zusammenhang mit Beweisen aufweisen (Reid & Knipping, 2010). Diese Defizite beziehen sich auf verschiedene Beweisaktivitäten, darunter auch auf die Beurteilung von Beweisen. Demnach existieren verschiedene Fehlvorstellungen zu mathematischen Beweisen, die auch in der vorliegenden Arbeit nachgewiesen wurden. Für die Lehrpraxis ergibt sich aufgrund der Ergebnisse das Plädoyer, in ihrer Lehrpraxis mit Studierenden zu reflektieren, was Beweise sind, was sie tun (können) und wann sie als solche akzeptiert werden können. Es zeigt sich aufgrund der Ergebnisse, dass insbesondere leistungsschwache Studierende wenige Akzeptanzkriterien kennen. Lehrende sollten daher Gründe nennen, aus denen Beweisprodukte als Beweis akzeptiert werden können. Daher ist es ratsam, im Lehrkontext nicht nur Beweise zu konstruieren, sondern auch Beweise zu beurteilen. Wenn beispielsweise ein Beweis in einer Vorlesung konstruiert wurde, wäre eine punktuelle Rückschau ratsam: Warum wurde hier etwas bewiesen? Wieso besteht die Notwendigkeit, dass der Beweis den gesamten Gültigkeitsbereich eines zu beweisenden Satzes berücksichtigt? Wieso reicht nicht nur ein Beispiel? Mit welchen Aussagen darf ein Beweis beginnen? Wieso müssen diese bereits bewiesen sein? Wann kann ein Schluss als gültig bezeichnet werden? Wie genau müssen einzelne Schritte begründet werden? Wann weiß man, dass man einen Satz am Ende wirklich bewiesen hat? Ist z. B. ein „q.e.d." am Ende des Beweises zwingend notwendig oder welche Funktion erfüllt es? Müssen Beweise zwingend kurz und prägnant formuliert sein? Ist eine bestimmte Darstellungsform notwendig?

Manche der genannten Fragen beziehen sich auf die notwendige Argumentationstiefe eines Beweises, die gemäß den Ausführungen in (2.2.) mit einer gewissen Kontroversität verbunden sind. Auch mit Blick auf Prüfungskontexte könnten hierbei offene Fragen entstehen: Wie genau müssen einzelne Beweisschritte begründet werden? Eine Lehrperson steht hier vor dem Dilemma, dass Fragen dieser Art nicht global beantwortet werden können, sondern sich auf das jeweilige Beweisprodukt beziehen. Aus den theoretischen Überlegungen dieser Arbeit heraus wäre die damit verbundene Frage, wann eine vorliegende Argumentationskette hinreichend davon überzeugt, dass sie theoretisch zu einem strengen Beweis vervollständigt werden könnte und dahingehend unumstößlich ist, dass nicht z. B. weiterhin Gegenbeispiele existieren könnten. Eine Empfehlung wäre es, diesen Sachverhalt transparent zu machen und eine Überzeugungsfunktion von Beweisen (De Villiers, 1990; (2.2.3.1.)) sowie die Rolle soziomathematischer Normen (Yackel & Cobb, 1996, (2.2.4.)) zu nennen.

Beurteilung von Beweisen gezielt üben
Aufgrund der Ergebnisse dieser Arbeit kann der Schluss gezogen werden, dass Akzeptanzkriterien selbst bei leistungsstarken Studierenden mitunter nicht genannt werden, obwohl sie zutreffen. Es wurde daher angenommen, dass diese vor allem dann genannt werden, wenn zu beurteilende Beweisprodukte fehlerhafte / unzureichende / mit Einschränkungen kontroverse Eigenschaften aufweisen, die diese Akzeptanzkriterien unmittelbar betreffen. Während in dieser Arbeit der Fokus auf der Argumentationstiefe lag, haben z. B. Sommerhoff und Ufer (2019) Beweisprodukte beurteilen lassen, die verschiedene Fehler, etwa lediglich induktive Schlüsse, aufweisen. Wie in (3.2.4.) erläutert, wurden bei diesen Beweisprodukten mitunter nicht die Akzeptanzkriterien genannt, die zu den spezifischen Fehlern gepasst haben. Ähnliche Ergebnisse lassen sich aufgrund der vorliegenden Arbeit nennen, wobei sich leistungsstarke und leistungsschwache Studierende hierin unterscheiden.

Eine Empfehlung für die Lehrpraxis könnte es sein, die Beurteilung von Beweisen gezielt zu üben, indem fehlerhafte Beweisprodukte zur Beurteilung vorgelegt werden und diese gemeinsam reflektiert werden. Mögliche Fragen könnten in diesem Zusammenhang sein: Handelt es sich um einen Beweis? Warum nicht? Welche Fehler treten auf? Inwiefern sind diese Fehler nicht mit den erarbeiteten Akzeptanzkriterien vereinbar? Gibt es Möglichkeiten, das Beweisprodukt zu korrigieren? Übungen dieser Art könnten als Vertiefung einer Beurteilung von fehlerfreien Beweisen gesehen werden.

Weiterführend wäre es sogar denkbar, (fiktive) Beurteilungen von Studierenden zu beurteilen. Hierzu könnten prototypische Äußerungen von Studierenden betrachtet und ihre Akzeptanzkriterien herausgearbeitet werden. Diese Akzeptanzkriterien könnten dann z. B. hinsichtlich ihrer Passung (z. B.: passt dieses Akzeptanzkriterium zu den gegebenen Eigenschaften des Beweisprodukts?) oder Gültigkeit (z. B.: ist dies ein Akzeptanzkriterium, das als Grund für die Akzeptanz als Beweis fungieren darf?) beurteilt werden.

Prozesscharakter betonen und Rolle der Akzeptanzkriterien darin verdeutlichen Nicht aufgrund der vorliegenden Ergebnisse, aber aufgrund weiterer Untersuchungen könnte der prozesshafte Charakter von Beweisen verdeutlicht werden. Im Rahmen dieser Arbeit wurden Beweise lediglich als Objekt betrachtet. Diese Vorstellung greift allerdings u. a. bei der Konstruktion von Beweisen zu kurz. Vielmehr können Beweise auch als Endprodukt eines (Konstruktions-)Prozesses gesehen werden, der aus verschiedenen Phasen bestehen kann und explizit nicht nur aus der Verkettung von Argumenten besteht, sondern z. B. vorab auch aus einer Exploration der Behauptung bestehen kann (Boero, 1999; Brunner 2014).

Hieraus könnte sich die Empfehlung ableiten, Lernenden zu verdeutlichen, dass die Konstruktion von Beweisen nicht das unmittelbare Aufschreiben einer Argumentationskette sein muss, sondern dieser Phase verschiedene Phasen mit unterschiedlichen Untersuchungen und Überlegungen vorangehen. Die in dieser Arbeit untersuchten Akzeptanzkriterien könnten (vermutlich) in späteren Phasen dieses Prozesses als Orientierung dienen, um ein Beweisprodukt herzustellen, das diesen Akzeptanzkriterien genügt. Ebenfalls können diese in der Beurteilung des eigenen Beweisprodukts in Form einer Rückschau bzw. Reflexion einer Überprüfung des Beweisprodukts dienen. Wann und inwiefern die Akzeptanzkriterien im Prozess der Konstruktion von Beweisen bedeutsam sind, ist allerdings weiterhin Gegenstand von Untersuchungen (Sommerhoff, 2017). Die vorliegende Arbeit leistet hierbei den Beitrag, zu verdeutlichen, dass Zusammenhänge zwischen der Konstruktion von Beweisen und dem Wissen über Akzeptanzkriterien bestehen und dabei unter anderem auch defizitäre Kenntnisse über gültige Akzeptanzkriterien mit einer geringen Performanz bei der Konstruktion von Beweisen korrelieren.

7.6   Kritische Diskussion einzelner Aspekte und Desiderate

Im Folgenden werden einzelne Aspekte kritisch diskutiert und Desiderate daraus abgeleitet. Bei diesen Aspekten erfolgt eine Einschränkung auf Aspekte, die für das Gesamtbild dieser Arbeit von größerer Bedeutung sind. Kleinere (methodische) Aspekte wurden in relevanten Teilkapiteln diskutiert und werden an dieser Stelle zugunsten einer besseren Übersicht nicht erneut genannt.

Stichprobe

In (6.1.) wurde die Stichprobe dieser Arbeit beschrieben. Diese weist keine Gleichverteilung bei den Lehramtsstudiengängen, Studienjahren oder Veranstaltungen auf und besteht zu einem hohen Anteil aus Studierenden des ersten Semesters. Zwar kann für das erste Studienjahr geschlossen werden, dass die Studierenden aller Lehramtsstudiengänge, relativ gesehen, eine geringe Performanz aufweisen (6.3.3.4.), allerdings machen die Studierenden des Lehramts an Grundschulen, absolut gesehen, einen großen Anteil der Studierenden des ersten Studienjahrs aus (6.1.4.). Vor dem Hintergrund der Theorie soziomathematischer Normen (Yackel & Cobb, 1996; (2.2.4.)), durch die sozialen Mechanismen eine große Bedeutung auf die individuelle Beweisakzeptanz und Akzeptanzkriterien zugeschrieben werden kann, stellt sich die Frage, bis zu welchem Maße die Ergebnisse typisch für die vorliegende Stichprobe sind. Es besteht aus dieser Perspektive daher die Empfehlung, zu überprüfen, ob sich insbesondere die Ergebnisse zur Beweisakzeptanz und zu den Akzeptanzkriterien bei einer anderen Zusammensetzung der Stichprobe replizieren lassen.

Verwendeter Satz

In der vorliegenden Arbeit wurde ein zu beweisender Satz aus der Arithmetik eingesetzt (5.2.2.). Überprüfenswert ist, ob sich die Ergebnisse dieser Arbeit auch bei einem Satz aus einem anderen Teilgebiet der Mathematik replizieren lassen. Im durch diese Arbeit beforschten Forschungsgebiet sind zumeist Sätze bzw. Beweise aus der Arithmetik (z. B. Healy & Hoyles, 2000) und Elementargeometrie (z. B. Ufer et al., 2009) üblich. Zwar gibt es hierfür gute Gründe (z. B. die Notwendigkeit eines geringen inhaltlichen Vorwissens), allerdings sollten auch weitere Teilgebiete berücksichtigt werden. Zu berücksichtigen ist dabei allerdings, dass eine Überprüfung des Wissens über Akzeptanzkriterien schwieriger werden könnte, wenn mehr inhaltliches Wissen vorausgesetzt wird (siehe hierzu (5.2.2.)).

Messung der Performanz

Wie in (5.3.) dargelegt wurde, basiert die Messung der Performanz bei der Konstruktion von Beweisen auf der Klassifikation der Beweisprodukte der Studierenden. Die Bezeichnung eines Studierenden als „leistungsstarker" oder „leistungsschwacher" Studierender basiert also auf der begründeten, transparenten und theoriegeleiteten Definition verschiedener Beweisprodukte (siehe (2.3.), (5.3.1.) und (5.3.3.)). Hierbei ist auch, wie auch in (2.3.1.) mit Verweis auf verschiedene Autoren genannt, auf eine unterschiedliche Sichtweise auf die

Definition von Beweisen in der mathematikdidaktischen Forschung (und angrenzenden Forschungsgebieten) hinzuweisen. Im Rahmen dieser Arbeit wurde ein Beweis demnach eher eng als Objekt (proof text) definiert (2.3.).

Von gewisser Brisanz ist auch die Frage nach einer hinreichenden Argumentationstiefe für die Klassifikation als Beweis oder Begründung, mit der eine Kontroversität verbunden ist. Die in (5.3.1.4.) dargelegte Lösung dieses Problems besteht in dieser Arbeit aus der begründeten und transparenten Setzung einer notwendigen Argumentationstiefe. Aufgrund der Analyse in (6.3.3.1.) kann allerdings geschlossen werden, dass zumindest im Rahmen dieser Arbeit kein großer Anteil an Beweisprodukten ausschließlich aufgrund einer nicht hinreichend vollständigen Argumentationstiefe als ungültige / unvollständige / keine Argumentation anstelle eines Beweises oder einer Begründung klassifiziert wurde. Demnach ist diese Kontroversität zwar grundsätzlich bedeutsam für die Messung der Performanz nach der gewählten Methode, aber der Einfluss ist bei den vorliegenden Ergebnissen als eher gering einzuschätzen.

Messung der Beweisakzeptanz

In (6.4.) ergab sich das Ergebnis, dass sich leistungsstarke und leistungsschwache Studierende nicht hinsichtlich der Beweisakzeptanz unterscheiden. Diskussionswürdig ist, ob dies auch auf die Wahl des in (5.2.5.) erläuterten Items zur Erhebung der Beweisakzeptanz zurückgeführt werden kann. Da lediglich die Antwortmöglichkeiten Ja und Nein existierten, besteht die zwingende Notwendigkeit, sich zu entscheiden. Unklar ist hierbei, ob Studierende möglicherweise nicht auch eine Entscheidung getroffen haben, obwohl sie tatsächlich unsicher waren oder sich nicht in der Lage dazu sahen, eine Entscheidung zu treffen. Kleinere Hinweise, dass dies eher bei leistungsschwachen Studierenden zutrifft, liefern die unter ihnen existierenden Fälle, dass keine Entscheidung, eine unklare Entscheidung o.ä. getroffen wurden. Bei leistungsstarken Studierenden existieren diese Fälle hingegen nicht.

Eine Möglichkeit der genaueren Analyse der Beweisakzeptanz wäre es daher gewesen, die zusätzliche Antwortmöglichkeit „Unsicher / ich weiß es nicht" zu ermöglichen. In diesem Fall wäre es von Interesse gewesen, zu überprüfen, wie sich leistungsstarke und leistungsschwache Studierende unterscheiden, wenn die Akzeptanzkriterien im Falle der Akzeptanz und Nicht-Akzeptanz analysiert worden wären und wie viele Studierende jeweils unsicher bzgl. ihrer Entscheidung zur Beweisakzeptanz sind.

Gezieltere Untersuchung von Akzeptanzkriterien durch andere Beweisprodukte
Ein wesentliches Ergebnis dieser Arbeit ist, dass leistungsstarke und leistungsschwache Studierende im unterschiedlichen Maße dazu in der Lage sind, Akzeptanzkriterien zu nennen, die zu den tatsächlichen Eigenschaften eines zu beurteilenden Beweisprodukts passen. Dieser Befund ist allerdings auch mit einer Einschränkung verbunden: Aufgrund einer überraschend geringen Anzahl an Nennungen wurde bei manchen Akzeptanzkriterien vermutet, dass ihre Nennung eine Form von „Selbstverständlichkeit" darstellt. So waren beispielsweise beide Beweisprodukte allgemein, aber dennoch wurde das dazugehörige Akzeptanzkriterium eher selten genannt. Dadurch konnte, bezogen auf diese Akzeptanzkriterien, nur eingeschränkt überprüft werden, inwiefern sich leistungsstarke Studierende von leistungsschwachen Studierenden unterscheiden. Dies ist möglicherweise darauf zurückzuführen, dass einerseits ein offenes Item zur Erhebung der Akzeptanzkriterien verwendet wurde (5.2.5.) und andererseits die Beweisprodukte aus Forschersicht wenige (kurzes Beweisprodukt) oder keine (langes Beweisprodukt) Eigenschaften aufwiesen, durch die sie nicht als Beweis zu akzeptieren waren (5.2.4.).

Wie in (5.2.4.) erläutert wurde, haben sich die verwendeten Beweisprodukte im Wesentlichen in ihrer Argumentationstiefe unterschieden und ansonsten ähnliche Eigenschaften aufgewiesen. Die Untersuchung von Zusammenhängen zwischen der Performanz und Beweisakzeptanz sowie Akzeptanzkriterien könnte entsprechend bei anderen Beweisprodukten erfolgen, die unterschiedliche Eigenschaften aufweisen. Möglich wäre es zum Beispiel, in Anlehnung an Sommerhoff und Ufer (2019), bewusst fehlerhafte Beweisprodukte beurteilen zu lassen. Wie in (3.2.4.) dargelegt, wiesen die fehlerhaften Beweisprodukte bei Sommerhoff und Ufer (2019) einen inhaltlichen Fehler oder einen logischen Fehler (Zirkelschluss) auf oder waren eine empirische Argumentation. Mit dem in der vorliegenden Arbeit genutzten Ansatz könnten beispielsweise Beweisprodukte mit Fehlern dieser Art genutzt werden, um weitere Zusammenhänge zwischen der Performanz und der Beweisakzeptanz sowie den Akzeptanzkriterien zu analysieren.

Tiefergehende Überprüfung von Akzeptanzkriterien
Es wurde an verschiedenen Stellen dieser Arbeit bemerkt, dass aufgrund der Nennung der Akzeptanzkriterien mitunter wenige Rückschlüsse darüber möglich sind, ob lediglich eine oberflächliche Beurteilung erfolgt ist oder eine tiefergehende Überprüfung zur Nennung von bestimmten Akzeptanzkriterien geführt hat. Beispielsweise wurde in Teilen vom Vorhandensein von Variablen auf die Allgemeingültigkeit des Beweisprodukts geschlossen, was eine eher oberflächliche

Untersuchung vermuten lässt. Da beide Beweisprodukte tatsächlich allgemeingültig sind (5.2.4.), wurde allerdings dennoch ein zu den Eigenschaften der
Beweisprodukte passendes Akzeptanzkriterium genannt. Vor dem Hintergrund,
dass sich leistungsstarke und leistungsschwache Studierende bei der Nennung
dieses Akzeptanzkriteriums nicht signifikant voneinander unterscheiden, kann
vermutet werden, dass signifikante Unterschiede dann entstehen, wenn das
Wissen über Akzeptanzkriterien gezielter überprüft wird. Am Beispiel der Allgemeingültigkeit könnte dies z. B. die genauere Herausarbeitung der Gründe für
die Nennung der Allgemeingültigkeit als Akzeptanzkriterium sein. Denkbar wäre,
wie oben diskutiert, die Vorlage von Beweisprodukten, die nicht allgemeingültig sind. Besonders ertragreich könnte es hier sein, wenn die Beweisprodukte
nicht offensichtlich in ihrem Gültigkeitsbereich eingeschränkt sind, sondern dies
erst durch eine genauere Überprüfung des Beweisprodukts ersichtlich wird. Eine
zweite Möglichkeit besteht in der gezielteren Überprüfung des Wissens über
einzelne Akzeptanzkriterien. Hierzu wäre es z. B. möglich, die Erhebung der
Akzeptanzkriterien durch ein offenes Item in einem Fragebogen (5.2.5.) durch
vertiefende Interviews zu ergänzen.

Inhaltsbezogenheit und Konkretheit
Der Aspekt der tiefergehenden Überprüfung von Akzeptanzkriterien kann auch
auf die Frage der Inhaltsbezogenheit und Konkretheit der Äußerungen übertragen werden. Zwar wurden in dieser Arbeit bereits Zusammenhänge zwischen der
Performanz und Inhaltsbezogenheit ermittelt, allerdings kann angenommen werden, dass diese Zusammenhänge noch stärker werden, wenn inhaltliche Fragen
genauer überprüft werden. Insbesondere kann angenommen werden, dass dann
nicht nur beim langen Beweisprodukt, sondern auch beim kurzen Beweisprodukt
Unterschiede zwischen leistungsstarken und leistungsschwachen Studierenden
existieren. So ist es z. B. denkbar, zu fragen, welche Aussagen im Falle einer
Nicht-Akzeptanz hinzugefügt werden müssen, damit das kurze Beweisprodukt
als Beweis akzeptiert werden kann. Hierzu angenommen werden kann, dass
leistungsstarke Studierende wesentlich besser dazu in der Lage sind, konkrete
Aussagen zu nennen.

Beurteilung der Beweiskompetenz
Wie bereits diskutiert wurde, konnten die genannten Akzeptanzkriterien nur im
eingeschränkten Maße mit dem Wissen über die Bereiche des Methodenwissens
(Heinze & Reiss, 2003; (2.4.2.)) in Verbindung gebracht werden. Dies hängt
damit zusammen, dass die genannten Akzeptanzkriterien nicht den Beschreibungen der Bereiche des Methodenwissens entsprechen, sondern sie allenfalls

tangieren. Die Beurteilung des Methodenwissens als Teil einer Beweiskompetenz (Sommerhoff, 2017; (2.4.)) ist daher aufgrund der vorliegenden Ergebnisse nur mit Einschränkungen möglich. Unter Berücksichtigung der vorherigen Überlegungen zur gezielten und tiefergehenden Analyse von Akzeptanzkriterien erscheint es notwendig zu sein, das Methodenwissen gezielter zu überprüfen.

Eine Erhebung und Analyse der Akzeptanzkriterien, wie sie in dieser Arbeit erfolgt ist, bietet trotz der geschilderten Einschränkung aus Forschersicht dennoch Möglichkeiten, die Beweiskompetenz von Studierenden zu beurteilen. Ausgehend von der Annahme, dass zu nennende Akzeptanzkriterien relativ zu den Eigenschaften eines zu beurteilenden Beweisprodukts sind, konnten die Akzeptanzkriterien z. B. unter der Fragestellung beurteilt werden, ob sie zu den vorliegenden Eigenschaften von Beweisprodukten passen oder wie inhaltsbezogen eine Beurteilung der Beweisprodukte erfolgt. Aus Forschersicht ergibt sich hiermit eine weitere Perspektive auf diesen Teil einer Beweiskompetenz, bei der auch verschiedene Zusammenhänge zwischen der Performanz bei der Konstruktion von Beweisen und den bei der Beurteilung von Beweisprodukten genannten Akzeptanzkriterien ermittelt wurden. Da diese Akzeptanzkriterien auch als für eine Performanz bei der Konstruktion von Beweisen notwendige Disposition angenommen werden können, wurde also auch sichtbar gemacht, welche Zusammenhänge zwischen der Performanz bei der Konstruktion von Beweisen und einer als Voraussetzung anzunehmenden Disposition existieren.

Weiterhin kann relativierend darauf hingewiesen werden, dass sich die für die Messung der Performanz bei der Konstruktion von Beweisen verwendete Definition eines Beweises (siehe (2.3.3.) und (5.3.)) eng am Methodenwissen orientiert. Bereits aufgrund der Performanz kann daher zumindest vorsichtig angenommen werden, dass leistungsstarke Studierende ein größeres Methodenwissen als leistungsschwache Studierende aufweisen. Die oben dargestellte Problematik besteht eher darin, dass explizit das Methodenwissen im Rahmen dieser Arbeit nicht gezielt überprüft werden konnte, sondern die Ergebnisse nur in Teilen Rückschlüsse auf das Methodenwissen ermöglichen.

Zusammenhänge versus Kausalitäten
In der vorliegenden Arbeit wurden aufgrund inferenzstatistischer Analysen verschiedene Zusammenhänge zwischen der Performanz bei der Konstruktion von Beweisen und den Akzeptanzkriterien ermittelt. Zwar kann angenommen werden, dass die Kenntnis von gültigen Akzeptanzkriterien eine Voraussetzung für eine hohe Performanz bei der Konstruktion von Beweisen ist, aber durch die vorliegende Arbeit kann aufgrund des Studiendesigns nicht automatisch auf eine Kausalität geschlossen werden, obgleich diese im Einzelfall diskutiert werden

kann. Bisherige Studien und Annahmen über die Rolle von Akzeptanzkriterien im Prozess der Konstruktion deuten darauf hin, dass die genannte Kausalität existiert (A. Selden & J. Selden, 2003; Ufer et al., 2009; Pfeiffer, 2011; Grundey, 2015; Jahnke & Ufer, 2015; Sommerhoff, 2017). Unklar ist aber weiterhin, wann genau im Prozess der Konstruktion eines Beweises die Kenntnis von Akzeptanzkriterien bedeutsam ist.

Empirische Studien zur Förderung der Kenntnis von Akzeptanzkriterien
In (7.5.) wurden verschiedene Empfehlungen für die Lehrpraxis formuliert. Hierbei ist relativierend darauf hinzuweisen, dass die getätigten Empfehlungen zwar aus den Ergebnissen dieser Arbeit abgeleitet werden können, allerdings existieren insgesamt wenige empirische Studien mit dem Ziel, entsprechende Förderungskonzepte zu entwickeln. Dies betrifft auch die zuvor genannte angenommene Bedeutsamkeit der Kenntnis von Akzeptanzkriterien im Prozess der Konstruktion eines Beweises. Beachtenswert ist hierzu allerdings ein Design-Based-Research Ansatz von Grundey (2015), der Beweisvorstellungen und die Konstruktion von Beweisen untersucht. Grundey (2015) verweist in ihrer Arbeit auf das enge Zusammenspiel von Beweisvorstellungen und einer Performanz bei der Konstruktion von Beweisen und hebt auf der Grundlage ihres Ansatzes hervor, dass besonders Diskussionsphasen über Beweisvorstellungen wichtig für deren Erweiterung und Veränderung sind. Hiermit stützt sie auch die in (7.5.) formulierte Empfehlung für die Lehrpraxis, Beweise zu beurteilen.

7.7　Ausblick

Mit der vorliegenden Arbeit wurde das Ziel verfolgt, Zusammenhänge zwischen verschiedenen Beweisaktivitäten und Dispositionen einer Beweiskompetenz sowie die Wirkung spezifischer Eigenschaften von zu beurteilenden Beweisprodukten zu analysieren.

Hierzu konnten verschiedene Zusammenhänge und Wirkungen ermittelt werden, die auch der Beschreibung einer Beweiskompetenz dienen. Diese können in zukünftigen Studien, wie in (7.6.) dargelegt wurde, gezielter untersucht, erweitert und vertieft werden. Das daraus entstehende Wissen über Beweiskompetenzen kann aus Sicht des Autors auch weitere Möglichkeiten eröffnen, forschungsbasierte Lehrkonzepte zur Förderung von Beweiskompetenzen zu entwickeln bzw. bereits existierende Lehrkonzepte weiterzuentwickeln.

Literaturverzeichnis

Aberdein, A. (2013). The Parallel Structure of Mathematical Reasoning. In A. Aberdein & I. J. Dove (Hg.), The Argument of Mathematics (S. 361–380). Springer Netherlands. https://doi.org/10.1007/978-94-007-6534-4_18

Balacheff, N. (1991). The Benefits and Limits of Social Interaction: The Case of Mathematical Proof. In A. J. Bishop, S. Mellin-Olsen & J. van Dormolen (Hg.), Mathematics Education Library. Mathematical Knowledge: Its Growth Through Teaching (Bd. 10, S. 173–192). Springer Netherlands. https://doi.org/10.1007/978-94-017-2195-0_9

Balacheff, N. (1988). A study of students' proving processes at the junior high school level. In I. Wirszup & R. Streit (Hg.), Proceedings of the Second UCSMP International Conference on Mathematics Education (S. 284–297). National Council of Teachers of Mathematics.

Balacheff, N. (2002). The researcher epistemology: a deadlock for educational research on proof. In Fou Lai Lin (Hg.), Proceedings of 2002 international conference on mathematics: Understanding proving and proving to understand (S. 23 – 44). Taipeh: NSC und NTNU.

Balacheff, N. (2008). The role of the researcher's epistemology in mathematics education: An essay on the case of proof. ZDM, 40(3), 501–512. https://doi.org/10.1007/s11858-008-0103-2

Bayer, K. (2007). Argument und Argumentation: Logische Grundlagen der Argumentationsanalyse (2. Aufl.). Studienbücher zur Linguistik: Bd. 1. Vandenhoeck & Ruprecht.

Bell, A. W. (1976). A study of pupils' proof-explanations in mathematical situations. Educational Studies in Mathematics, 7(1–2), 23–40. https://doi.org/10.1007/BF00144356

Biehler, R. & Kempen, L. (2016). Didaktisch orientierte Beweiskonzepte – Eine Analyse zur mathematikdidaktischen Ideenentwicklung. Journal für Mathematik-Didaktik, 37(1), 141–179. https://doi.org/10.1007/s13138-016-0097-1

Blömeke, S., Gustafsson, J.-E. & Shavelson, R. J. (2015a). Beyond Dichotomies. Zeitschrift für Psychologie, 223(1), 3–13. https://doi.org/10.1027/2151-2604/a000194

Blömeke, S., König, J., Suhl, U., Hoth, J. & Döhrmann, M. (2015b). Wie situationsbezogen ist die Kompetenz von Lehrkräften? Zur Generalisierbarkeit der Ergebnisse von videobasierten Performanztests: To what extent is teacher competence situation-related? On the generalizability of the results of video-based performance tests. Beltz Juventa.

© Der/die Herausgeber bzw. der/die Autor(en), exklusiv lizenziert an Springer Fachmedien Wiesbaden GmbH, ein Teil von Springer Nature 2023
F. Füllgrabe, *Konstruktion und Akzeptanz von Beweisen*, Mathematikdidaktik im Fokus, https://doi.org/10.1007/978-3-658-41303-3

Boero, P. (1999). Argumentation and mathematical proof: A complex, productive, unavoidable relationship in mathematics and mathematics education. In International Newsletter on the Teaching and Learning of Mathematical Proof, 7/8.

Bortz, J. & Schuster, C. (2010). Statistik für Human- und Sozialwissenschaftler. Springer Berlin Heidelberg. https://doi.org/10.1007/978-3-642-12770-0

Brunner, E. (2014). Mathematisches Argumentieren, Begründen und Beweisen. Springer Berlin Heidelberg. https://doi.org/10.1007/978-3-642-41864-8

Cilli-Turner, E. (2013). Effects of Collaborative Revision on Undergraduate Students' Proof Validation Skills. In M. Martinez & A. Castro Superfine (Hg.), Proceedings of the 35th annual meeting of the North American Chapter of the International Group for the Psychology of Mathematics Education (S. 272–275).

Cohen, J. (1988). Statistical power analysis for the behavioral sciences (2nd ed.). L. Erlbaum Associates.

Davis, P. (1986). The Nature of Proof. In M. Carss (Hg.), Proceedings of the Fifth International Congress on Mathematical Education: Was held in Adelaide, Australia, from August 24 - 30, 1984; ICME 5 (S. 352–358). Birkhäuser. https://doi.org/10.1007/978-1-4757-4238-1_31

Davis, P. J. & Hersh, R. (1986). Descartes' dream: The world according to mathematics. Harvester Press.

Döring, N. & Bortz, J. (2016). Forschungsmethoden und Evaluation in den Sozial- und Humanwissenschaften (5. Aufl.). Springer-Lehrbuch. Springer. http://dx.doi.org/https://doi.org/10.1007/978-3-642-41089-5

Dreyfus, T. (1999). Why Johnny can't prove. Educational Studies in Mathematics, 38(1/3), 85–109. https://doi.org/10.1023/A:1003660018579

Duval, R. (2007). Cognitive functioning and the understanding of mathematical processes of proof. In P. Boero (Hg.), New directions in mathematics and science education: v. 2. Theorems in school: From history, epistemology and cognition to classroom practice (S. 135–161). Sense Publishers. https://doi.org/10.1163/9789087901691_009

Fischer, R. & Malle, G. (2004). Mensch und Mathematik: Eine Einführung in didaktisches Denken und Handeln (1. Aufl.). Klagenfurter Beiträge zur Didaktik der Mathematik: Bd. 5. Profil-Verl.

Freudenthal, H. (1973). Mathematics as an educational task. Reidel.

Fritz, C. O., Morris, P. E. & Richler, J. J. (2012). Effect size estimates: current use, calculations, and interpretation. Journal of experimental psychology. General, 141(1), 2–18. https://doi.org/10.1037/a0024338

Füllgrabe, F. & Eichler, A. (2018a) Beweisakzeptanz bei Studierenden des Lehramts. In Kortenkamp, Kuzle (Hg.), Beiträge zum Mathematikunterricht 2017. WTM-Verlag. https://doi.org/10.17877/DE290R-18457

Füllgrabe, F. & Eichler, A. (2018b) Beweisakzeptanz bei Studierenden des Lehramts. In Bender, Wassong (Hg.), Beiträge zum Mathematikunterricht 2018. WTM-Verlag. https://doi.org/10.17877/DE290R-19339

Füllgrabe, F. & Eichler, A. (2020a). Analyse von Beweisprodukten. In A. Frank, S. Krauss & K. Binder (Hg.), Beiträge zum Mathematikunterricht 2019. WTM-Verlag. https://doi.org/10.17877/DE290R-20820

Füllgrabe, F. & Eichler, A. (2020b). Klassifikation mathematischer Argumentationen. In H.-S. Siller, W. Weigel & J. F. Wörler (Hg.), Beiträge zum Mathematikunterricht 2020 (S. 305–308). WTM Verlag. https://doi.org/10.17877/DE290R-21311

Gignac, G. E. & Szodorai, E. T. (2016). Effect size guidelines for individual differences researchers. Personality and Individual Differences, 102, 74–78. https://doi.org/10.1016/j.paid.2016.06.069

Grundey, S. (2015). Beweisvorstellungen und eigenständiges Beweisen. Springer Fachmedien Wiesbaden. https://doi.org/10.1007/978-3-658-08937-5

Hanna, G. (1983). Rigorous proof in mathematics education. Curriculum series / The Ontario Institute for Studies in Education: Bd. 48. OISE Press.

Hanna, G. (1989). Proofs that Prove and Proofs that Explain. In Proceedings of the 13th international Conference on the Psychology of Mathematics Education (S. 45–51).

Hanna, G. (2000). Proof, Explanation and Exploration: An overview. Educational Studies in Mathematics, 44(1/2), 5–23. https://doi.org/10.1023/A:1012737223465

Hanna, G. & Jahnke, H. N. (1996). Proof and Proving. In A. J. Bishop (Hg.), Kluwer international handbooks of education: Bd. 4. International handbook of mathematics education (S. 877–908). Kluwer Acad. Publ.

Harel, G. & Sowder, L. (1998). Students' proof schemes: results from exploratory studies. In A. H. Schoenfeld (Hg.), Issues in mathematics education: Bd. 7. Research in Collegiate Mathematics Education. III (Bd. 7, S. 234–283).

Harel, G. & Sowder, L. (2007). Toward Comprehensive Perspectives on the Learning and Teaching of Proof. In F. K. Lester (Hg.), Second handbook of research on mathematics teaching and learning: A project of the National Council of Teachers of Mathematics (S. 805–842). Information Age Pub.

Healy, L. & Hoyles, C. (1998). Justifying and proving in school mathematics. Summary of the results from a survey of the proof conceptions of students in the UK. In Research Report. Mathematical Sciences Institute of Education, University of London (S. 601–613).

Healy, L. & Hoyles, C. (2000). A Study of Proof Conceptions in Algebra. Journal for Research in Mathematics Education, 31(4), 396. https://doi.org/10.2307/749651

Heintz, B. (2000). Die Innenwelt der Mathematik: Zur Kultur und Praxis einer beweisenden Disziplin. Ästhetik und Naturwissenschaften Bildende Wissenschaften – Zivilisierung der Kulturen. Springer.

Heinze, A. & Reiss, K. (2003). Reasoning and Proof: Methodological Knowledge as a Component of Proof Competence. In M. A. Mariotti (Hg.), International Newsletter of Proof.

Hersh, R. (1993). Proving is convincing and explaining. Educational Studies in Mathematics, 24(4), 389–399. https://doi.org/10.1007/BF01273372

Hessisches Kultusministerium (2020). Operatoren in den Fächern Biologie, Chemie, Informatik, Mathematik und Physik. https://kultusministerium.hessen.de/sites/default/files/media/hkm/la20-operatoren-fbiii.pdf (letzter Zugriff 13.03.2021)

Inglis, M. & Aberdein, A. (2015). Beauty Is Not Simplicity: An Analysis of Mathematicians' Proof Appraisals. Philosophia Mathematica, 23(1), 87–109. https://doi.org/10.1093/philmat/nku014

Inglis, M. & Alcock, L. (2012). Expert and Novice Approaches to Reading Mathematical Proofs. Journal for Research in Mathematics Education, 43(4), 358–390. https://doi.org/10.5951/jresematheduc.43.4.0358

Jahnke, H. N. & Ufer, S. (2015). Argumentieren und Beweisen. In R. Bruder, L. Hefendehl-Hebeker, B. Schmidt-Thieme & H.-G. Weigand (Hg.), Handbuch der Mathematikdidaktik (S. 331–355). Springer Berlin Heidelberg. https://doi.org/10.1007/978-3-642-35119-8_12

Kempen, L. (2016). Beweisakzeptanz bei Studienanfängern: Eine empirische Untersuchung. In Beiträge zum Mathematikunterricht 2016 (S. 1111–1114). WTM Verlag.

Kempen, L. (2018). Begründen und Beweisen im Übergang von der Schule zur Hochschule. Theoretische Begründung, Weiterentwicklung und wissenschaftliche Evaluation einer universitären Erstsemesterveranstaltung unter der Perspektive der doppelten Diskontinuität. Universitätsbibliothek Paderborn. https://doi.org/10.17619/UNIPB/1-290

Kempen, L., Krieger, M. & Tebaartz, P. C. (2016). Über die Auswirkungen von Operatoren in Beweisaufgaben. In Beiträge zum Mathematikunterricht 2016 (S. 521 – 524). WTM Verlag. https://doi.org/10.17877/DE290R-17297

Kuckartz, U. (2014). Qualitative Inhaltsanalyse: Methoden, Praxis, Computerunterstützung (2. Aufl.). Grundlagentexte Methoden. Beltz Juventa.

Kultusministerkonferenz (KMK) (2003). Bildungsstandards im Fach Mathematik für den Mittleren Schulabschluss. Beschluss vom 4.12.3003. Luchterhand.

Kultusministerkonferenz (KMK) (2015). Bildungsstandards im Fach Mathematik für die Allgemeine Hochschulreife (Beschluss der Kultusministerkonferenz vom 18.10.2012). https://www.kmk.org/fileadmin/veroeffentlichungen_beschluesse/2012/2012_10_18-Bildungsstandards-Mathe-Abi.pdf (letzter Zugriff 13.03.2021)

Lampert, M. (1990). When the Problem Is Not the Question and the Solution Is Not the Answer: Mathematical Knowing and Teaching. American Educational Research Journal, 27(1), 29–63. https://doi.org/10.3102/00028312027001029

Lane, S. M. (1981). Mathematical Models: A Sketch for the Philosophy of Mathematics. The American Mathematical Monthly, 88(7), 462. https://doi.org/10.2307/2321751

Manin, Y. I. (1981). A Digression on Proof. The Two-Year College Mathematics Journal, 12(2), 104. https://doi.org/10.2307/3027371

Mariotti, M. A. (2006). Proof and Proving in Mathematics Education. In Á. Gutiérrez & P. Boero (Hg.), Handbook of research on the psychology of mathematics education: Past, present and future 1976 - 2006 (S. 173–204). Sense Publishers.

Mayring, P. (2015). Qualitative Inhaltsanalyse: Grundlagen und Techniken (12. überarb. Aufl.). Beltz.

Mejia-Ramos, J. P. & Inglis, M. (2009). Argumentative and Proving Activities in Mathematics Education Research. In F.-L. Lin (Hg.), Proof and Proving in Mathematics Education: ICMI Study 19 Conference Proceedings (S. 88–93). Department of Mathematics, National Taiwan Normal University.

Meyer, M. (2007). Entdecken und Begründen im Mathematikunterricht — Zur Rolle der Abduktion und des Arguments. Journal für Mathematik-Didaktik, 28(3–4), 286–310. https://doi.org/10.1007/BF03339350

Millo, R. A. de, Lipton, R. J. & Perlis, A. J. (1998). Social processes and proofs of theorems and programs. In T. Tymoczko (Hg.), New directions in the philosophy of mathematics: An anthology (1. Aufl., S. 267–286). Univ. Press. https://doi.org/10.1145/359104.359106

Müller-Hill, E. (2017). Eine handlungsorientierte didaktische Konzeption nomischer mathematischer Erklärung. Journal für Mathematik-Didaktik, 38(2), 167–208. https://doi.org/10.1007/s13138-017-0115-y

National Council of Teachers of Mathematics (NCTM) (2000). Principles and standards for school mathematics. Reston, NCTM.

Pfeiffer, K. (2011). Features and purposes of mathematical proofs in the view of novice students: observations from proof validation and evaluation performances. National University of Ireland.

Pólya, G. (1954). Mathematics and plausible reasoning. Princeton Univ. Press.

Reid, D. A. & Knipping, C. (2010). Proof in mathematics education: Research, learning and teaching. Sense Publishers.

Reiss, K. & Ufer, S. (2009). Was macht mathematisches Arbeiten aus? Empirische Ergebnisse zum Argumentieren, Begründen und Beweisen. In Jahresband der DMV 4(2009) S. 155–177.

Schmider, E., Ziegler, M., Danay, E., Beyer, L. & Bühner, M. (2010). Is It Really Robust? Methodology, 6(4), 147–151. https://doi.org/10.1027/1614-2241/a000016

Selden, A. (2012). Transitions and Proof and Proving at Tertiary Level. In G. Hanna & M. de Villiers (Hg.), New ICMI Study Series: Bd. 15. Proof and Proving in Mathematics Education: The 19th ICMI Study (Bd. 15, S. 391–420). Springer Netherlands. https://doi.org/10.1007/978-94-007-2129-6_17

Selden, A. & Selden, J. (2003). Validations of Proofs Considered as Texts: Can Undergraduates Tell Whether an Argument Proves a Theorem? In Journal for Research in Mathematics 34 (2003) (Bd. 1, S. 4–36).

Selden, A. & Selden, J. (2015). A Comparison of Proof Comprehension, Proof Construction, Proof Validation, and Proof Evaluation, Abstract for KHDM Conference, Hannover, Germany, december 1–4, 2015. https://doi.org/10.13140/RG.2.1.2069.3926

Sommerhoff, D. (2017). The individual cognitive resources underlying students' mathematical argumentation and proof skills: From theory to intervention. Universitätsbibliothek der Ludwig-Maximilians-Universität.

Sommerhoff, D. & Ufer, S. (2019). Acceptance criteria for validating mathematical proofs used by school students, university students, and mathematicians in the context of teaching. ZDM, 14(1), 1. https://doi.org/10.1007/s11858-019-01039-7

Stein, M. (1985). Didaktische Beweiskonzepte. In Zentralblatt für Didaktik der Mathematik (S. 120–133).

Stein, M. (1986). Beweisen: Eine Analyse des Beweisprozesses und der ihn beeinflussenden Faktoren auf der Grundlage empirischer Untersuchungen zum Argumentationsverhalten von 11 - 13jährigen Schülern, ausgehend von einer systematisierenden Auseinandersetzung mit didaktischen Konzeptionen und empirischen Forschungsansätzen zum Beweisen. Zugl.: Münster, Univ., Habil.-Schr., 1984. Texte zur mathematisch-naturwissenschaftlich-technischen Forschung und Lehre: Bd. 19. Franzbecker.

Stylianides, A. (2007a). The Notion of Proof in the Context of Elementary School Mathematics. Educational Studies in Mathematics, 65(1), 1–20. https://doi.org/10.1007/s10649-006-9038-0

Stylianides, A. (2007b). Proof and Proving in School Mathematics. In Journal for Research in Mathematics Education, (38(3), S. 289–321).

Stylianides, A. & Stylianides, G. (2009). Proof constructions and evaluations. Educational Studies in Mathematics, 72(2), 237–253. https://doi.org/10.1007/s10649-009-9191-3

Stylianides, G. (2009). Reasoning-and-Proving in School Mathematics Textbooks. Mathematical Thinking and Learning, 11(4), 258–288. https://doi.org/10.1080/109860609032 53954

Tebaartz, P. C. & Lengnink, K. (2015). Was heißt „mathematischer Beweis"? Realisierungen in Schülerdokumenten. In A. Budke, M. Kuckuck, M. Meyer, F. Schäbitz, K. Schlüter & G. Weiss (Hg.), LehrerInnenbildung gestalten: Band 7. Fachlich argumentieren lernen: Didaktische Forschungen zur Argumentation in den Unterrichtsfächern (1. Aufl., S. 105–120). Waxmann.

Toulmin, S. E. & Berk, U. (1996). Der Gebrauch von Argumenten (2. Aufl.). Neue wissenschaftliche Bibliothek. Beltz.

Ufer, S., Heinze, A., Kuntze, S. & Rudolph-Albert, F. (2009). Beweisen und Begründen im Mathematikunterricht: Die Rolle von Methodenwissen für das Beweisen in der Geometrie. Journal für Mathematik-Didaktik, 30(1), 30–54. https://doi.org/10.1007/BF0333 9072

Villiers, M. de. (1990). The role and function of proof in mathematics. In Pythagoras (Bd. 24, S. 17–24).

Weber, K. (2008). How Mathematicians Determine If an Argument Is a Valid Proof. In Journal for Research in Mathematics (S. 431–459).

Weber, K., Inglis, M. & Mejia-Ramos, J. P. (2014). How Mathematicians Obtain Conviction: Implications for Mathematics Instruction and Research on Epistemic Cognition. Educational Psychologist, 49(1), 36–58. https://doi.org/10.1080/00461520.2013.865527

Weber, K. & Mejia-Ramos, J. P. (2015). On relative and absolute conviction in mathematics. In For the Learning of Mathematics 2015 (35 (2), S. 15–21). http://flm-journal.org/Art icles/49573571336BD71678E56B43922743.pdf (letzter Zugriff 13.03.2021)

Wirtz, M. A. & Caspar, F. (2002). Beurteilerübereinstimmung und Beurteilerreliabilität: Methoden zur Bestimmung und Verbesserung der Zuverlässigkeit von Einschätzungen mittels Kategoriensystemen und Ratingskalen. Hogrefe Verl. für Psychologie.

Yackel, E. & Cobb, P. (1996). Sociomathematical Norms, Argumentation, and Autonomy in Mathematics. Journal for Research in Mathematics Education, 27(4), 458–477. https://doi.org/10.2307/749877

Printed in the United States
by Baker & Taylor Publisher Services